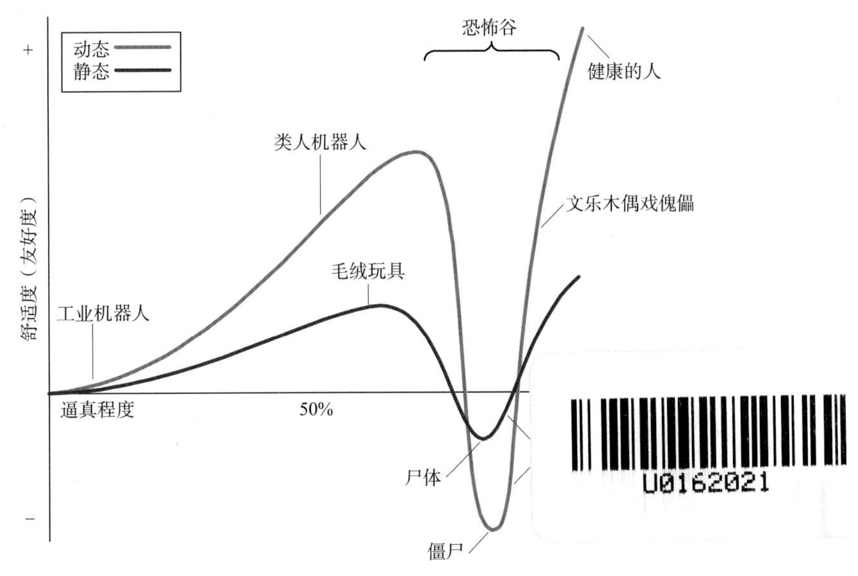

图 4.3　恐怖谷（由 Ho and MacDorman [2010] 提供）

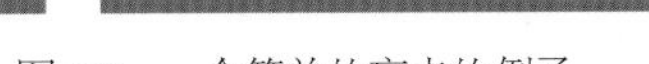

图 6.7　一个简单的盲点的例子

图 6.8　Ponzo 铁轨错觉

上面的黄色长方形看起来比下面的黄色长方形要大，尽管它们实际上大小一样。

图 6.12　残影效果

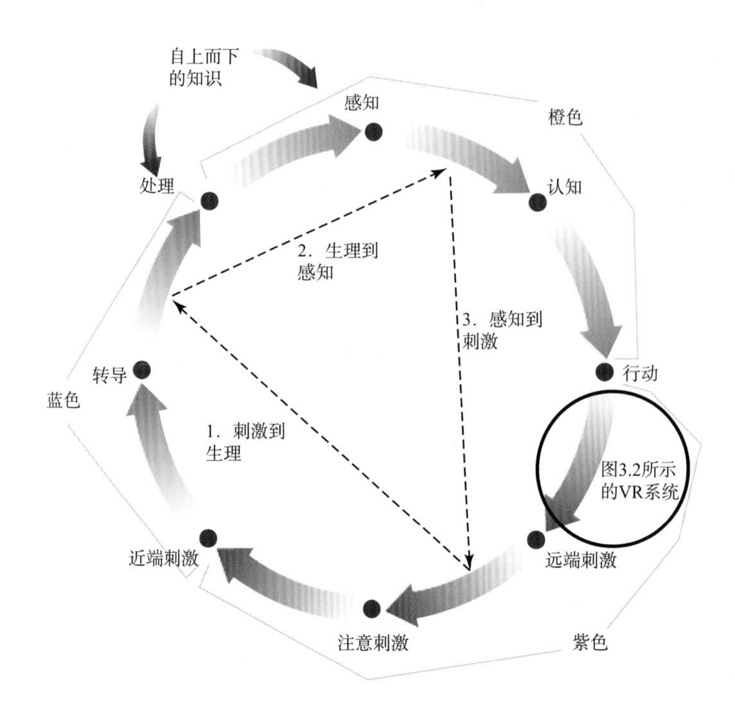

图 7.2　感知是一个动态的、不断改变的连续过程（改编自[Goldstein 2007]）

紫色箭头代表刺激，蓝色箭头代表感觉，橙色箭头代表感知。

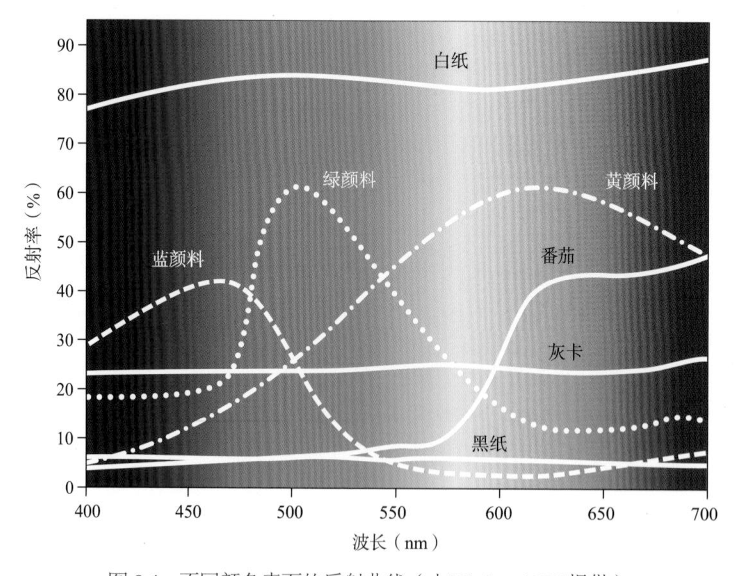

图 8.4　不同颜色表面的反射曲线（由[Clulow 1972]提供）

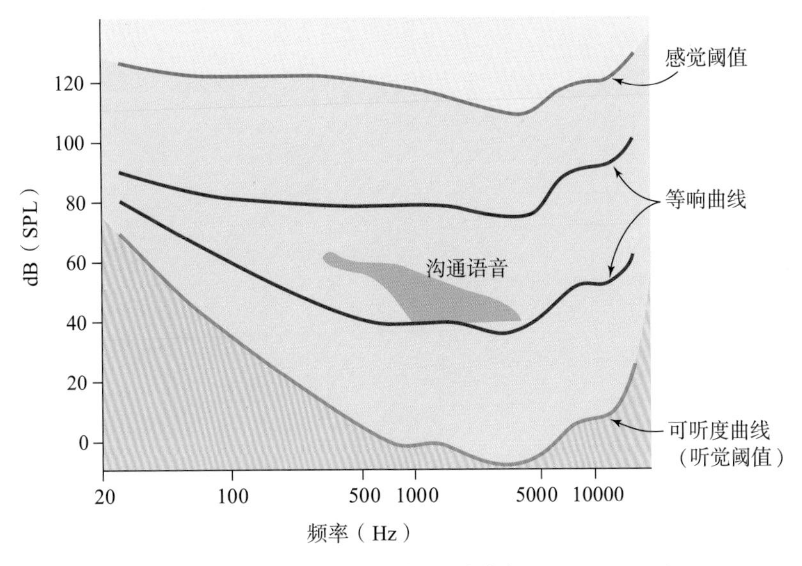

图 8.7　可听度曲线和听觉反应区（改编自[Goldstein 2014]）

可听度曲线上的面积代表了我们能听到的音量和频率。超过感觉阈值可能导致疼痛。

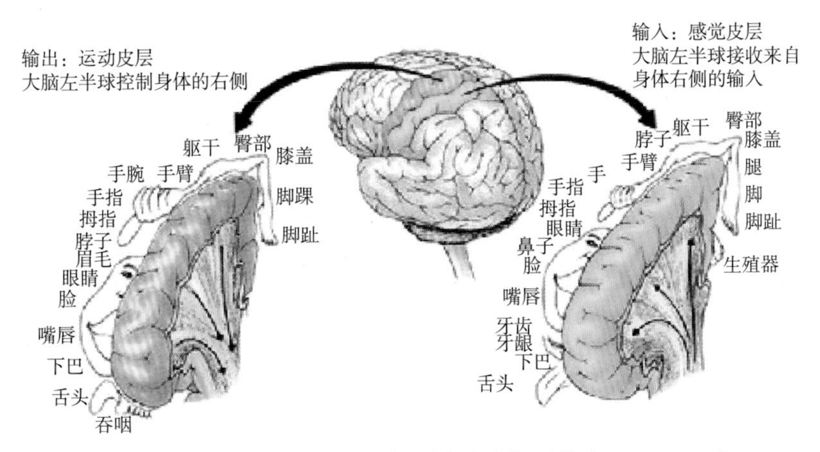

图 8.8　感官小人模型描绘了“大脑内部的身体”（基于[Burton 2012]）

图中每个身体部位的大小代表了该身体部位所占有的大脑皮层的数量。

这种视错觉艺术表明，有了一定的距离就可能难以区分2D绘画和3D建筑。

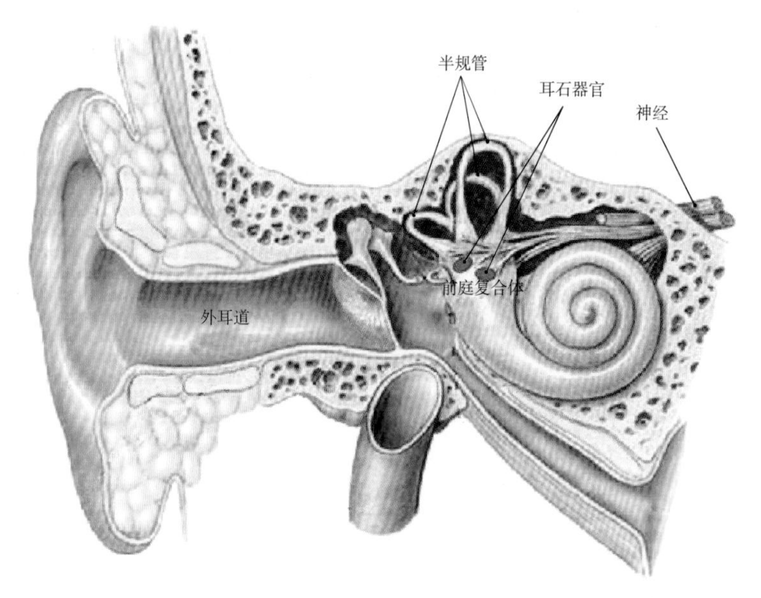

图8.9　外、中、内耳的剖面图，它们组成了前庭神经系统（基于[Jerald 2009]，改编自[Martini 1998]）

图9.1　维也纳耶稣会教堂穹顶

这种视错觉艺术表明，有了一定的距离就可能难以区分2D绘画和3D建筑。

图 9.7　由于空气透视，远处的物体具有较少的颜色和细节（感谢 NextGen Interactions）

图 10.1　展现用户重点关注区域的三维注意力图（摘自[Pfeiffer and Memili 2015]）

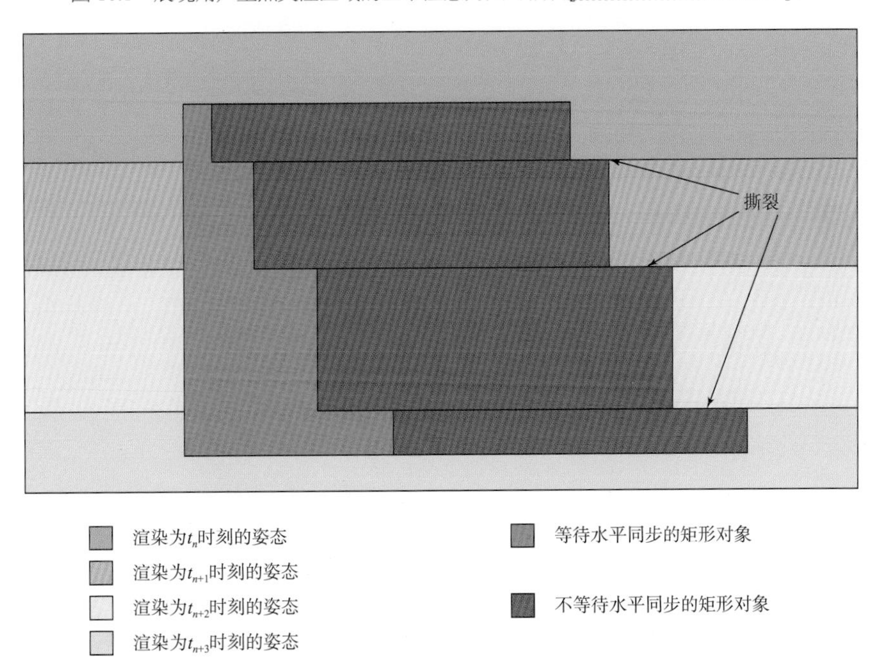

图 15.3　头戴显示器中显示一个矩形物体，当用户从右往左看时，紫色部分不等待垂直同步替换缓存，并覆盖了等待垂直同步的橘色部分。不等待垂直同步替换缓存会造成图像撕裂（改编自[Jerald 2009]）

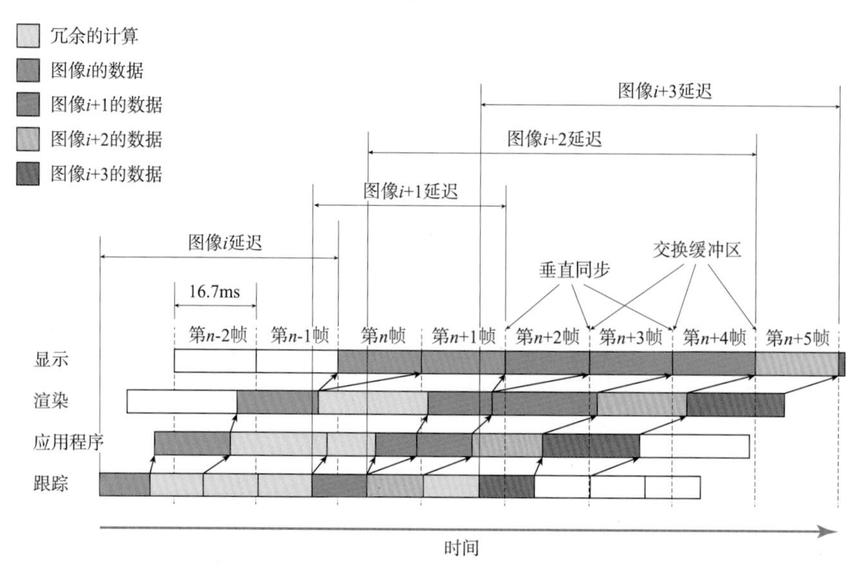

图 15.4　典型虚拟现实系统的时间图表（基于[Jerald 2009]）

图 20.5　蓝色的几何体连接着两个黄色的三维光标，即便是被中间的彩色方块堵住，但我们还是感觉这个几何体是连续的。同样，我们也会感觉左边那个光标射出的尖刺也是连续的，只不过穿过了方块。[Yoganandan et al.2014]

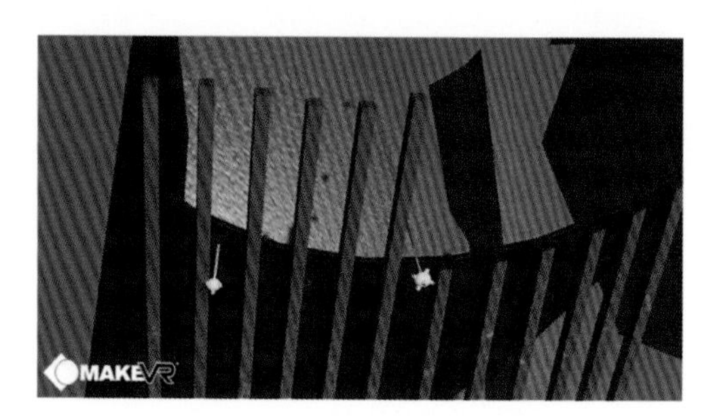

图 20.9　在 MakeVR 中利用相似原则搭建的抽象艺术（由 Sixense 提供）

图 21.1　色彩用于引导注意力（由 Digital ArtForms 提供）

左边场景中，彩色物体引导了用户的视觉注意力。在系统语音指示之后，圆桌和圆桌上的脑叶显示出颜色，提示用户现在可以和这些物体互动了。

图 21.3　在图片中央靠左的铁栅栏上能明显看出混叠现象（由 NextGen Interactions 提供）

图 21.9　血小板数据可视化渲染（由 Alisa S. Wolberg 在
NIH award HL094740 下的实验室提供，UNC CISMM NIH Resource 5-P41-EB002025）

这组生长在血小板（蓝色部分）上的纤维蛋白（绿色部分），对于普通人而言可能就是随机的多边形集合，但是对于十分熟悉这些数据的科学家而言，他们通过在头戴显示器中漫步所得到的影像有极大的价值。即便是如此简单的渲染，它所提供的大范围深度数据，以及交互效果所带来的对数据的全新理解也是使用传统工具所无法实现的。

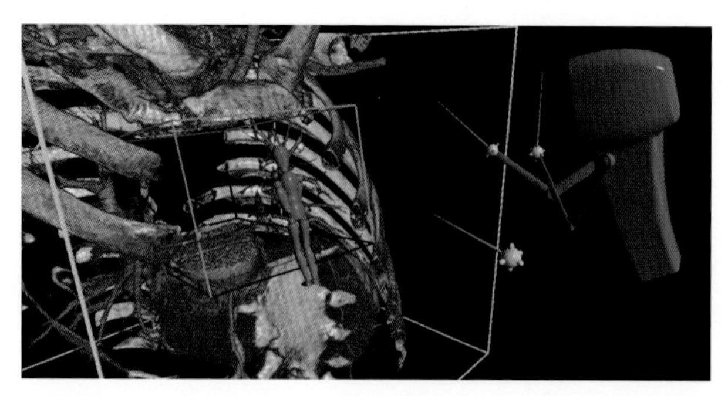

图 28.3　右侧的蓝色用户的化身通过捕捉、微调和重新塑形选择框（绿色头像前面的灰色框），在医疗数据集中挖出一定量的空间，中心附近的绿色头像正在数据集内部进行检查（由 Digital ArtForms 提供）

图 28.5　用于精密建模的参照夹具（由 Digital ArtForms 和 Sixense 提供）

左侧图像中的蓝色 3D 十字准线表示用户的手，用户可将橙色物体的左下角拖到网格点上（左）；用户按 15°的角度从圆柱体中切割出形状（中）；用户将使用线框查看的对象精确地捕捉到网格上（右）。

图 28.7　双手光标和连接这些光标的主轴，两个光标之间的黄点是旋转和缩放的中心点（来自[Schultheis et al. 2012]）

虚拟现实宝典

The VR Book: Human-Centered Design for Virtual Reality

以人为本的VR设计

[美] Jason Jerald 著
刘冠宏 黄立 冯元凌 等译
米海鹏 主审

電子工業出版社
Publishing House of Electronics Industry
北京•BEIJING

内 容 简 介

《虚拟现实宝典：以人为本的 VR 设计》是虚拟现实领域的一本经典著作，也是该领域第一本全面、系统阐述虚拟现实技术、交互设计的集大成之作。

本书分为七大部分，紧扣以人为本的主旨，阐述了虚拟现实系统的技术原理、基本设计流程、界面交互设计、健康与伦理等重要内容，不仅引导读者深度理解虚拟现实的设计机制，还鼓励读者深入思考创造虚拟世界所带来的伦理、心理和社会影响。

本书作者是虚拟现实领域的先驱人物之一，深耕虚拟现实领域已 20 多年，曾受邀为众多世界知名大公司组织设计了 70 多个虚拟现实系统。本书是他多年研究与实践经验的提炼与总结，兼具理论性与实践性，是业内人士不可或缺的一本技术指南与应用手册。

本书适合所有对虚拟现实领域感兴趣的人群阅读。

版权贸易合同登记号　图字：01-2018-5120

图书在版编目（CIP）数据

虚拟现实宝典：以人为本的 VR 设计 /（美）杰森・吉拉德（Jason Jerald）著；刘冠宏等译. —北京：电子工业出版社，2024.5

书名原文：The VR Book: Human-Centered Design for Virtual Reality

ISBN 978-7-121-47554-2

Ⅰ. ①虚…　Ⅱ. ①杰…　②刘…　Ⅲ. ①虚拟现实　Ⅳ. ①TP391.98

中国国家版本馆 CIP 数据核字（2024）第 062170 号

责任编辑：刘　皎
印　　刷：三河市良远印务有限公司
装　　订：三河市良远印务有限公司
出版发行：电子工业出版社
　　　　　北京市海淀区万寿路 173 信箱　　邮编 100036
开　　本：787×980　1/16　印张：24.75　字数：578 千字　彩插：4
版　　次：2024 年 5 月第 1 版
印　　次：2024 年 5 月第 1 次印刷
定　　价：129.00 元

凡所购买电子工业出版社图书有缺损问题，请向购买书店调换。若书店售缺，请与本社发行部联系，联系及邮购电话：（010）88254888，88258888。

质量投诉请发邮件至 zlts@phei.com.cn，盗版侵权举报请发邮件至 dbqq@phei.com.cn。

本书咨询联系方式：faq@phei.com.cn。

译者序

虚拟现实（Virtual Reality，VR）技术尽管早在半个世纪前就已萌芽，但直到 21 世纪的第二个十年才逐渐引起人们的广泛关注。如果说虚拟现实在 20 世纪的沉寂是在等待技术的完善，那么，随着技术不断迭代更新，今天虚拟现实发展的瓶颈越来越多地体现在设计层面。对于 VR 产品来说，技术和设计是两个不能相互替代的关键环节。如果缺乏对技术的认识，产品设计只是脱离实际的纸上谈兵；而如果缺乏对用户需求的理解和基本的设计理念，即使拥有成熟的技术，也无法带来良好的用户体验。Jason Jerald 的《虚拟现实宝典：以人为本的 VR 设计》一书就是为了打通虚拟现实技术与设计的两个环节而诞生的。

全书包括七个部分，概括了虚拟现实系统的技术原理和基本设计流程。作者不仅是本领域的资深研究者，也是一位经验丰富的虚拟现实设计师，已为谷歌、英特尔等数十家企业和组织设计了超过 70 个虚拟现实系统。因此，本书极具实操性，对于广大从业者来说是一本非常有价值的技术应用与设计手册，自出版以来，本书一直是 VR 实操领域最畅销的书籍之一。

虚拟现实在我国同样是一个蓬勃发展的产业。然而与行业的广阔前景相比，我们的人才教育却远不能满足行业发展的需要。目前，国内在 VR 相关人才培养上存在诸多不足，其中最突出的问题是技术人才与设计人才培养的脱节。一个普遍的怪相是，虚拟现实相关专业的教育高度侧重于技术训练，设计乃至更广泛意义上的美育教育长期被边缘化甚至完全缺位，而设计方向的专业教育内容又与技术特性相去甚远。由此产生的一个问题是：技术与设计长期割裂，技术人员缺乏设计理念，而设计者则不理解技术特性。这种脱节除了造成技术人员与设计师沟通不畅，更会严重影响 VR 产品的用户体验，甚至可能给使用者带来不良反应。因此，《虚拟现实宝典：以人为本的 VR 设计》一书不仅有助于弥补国内人才教育的短板，对于行业的健康发展也有积极的意义。

2023 年，苹果公司发布了旗下第一款 VR 产品 Vision Pro，在引起市场关注的同时也推动了 VR

行业的热度。预计在未来几年内，在硬件设备热潮的带动下，VR 行业的各上下游领域都将迎来快速发展的机遇期。目前，市场上现有的虚拟现实系统存在设计明显滞后、内容高度雷同等问题，未能跟上硬件发展的脚步。然而这一明显差距也必然会刺激各大厂商在 VR 内容供给方面发力，这对行业发展而言无疑是重大利好。相信在本书的帮助下，新人能更顺利地进入本行业，有经验的从业者也能更好地提升技术应用和产品设计能力，以更充分的准备迎接即将到来的行业发展浪潮。

本书翻译出版要感谢清华大学未来实验室的徐迎庆教授，在徐老师的牵头组织下，具体的翻译及其他事项才得以顺利推进。同时，书稿的最终成形也离不开团队其他成员的认真工作与辛勤付出，其中刘冠宏、黄立和冯元凌为全书翻译做出了重要贡献；韩奕、李佳炜、高婧、蒙超、孙浩在前期翻译阶段做了大量工作；胡佳雄、彭宇承担了书稿的校对工作，在此向所有团队成员表示感谢。由于译者水平有限，难免有翻译不当或错漏之处，敬请诸位专家、读者批评指正。

译者

2024 年 4 月

推荐序

引子

1981 年的那一天，我永远不会忘记。在历经近 15 年的研发之后，我坐在喷气式飞机的驾驶舱模型中，测试了第一款超级座舱。超级座舱是给飞行员佩戴的虚拟“座舱”，能够以交互式、实时的方式提供三维空间的视觉、听觉和触觉信息，飞行员可以通过手势和控制器、头部和眼部追踪以及语音输入与之交互。感官的呈现是沉浸式的，让飞行员感觉自己身处于一个三维的场所，而不仅仅是看着一个显示屏。这个想法旨在显著扩展飞行员感知、感觉和认知功能的“带宽”，以便改变人机融合系统的性能。

显示屏的视角范围达到了 120 度×60 度，借助头部的移动，它能够扫描出一个真实的半球形全视场。视觉显示的设计允许实现透视和遮挡模式，因此它包含了我们今天所知的虚拟现实、增强现实和混合现实的元素。我们将这个超级座舱模拟器称为“视觉耦合空中系统模拟器”。飞行员和驾驶舱的周围是一整个房间的计算机和图形处理器。尽管那是 1981 年，但我们的超级座舱的概念中已经包含了几个人工智能子系统，用于动态评估飞行员的意图和生理状态。一个飞行员状态监测系统不断评估飞行员的压力水平和意识状态。

在如此复杂的多感官显示环境中，为了减少飞行员负荷，飞行员意图推测引擎将所有飞行器系统的输入、飞行员选择的模式以及对外界环境的空间和状态意识进行融合，推测飞行员的意图，然后过滤、配置和显示飞行员执行任务所需的选定信息，以消除信息过载。

这是一个复杂的系统，但我们将利用它来研究构建超级座舱的最佳方式，该座舱最终可以应用于未来几代的飞机上。这将是有史以来首次真正以飞行员为中心的设计。

回到我的故事：时机终于来了。我坐在那里，满怀期待，看着同事们启动系统。一幅绚丽多彩的图像在我的视野中展开，让我惊叹不已。事先我就知道这将是前所未有的，但亲眼所见才是令我确信的证据。接下来的瞬间，我开始思考，甚至可能大声说出："这将改变一切。"不仅是人与计算机的互动方式，甚至可能还包括人与人之间的互动。它确实是我们感官和思维的一种交通系统。当时我还不知道，我的虚拟现实、增强现实、混合现实和人工智能的结合最终将诞生一个价值万亿美元的产业，并使我荣膺"虚拟现实之父"的称号！

今天，当我写下这篇序言时，我想起了那些虚拟现实的早期时代——那时，虚拟现实还只是一个新生的想法，更适合存在于科幻世界而不是我们的客厅、实验室和学府之中。那些最初对未知领域的探索将我们引领到了今天的位置：站在现实、虚拟和日益难以与我们物理世界相区分的交汇处。Jason Jerald 撰写的这本《虚拟现实宝典：以人为本的 VR 设计》是这段不可思议旅程的见证。它是一本必备指南，供那些不仅想了解虚拟现实背后技术，还想理解激发其中人性要素的人使用。

历史视角

我对虚拟现实世界的探索始于 1966 年。当时，虚拟现实只不过是一个令人着迷但难以捉摸的概念。在我的职业生涯中，我目睹了虚拟现实从一种推测性的幻想变成了一种实用工具，它提升了教育，辅助了复杂的外科手术，并在设计和娱乐领域开拓了新的维度。这种演变是由持续创新和对虚拟现实潜力的坚定信念推动的，它超越了物理现实的限制。虽然我是最早涉足虚拟空间的人之一，但我后面还有许多其他先驱者，正是站在他们的"肩膀"上，通往大脑的更广阔的信息传递通道被大大拓宽了。在这方面，Jerald 博士提供了一个简明准确的关于这些发展的历史课程，他自己也是先驱者之一。

以人为本的设计本质

这场技术之旅的核心是以人为本的设计原则。这种方法将人类的需求、能力和行为置于技术发展的前沿，对于创造既引人入胜又直观易用的沉浸式体验至关重要。《虚拟现实宝典：以人为本的 VR 设计》深入探讨了这一哲学，为读者提供了全面的理解，阐述如何设计能够深深触动人类的虚拟现实体验。

其中最重要的一点是：必须牢记虚拟界面与人的生理和心理密切相关。因此，为了设计和实现一个有效的界面，我们必须了解人类的运作方式，如果不了解这些，就可能伤害用户。我在这个领域的经验凸显了在虚拟现实开发的各个层面考虑用户视角的重要性。从开发军事飞行模拟系统的早期阶段到最近进军教育虚拟现实应用领域，重点始终是通过技术提升人类的表现、学习和享受。本书回应了此重点，为设计能够服务并提升人类精神的虚拟现实系统提供了一个蓝图。

关于本书

Jason Jerald 的作品以洞察的深度和内容的广度脱颖而出。本书涵盖了广泛的主题，从虚拟现实系统的技术基础到感官输入和用户互动的微妙之处。然而，令我印象最深的是本书对虚拟现实的人性关注始终如一：Jerald 不仅引导我们了解虚拟现实设计的机制，还鼓励我们思考创造虚拟世界所带来的伦理、心理和社会影响。

在众多引人入胜的主题中，虚拟现实开发中关于伦理的讨论让我深有共鸣。随着我们创造越来越沉浸和逼真的虚拟体验，关于用户心理健康、隐私和对现实感知的问题变得至关重要。这本书并没有回避这些艰难的问题，而是提供了深思熟虑的见解和实用的指南，帮助我们在复杂的虚拟现实伦理领域中航行。

只是为了让你知道，我在华盛顿大学、坎特伯雷大学和塔斯马尼亚大学的研究生课程中使用了这本书。我本人一共有四本：一本在学术办公室，一本在家庭办公室，一本在公司办公室，还有一份电子版保存在笔记本电脑上。这本书真的是关于沉浸式计算世界的经典和永恒之作，对于任何从事虚拟现实领域工作的人来说，都是必备的。

虚拟现实的未来

展望未来，很明显虚拟现实具有巨大的潜力，能够以深远的方式改变我们的生活。我们已经看到它在医疗、教育和娱乐等各个领域产生的影响。然而，虚拟现实真正的力量在于它能够连接我们——连接思想、经历，最重要的是连接彼此。在一个越来越数字化的世界中，虚拟现实提供了一种新的交互和理解的维度。

预测虚拟现实的未来既令人兴奋又具有挑战性。技术的进步，包括增强现实（AR）、混合现实（MR）和人工智能（AI），承诺使虚拟现实体验更加沉浸和易用。与此同时，我们必须对这些技术的伦理影响保持警惕。随着进一步探索虚拟领域，我们对以人为本的设计的承诺将成为指南，确保我们增强而不是削弱人类的体验。

结束语

《虚拟现实宝典：以人为本的 VR 设计》不仅是一本关于虚拟现实技术方面的指南，更是一个关于未来的宣言，一个未来科技为人类服务的宣言，它增强我们的能力，拓展我们的视野，加深我们的联系。Jason Jerald 创作了一部既及时又永恒的作品，书中提供的见解在虚拟现实不断发展的过程中仍然具有重要意义。

在虚拟现实领域，我们不仅是技术的创造者，更是体验的设计师。我们有能力构建能够教育我们、治愈我们、连接并激励我们的世界。本书提醒我们，世界的中心始终应该是人类——这项技术是由人类创造、为人类而存在的。它让我们深思对那些进入我们创造的世界的人的责任，确保这些虚拟空间不仅技术上先进，而且具有人文、包容和赋能的特性。

此刻，我向 Jason Jerald 深表感谢，感谢他对虚拟现实领域的宝贵贡献。《虚拟现实宝典：以人为本的 VR 设计》不仅是一本书，还是虚拟现实旅程中的里程碑。它概括了人机交互前沿领域的智慧、挑战和愿景。

对于读者，我想说：希望你在本书中不仅能够找到知识，还能够获得灵感。希望你透过以人为本的视角看到虚拟现实的潜力，并为构建能够提升、启迪和团结我们所有人的虚拟世界做出贡献。对于那些踏上虚拟现实开发之旅的人来说，这本书是一个必不可少的伙伴。对于那些对虚拟现实改变世界潜力感到好奇的人来说，它是一种启迪。对于所有相信以人为本设计力量的人来说，它是对我们共同愿景的再确认。

在此，我邀请您翻开书页，踏上探索、理解和获得灵感之旅。欢迎来到《虚拟现实宝典：以人为本的 VR 设计》。

哦，还有一件事，在阅读本书的同时，欢迎加入 Virtual World Society，这是一个非营利性的社区，由志同道合的人共同致力于利用我们这个时代的技术构建更美好的现实。

Tom Furness 教授

虚拟现实领域先驱，Virtual World Society 创始人

西雅图，2024 年

致中国读者

写在前面

自从《虚拟现实宝典：以人为本的 VR 设计》首次出版以来，虚拟现实的旅程仍在继续。这是一段充满起伏的美妙旅程。可以说，无论结果如何，只要回顾和反思我们的经历，学习总是会发生的。虽然我们人类在生物意义上保持不变，但新技术、知识和人际关系在许多方面都发生了巨大的变化。

上海之行

当我写下这些文字时，我不禁回想起 2023 年在上海参加 IEEE VR 会议时的情景。事实上，我查了一下我的日程，此时距离我上次到上海刚好是一年零一天，也恰好是会议召开满一年。巧合吗？也许是，也许不是。然而，研究人员知道，作为人类，我们的注意力是强大的，我们会注意到所关注的事物（10.3 节）。

我怀念中国的美丽以及人民的友善。我记得在黄浦江上的晚间游船上，高楼上飞舞的蝴蝶以某种方式形成了增强现实。我记得与许多中国人交谈，无论他们是虚拟现实领域的研究人员还是餐厅服务员，每一个人都很友好。我记得参观了壮观的上海自然博物馆，联想起这些展品与美国和墨西哥自然历史博物馆中的相似之处——虽然我们人类看起来可能有些不同，说话方式也不同，但我们在很多方面都是相似的。当然，我们都喜欢虚拟现实！

我还记得与一位朋友（前同事）朱泊霖的会面。记得我们第一次见面时，他给我留下了很深的印象，那时我们正在开展本书的工作坊活动，他工作得非常出色。遗憾的是，2020 年他回中国后我们无法留住他。不过，他以自己的方式继续这段旅程，创办了自己的公司 Owei Tech LLC（哦维科技），并取得相当大的成功。他在 NextGen Interactions 公司时，曾拓展了被动触觉（3.2.3 节）的研究，在基于位置的娱乐领域应用了类似的概念。他的公司为不同的虚拟现实解决方案提供商创建内容，包括 Elluxion、Movie Power、Rao π District 和 The Instinct Real Game 等基于位置的娱乐品牌和主题公园。他带我参观了其中一家，这家公司同时使用被动和主动触觉、重定向行走，最令人印象深刻的是一座将真实与虚拟世界相结合的优秀演员的 VR 游戏厅——做得非常出色，是我所经历过的最引人入胜的 VR 体验之一。

追忆 Brooks 博士

我在 2023 年 IEEE VR 会议上认识到的一件事是， Frederick P. Brooks 博士（《人月神话》一书的作者）在中国甚至比在美国更出名。我的一些同事组织了一个座谈会，重新审视了 Brooks 博士的开创性论文“What’s Real About Virtual Reality”。这使得和 Brooks 博士相关的话题成为会上的非正式主题，并且与我组织的座谈会主题“高风险事件下 XR 应用的挑战与机遇”一致。在座谈会上，大家提及了 Brooks 博士的信念：身为计算机科学家，我们应该成为工匠，帮助他人完成工作。

我曾有幸得到 Brooks 博士的指导，他给我那篇关于虚拟现实延迟的论文提供了宝贵的建议。在很长一段时间内，我曾对他所建议的分析头戴显示器延迟的想法持怀疑态度。毕竟世界上关心此话题的人寥寥可数。最终，我屈服了，并着手研究。多亏了他的人脉，我得以邀请几位该领域的专家加入我的论文委员会。即使在我毕业后，关心此问题的人似乎仍然只有论文委员会的这几位专家。然而，几年之后，我发现 Brooks 博士是正确的。随着 Oculus 将虚拟现实革命推向主流，人们开始意识到虚拟现实延迟的重要性，整个世界似乎突然都开始关注这个话题了。对延迟的兴趣使我有机会与几家公司合作，并最终促成我撰写了本书，否则我可能没有合适的人脉、资源或理由去做这件事情。

Brooks 博士对本书以及计算机科学/工程（以及其他学科）的许多领域产生了重大影响。每次与他交流，我都能获得一些新的见解，从而以新的方式思考。最早我从他那里学到的一件事是 1 字节不一定是由 8 比特组成。在那之前，我一直认为 1 字节中有 8 比特是一个公理和固有的真理。但在 Brooks 博士通过 IBM 的 System/360 系列计算机将 8 比特标准化成 1 字节之前，其他计算机使用的是 6 甚至 7 比特。现在回想起来，1 字节有 8 比特似乎是显而易见的，但如果如此显而易见，为什么其他人没有这样做呢？想象一下，如果 1 字节只有 7 比特，世界将会多么不同，数学会变得多么具有挑战性？也许作为计算机科学家，我们不会如此关注 2 的幂次方。

Brooks 博士最为人所熟知的是他撰写的《人月神话》一书。这本书引入了一些概念，例如现在被称为敏捷开发的概念，而其他思想领袖要到几十年后才能理解。然而，他的贡献远不止于此。与本书密切相关的是他的著作 *The Design of Design*。但他的许多贡献并未被记录下来。多年来，他个人的建议和反馈对本书产生了重大影响。他对我的论文的修改（有时令人痛苦）涵盖了从高层的概念到语法的改进，以使观点更加清晰。我从他那里学到的一件事是写作可以促进更好的思考；我不仅成为了一名更好的写作者，也成为了一名更好的思考者。撰写本书无疑使我能够更清晰地思考虚拟现实设计，并使我成为一名更好的沟通者，而这是我担任 NextGen Interactions 首席执行官时必须具备的一项至关重要的技能。

Brooks 博士未能参加 2023 年的 IEEE VR 会议，因为他不幸于 2022 年年末去世。他在北卡罗来纳大学教堂山分校任职近 60 年（在 IBM 工作了近 10 年后），学校为他举行了一次追思会。尽管这是令人悲伤的，但也是一次庆祝。他的许多学生都发表了讲话，我们在他的故事和对他的回忆中建立了联系。从这个活动中可以清楚地看出，他不仅对世界做出了直接贡献，而且他的许多学生也做出了重大贡献。如果没有他，世界肯定不会是今天这个样子。那个周末，我记得我徘徊在 Brooks 博士办公室外，回忆起曾经在同样的地点等待我们每周会议的时光，时而耐心，时而紧张。一位工作人员看到我，记得我是 Brooks 博士的学生之一，便问我是否想进去看看。于是他打开门让我进去，并关上了门，让我能完全沉浸于此刻。Brooks 博士的办公室与我记忆中的一模一样，到处都是一堆堆的文件……两个咖啡杯、胶带、回形针和一些文件摆在他的桌子上，仿佛他当天早上刚刚离开。在他的书架上，放着我送的《虚拟现实宝典：以人为本的 VR 设计》一书的早期副本。那一刻，我几乎感动得忍不住流泪，既谦卑又自豪：因为像他这样的人将这本书放在办公室中占据一席之地，是本书莫大的荣耀。

在追思会上，Russ Taylor 博士总结了 Brooks 博士那些简单而又独到的见解。我们都知道，简单比复杂更难实现，而 Brooks 博士以直接简明的陈述方式提供洞见的能力无人能及。我猜测，和我们一样，他并非自动产生那些有力的洞见，而是通过一生的学习和努力逐渐领悟到的。以下是他的一些洞见：

You can only steer a moving ship.
There's no right way to do a wrong thing.

Be careful not to provide more verisimilitude than veracity.

You learn what you know as you write.

Build one to throw away. And then throw it away.

Sometimes it is better to be specific and wrong than to be vague.

当然，还包括这条 Brooks 定理：

Adding people to a late project makes it later.

科技变化迅速，而人类变化缓慢

自撰写《虚拟现实宝典：以人为本的 VR 设计》一书以来，尽管技术和许多虚拟现实的发展已经取得了进步，但人类心理仍然保持不变。我尽力以一种能够经久不衰的方式写作，虽然其中一些术语可能有所变化，研究肯定会有所拓展，但我很高兴地说，所有核心概念仍然适用。话虽如此，我对其他人采取的一些方法感到惊喜，这些方法可以为人类提供更愉悦的体验，这是我自己也没有想到的。然而，有惊喜也并不奇怪。如果《虚拟现实宝典：以人为本的 VR 设计》涵盖了一切变化，那我会更吃惊。不过，我相信本书为设计新的方法和技术提供了坚实的基础。

明天会更好

未来有可能会令人害怕，但它也可能令人兴奋，更重要的是，它会不断改善。尽管世界上仍有很多令人讨厌和悲伤的事情（媒体也经常强调这一点），但统计数据告诉我们一个完全不同的故事——从大多数指标来看，世界正在以加速度改善：贫困减少了，预期寿命增加了，教育水平提高了。当然，虚拟现实技术也有了显著的改进。

这些改变并非偶然发生，而是由善良的人们努力使真实世界和虚拟世界变得更好而实现的。虚拟现实不会偶然改善世界和人类，而是依赖我们每个人的努力、为更大的利益而奋斗。我们不应该害怕未来，而应该像英雄那样去拥抱它，让虚拟世界和真实世界变得更美好。在 NextGen Interactions 公司，我们相信，发现并解决虚拟现实能够应用（对世界影响最深远）的使用场景，是我们道义上的责任。虽然你的使命可能与我们的不同，但我相信你会善加利用本书和虚拟现实技术。

结语

生逢一个多么美好的时代啊！祝愿你在创作中好运，希望有一天能够亲自在会议上了解到你的工作，或者也许我们会在某个看似偶然的地方巧遇。

Jason Jerald

CEO, NextGen Interactions

Raleigh, North Carolina, USA

前言

我一直想写一本关于虚拟现实（Virtual Reality，VR）的书，给读者带来一种独特的观点，而不是为了写书而写书。2014 年秋天参加 Oculus Connect 大会时，灵感终于闪现。Oculus Crescent Bay 的展示令我意识到现在的硬件已经很强大了。这个强大不是偶然，而是世界上最优秀的工程师们为了克服技术挑战而勤奋工作的结果。学界当前最需要的是使内容开发者理解虚拟现实所使用的人类知识，这样才能设计舒适的体验（比如避免呕吐感），并在这类沉浸式作品中创造直觉的交互。我意识到自己不应该只专注于技术实现，而应该开始关注虚拟现实及其设计中更高层级的挑战。专注于这些问题能够给当前的业界提供最多的价值，这也是我们需要一本虚拟现实新书的原因。

为了不把宝贵的时间浪费在与出版社漫长艰难的沟通中，我最初计划自行出版这本书。但很巧的是，在我决定写书的几天之后，John Hart 教授联系了我。他是我本科时期的指导教授，也是 *ACM Books* 计算机图形学系列的编辑。他告诉我 Morgan & Claypool 出版社的 Michael Morgan 想要出版一本关于虚拟现实内容创作的书，而他认为我是最好的人选。由于出版方对这本书的期望和我的想法一致，所以我很高兴地接受了这份邀请。

我将自己近 20 年来 30000 小时的个人研究、应用、笔记及与 VR 晕动症相关的内容汇聚到了这本书中，经过 2015 年 1 月到 6 月间的疯狂写作和编辑，总结了我 20 年的虚拟现实事业。所有在本领域努力工作的人都知道，时机就是现在。在完成几份合同后，我终于能将生活中其他的琐事搁置一旁来专心写书（委托人想必非常理解），有时一周写 75 小时以上。我希望这种追求时效性的赶工没有影响本书的整体质量，我也一直在寻求反馈。如果有任何错误、不清楚或者遗漏的重点，请联系我（book@nextgeninteractions.com），以便在未来的版本中更正。

一切始于 1980 年

我对虚拟现实系统和应用开发的兴趣大部分来自我的父母。一切从我六岁时开始，那时我非常想要一台雅达利的游戏机，但是家里难以负担，但我想办法在 1980 年的圣诞节得到了它。到了 1986 年，母亲为了戒掉我的游戏瘾，拿走了我所有的游戏，这迫使我用家里的 Commodore 64 来自己开发游戏（有高级的 2D 精灵效果！）。我自学了编程和基本的软件设计概念，比如，简单的计算机图形学和碰撞检测的知识，结果这些对虚拟现实的开发也很有帮助。值得庆幸的是，母亲在那时放弃了戒除我的游戏瘾的想法。这也得益于我的父亲，1992 年我上高三的时候，他在自己上班的设计公司给我找了一份实习工作。我的任务是把打印机印出的设计图递给设计师。这个活儿工作量不大，于是我便利用剩余的时间学习了 AutoCAD 和 3D Studio R2 （远早于当今的 3ds Max）。很快，在夜晚和周末这些无人问津的时间里，我就能把 2D 建筑图纸转换为 3D 世界，还做了一些不好看但有平面阴影的多边形动画。

SIGGRAPH 1995 和 1996

虽然我遗憾地错过了 1994 年的 SIGGRAPH（Special Interest Group on Computer Graphics and Interactive Techniques），但还是得到了创造虚拟世界和其他相关概念的学术会议记录。没多久，我发现 SIGGRAPH 有学生志愿者项目，便意识到自己可以利用这个机会参加会议。在知道自己错过了什么之后，便不会再轻易放过机会。我找到了和 SIGGRAPH 关系深厚的 John Hart 教授，他之所以推荐我一定是因为我对计算机图形学充满了主动性和热情，毕竟我没有上过他的课。John 后来成了我本科的指导教授，也是本书的编辑。他多年来的建议和 SIGGRAPH 都深刻地影响了我的事业。十几年后，我带领了 SIGGRAPH 学生志愿者项目，以此感谢它在计算机图形学领域的启发。

我有幸参加了 1995 年的 SIGGRAPH 学生志愿者项目，在那次于洛杉矶举办的会议上，我首次体验了虚拟现实并被它深深吸引。我从来没参加过这种等级的会议，与会人员和会议规模都深深地打动了我。在这个世界上我并不孤独，我终于找到了“同志”。不久以后，我找到了我第一位虚拟现实方向的导师——Richard May，他现在是美国国家可视化和分析中心（National Visualization and Analytics Center）的主任。我充满热情地跑去 Battelle Pacific Northwest National Laboratories 帮他开发世界上第一个沉浸式的 VR 医疗应用。1996 年我和 Richard May 再次参加了在新奥尔良举办的 SIGGRAPH，那次大会令我更加钟情虚拟现实方向。当时 VR 盛况空前，我还记得在会上有两件决定了我未来的事情：一件是赫赫有名的 Frederick P. Brooks Jr.和他的学生 Mark Miné 举办的虚拟现实交互课程；另一件是一个 VR 的示例应用，我至今还记忆犹新，它仍然是我最敬重的示例应用之一：它是一个虚拟的乐高世界，用户在里面可以通过拼接乐高积木，以一种非常直观的方式轻易地在自己身边构建世界。

1996 年之后

1996 年的 SIGGRAPH 是一个转折点，它让我认清自己真正想做的。从那之后，我很幸运地认识了很多激励我的人，并与他们共事，他们的工作及指导也在很大程度上促成了本书的诞生。

从 1996 年开始，在 Brooks 教授的影响下，我从 HRL 实验室转去 UNC-Chapel Hill 探索虚拟现实发展的下一个阶段。之后，我成功说服 Brooks 成为我的博士导师，指导我研究 VR 延迟问题。他的著作《人月神话》和《设计原本》深刻影响了我的事业，在本书第六部分中我大量引用了这两本书的内容。同时他对第二部分以及第 16 章的贡献也非常大，因为该章的部分内容来自我在他指导下完成的博士论文。他对 Mark 在 VR 交互上开创性的工作建议，也间接影响了本书的第五部分。我现在也很难想象，在 Brooks 教授制定规则以前，作为所有数码技术基础的“字节（byte）”并不总是含有 8 比特（bit）。现代很多计算机科学家默认的由 8 比特组成 1 字节的公理，是 Brooks 教授在 20 世纪 60 年代制定的。这只是他对计算机领域众多贡献的一个代表，在虚拟现实领域他有更多这样的特殊贡献。作为一个在仅有 1200 人的小城镇长大的孩子，能来到国家的另一边师从一位 ACM 图灵奖（计算机科学界的诺贝尔奖）得主，现在依旧令我难以置信。我永远感激 Brooks 教授和 UNC-Chapel Hill 接收了我。

2009 年，我采访了 Digital ArtForms 的总裁 Paul Mlyniec。在采访过程中我了解到，他就是带领了当年 SIGGRAPH 乐高项目的人，而那个项目激励了我十多年。该项目的交互界面首次使用了本书提到的“3D 多点触控模式”，该交互模式在当时至少领先了 20 年。六年来，我和 Paul 及他的 Digital ArtForms 公司合作了很多项目，包括一个在 3D 多点触控上进行改进的项目（Sixense 的 MakeVR 也利用了同样的视角控制方式）。我们现在正在合作一个有关神经科学教育的沉浸式游戏项目，由美国国家卫生研究院资助。Sixense 和 Wake Forest School of Medicine 也参加了该项目。除此之外，本书也提到了很多 Digital ArtForms 和它的姐妹公司 Sixense（在 Paul 的帮助下成立）的其他项目。

今天的虚拟现实

经过了 20 世纪末漫长的冰河期之后，虚拟现实在 SIGGRAPH 占据了前所未有的比重，VR Village 作为虚拟现实专区出现，我也荣幸地组织了沉浸现实竞赛（The Immersive Realities Contest）。鉴于我和 SIGGRAPH 之间多年来的深厚感情，这本书很适合在我与 SIGGRAPH 和虚拟现实相遇 20 周年之际发布在 SIGGRAPH 的书店（Bookstore）中。

我在撰写关于头戴显示器延迟感知的博士论文时曾开玩笑地说，世界上可能只有十个人对 VR 延迟有兴趣，其中有五个在我的博士学位委员会里，而且这五个人还在三个不同的时区。到了 2011 年，人们更加需要这方面的知识。我还记得在与 Sixense 的首席执行官 Amir Rubin 吃饭时，得知他对商品化的游戏用头戴显示器很感兴趣。而我认为这个想法非常疯狂，那时在我们的实验室里都很难让虚拟现实顺利运行，他却想把虚拟现实放入人们的客厅。他也很想和 Valve 或者 Oculus 这样的公司合作。这三家公司都在致力于让高质量的 VR 设备更加便宜。到了现在，突然每个人都想体验虚拟现实。可以说，正是这些公司的努力让虚拟现实从专业的实验室内部仪器变身为面向所有消费者的主流消费产品。现在几乎虚拟现实领域的所有人都对 VR 延迟及其挑战（尤其是虚拟现实中最大的风险——晕动症）有基本的认识。更棒的是，我曾经找不到的超低延迟硬件技术（例如，低持久性 OLED 显示屏），现在正在被三星、索尼、Valve 和 Oculus 等巨头企业批量生产。而当时的我却不得不自己建造、模拟，我做得最好的一版在以每秒 1500 帧的速度追踪和渲染时只有 7.4 毫秒的延迟。时代变了！

在过去的 20 年里，追求虚拟现实确实仅仅是一个梦想。在那段时间里，我认真地考虑过创办一家专门从事虚拟现实的公司，但是直到最近才有可能去实现它。现在的虚拟现实正在兑现 20 世纪末的承诺，它更像一个真实的想象，而不再是一个简单的梦想。描述我现在的这种感觉就像是试图描述一种虚拟现实体验。我无法用语言来表达能够成为虚拟现实研究领域的一部分，并且为虚拟现实的巨大变革贡献力量的感觉。通过 VR 咨询和承包公司 NextGen Interactions，我有幸能与世界上最好的公司合作，从而将过去只能想象的事情变为现实。

虚拟现实与迄今为止的任何技术都不同，它不仅可以改变虚构的人造世界，还能够改变人们的真实生活。我非常期待看到这个领域在未来 20 年的新发现和新创造！

目录

第二部分 感知

第三部分　健康危害

第五部分 交互

*29 交互：设计准则 272

第六部分 迭代设计

30 迭代设计的哲学 285

*31 定义阶段 289

*32 制作阶段 305

*33 学习阶段 324

*34 迭代设计：设计原则 344

第七部分 未来从现在开始

35 虚拟现实的现在与未来 358

概述

虚拟现实能够用一种看起来没有限制的方式让我们的大脑直接接触数字媒体。然而，创造扣人心弦的虚拟现实体验是异常复杂的挑战。如果实现得好，那么会得到很好的、令人愉快的体验，甚至能够超越真实世界的局限。如果实现得不好，不仅会让用户失望，还会导致身体不适。糟糕的虚拟现实体验非常多，部分失败是由于技术的限制，但大多数是因为缺乏对感知、交互、设计原则和真实用户的理解。本书通过强调虚拟现实中的人为因素来讨论这些问题。实际上如果不能正确理解人为因素，那么无论什么技术都不能让虚拟现实摆脱实验室工具的角色。即使在完全理解虚拟现实原则的情况下，虚拟现实的初次实践也常常因为它本身的复杂特性和无数可能性而不那么新颖、不怎么理想。本书讨论的虚拟现实原则将让读者能够巧妙地用设计规则进行尝试，并且迭代设计出开创性的体验。

历史上，大多数虚拟现实创意者都是工程师（包括我），他们技术和逻辑经验丰富，但缺乏对人自身的理解。这主要是因为虚拟现实领域以前充满了技术挑战，如果没有工程背景便很难实现一个虚拟现实体验。遗憾的是，我们工程师总是相信“因为我是人类，所以我了解其他人，也知道什么对他人行之有效”。然而人们对世界的感知和与之交互的方式是非常复杂的，通常并不基于逻辑、数学或者用户手册。如果坚持通过工程和逻辑来认知这些专业知识，那么虚拟现实注定会完蛋。我们需要接受人类原有的感知和行为方式，而不是通过逻辑来推知它们应该是什么样。工程总是必不可少的，因为它是虚拟现实系统的核心，其他东西都建立在此基础上。但是虚拟现实本身展现的是技术和心理学之间完美的相互作用。为了做好虚拟现实，我们必须同时了解这两个方面。

有技术思维的人通常不喜欢“体验”这个词，因为它偏向主观而不重视逻辑。但是当问到他们最喜欢的工具或者游戏时，以工具为例，他们往往会在谈论一个工具用起来体验怎么样的过程中传达情绪。他们并没有意识到，当自己谈到觉得它怎么样时，其实就是在表达情绪。观察他们打电话时，被一个设计糟糕的语音系统来引导寻求技术支持时的反应就会发现：在遇到挫折时，他们很可能会放弃导致这次通话的产品，并且以后再也不会从这家公司买东西。体验对一切事物都非常重要，工程师也不例外，因为它会一点一滴地影响我们的生活质量。对于虚拟现实而言，体验更加重要。为了创造高品质的虚拟现实，我们需要不停地询问自己和他人，对我们所创造的虚拟现实世界感觉怎样。体验能够被理解和享受吗？还是说它要么让人不知道该怎么使用，要么就让人沮丧、头晕？如果虚拟现实体验能够像生活中的其他东西一样被直观理解、易于控制并让人舒适，那么就会让人产生一种掌控感和满足感——这种体验背后其实就是它有效运行的“逻辑”。情感和认知是紧密相连的，通常认知合理的决定实际上是由情感做出的。在创造虚拟现实体验的时候必须兼顾情感和逻辑。

0.1 本书涵盖的内容

本书专注于以人为本的设计（Human-centered design）—— 一种将人的需求、能力、行为放在首位，通过设计来适应这些需求、能力和行为方式的设计哲学（Norman，2013）。更准确地说，本书专注于虚拟现实中与人相关的因素——用户如何感知多样化的现实并与之自然地交互、导致晕动症的原因、创造让人愉快和有用的内容，以及如何设计并迭代有效的虚拟现实应用。

好的虚拟现实设计从理解科技和人类感知开始。它需要人和机器之间的良好沟通，表明什么交互是可行的，什么交互是正在发生的，以及什么是将要发生的。以人为本的设计来自观察，由于人们常常忽视自己的感知过程和交互方式（至少在虚拟现实领域，这个方式很有效）。要了解虚拟现实体验的规范是很困难的，因为很少有虚拟现实创造者能够在自己的前几个项目里做好。实际上，就算是虚拟现实专家在创造新颖的体验时，也无法一开始就做出完美的定义。以人为本的设计原则就像精益化方法一样，要避免在一开始就完全定义问题，而是需要通过真实用户来快速测试想法，并在此基础上迭代重复修改。

开发直观的虚拟现实（Intuitive VR）体验，不能只从工程方面如软/硬件角度考虑（比如，我们所要做的工作，并不仅是指明如何基于现有硬件有效地呈现最高分辨率的图像）。为了帮助读者创造高质量的虚拟现实应用，本书会用一部分内容来讲述人脑是如何工作的。然而，虚拟现实设计不仅涉及技术和心理学，还关系到更多的学科。虚拟现实是一个无法描述的复杂挑战，研究、设计和实现高质量的虚拟现实需要具备对多学科知识的理解，包括行为和社会科学、神经科学、信息和计算机科学、物理学、沟通交流，艺术甚至哲学。在虚拟现实的设计和实现的反思上，[Wingrave and LaViola, 2010]指出：“实践者必须是木匠、电工、工程师、艺术家和胶带与魔术贴的大师”。本书采取广泛的角度，将对多种学科的深入见解用于虚拟现实设计。

总之，本书提供了基本的理论、和虚拟现实有关的多种概念、让理论和概念更容易理解的一些示例、一些有用的指南及一些基础知识，以帮助读者为尚未存在的虚拟世界做更深入的探索和交互设计。

0.2 本书未涵盖的内容

关于虚拟现实的问题要比答案多得多。本书的目的不是尝试提供所有的答案。虚拟现实覆盖了一个比真实世界更大的想象空间；没有人能够拥有真实世界的所有答案，所以试图找到虚拟世界的所有答案也是不切实际的。事实上，本书试图帮助读者在创意和非凡体验的基础上继续创新并迭代。尽管本书无法覆盖虚拟现实的所有细节，但它阐述了很多话题并详述了最重要的部分。最后，我们为那些想深入学习的读者提供了参考文献。

在某些情况下，本书介绍的概念遵循易于理解的原则或者来自有定论的研究（尽管有定论的研究也很少能够百分之百覆盖所有情况）。在某些情况下，概念不一定是“真理”，但是对思考设计和交互会有帮助。学习理论固然是有用的，但是虚拟现实的开发更需要遵循实用主义。

尽管本书有一个简短的章节介绍如何开始（第 36 章），也介绍了一些实施中的小技巧，但本书不是一本介绍如何按部就班地实现虚拟现实系统的案例教程。实际上，本书特意避开了代码和公式，以便于读者理解（参考资料提供了更多细节）。

尽管研究人员在几十年中一直在进行虚拟现实实验，却离挖掘出虚拟现实的全部潜力还差很远。虚拟现实不仅仍有很多未知的东西，而且它的实现很大程度上还取决于具体的项目。比如，一个手术训练系统比一个沉浸式电影更难实现。

0.3 本书适合哪些读者

本书适合在虚拟现实项目里工作的整个团队，而不仅是设计师。我们希望本书成为从事虚拟现实相关工作的所有人的学习基础，也希望它能架起学术研究和实践之间的桥梁。本书也适合想创造非凡体验的人们，比如，设计师、经理、程序员、艺术家、心理学家、工程师、学生、教育者、用户体验专家，它能使整个团队对虚拟现实有共同的认知。虚拟现实项目中的每一个人都需要至少理解感知、晕动症、交互，内容创作和迭代设计的基础。虚拟现实需要多学科的专家从他们自己独到的方面做出贡献，但也至少要了解一点以人为本的设计，以确保和团队成员之间能够有效交流并且能将各个部分融合为一个无缝的、高质量的体验。

读者请根据自己的背景、兴趣及想要如何实践书中的内容来阅读本书。

1. 入门者

建议对虚拟现实完全陌生、想对虚拟现实有一个高度概括性了解的读者先阅读第一部分。在此之后，可以跳到第七部分。当理解了这些基础性内容之后，就能看懂第四部分的多数内容了。读者对虚拟现实了解得越多，也就更容易理解其他部分。

2. 老师

本书非常适合作为跨学科的虚拟现实课程，老师可以选择与课程目标、学生兴趣最相关的章节。我们强烈建议任何虚拟现实课程都采取以项目为中心的教学方式。

第 36 章给出了第一个项目的大纲，虽然可能与课程项目略有不同。

3. 学生

通过第一部分的学习，学生能够对虚拟现实的核心有所理解。对想要掌握理论的人来说，第二部分和第三部分是非常有价值的。对于从事虚拟现实项目的学生而言，他们也需要了解对实践者的建议。

4. 实践者

想立即得到能应用于自己虚拟现实作品中的关键要点的实践者，可以从目录上有星标（*）的实践者章节开始（大部分在第四部分到第六部分）。尤其推荐阅读在每部分末尾处、用多章讨论一个主要话题的设计指南章节。大部分指南提供了能够回溯到含有更多细节的相关章节的索引。

5. 虚拟现实专家

虚拟现实专家可以把本书作为参考，不必花时间阅读已经熟知的材料。参考资料也可以帮助虚拟现实专家开展进一步的调查研究。专注于头戴显示器的专家会发现第一部分对理解头戴显示器如何与 VR 和 AR（增强现实）的其他实现相结合十分有用。对现有应用的实现方法有兴趣的读者不会觉得第二部分有用，但是对那些想要设计新的虚拟现实形式或者交互的读者而言，这部分有助于他们理解人们是如何感知这个世界的，从而帮助他们创造新颖的产品。

0.4 本书参考文献说明

书中参考文献引用主要采用但不限于以下格式：

为了让想法能够永存，我们必须将它转化为结构化的形式，即 Norman[Norman 2013]所说的世界中的知识。

[Kennedy and Lilienthal 1995]用姿态稳定性测量方法对比了使用虚拟现实之后的模拟器眩晕和醉酒状态的眩晕。

微信扫码封底二维码，可获取本书参考文献和链接资源。

0.5 七部分内容的综述

第一部分，简介与背景。介绍了虚拟现实的背景，包括一段虚拟现实的简史，不同形式的虚拟现实和相关技术，以及将在后续章节将进一步讨论的某些重要概念的宽泛介绍。

第二部分，感知。通过介绍“感知”的背景，让虚拟现实创造者了解人如何感知周围的世界并与之交互。

本部分是一个知识框架。读者不仅能实现后面章节中讨论的想法，而且能更深入地理解为什么有些技术有效而有些无效，从而扩展这些技术，并在不引发人为问题的情况下机智地尝试新概念，且知道什么时候打破规则是合适的。

第三部分，健康危害。介绍虚拟现实面临的最大挑战并在宏观层面帮助减少这项最大风险：VR晕动症。百分之百消除所有人的晕动症也许是不可能的，但如果我们理解它发生的原因，那么就会有很多方式让它显著减少。此部分还讨论了其他负面影响，比如，受伤的风险、癫痫和副作用。

第四部分，内容创作。讨论了设计和构建资源的高层概念，以及细微的设计选择如何影响用户行为。例如，故事创作、核心体验、环境设计、寻求帮助、社交网络，以及将现有的内容移植到虚拟现实中。

第五部分，交互。介绍了如何设计用户与所在场景的交互方式。对于很多应用，我们想要创作一个更加主动的体验：让用户能沉浸其中而不只是简单地环顾四周；我们让用户可以伸手、触摸或是操控这个世界，希望以这种让用户把自己当成世界的一部分，而不仅是被动观察者的方式来赋予用户自主权。

第六部分，迭代设计。介绍了几种不同的创作、实验、提高虚拟现实设计的方法。虽然单个项目可能不会用到所有的方法，但是理解全部方法有助于在适当的情况下应用它们。比如，你可能不想做一个正式而严肃的科学用户实验，但是你需要理解这些概念，从而最小化干扰因素导致的错误结论。

第七部分，未来从现在开始。总结全书并讨论了虚拟现实的现在和未来，提供了一个简洁的启动计划。

第一部分　简介与背景

什么是虚拟现实？它由什么组成？它能用在什么地方？虚拟现实到底有什么特别之处，而让人们如此兴奋？开发者如何让用户感觉自己处在一个虚拟世界？本部分会回答这些问题并介绍基本背景，之后的章节都建立在此基础之上。本部分作为一个可供选择的高级工具箱，囊括了多种可选项，比如 VR 和 AR 的不同形式、不同的硬件选择、向感官提供信息的不同方式及引导用户的方式。

第一部分由介绍虚拟现实基础的 5 个章节组成。

第 1 章，虚拟现实是什么。本章先从高层级描述虚拟现实是什么、适用于什么。描述了各种交流形式——由虚拟现实设计师创造的用户与系统间的交流，这是虚拟现实是什么的核心。

第 2 章，虚拟现实的历史。本章从 19 世纪出现的立体镜开始介绍虚拟现实的历史。虚拟现实的概念和实现方式都不是新鲜事物。

第 3 章，各种现实的概述。讨论各种现实的形式，比如，真实世界、增强现实、虚拟现实等。鉴于本书是关于完全沉浸式的虚拟现实的，本章介绍了在相关的技术中虚拟现实的定位，并且从高层级概述了可以用于部分 AR 和 VR 系统的不同输入输出硬件。

第 4 章，沉浸感、临场感和现实的权衡。讨论了常用术语——沉浸感和临场感。读者可能会惊讶：现实性不一定是虚拟现实的目标，尽管能够很完美地模拟现实，但仍需要在试图完美模拟现实时进行权衡。

第 5 章，基本：设计指南。对第一部分的总结，并且为想创作虚拟现实体验的人提供少量设计准则。

1 虚拟现实是什么

1.1 虚拟现实的定义

虚拟现实这个术语经常被主流媒体用来描述只存在于电脑和我们大脑中的想象世界，但在这里我们给它一个更加精确的定义。Sherman & Craig 在著作 *Understanding Virtual Reality* 中提出，*Webster's New Universal Unabridged Dictionary* (1989) 将虚拟（virtual）一词定义为“存在于精神或效果中，但不存在于真实中（being in essence or effect，but not in fact）”，将现实（reality）定义为“真实存在的状态或质量，独立于思考存在的事物，是真正或者真实事物的构成物而不是仅呈现于表面的东西”[1]，因此，虚拟现实是一个自相矛盾的术语——一个矛盾修辞法！幸运的是，网站 merriam-webster.com[Merram-Webster 2015]最近将虚拟现实这个完整的词语定义为“通过计算机产生的感官刺激（如视野和声音）来体验的人工环境，体验者的行为一定程度上决定了环境中所发生的事情”[2]。在本书中，我们将虚拟现实定义为一个能够像在真实环境中一样体验和交互的，由计算机生成的数字环境。

一个理想的虚拟现实系统能够让用户在物理空间中行走，并且真实地碰到场景中的物体。Ivan Sutherland（在 20 世纪 60 年代创造了世界上最早的虚拟现实系统之一）曾说[Sutherland 1965]：“当然，最终的呈现将是一个可以由计算机控制其中物质存在的房间。房间中的椅子应该能够坐上去，房间中的手铐应该有限制的能力，房间中的子弹也是能够致命的。”我们仍然一点也没能接近 Ivan

---

1 原文：the state or quality of being real. Something that exists independently of ideas concerning it. Something that constitutes a real or actual thing as distinguished from something that is merely apparent.

2 原文：an artificial environment which is experienced through sensory stimuli (as sights and sounds) provided by a computer and in which one's actions partially determine what happens in the environment.

Sutherland 的期望（我们并不一定是想要这样的），而且可能永远也做不到。但是现在也有很多相当不错的虚拟现实，其中的大部分会在书中介绍。

1.2 虚拟现实是沟通

沟通通常是人与人之间的行为。本书给沟通一个更加抽象的定义：两个实体之间的能量转换，甚至只是物体间相互碰撞的结果。沟通也可以是人和技术之间的，这也是虚拟现实的基本元素和主要成分。虚拟现实设计涉及的沟通包括虚拟世界如何运行，如何控制这个世界和其中的物体，以及用户和内容间的关系：理想状态下，用户更关注体验而不是技术。

设计优良的虚拟现实体验可以被看成人和机器的合作，软硬件和谐协作带来与用户直观的沟通。开发者开发复杂的软件来实现看似简单的功能，从而提供有效的交互和有吸引力的体验。下面将沟通分解为直接沟通和间接沟通继续讨论。

1.2.1 直接沟通

直接沟通是两个实体之间不需要中介和说明的直接能量转换。在真实世界中，由于实体间纯粹直接的沟通的目的并不是沟通，因此它不代表任何东西，但它是一个副作用。然而在虚拟现实中，开发者在用户与细致控制下的感官刺激（如形状、运动、声音）之间插入一个人造媒介（该虚拟现实系统在理想情况下是无法被感知的）。当目标是直接沟通时，虚拟现实创造者需要关注如何让媒介变得更透明，这样用户会感觉到他们在直接接触这些实体。如果能够达到这个要求，用户会像与虚拟世界以及其中的实体直接沟通一样地对刺激进行感知、解释、交互。

直接沟通由结构沟通和本能沟通组成。

结构沟通

结构沟通（Structural Communication）是世界中的物理特性，不是描述或者数学表达而是自在之物（thing-in-itself）。小球从手中滑落后的反弹就是一个结构沟通的例子。我们一直处于与万物的联系中，并以此界定自己的状态。比如，手握控制器时手的形状。世界和我们的身体都直接通过感官告诉我们结构是什么样的。尽管思考（thinking）和感受（feeling）不存在于结构沟通中，但这种沟通的确提供了感知、解释、思考和感受的起点。

为了让想法能够永存，我们必须将它转化为结构化的形式，即[Norman 2013]所说的世界中的知识。记录下的信息和数据是结构形式的一个明显例子。但有时候结构形式不太明显，比如，交互的信号物和约束（25.1 节）。为了通过虚拟现实给别人带来体验，我们提出了结构刺激（比如，屏幕上的像素，耳机里的声音，或者遥控器的声音和振动），使用户感受到我们创造的东西并与之交互。

本能沟通

本能沟通（Visceral Communication）是自发情感和原始行为的语言，不是情感和行为的理性表现（7.7 节）。对人类来说本能沟通总是存在的，它是结构沟通和间接沟通的中间体。临场感（Presence，第 4 章）是通过直接沟通而完全沉浸其中的行为（尽管主要是单向的）。举个本能沟通的例子，比如，当你坐在山顶、从外太空看地球或者和某个人直接对视时（无论是在真实世界还是通过虚拟现实中的分身）产生的敬畏感。尽管我们经常试图用语言表达完整的本能沟通的体验，但其实它是无法用语言来表达的，当我们尝试表达的时候，它就变成了间接沟通（Indirect Communication），比如，向别人描述虚拟现实和自己体验虚拟现实是不同的。

1.2.2 间接沟通

间接沟通将两个或者更多的实体通过一些媒介连接起来。这些媒介不一定是物理实体，实际上，这些媒介一般是我们的思维对世界和行为/行动之间的解释。一旦我们理解并赋予了物体某种含义，就将直接沟通转变成了间接沟通。间接沟通包括语言，比如口语和书面语言，还有符号语言和内心的想法（比如，和自己的交流）。间接沟通由谈话、理解、创造故事/历史、赋予意义、比较、否定、幻想、谎言和浪漫组成。这些不是真实世界的真实物体，而是人类思维创造和描述的东西。间接虚拟现实沟通包括用户理解虚拟现实世界运作的内部心智模型（比如，解释虚拟现实世界中发生的事情，参见 7.8 节）和间接交互（参见 28.4 节），比如，通过滑动条改变一个物体的属性、通过语音识别更改系统的状态及通过手势控制电脑。

1.3 虚拟现实擅长什么

媒体的大肆报道让公众对虚拟现实的潜力很兴奋。这些报道主要专注在娱乐产业，尤其是视频游戏和沉浸式电影。虚拟现实很适合娱乐产业，娱乐产业也肯定是短期内推动虚拟现实发展的强劲动力。然而除了娱乐，虚拟现实还能胜任什么？事实证明虚拟现实在众多垂直领域内都能产生巨大的益处。多年来，虚拟现实在很多工业领域都有成功的应用，包括石油和天然气开采、科学可视化、建筑、飞行模拟、临床治疗、军事训练、主题公园娱乐、工程模拟、设计评审等。在这些领域应用虚拟现实，成功地在批量生产前揭示了代价高昂的设计缺陷，加快了迭代过程并缩短了上市所需的时间，提供了安全的训练环境来避开危险，并通过逐渐增加与恐惧刺激的接触来减少创伤后精神障碍，将传统系统无法表达清楚的大数据可视化。

可惜迄今为止，几乎仅有少数资金充足的研究机构和合作研究实验室能够接触到虚拟现实。这种情况随着消费者价格体系的变化正在彻底改变，现在很多人都可以接触到虚拟现实。虚拟现实市场预计会先在娱乐产业中爆发，随后会迅速地在其他类型的产业中显著扩张。教育、网真技术、专业技能训练都很可能是下一个大规模充分利用虚拟现实优势的产业。

无论在什么产业中，虚拟现实几乎都是用于提供理解的，无论是理解一个娱乐故事、学习一个抽象概念还是实践一个真实技能。积极运用人体感官能力和运动能力已被证明能够增强理解和学习能力[Dale 1969]。一部分原因在于它能提升人和信息之间的感知带宽，但这个现象还需要更多的探索。积极参与一个行为，使概念更加直观，通过有参与感的体验促进积极性，以及思考都有助于理解。本书的重点在于如何将这些概念设计到虚拟现实的体验中。

图 1.1 是埃德加戴尔的经验之塔（Edgar Dale’s Cone of Experience）[Dale 1969]。如图所示，有目的的直接体验提供了理解的最佳基础。如荀子所言，“不闻不若闻之，闻之不若见之，见之不若知之，知之不若行之”。请注意，此图并没有建议将有目的的直接体验作为唯一的学习方式，而是描述了学习所经历的进程。在有目的的虚拟现实直接体验中增加其他的间接信息可以增进理解。比如，将抽象信息如文字、符号、多媒体等直接嵌入场景和放到虚拟物体上，能够比在真实世界中更易于理解。

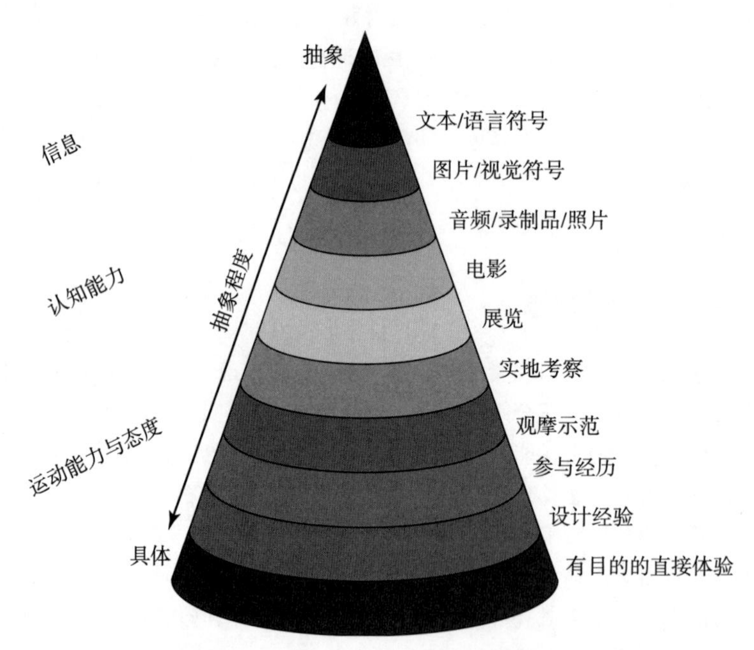

图 1.1　用锥形表示体验。虚拟现实中有不同程度的抽象（改编自[Dale 1969]）

2 虚拟现实的历史

> 当新事物出现时，每个人都像小孩子探索世界那样，认为是自己发明了它。但是你稍微深入发掘，便会发现穴居人在墙上的涂鸦在某种意义上也是在创造虚拟现实。而现代的创新在于我们有更尖端的设备，让我们更容易创造。
>
> ——Morton Heilig [Hamit 1993]

虚拟现实的前生最早能够追溯到人类开始有想象力并能通过口语和岩画（可称为模拟虚拟现实）进行交流的时期。埃及人、迦勒底人、犹太人、罗马人和希腊人都曾用魔术来娱乐大众。在中世纪，魔术师用烟和凹面镜制造模糊的幽灵和恶魔的幻象来“愚弄”天真的学徒和众多的观众[Hopkins 2013]。尽管几个世纪以来名称和实现方法不断变化，但创造并不真实存在且能捕获我们想象力的幻象这一核心目标是始终如一的。图 2.1 展示了一些头戴显示器（Head-Mounted Displays，HMD）的变迁。

2.1 19 世纪

现在的曲面 3D 电视的静态版本被称为立体镜（Stereoscope），由 Charles Wheatstone 在 1832 年发明[Gregory 1997]，比摄影技术还要早。如图 2.2 所示，设备利用呈 45 度角左右放置的两面镜子来将图像反射到眼睛里。

David Brewster 在更早的时候发明了万花筒，用镜片制造了对消费者更为友好的小型手持立体镜（图 2.3）。他的立体镜在 1851 年的水晶宫世界博览会上做了展示，女王维多利亚对其赞赏有加。之后诗人 Oliver Wendell Holmes 写道“……这是绘画从未展现过的惊喜。心灵找到了通往画作深处的路”[Zone 2007]。1856 年，Brewster 估计一共销售了超过五十万套的立体镜[Brewster 1856]。在第一次的 3D 热潮中涌现了各种各样的立体镜，包括 1860 年推出的一款可自行组装的纸盒，人们可以通过它用手控制图像的移动[Zone 2007]。

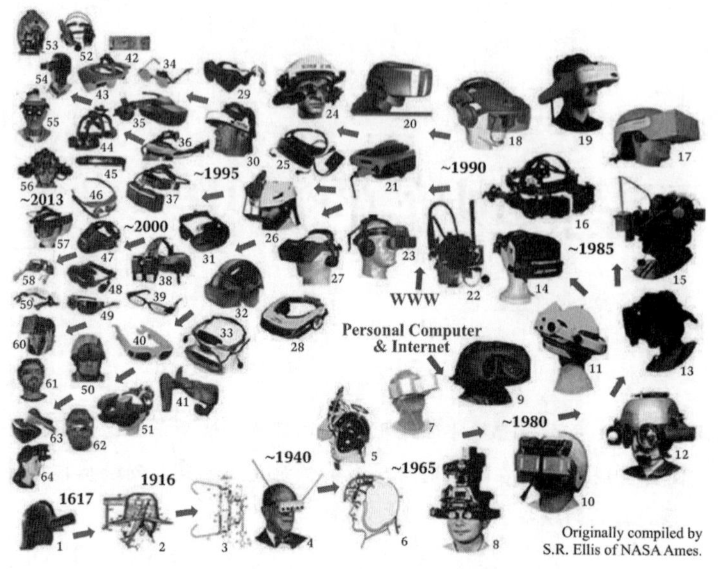

图 2.1　一些头戴显示器的变迁（基于[Ellis 2014]）

一家公司在 1862 年销售了一百万个立体镜（相关资料参见图 2.2 和图 2.3）。Brewster 的设计在概念上与 20 世纪的 View-Master 和现在的 Google Cardboard 一致。像 Google Cardboard 这样的基于手机的虚拟现实系统，用移动电话代替了物理图片来显示图像。

图 2.2　Charles Wheatstone 的立体镜

图 2.3 一个 1860 年的 Brewster 立体镜（由英国国家媒体博物馆/科学和社会照片库提供）

多年后，在旧金山举办的第 95 届 Midwinter Fair 上展示了一台名为 Haunted Swing 的 360° VR 式显示设备，至今它依旧是最引人注目的错觉技术演示之一。这个演示由一个房间和一个能容纳近 40 人的秋千组成。当人们在秋千上坐好以后，秋千就会开始摇摆，用户会产生类似身处电梯的感觉以至于会不由自主地紧紧抓住椅子。而实际上秋千几乎没有动，只是身边的房间在大幅运动，导致了自我运动（9.3.10 节）的感觉和晕动症。注意，这发生在 1895 年，而不是 1995 年[Wood 1895]。

电影从 1895 年开始成为主流。报道称，在播放短片“*L'Arrivée d'un train en gare de La Ciotat*”时，有些观众看到屏幕上有一辆火车向他们驶来时，尖叫着跑到了房间后面。不过尖叫和逃跑听起来更像是传言，毕竟对于新的艺术媒介，人们一定会有所夸大，或许就像现在发生在虚拟现实上的一样。

2.2 20 世纪

与虚拟现实相关的创新在 20 世纪继续发展，它不仅是简单地呈现视觉图像。一些甚至在现在看来都很新颖的交互概念开始出现。比如图 2.4 是一个头戴式枪形瞄准及开火设备交互界面，该专利由 Albert Pratt 在 1916 年获得[Pratt 1916]。由于交互界面含有一根可供用户吹气的管道，所以在开火的时候无须追踪手部运动。

在 Pratt 获得武器专利 10 多年之后，Edwin Link 发明了第一个简单的机械飞行模拟器，这是一个有驾驶舱和控制器的飞机形设备，能够提供运动和飞行的感觉（图 2.5）。令人诧异的是，他的潜在客户——军方——最初并没有兴趣，所以他转而将它卖给了公园。1935 年，美国陆军航空军（the Army AirCorps）[1]购入了六套该系统，“二战”结束时，Link 共计卖出了一万套系统。Link 飞行训练器最终发展成为带有运动平台和实时电脑渲染场景的宇航员训练系统和高级飞行训练模拟系统，现

1 编者注：此为美国空军的前身。

在属于 L-3 通信公司的 Link 模拟与训练部门。从 1991 年开始，Link 计划[1]资助了很多毕业生，帮助他们从计算机图形学、延迟、立体声，化身和触觉等方面推进虚拟现实系统的研发[Link 2015]。

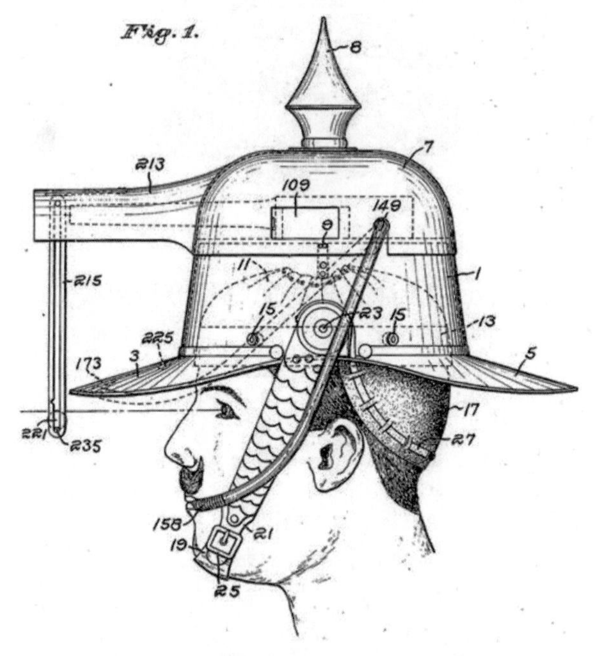

图 2.4　Albert Pratt 的头戴式瞄准及开火设备交互界面[Pratt 1916]

图 2.5　Edwin Link 和第一个飞行模拟器，1928 年（由 Edwin A. Link and Marion Clayton Link Collections，Binghamton University Libraries'Special Collections and University Archives，Binghamton University 提供）

1 编者注：全称为 the Link Foundation Advanced Simulation and Training Fellowship Program。

20 世纪初期，随着科技的发展，科幻小说和类似“现实是什么”的问题开始流行。比如在 1935 年，读者对于科幻小说《皮格马利翁的眼镜》(*Pygmalion's Spectacles*)(参见图 2.6)中描写的头戴显示器和其他设备的未来异常兴奋，这与我们现在的追求出奇相似。

图 2.6 《皮格马利翁的眼镜》应该是第一本描写通过眼镜和其他感觉设备来感受另一个世界的科幻小说（引自[Weinbaum 1935]）

这个故事以“但是，什么是真实呢？”为开场白，这句话是唯心主义（一种哲学流派，认为现实完全由精神构建）之父 George Berkeley（加州伯克利大学名字的由来）的一位教授朋友写给他的。之后，这位教授朋友介绍了一堆眼镜和设备，它们可以用人造的刺激代替真实世界的刺激，演示了一个通过视、听、嗅，甚至是触觉构成的、有极强互动性和沉浸感的世界：一切与你有关，你身处其中。一个虚拟角色称此世界为 Paracosma——希腊语的“世外桃源”。这个演示如此逼真，它甚至让最开始持怀疑态度的主角都转而确信这不是幻象而是真实。如今无论是哲学书籍还是科幻小说，有很多都在讨论真实的幻象。

可能是受《皮格马利翁的眼镜》的启发，McCollum 于 1945 年申请了第一个立体电视眼镜的专利。不幸的是，没有找到这个设备被真正开发出来的记录。

20 世纪 50 年代，Morton Heilig 设计了一个头戴显示器和一个固定显示器。头戴显示器的专利图如图 2.7 所示，它标明了能够提供 140° 横纵视野的镜片、立体声耳机，以及能吹出不同温度和气味微风的排气喷嘴。他将固定显示器称为 Sensorama。如图 2.8 所示，Sensorama 专为沉浸式电影打造，它提供了视野宽阔的彩色立体影像、立体声、座位安全带、振动、气味和风。

1961 年，Philco 公司的工程师建造了第一个成功运行并且能够进行头部跟踪（Head tracking）的头戴显示器（图 2.9）。当用户摇头时，在另一个房间的摄像头也会随之移动，使用户好像身处另一个位置。这是世界上第一个真正成功运行的远程呈现（Telepresence）系统。

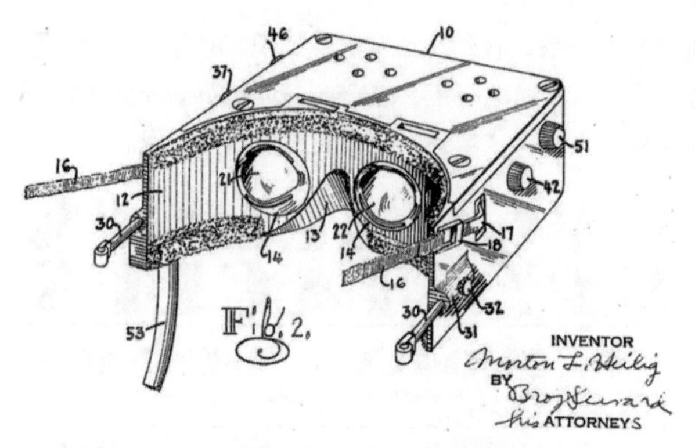

图 2.7 Heilig 头戴显示器专利图（引自[Heilig 1960]）

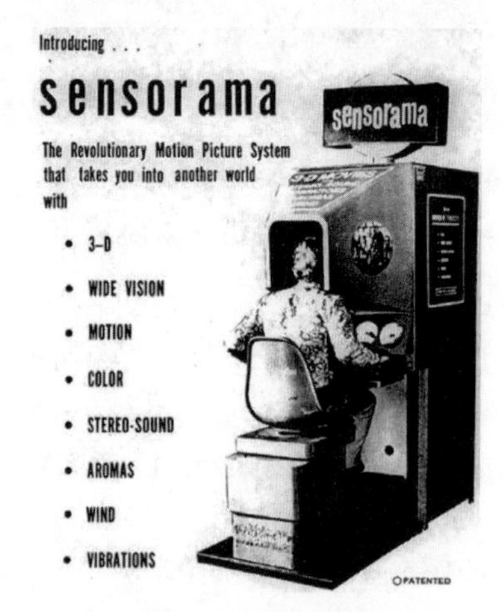

图 2.8 Heilig 的 Sensorama，能够创造出完全沉浸在电影中的体验（由 Morton Heilig Legacy 提供）

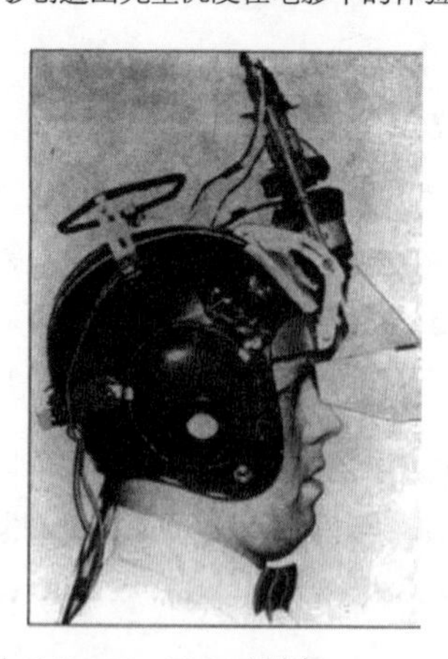

图 2.9 1961 年的 Philco Headsight（引自[Comeau and Brian 1961]）

一年后，IBM 拿到了第一个手套输入设备的专利（图 2.10）。这种手套是可代替键盘输入的舒适选择，每根手指上的传感器可以识别各个手指的位置。每根手指有四个可选的位置。戴上手套后，双手总计可产生 1048575 种输入组合。尽管实现方式非常不同，但手套在之后的 20 世纪 90 年代成为常见的虚拟现实输入设备。

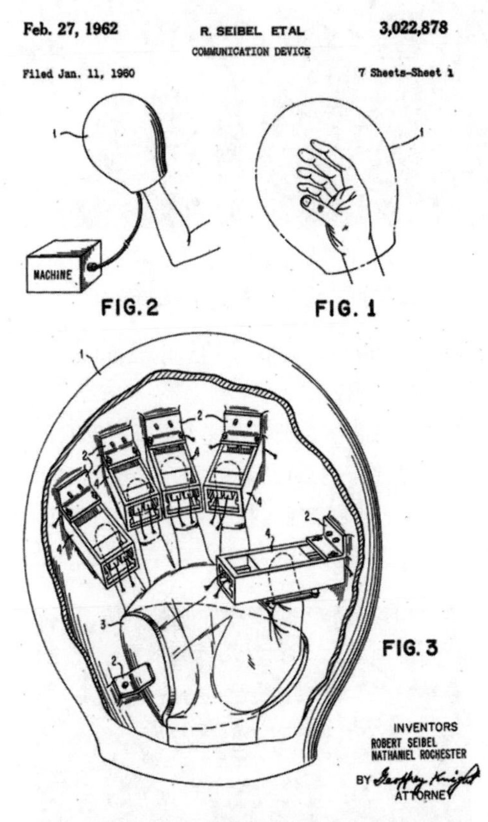

图 2.10　1962 年，IBM 手套的专利图（引自[Rochester and Seibel 1962]）

从 1965 年开始，莱特帕特森空军基地的 Tom Furness 等人开始为飞行员研究由头戴显示器组成的视觉耦合系统（参见图 2.11 左图）。与此同时，Ivan Sutherland 在哈佛大学和犹他大学从事相似的工作。Sutherland 是展示具有头部跟踪和计算机生成影像功能的头戴显示器的第一人[Oakes 2007]。这个系统当时被称为达摩克利斯之剑（参见图 2.11 右图）。这个名字来源于国王达摩克利斯，他头上用发丝挂着一把剑，这使得他处在永恒的危机中。这个故事的隐喻同样适用于虚拟现实技术：（1）力量越大，责任越大；（2）不安的状态带来不祥的预感；（3）如同莎士比亚在《亨利四世》里所写，“欲戴皇冠，必承其重”。这一切用于形容现在的虚拟现实开发者和用户都很贴切。

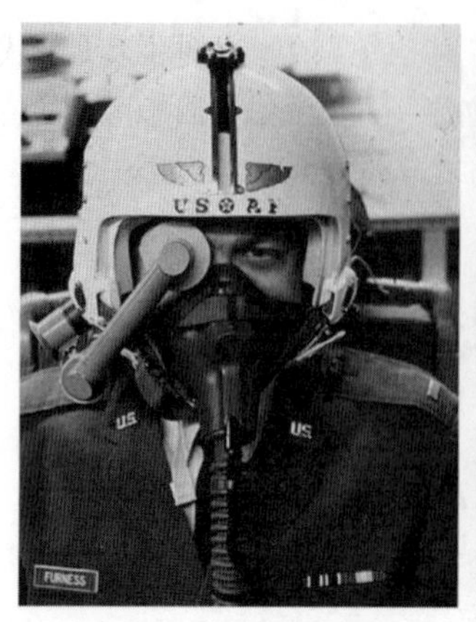

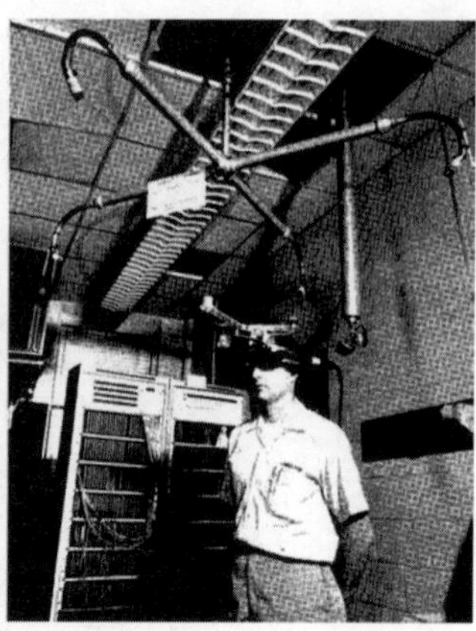

图 2.11　1967 年，莱特帕特森空军基地的头戴显示器（由 Tom Furness 提供）和
达摩克利斯之剑（引自[Sutherland 1968]）

受到 Ivan Sutherland 终极显示（ultimate desplay）[Sutherland 1965]构想的启发，Dr. Frederick P. Brooks，Jr.，在北卡罗来纳大学教堂山分校（UNC）创立了一个专注于图像交互（interactive graphics）的新研究项目，成立之初侧重于分子图形学的研究。这个项目不仅取得了和模拟分子进行视觉交互的成果，还能够感觉到分子对接时的力反馈。图 2.12 展示了 Dr. Brooks 和其团队的最终成果——Grope-III 系统。UNC 从此专注于建造各种各样的虚拟现实系统和应用，以帮助从业者解决从建筑可视化到外科手术模拟等一系列的实际问题。

图 2.12　用于分子对接的 Grope-III 触觉显示系统（引自[Brooks et al. 1990]）

1982 年，为探索娱乐业的未来，传奇计算机科学家 Alan Kay 带领的雅达利研究所成立了。该团队的成员，包括 Scott Fisher、Jaron Lanier、Thomas Zimmerman、Scott Foster 和 Beth Wenzel，一

起热情洋溢地探讨计算机交互的新方式，并开发商用所必备的虚拟现实系统技术。

1985 年，Scott Fisher（现在在 NASA Ames 工作）和 NASA 的研究人员一起开发了第一个可以商用的有头部跟踪功能的广角立体头戴显示器，虚拟可视环境显示器（Virtual Visual Environment Display，VIVED）。这个设备在潜水式面罩的基础上增加了由 Citizen Pocket TV[Scott Fisher，私人通信，Aug 25，2015]提供的显示器。Scott Fisher 和 Beth Wenzel 构建了一个名为 Convolvotron 的系统，它能提供本地化 3D 音效。这个虚拟现实系统是史无前例的，因为它开始能够以相对合理的成本生产头戴显示器，虚拟现实产业也随之诞生。图 2.13 是此后一个名为虚拟界面环境工作站（Virtual Interface Environment Workstation，VIEW）的系统。

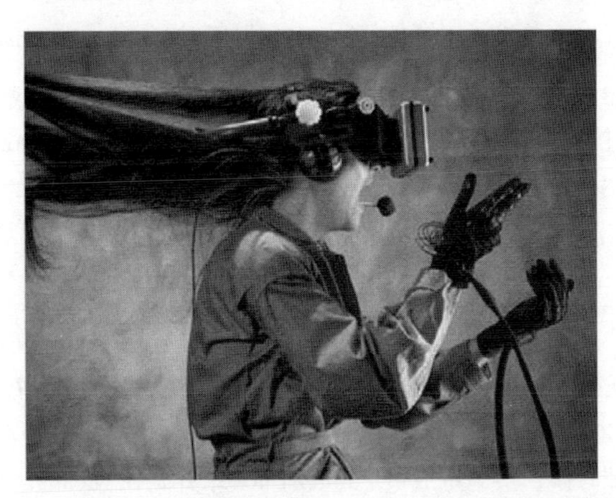

图 2.13 NASA VIEW 系统（由 NASA/S.S. Fisher，W. Sisler 提供）

Jaron Lanier 和 Thomas Zimmerman 于 1985 年离开了雅达利研究所，创建了 VPL[1] Research。他们开发商业化的 VR 手套，头戴显示器和软件。在这段时间里，Jaron 提出了“虚拟现实（Virtual Reality）”这一术语。在开发并销售头戴显示器的同时，VPL 开发了 NASA 指定的 Dataglove——一种通过光学弯曲传感器检测手指的弯曲度并提供振动反馈的 VR 手套[Zimmerman et al. 1987]。

20 世纪 90 年代，很多公司对虚拟现实的探索集中在专业研究市场和基于位置的娱乐上，比如，一些很出名的新兴虚拟现实公司 Virtuality、Division 和 Fakespace，还有延续下来的大公司比如 Sega、Disney、General Motors；许多大学和军方也开始对虚拟现实技术进行更广泛的研究；当时许多电影、书籍、期刊，学术会议都聚焦在虚拟现实上。1993 年，*Wired* 杂志预测，五年内会有超过十分之一的人戴上头戴显示器搭乘巴士、火车和飞机[Negroponte 1993]。

1995 年，据《纽约时报》报道，Virtuality 的常务董事 Jonathan Waldern 预测虚拟现实市场将会

1 VPL 是 Visual Programming Language（可视化编程语言）的缩写。

在 1998 年达到 40 亿美元的规模[Bailey 1995]。从当时来看，虚拟现实似乎即将改变世界，没有什么能阻止它。不幸的是，科技并没能支撑起虚拟现实的承诺。虚拟现实产业在 1996 年达到巅峰后，开始走下坡路，Virtuality 也不例外，于 1998 年倒闭。

2.3 21 世纪

21 世纪的第一个十年是“虚拟现实寒冬”。尽管从 2000 年到 2012 年没有什么主流媒体报道虚拟现实，但相关研究工作仍在实验室继续着。虚拟现实领域开始将重点转向以人为本的设计，更加注重用户研究，如果虚拟现实论文中不包含某种形式的正式评估，便很难被学会接受。这段时间数以千计虚拟现实相关的研究论文蕴含了丰富的知识，可惜现在很多刚了解虚拟现实的人还并不知道。

宽视场（A wide field of view）是 20 世纪 90 年代用户头戴显示器（Consumer HMDs）所忽视的一个重要内容，如果没有它，用户就很难体验到“魔法般的”临场感（Mark Bolas，私人通信，June 13，2015）。2006 年，USC MxR 实验室的 Mark Bolas 和 Fakespace Labs 的 Ian McDowall 制造了一个 150° 视野的头戴显示器，名为 Wide5。他们还利用 Wide5 进行了有关视场对用户体验和行为影响的研究。

比如，如果有更宽广的视场，用户在走向一个目标的时候会有更好的距离感[Jones et al. 2012]。该团队的研究成果——低成本设备 Field of View To Go（FoV2GO），在加利福尼亚州橘郡举办的 IEEE VR 2012 上展示。FoV2GO 赢得了最佳演示奖，并且作为 MxR 实验室开源项目的一部分成为现今多数头戴显示器的前身。那时候，实验室成员 Palmer Luckey 开始在 Meant to be Seen（mtbs3D.com）上分享他的原型。他是一名版主，并在这里遇到了 John Carmack（现在是 Oculus VR 的 CTO），两人一起创办了 Oculus VR。离开实验室后不久，他在 Kickstarter 上发起了 Oculus Rift 的众筹活动。黑客社区和媒体再次涌入虚拟现实领域，无论是初创公司还是世界五百强企业都看到了虚拟现实的价值，开始支持虚拟现实的发展。Facebook（现在已更名为 Meta）于 2014 年以 20 亿美元收购了 Oculus VR。虚拟现实的新纪元开始了。

3 各种现实的概述

本章旨在介绍各种现实形式（Various forms of reality），并阐述实现这些现实形式的不同硬件选择。虽然本书大部分集中阐述全沉浸式虚拟现实，但在本章我们会放宽视野，在更宽广的选择中来观察全沉浸式虚拟现实。

3.1 “现实”的形式

现实有很多种形式，可被看成从真实环境到虚拟环境之间的各种虚拟连续集（Continuum）[Milgram and Kishino 1994]。图 3.1 展示了这个连续集的多种形式。这些在虚拟现实和增强现实之间的形式被粗略定义为“混合现实”，它还能被进一步细分为“增强现实”（Augmented Reality，AR）和“增强虚拟”（Augmented Virtuality，AV）。本书专注于图 3.1 中从增强虚拟到虚拟环境的连续集。

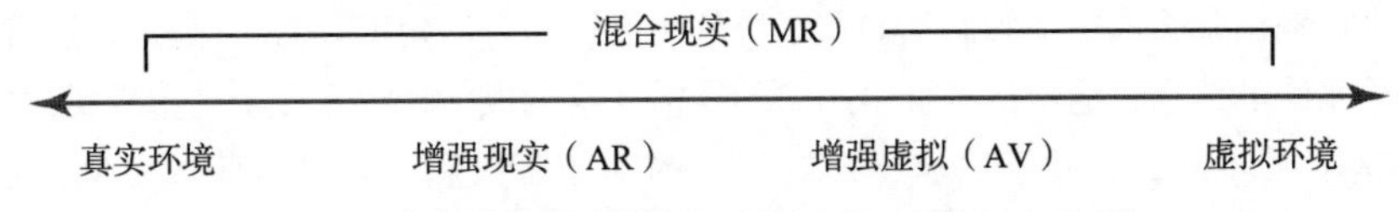

图 3.1 虚拟连续集（改编自[Milgram and Kishino 1994]）

真实环境（The real enviroment）是我们生活的真实世界。尽管创造一个真实世界的体验并不总是虚拟现实的目标，但是理解真实世界并知道我们如何感知它并与它交互，对于将相关功能复制到虚拟现实体验中是十分重要的。具体有哪些相关因素则取决于虚拟现实应用的目标。4.4 节深入讨论了在真实性和抽象现实之间的权衡。第二部分讨论了我们如何感知真实环境及如何搭建更好的全沉浸式虚拟环境。

增强现实不是替代真实，而是在已经存在的真实世界上增加信息，而且在理想情况下，用户最好分不出哪些是真实的，哪些是增加的。它的实现方式有很多种，其中一部分将在 3.2 节中介绍。

增强虚拟（AV）是将真实世界的内容捕捉进虚拟现实，例如沉浸式电影。最简单的是从单个视点进行捕捉，而在其他情况下，真实世界捕捉的内容会包括几何广场，用户能够自由地在环境内移动并从任何视角感知这个世界。21.6 节介绍了一些增强虚拟的例子。

真正的虚拟环境不包括现实中捕捉的内容，全部内容都是人工创造的。虚拟环境的目标是让用户感觉到自己存在于另一个世界中（第 4 章），以至于能够暂时忘记真实世界，并且最小化任何副作用（第三部分）。

3.2 现实系统

> 屏幕是朝向虚拟世界的窗户。如何让那个世界显示出来、运行起来、听起来，感觉起来更加真实是一个挑战。
>
> ——Sutherland（1965）

一个现实系统（reality system）是建立起所有感官体验的硬件和操作系统。现实系统的工作是让应用内容有效地和用户交流，用户只需要像和真实世界交互一样直觉地交流即可。人类和计算机用不同的语言，所以现实系统必须充当两者之间的翻译或媒介（现实系统也包括计算机）。融合内容和系统是虚拟现实创作者的义务，所以媒介要透明，也要保证物体和系统行为与目标体验的统一。理想情况下，技术是无法被察觉的，从而用户会忘掉交互界面并将人造现实当成真实体验。

人和系统之间的沟通是通过硬件设备实现的。这些设备承担着输入和输出的功能。一个和交互有关的转换函数，是从人类输出到数字输入或从数字输出到人类输入的转换。

输入什么、输出什么取决于我们是站在系统的角度还是人的角度。为了保持一致，此处的输入指用户传递给系统的信息，输出指系统给用户的反馈。这构成了持续存在于虚拟现实体验中的输入输出循环。这个循环可看成处于用户感知过程中的动作阶段和末端刺激阶段之间的部分（参见图 7.2）。

图 3.2 展示了用户和由输入、应用、渲染和输出几大部分组成的虚拟现实系统。输入从用户处获取数据，比如，用户的眼睛和手的位置，是否按下按钮等。应用指虚拟世界中不需要渲染的部分，包括更新动态几何，用户交互，物理模拟等。渲染是将对电脑友好的信息转换为对用户友好的信息的过程，带给用户某种现实形式的幻象，包括视觉渲染，听觉渲染，以及触觉渲染，比如画一个球形。渲染已经有了很好的定义（参见[Foley et al. 1995]），除了概括性的描述和能直接影响用户体验的元素，如技术细节，其他都不是本书所关注的。输出是用户直接接收的物理表现（比如，由像素

组成的显示或者耳机放出的声音）。

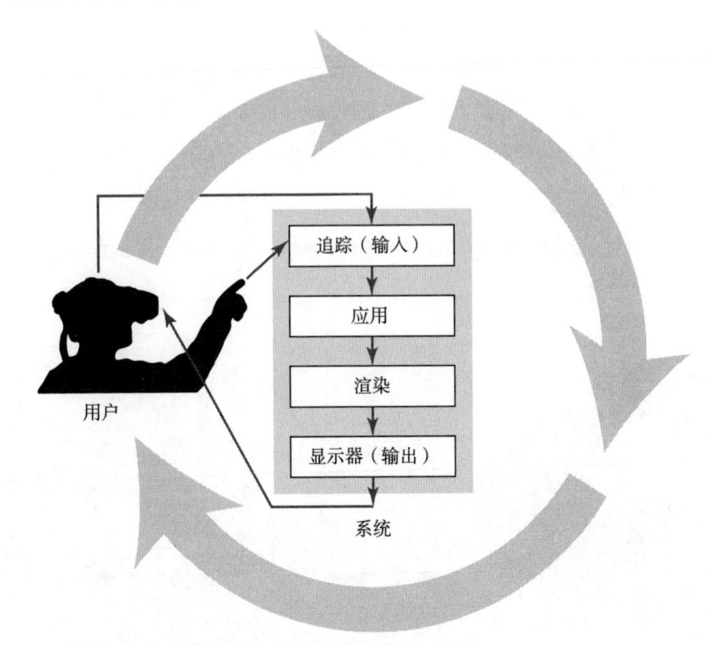

图 3.2 一个虚拟现实系统包括用户的输入、应用、渲染、反馈给用户的输出（改编自[Jerald 2009]）

虚拟现实中主要的输出设备是显示器、喇叭、触觉显示器和运动平台。还有一些更特别的显示设备包括嗅觉、风、热量，甚至是味觉。第 27 章会详细介绍输入设备，本章仅简单介绍。选择适当的硬件是设计虚拟现实体验的基础。针对某种设计，一些硬件可能比其他的更适合。例如，大屏幕比头戴显示器更适合处于同一物理位置的大批观众。下面简要介绍常用的虚拟现实硬件。

3.2.1 视觉显示器

现在的现实系统有三种实现方式：头戴显示器、固定显示器和手持显示器。

头戴显示器

头戴显示器是固定在用户头部的视觉显示器。图 3.3 给出了一些头戴显示器的例子。头戴显示器对位置和旋转的追踪是必须的，因为显示器和耳机会和头部一起移动。为了让一个视觉物体在空间中稳定地显示，显示器必须根据现在的头部位置刷新数据，比如，用户向左转头时，电脑生成的画面需要向右移，以使虚拟物体的图像稳定地显示在虚拟空间中——就像真实世界的物体在人转头时也稳定地显示在空间中一样。一款优秀的头戴显示器能够很好地让人沉浸其中。然而，想把这个做好面临许多挑战，比如，精确的追踪、低延迟和精确的校准等。

头戴显示器可以进一步分为三种：非透视头戴显示器，基于视频合成技术的穿透式头戴显示器，光学穿透式头戴显示器。非透视头戴显示器阻挡了真实世界的所有视觉内容，提供了最佳的全沉浸内容。光学穿透式头戴显示器能够将计算机生成的视觉内容增加到实际的视觉内容上，提供一个理想的增强现实的体验。各种各样的需求（特别低的延迟、特别精确的定位、光学要求等）导致用光学穿透式头戴显示器传达理想的增强现实体验非常有难度，因此我们有时会使用基于视频合成技术的穿透式头戴显示器。

基于视频合成技术的穿透式头戴显示器通常被认为是增强虚拟（3.1 节），兼具增强现实与虚拟现实的优缺点。

图 3.3　Oculus Rift（左上，由 Oculus VR 公司提供），CastAR（右上，由 CastAR 公司提供），部署战斗机头盔（左下，由 Marines Magazine 提供），一个自制的头戴显示器（右下，来自[Jerald et al.2007]）

固定显示器

固定显示器（World-Fixed Displays）可以将图像和声音渲染到不跟随用户头部运动的表面和喇叭上。显示器有很多种形式，从标准显示器（也被称为水箱虚拟现实）到完全包围用户的显示器（比如，CAVE 和类 CAVE 形显示器，参见图 3.4 和图 3.5）。

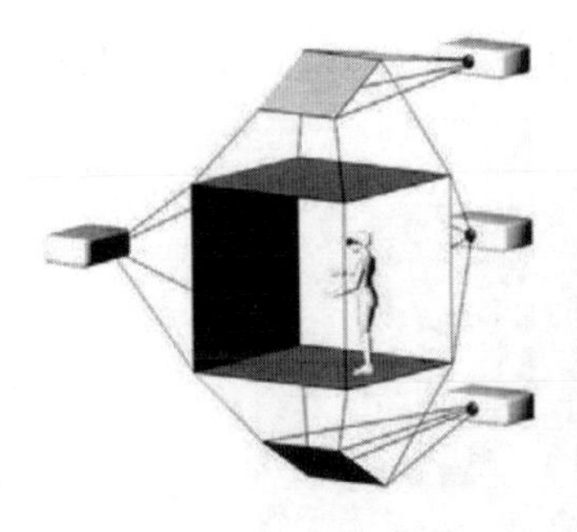

图 3.4 CAVE 的概念图（左侧）

用户被呈现在地板和墙面正确位置的图像包围，并且能够与之交互。CABANA（右侧）有可以移动的墙面，这样显示器能够变成不同的显示形状，比如墙或者一个 L 形，参见[Cruz et al.1992]（左侧）和[Daily et al. 1999]（右侧）

图 3.5 本书作者在 CABANA 中和一个桌面应用交互（引自[Jerald et al. 2001]）

显示的表面一般是扁平面，一些被清晰定义的复杂形状也可以用来显示，如图 3.6 所示。对于固定显示器来说，头部追踪非常重要，而对精准性和延迟的需求通常不像头戴显示器的要求那么高。拥有多个平面和投影仪的高端固定显示器能够提供很强的沉浸效果，但是费用和空间成本也更高。

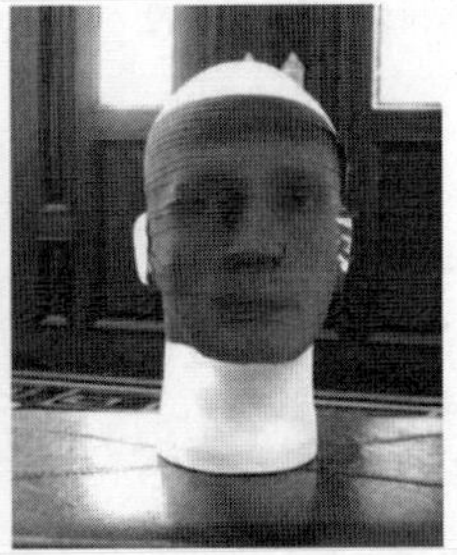

图 3.6 显示的表面不一定是平面（引自[Krum et al. 2012]）

固定显示器一般被认为是一半虚拟现实一半增强现实。因为真实世界的物体能够很简单地融合到体验之中，比如图 3.7 中的椅子。然而，大多数情况下用户的身体是唯一可见的真实物体。

图 3.7　南加州大学的 Gunslinger 用了一个真实世界和固定显示器结合的方式
（由 USC Institute for Creative Technologies 提供）

手持显示器

手持显示器是可以被用户拿在手上，不需要精确追踪或与头/眼校准（实际上手持显示器几乎不追踪头部运动）的输出设备。手持的增强现实，也称为非直接增强现实，它简单易行，并且随着智能手机、平板设备的普及而十分流行（图 3.8）。此外，因为不是直接观看，所以系统的需求也更低（渲染与用户的头部和眼睛无关）。

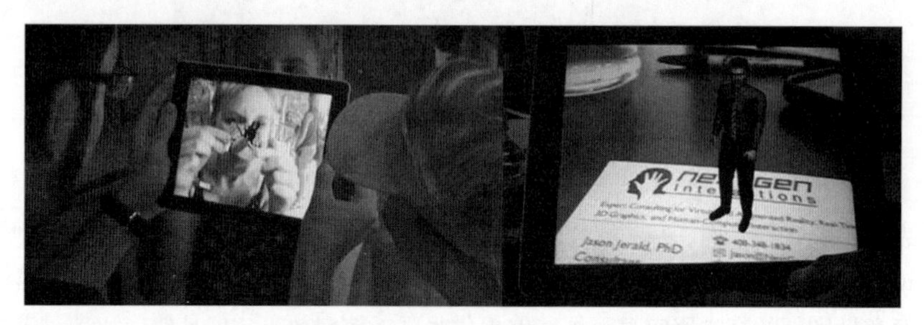

图 3.8　GeoMedia 的 Zoo-AR 和来自 NextGen Interactions 的显示在名片上的一个虚拟助手
[由 Geomedia（左侧）和 NextGen Interactions（右侧）提供]

3.2.2　声音

立体声能够让人察觉出声音在 3D 空间内的来源。扬声器可以在空间内的固定位置，也可以随着头部运动。完全沉浸式系统通常使用耳机，因为耳机能够更好地隔绝现实世界。8.2 节将讨论耳朵和大脑如何感知声音，21.3 节将讨论与虚拟现实内容创作有关的声音。

3.2.3 触觉

触觉（Hapitcs）是虚拟物体和用户身体之间人工产生的力。触觉可以分为被动的（静态的物理物体）或主动的（由电脑控制的物理反馈），皮肤感觉的（通过皮肤）或者本体力觉的（通过关节、肌肉），自基点的[1]（穿戴式）或者世界基点的[2]（固定在真实世界中）。很多触觉系统也可以作为输入设备。

被动触觉 vs.主动触觉

被动触觉能够以低成本在虚拟现实中提供触觉反馈——只需要一个形状与虚拟物体相对应的真实世界的物理物体[Lindeman et al. 1999]。这些物理物体可以是手持道具或者是可触摸的大型物体。被动触觉能够增强临场感，提高环境的认知映射，提高训练的表现[Insko 2001]。

触摸少数有被动触觉的物体能够让其他物体看起来更加真实。也许至今最完整的虚拟现实体验是传奇的 UNC-Chapel Hill Pit demo[Meehan et al. 2002]。用户首先体验一个虚拟房间，房间中包括一些对应视觉虚拟现实环境的能提供被动触觉的物体，用泡沫块和其他真实材料做成。当用户触摸了房间内不同的部分后，会走进第二个房间看见地板上的深坑。这个坑非常引人瞩目（实际上会让人心跳加速），因为其他东西都可以触摸到以至于用户在物理上感觉到真实，所以用户认为这个深坑也是真实的。从许多用户那里还得到一个更惊人的反馈，当他们将脚踏上虚拟的坑边时，感觉到了一个真实的边缘。他们没有认识到真实的物理边缘只有 1.5 英寸，而虚拟的坑有 20 英尺深。

主动触觉由计算机控制，是最常见的触觉形式。主动触觉的优势在于它的力是动态控制的，可以模拟更广泛的虚拟物体的感觉。本节剩余部分着重阐述主动触觉。

皮肤触觉 vs.本体力触觉

皮肤触觉通过皮肤提供了触摸的感觉。振动式皮肤触觉模拟通过皮肤的机械振动激发皮肤感觉。电流式皮肤触觉模拟通过电极片让电流通过皮肤来激发皮肤感觉。

图 3.9 是 Tactical Haptics 的 Reactive Grip 技术，能够提供一个非常完整的皮肤触感反馈，特别是和全沉浸式视觉显示相结合时[Provancher 2014]。系统利用了能够添加到任意手持控制器上的滑动式皮肤接触平面。通过适当地移动该平面，可在握柄长度内模拟相应的运动和力。不同平面的反向运动和力在用户所握之处产生了一个扭转中的虚拟物体的感觉。

本体力触觉提供一种肢体运动和肌肉阻力的感觉。本体力触觉可以以自己为基点也可以以世界为基点。

---

1 原文为 Self-grounded。

2 原文为 World-grounded。

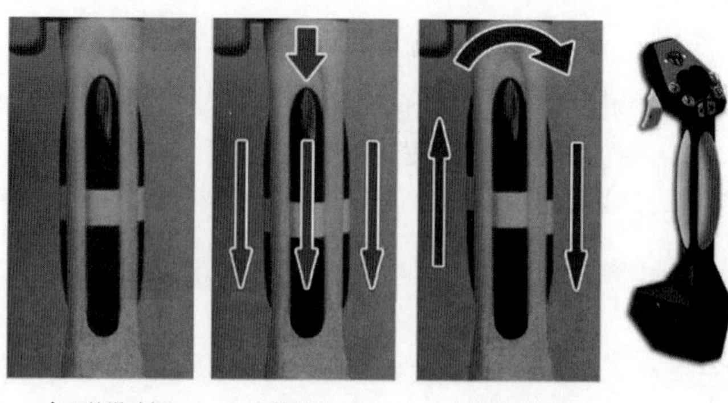

图 3.9　Tactical Haptics 用移动的平面来提供向上或者向下的力，还有转矩。最右边的图片显示了移动的平面和最新的手柄设计（由 Tactical HAPTICS 提供）

自基点触觉 vs.世界基点触觉

自基点触觉是穿戴在用户身上和用户一起移动的，它所加载的力与用户相关。带有外骨骼和蜂鸣器的手套是自基点触觉的一个例子，图 3.10 展示了一个外骨骼手套。手持控制器也是一种自基点触觉反馈设备。这种控制器可能是一个简单的被动式道具，作为掌控虚拟物体的把手，也可能是一个通过振动给用户提供反馈的振动式控制器（比如，提示用户，他的手穿过了一个虚拟物体）。

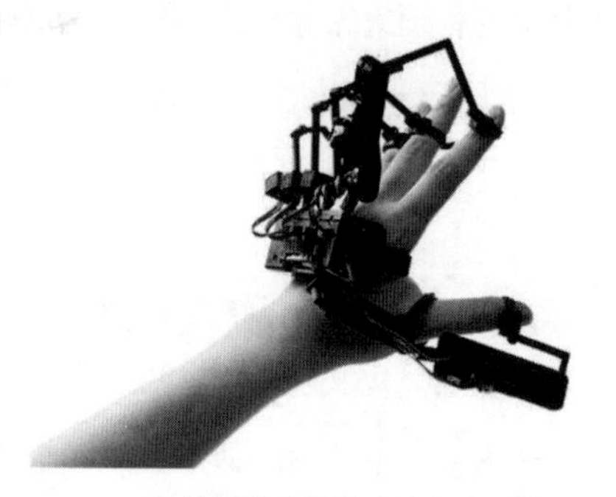

图 3.10　Dexta Robotics Dexmo F2 能够提供手指的追踪和力反馈（由 Dexta Robotics 提供）

世界基点触觉在物理上附着于真实世界，它能够提供一个真正的稳固静止的物体的感觉，因为提供力的虚拟物体的位置能在世界中保持稳定，也便于通过提供重量和摩擦力的感觉，让用户感受到物体移动[Craig et al. 2009]。

图 3.11 展示了 Sensable 的触觉设备 Phantom，这个设备能够给空间中一个单点（笔尖的位置）提供稳定的力反馈。图 3.12 是 Cyberglove 的 Cyberforce 手套，能够给整只手提供触摸真实物体的感觉，就像物体固定在世界中一样。

图 3.11 Sensable 的 Phantom 触觉系统（由 INITION 提供）

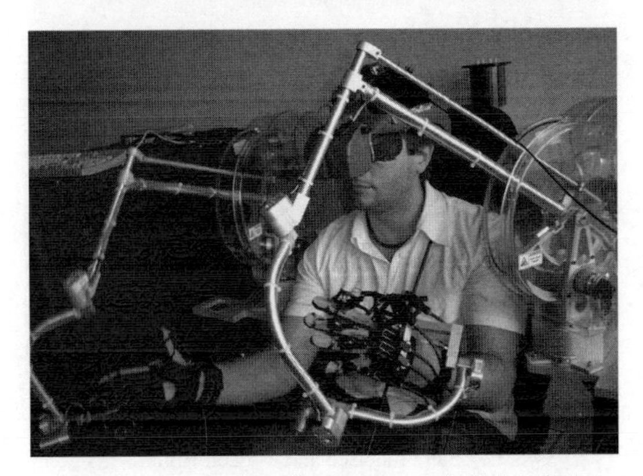

图 3.12 Cyberglove 的 Cyberforce 沉浸式工作站
（由 Haptic Workstation with HMD at VRLab in EPFL，Lausanne 提供）

3.2.4 运动平台

运动平台是通过移动整个身体，给人带来物理运动和重力感的硬件设备。这种移动有助于提供方向感、振动感，加速度感和颠簸感。该平台通常用于赛车游戏、飞行模拟和基于位置的娱乐。如果它和虚拟现实应用整合得很好，就能通过减少视觉移动和感知移动的冲突来减轻晕动症。18.8 节讨论了如何在使用运动平台时减轻晕动症。

运动平台可以是主动型的也可以是被动型的。主动运动平台由电脑模拟控制。图 3.13 是一个通过液压装置控制基础平台的主动运动平台。被动运动平台由用户控制。比如，用户前倾造成被动平台的倾斜，如图 3.14 中使用 Bridly 的样子。这里的主动和被动是从运动平台和系统的角度来说的。若从用户的角度来描述运动，被动指用户一直被动地跟随平台，且无法影响该体验，而主动则意味着用户可以主动地影响体验。

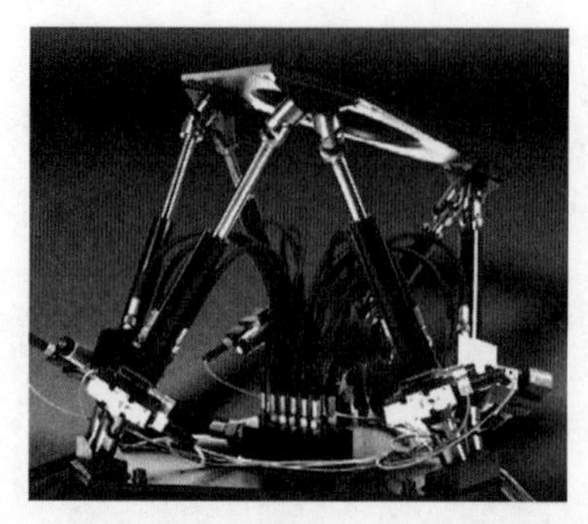

图 3.13　一个主动运动平台，通过液压杆实现，平台的顶部可以固定一把椅子
（由 Shifz，Syntharturalist Art Association 提供）

图 3.14　Somniacs 的 Birdly，此体验不仅提供了视觉、听觉、运动信息，还提供了味觉和嗅觉信息
（由 Swissnex San Francisco and Myleen Hollero 提供）

3.2.5　跑步机

跑步机能给人行走或跑步的感觉，但实际上人一直在同一个位置。倾角可变式跑步机、单脚平台和机械系绳可以提供阻力来操纵前进所需要的体力以产生爬山的感觉。

全向跑步机可以模拟在各个方向上的物理移动，而且可以在主动和被动之间切换。

主动全向跑步机含有计算机控制的机械移动部件。这类跑步机移动通过移动平面让用户保持在跑步机的中心位置（参见[Darken et al. 1997]和[Iwata 1999]）。不幸的是，这些回到中心位置的操作可能会让用户失去平衡。

被动全向跑步机含有非计算机控制的机械移动部件。比如，脚可能在一个低摩擦力的表面上滑动（如图 3.15 中的 Virtuix Omni），用一个环绕用户的保护带防止滑倒。如同其他非真实行走一样，一个被动跑步机上的行走体验无法和真实世界中的完全相同（感觉像在很滑的冰上行走），但是能够提供一个很明显的临场感并且减轻晕动症。

图 3.15 Virtuix Omni（由 Virtuix 提供）

3.2.6 其他的感觉输出

虚拟现实很大程度上聚焦于显示部分，但是其他部分比如味觉、嗅觉、风能够让用户更加沉浸其中，丰富他们的体验。如图 3.14 所示是来自 Somniacs 的 Bridly，一个在虚拟现实体验中增加了嗅觉和风的系统。8.6 节将讨论嗅觉和味觉。

3.2.7 输入

全沉浸式虚拟现实体验不仅仅是简单地呈现内容。用户越自然地用自己的身体物理地和虚拟世界交互，他在虚拟世界中感受到的临场感和融入感就会越强。虚拟现实交互由软件和硬件以一种复杂的方式紧密协作组成，而最好的交互技术使用起来是简单且直观的。设计师在设计体验的时候必须评估输入设备的能力，一个输入设备可能在某种交互方式上运转良好，但是不适合另一种交互方式。有的交互方式可能在多种输入设备上都可以运行。第五部分涵盖很多讨论交互的内容，其中第 27 章专注于输入设备的讨论。

3.2.8 内容

虚拟现实无法脱离内容而存在。内容越能激发人的兴趣，体验的趣味性和参与感就越强。内容不仅包括媒体和感知所暗示的独立碎片，而且包括故事的概念弧，环境的设计和布局，以及由电脑或者用户控制的角色。第四部分会详细阐述内容创作。

4 沉浸感、临场感和现实的权衡

虚拟现实是在心理上感觉自己身处一个并非当下物理位置的地方，这个地方可能是真实世界的复制品，也可能是不存在甚至永远不可能存在的想象世界。无论如何，为了让用户觉得自己在别的地方，必须理解一些基本概念和共同点。本章讨论沉浸感，临场感还有现实的权衡。

4.1 沉浸感

沉浸感（Immersion）是虚拟现实系统和应用程序以广泛的、匹配的、环绕的、生动的、互动的且有情节的方式，将刺激投射到用户感官的感受器上的客观程度[Slater and Wilbur 1997]。

广泛性（Extensiveness）是指展现给用户的感官模态的范围（比如，视觉、声频还有物理力）。

匹配性（Matching）是指感官模态之间的一致性（比如，匹配头部运动的适当的视觉呈现和对人体的虚拟重现）。

环绕性（Surroundness）是指全景信息的范围（比如，广角视野、立体声、360 度追踪）。

生动性（Vividness）是指模拟的能量的质量（比如，分辨率、灯光、帧率、音频比特率）。

互动性（Interactability）是指赋予用户改变世界的能力，虚拟实体对用户动作的反馈，以及用户影响未来事件的能力。

情节（Plot）是故事，是对信息或者体验的持续描绘，动态展开的事件序列，以及世界及其实体的行为。

沉浸感是有潜力吸引用户参与体验的客观技术，但它只是虚拟现实体验的一部分，能让人感知并理解呈现给他的刺激。沉浸感能够引导大脑但是无法控制大脑，用户如何主观地体验沉浸感属于临场感的范畴。

4.2 临场感

临场感（Presence），简而言之，是一种在空间中“存在于此”的感觉，即使物理上处于不同地方。因为临场感是一个内部心理状态，是一种本能沟通（1.2.1 节），所以很难用语言描述——它是一种只有在体验的时候才会懂得的东西。试图描述临场感就像试图描述意识或者爱的感觉一样，总会有争议。尽管如此，虚拟现实界渴望一个临场感的定义，因为这个定义对设计虚拟现实体验非常有用。临场感的定义基于对“临场感”概念感兴趣的学者群体在 2000 年春季的讨论，能够在 ISPR 网站上（链接 4-1）找到冗长的解释，如下：

> 临场感是一种心理状态或主观感受，尽管部分或者全部的个人体验都是通过人为技术制造生成的，但部分或全部的个人感知并不能确切地认知到技术在体验中扮演的角色（国际临场感研究会，2000）

沉浸感是关于科技特征的，而临场感是用户的内在心理和生理状态；当你对真实世界和体验的技术媒介暂时性失忆或失去认知时，你就会意识到沉浸在虚拟世界中。当临场感产生时，用户不会在意和感觉到技术的存在，而是去注意并感知科技所呈现的物体、事件还有角色。陷入高度临场感的用户会认为虚拟现实技术制定的体验是参观一个地方，而不是简单地感知到什么东西。

临场感是由用户和沉浸感共同作用的。沉浸感具备产生临场感的能力，但是沉浸感不一定会产生临场感——用户可以简单地闭上眼睛，然后想象自己在别的地方。然而临场感是受沉浸感限制的；一个系统/应用提供的沉浸感越强，用户在虚拟世界感受到临场感的可能性越高。

临场感中断指的是虚拟环境生成的幻象中断，用户发现了他真实所处的地方——戴着头戴显示器的真实世界[Slater and Steed 2000]。临场感中断会摧毁虚拟现实体验，所以需要尽可能地避开它。导致临场感中断的可以是定位丢失、不在虚拟世界中的人在真实世界中说话、被电线绊倒、真实世界里的电话铃声等。

4.3 临场感的错觉

技术驱动的沉浸感所带来的临场感可被看成某种形式的错觉（6.2 节），因为虚拟现实中的刺激只是投射到感受器官上的某种形式的能量。比如，屏幕上的像素或不同时间和地点录制的音频。不同的研究者用不同的方式来区别临场感的不同形式。下面将临场感分为四个核心部分，它们只是不存在的现实错觉。

处于稳定空间的错觉

感觉到自身处于物理环境中是临场感最重要的部分。这就是 Slater 所说的“位置幻象”的子集[Slater 2009]，由于用户的所有感官模态是一致的，从而使得呈现给该用户的刺激（理想状态下没有各种额外负担，比如视野上的限制、电线拉扯着头部、自由移动受限等）像是来自 3D 空间中真实世界的物体。深度线索（9.1.3 节）对于产生身处远端位置的感觉来说格外重要，相互一致的深度信息越多越好。当长延迟、低帧率、校准偏差等问题导致世界不稳定时，这个错觉就会中断。

自身具象的错觉

我们终生都能在低头的时候感知到自己的身体。然而很多虚拟现实体验中并没有人的身体——用户是一个非具象的空间视点。自身具象（Self-embodiment）是指用户能在虚拟的世界里感知到拥有身体。当用户有身临其境的感觉时，再给他们一个能配合自身运动的虚拟身体，他们就会很快认识到这是不同级别的临场感。如果用户看到一个虚拟物体碰到自己的虚拟皮肤，同时一个物理对象也确实触碰到自己的皮肤，那么临场感就会大幅提升，体验感也更深（这被称为“橡胶手”错觉，[Botvinick and Cohen 1998]）。

惊人的是，存在一个虚拟的身体是非常有力的，就算这个身体并不像我们自己的身体。实际上，我们不需要客观地感知自己，就算在实际生活中，我们在主观视角下感知到的自己也可能是非常扭曲的（如图 4.1 所示，[Maltz 1960]）。我们的大脑也会自动将身体所处位置的视觉特征和自己的身体联系起来。在虚拟现实中，一个人可以感觉自己是一个卡通角色，或者不同种族、性别的另一个人，但是体验依旧引人入胜。研究发现，“穿着另一个人的鞋子走”这种方式对于移情教学非常有用，甚至能够减少种族偏见[Peck et al. 2013]。也许这是因为我们习惯于定期更换衣服——只是因为我们的衣服比皮肤有更多的不同颜色/质地，或者不管我们最近穿什么，都不意味着在服装之下的不是自己的身体。虽然体形和肤色不怎么重要，运动却是非常重要的，当视觉中的身体运动与物理运动不匹配时，就会破坏临场感。

图 4.1 我们的自我感知可能是非常扭曲的

物理交互的错觉

仅仅环顾四周是无法让人们相信自己身处另一个世界的。增加一些像声音、高亮显示和控制器振动这些形式的反馈，就算不够逼真，也能让用户感觉到他在以某种方式接触这个世界。在理想情况下，用户需要感觉到一个与视觉相符的刚性物理反馈（如 3.2.3 节中所提到的）。当一个人伸手去碰一个东西时，如果这个东西没有反馈的话，那么临场感就会中断。不幸的是，强物理反馈是很难实现的，所以我们经常使用感觉替代的方式（26.8 节）。

社交的错觉

社交临场感指的是一个人和其他角色（不管是电脑控制的还是用户控制的）在同一个环境中真正交流（包括口头交流和肢体语言）的感觉。社交真实性并不需要物理真实性。我们会发现，当用户对较低保真的虚拟人物造成伤害时[Slater et al. 2006a]，以及有公共演讲恐惧症的用户必须在一堆虚拟人物面前演讲时[Slater et al. 2006b]，都会有焦虑反应。

社交错觉能够随着行为真实性（人和物体是否会像在真实世界中那样表现）的提高而提高[Guadagno et al. 2007]，仅对人类玩家身体上的几个点进行追踪及渲染就效果惊人（9.3.9 节）。图 4.2 展示了一个多用户虚拟现实游戏（NextGen Interactions 的 Arena）的截图，玩家的头部和双手都能够直接控制（也就是有三个追踪点），下半身的转向、走动、跑动的动画通过 Sixense Razer Hydra 控制器上的摇杆来间接控制。

图 4.2　Paul Mlyniec，Digital ArtForms 的董事长，
在被作者"威胁"时并没有仔细思考如何交互就选择了投降

由于能够自然地传达身体语言，虚拟现实中的头部和手部追踪在社交上是非常可靠的（由 NextGen Interactions 提供）。

4.4　现实的权衡

有些人认为真实的现实是我们正试图通过虚拟现实达成的黄金标准，而其他人认为现实是一个需要超越的目标——因为如果我们只能达到与现实相符的水平，那么这样做究竟是为了什么呢？本章讨论了在复制真实和创造更加抽象的体验之间的权衡。

4.4.1　恐怖谷

一些人说机器人和计算机生成的角色让人毛骨悚然。尽管我们对扮演真实角色的虚拟角色的熟悉感随着我们与现实的接近会有所提高，但也只能提高到一定程度。如果接近后却没有完全达到现实中的效果，我们的反应就会从共鸣变为厌恶。这个跌至谷底的过程被称为恐怖谷，于 1970 年由 Masahiro Mori 提出[Mori 1970]。

图 4.3 展示了虚拟人物带给观察者的舒适度相对于虚拟人物逼真程度的函数图像。当一个虚拟角色变得越来越像人的时候，观察者感觉到的舒适度提高，直到提高至某一个特定的点，观察者开始对很接近然而不是人类的角色感到厌恶。

恐怖谷是一个有争议的话题，它更像是一个解释性的理论，而没有什么科学证据可以加以证明。然而这个理论简洁有力，且能够帮助我们思考如何给虚拟现实中的实体设计角色。创造卡通角色总是比创造一个类人角色更好一些。22.5 节进一步探讨这些问题。

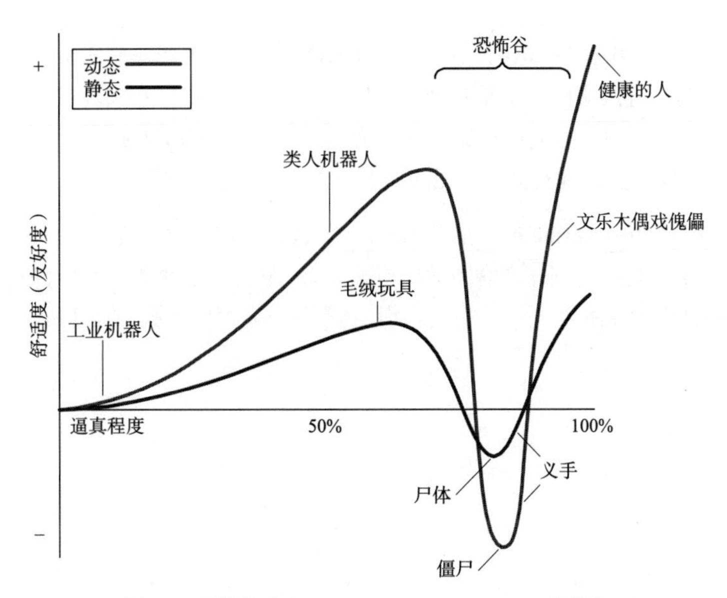

图 4.3　恐怖谷（由 Ho and MacDorman [2010] 提供）

4.4.2　保真度连续集

角色诡异类的恐怖谷不是唯一一个越接近真实但不一定最好的案例。虚拟现实的目标不一定是复制现实。与我们最初设想的恰恰相反，临场感不需要照相写实法，有一些更加重要的引发临场感的线索，比如，系统的灵敏响应、角色的运动、深度线索等。由能提供空间稳定感的基本结构组成的简单世界可以是非常有力的，而使世界更加写实并不一定能提升临场感[Zimmons and Panter 2003]。在一个卡通世界中也可以感觉像在由 3D 扫描生成的世界里一样真实。

高度临场感的体验能够在不同的连续集上排序，每个连续集的一个极端不一定比另一个极端更好。虚拟现实创作者（Creator）对连续集中点的选择取决于项目的愿景和目标。

下面是一些虚拟现实创作者需要考虑的保真度连续集（Fidelity continua）问题。

具象保真度（Representational fidelity）指的是虚拟现实所反映的对地球上某处或可能存在的某处的表现程度。该连续集的最高端是照片写实式的沉浸影像，其内容通过深度相机和麦克风捕捉真实世界后在虚拟现实中重建而成。连续集的最低端是纯粹的抽象或者是非客观世界（比如，混乱的颜色和诡异的声音）。这些东西可能与真实世界无关，仅仅是表达感情，探索纯粹的视觉事件，或者展示其他非叙事性品质（Paul Mlyniec，personal communication，April 28，2015）。卡通世界和抽象的影像游戏根据其场景和角色贴近真实世界和民众的程度，处于这个连续集中间的某个位置。

交互保真度（Interaction fidelity）是指完成虚拟任务与同等现实任务的两种物理行为间的相似程度（26.1 节）。在这个连续集的一端是物理训练任务，该任务中低交互保真度会对训练结果产生负面的影响（15.1.4 节）；在另一端是除按钮之外无须任何物理运动的交互技术。连续集中存在着魔法一样的技术能让用户做一些在真实世界中无法做到的事情，比如隔空取物。

体验保真度（Experiential fidelity）是指用户的个人体验与虚拟现实创作者预期体验之间的一致程度（20.1 节）。能够贴切传达创作者意图的虚拟现实应用程序具有很高的体验保真度。而对于一个存在无限可能性的自由世界而言，由于每一次使用都会拥有不同的体验，所以其体验保真度就很低。

5

基本：设计指南

没有其他技术能像虚拟现实这样引起恐慌和逃离。运行不正常时，虚拟现实会令人沮丧和愤怒，如果使用前没有做恰当的部署和校准，甚至会引发身体不适。精心设计的虚拟现实能够让用户因身处不同世界而感到敬畏和兴奋，也能提高表现、降低成本，提供可体验的新世界，改善教育，并能站在他人的角度创造更好的理解。在本章的基础上，读者可以更好地理解本书的后续内容，并开始创作虚拟现实。作为虚拟现实创作者，我们有机会改变世界——请不要由于缺乏基础知识而做出糟糕的设计和体验把它搞砸了。

创作虚拟现实体验的高度概括指南如下。

5.1 简介与背景（第一部分）

为了拥有一个可帮助做出明智选择的丰富工具箱，需要学习虚拟现实的基本知识，比如，增强现实和虚拟现实的不同形式，不同的硬件选择，向感官提供信息的方式，以及如何给用户的大脑带来临场感。

5.2 虚拟现实是沟通（1.2 节）

- 专注于用户体验而不是技术（1.2 节）。
- 简化并协调用户和技术之间的沟通（1.2 节）。
- 专注于让用户和内容之间的技术媒介简单透明，从而让用户感觉到他们能够直接访问虚拟世界以及其中的实体（1.2.1 节）。
- 为本能沟通而设计（1.2.1 节），从而带来临场感（4.2 节）并激发用户的敬畏感。

5.3 各种现实的概述（第 3 章）

- 选择想要创造的现实的形式（3.1 节）。它位于虚拟连续集的哪个位置?
- 选择输入和输出设备的类型（3.2 节）。
- 要明白一个虚拟现实应用不仅是硬件和技术：要创作一个概念性强的故事，一个有趣的环境设计或布局，以及有吸引力的角色（3.2.8 节）。

5.4 沉浸感，临场感和现实的权衡（第 4 章）

- 由于临场感是沉浸感和用户共同作用的结果，所以我们不能完全控制它。通过专注于我们能够控制的部分——沉浸感，可以最大程度地提高临场感（4.1 节）。
- 最小化临场感中断（4.2 节）。
- 为了最大化临场感，首先专注于世界的稳定性和深度线索。然后考虑加入用户的物理交互、自己身体的暗示及社交（4.3 节）。
- 不要设计太贴近人类外貌的角色以避免产生恐怖谷问题。
- 选择你想创造哪种程度的具象保真、交互保真和体验保真（4.4.2 节）。

第二部分 感知

> 我们并不会从事物本身的角度看待它们，而是从自己的角度看待——也就是说，我们看到的世界并不是它本质的样子，而是被个体独立、具有个性的思想处理过的世界。
>
> ——G.T.W. Patrick（1890）

一个成功的虚拟现实系统需要的所有技术中，存在一个最基本的元素。尽管大多数人几乎没有意识到它，少部分人对它的运转有一般性的了解，但没有人能完全理解它。幸运的是，这个元素是广泛且普遍的。它像大部分技术一样，从一个很简单的形态开始，现今已进化成一个更加复杂且智能的平台。它是世界上现存最复杂的系统，并且在可预知的未来也是如此。它就是人类的大脑。

人类的大脑含有大约 1000 亿个神经元，平均每个神经元连接着上千个突触（一种可以让神经元向别的细胞传递电信号的结构），这就形成了数百个万亿级的突触连接，它们能够通过一个大规模并行神经网络在毫秒级别内同步交换并处理数量惊人的信息[Marois and Ivanoff 2005]。实际上，大脑皮质大概每立方毫米含有十亿个突触[Alonso-Nanclares et al. 2008]。人在 20 岁的时候，神经系统的白质包含 150000~180000 千米的有髓神经纤维（相当于白质中的连接线能够绕地球四圈），连接着所有神经元元素。尽管大脑里有巨量元素，但据估算，每个神经元都能通过六个以内的中间神经元连接到任何其他的神经元，这也被称为“六度分隔理论（Six Degrees of Separation）”（Drachman，2005）。

很多人倾向于相信我们了解人类行为和人脑——毕竟我们自己就是人类，所以应该了解自己。在某种程度上这是对的——有最基本的了解便足以支撑我们在真实世界中行动或者体验虚拟现实。实际上，如果只是为了简单地重建他人建造过的或者创建新的简单的世界，那么可以跳过这部分（尽管理论背景有助于优化一个人的创作）。无论如何，我们大部分的感知和行为都是潜意识处理的结果。为了跨过虚拟现实的初级阶段以创作舒适且直觉性的突破性虚拟现实体验，我们需要更加细致地理解人的感知。

“跨过虚拟现实的初级阶段”是什么意思呢？虚拟现实是一个较新的媒介，可创造的人造现实还有很广阔的开拓空间，因此我们有必要去实现它们。实际上，很多人相信，通过虚拟现实向人提供与数字媒体的直接接触是没有局限的。尽管这可能是真的，但这并不意味着每一个可能的输入输出组合都能够提供一个高质量的虚拟现实体验。实际上，仅仅一小部分的输入输出组合能够达成一个可理解并且令人满意的体验。理解我们如何感知现实是设计真正创新的、能够有效地向用户呈现内容并且响应用户操作的虚拟现实应用的基础。本章讨论的一些概念能够直接应用于现阶段的虚拟现实领域，另外一些也许可以以一种我们现在还不清楚的方式应用。了解人类感知的核心内容可能只能让我们意识到虚拟现实改进的新机会，并探索大量新的虚拟现实体验。

当然，研究感知在设计任何产品的时候都是有价值的，比如，桌面或者手持的应用。对于虚拟现实设计来说，这是基础。几乎没有人会在用传统软件的时候因为一个不好的设计而头晕（尽管很多人会感到沮丧），但是一个不好的虚拟现实设计很容易让人眩晕。虚拟现实设计师将更多的感觉融为一体，形成一个单独的体验。如果感知无法保持统一，那么用户就会感到生理上的不适（参见第三部分）。因此，对复杂交互中人类部分的理解在虚拟现实的应用中比在传统应用中重要得多。一旦掌握了这类知识，就能根据这些规则更加巧妙地进行实验。简而言之，我们对人类的认知理解得越清晰，创作和迭代出的高质量虚拟现实体验就会越好。

本部分将帮助读者更容易地认知、正确理解真实世界和人类感知它的方式，并回答以下不常见的问题：

- 转动眼睛的时候，为什么映入眼球的图像看起来是不动的？（参见 7.4 节）
- 人眼的分辨率是多少？（参见 8.1.4 节）
- 在电影或游戏中，当一个角色在远离镜头的时候，就算它在屏幕中的实际占比变小了，为什么它本身的尺寸看起来却没有变化？（参见 10.1 节）

通过提出并解答这类问题（即使我们还远未得知所有答案！），我们能够以更创新的方式来创造更好的虚拟现实体验。

为了正确认识感知，思考你此刻正在体验什么。你正在阅读这一页内容，没有特意去思考这些称为文字或词语的抽象符号是如何传达意思的，对图像也一样。Trompe-l'oeil（法语的“欺骗眼睛”）是一种艺术技巧，它使用实际上是 2D 的图像来创造 3D 的幻象。请参见图 1 的 Trompe-l'oeil 大厅艺术，你可能会看到一个向建筑物低层延伸的大厅地板。实际上，这是由于你所看见的多个 2D 平面带来的深度上的错觉（真实的三维世界含有展示着一张二维照片的二维页面或显示器，这张照片里有用二维技术画出来的大厅地面）。不幸的是，trompe-l'oeil 艺术只能从一个特定的固定视角提供 3D 幻象，稍微移动几厘米幻象就会破灭。虚拟现实使用了头部追踪，所以可以从各个角度制造幻象，就算人在实际走动着也没有问题。

图 1 Trompe-l'oeil 大厅艺术

潜意识的认知是超出想象的。比如，你可能正在触摸这本书或者一张桌子，而在这段话将其指出前，你不会有意识地注意到触摸的感觉。相反，就算在上句话指出以前，你并不会意识到这种触摸的感觉，但如果你真的感觉不到任何东西，就很可能会引起你的注意。这种存在于很多虚拟现实应用中的触感的缺乏，就是虚拟世界和真实世界之间的最大区别，也是虚拟现实体验面临的主要挑战之一（参见 26.8 节）。尽管如此，创新的、资金充足的公司目前正在想办法规避或者解决现在虚拟现实技术中缺乏完美反馈的问题。就算存在很多挑战，这个领域仍在快速地发展，这些问题对于虚拟现实的激增而言并不是阻碍，而是机会。

第二部分的内容专注于人类感知的各个方面。

第 6 章，主观和客观现实，讨论了世界上真实的存在和我们所感知的存在之间的区别。通过本章所阐述的各种感知错觉，可以看到两者之间的巨大差异。

第 7 章，感知模型和感知过程，讨论了理解人脑工作方式的不同模型和方法。因为大脑过于复杂，所以目前没有一个模型能够解释一切，需要从不同的角度来考虑生理过程和感知是如何生效的。

第 8 章，感知模态，讨论了我们的感受器，以及信号如何从这些感受器传输到视觉、听觉、触摸感、本体感觉、平衡感和物理运动、嗅觉和味觉。

第 9 章，空间与时间的感知，讨论了我们如何感知周围世界的布局，如何感知时间，以及如何感知物体和自己的运动。

第 10 章，知觉稳定性、注意力和行为，讨论了当我们的感受器接收到的信号改变时，我们是如何觉得世界始终如一的，讨论了我们是如何专注于一个物体、同时忽略其他物体的，并讨论了感知如何关系到采取行动。

第 11 章，感知：设计指南，这是对第二部分的总结，为虚拟现实创作者提供了一些感知的指南。

6 主观和客观现实

现实到底是什么？它只是一种集体的直觉！

——Lily Tomlin [Hamit 1993]

客观现实是剥离任何意识实体的观察而存在的世界。可惜一个人不可能感知到原原本本的客观现实。本章将通过一些哲学讨论和感知错觉的例子来描述我们如何主观地感知客观现实。

6.1 现实是主观的

我们通过眼睛、耳朵、身体感受到的东西，并不仅仅是身边世界的投射。我们在心中（in our minds）创造了自以为生活于其中的世界。主观现实是每个人的心对外部世界的独立感知和经验。我们感知的大部分内容是我们根据过去发生的事情自己"加工"而成的，也就是现在所认为的"真实"（truth）。尽管大多数人都没有意识到这一点，但我们一直在构造现实。

抽象哲学（Abstract philosophy）无法应用于虚拟现实？这确实是一个合理的意见。请看图 6.1。什么是客观现实？一位年长的女士还是一位年轻的女士？再看一遍，看看你能否感知到两位。这是一个模糊图像的经典教科书式案例。然而这并不是一位年长的或年轻的女士，真正存在于客观现实的是被油墨印在纸上或者由像素在电脑屏幕上组成的黑白图像。这就是本质上我们用虚拟现实正在做的事——将创造的人工内容展示给用户，让他们觉得这些内容是真实的。

图 6.2 说明了我们是如何创造现实的。这张图是在 14 像素×18 像素的分辨率下，一张一百多岁老人脸的灰度图片[Harmon 1973]。如果你生活在美国，你将会认出来这个人是谁，尽管你不可能遇到过这个人。如果你不在美国生活，你可能认不出来，图 6.2 是印在 5 美元上头像的一个低像素版本——

林肯总统。文化和我们的记忆（尽管是由我们自己或通过他人制造出来的）会影响我们所看到的东西。我们看到林肯不是因为他看起来像林肯，而是因为我们“知道”林肯看起来是什么样子，尽管现在的我们从来没有见到过他。

图 6.1　年长/年轻的女士

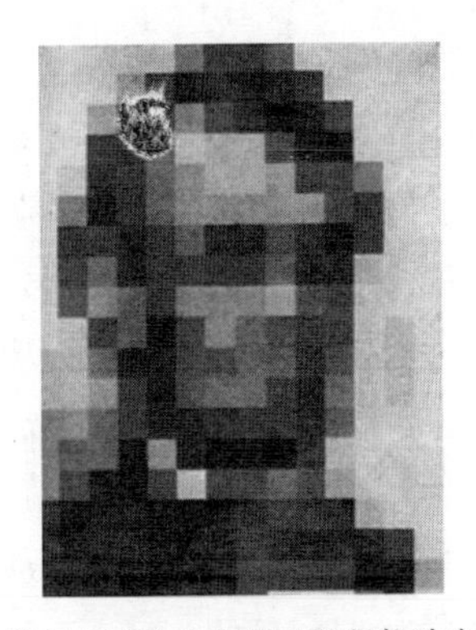

图 6.2　演示了现实为何是由我们构造出来的

尽管爱因斯坦和弗洛伊德的出发点（perspectives）不一样，但他们都认为现实是可以锻造的（malleable），个体的观点是现实等式中一个不可或缺的部分。现在通过虚拟现实，我们不仅能体验到别人的现实，还能创造出可直接沟通（间接沟通，如通过一本书或者电视）的客观现实，供他人从主观角度来体验。

科学尝试让主观消失，但是这往往只在受控的情况下才可能完成。在实验室外的日常生活中，我们的感知依赖于环境（context）。虚拟现实使我们能够像在实验室中一样，通过控制一些条件，从集体创造的世界（Synthetically created world）中消除一些主观性。尽管大部分虚拟现实体验产生于个体的心中，但通过理解不同的感知过程如何工作，我们能够更好地引导人的感知，使其更加真实地体验到我们想要表达的现实。

在日常生活中，我们下意识地通过自己设定的“规则”组织我们的感知输入，并且将这些感知输入对应到我们希望的结果上（7.3 节）。你有在以为喝的是牛奶的时候却喝到橙汁吗？如果有，你可能就对橙汁有了新的体验；如果我们没有感知到想要感知的东西时，我们对事物的感觉将会变得非常不同。当感到吃惊或者需要深入理解时，我们的大脑就会更深一步地通过概念知识传输、分析、操作数据。此时，我们关于世界的心智模型（mental model of the world）便会改变以适应未来的预期。

事实、算法，还有几何对虚拟现实来说都不够。通过更好地理解人的感知，我们能够开发出一种虚拟现实应用，使我们更直接地将所创造的客观现实与用户的心智相连。我们希望更好地理解人们是如何感知这些数字内容的，这样，便能以一种更容易被接受和理解的方式，更直接地向用户传达意图。

好消息是，虚拟现实并不需要完美地复制现实，我们只需要呈现最重要的部分，心会自动补充剩余的细节。

6.2 感知错觉

在绝大多数情况下，我们自以为与现实直接接触。然而，为了创造这种直接接触的感觉，大脑整合了与期望相关的多种感知输入。在多数情况下，大脑会依据一个感知的生命周期内的多次曝光，固化地预测某些事情。这种固化的潜意识会影响我们解读和体验世界的方式，使我们用更快捷的方式（take shortcuts）去认知和思考，从而为更高层的处理提供更多空间。

一般我们不会注意到这些“捷径”。然而，当一个非典型刺激出现的时候，就可能引起感知错觉。这些错觉可以帮助我们理解这些捷径，以及大脑的工作方式。这些错觉的过人之处在于，就算你知道事物不是你看到的那个样子，你依旧很难从另一个方面来感知它们。潜意识真的很有力，即使我们的意识知道一些东西是相反的。

大脑在潜意识中不断地寻找一个模式，以让从各个感官传来的消息变得有意义。实际上，我们可以认为潜意识是一种过滤，只能使不可预测的、不同寻常的事物进入意识（7.9.3 节和 10.3.1 节）。在很多情况下，这些可预见的模式都深深植入大脑，就算它们不存在于现实中，我们也能够感知到它们。

关于感知及模式所创造的现实的错觉，其哲学讨论最早可能记录于柏拉图的《理想国》。柏拉图用面对洞穴内壁、与阴影共同生活的人来比喻，阴影是他们推断真实物体的唯一基础。柏拉图的洞穴实际上推动了 20 世纪 90 年代的虚拟现实产业革命，当时的人们创造了 CAVE VR 系统[Cruz et al. 1992]，它通过将光投影到用户周围的墙上创造一个沉浸式的虚拟现实体验（3.2 节）。

在帮助设计虚拟现实系统方面，感知错觉的知识能够帮助虚拟现实创作者更好地理解人类感知、验证和测试假设、解释实验结果，更好地设计世界且更好地解决问题。下面将展示一些虚拟错觉，作为进一步调查感知的基石。

6.2.1 2D 错觉

就算是简单的 2D 图形，我们也不一定能感知到真相。Jastrow 错觉展示了形状是如何被误解的——请尝试判断图 6.3 中哪个图形更大。实际上两个图形是一样大的——找一个工具测量一下两个图形的高度和宽度，你将会发现图形是相同的，尽管下面那个看起来会大一点。

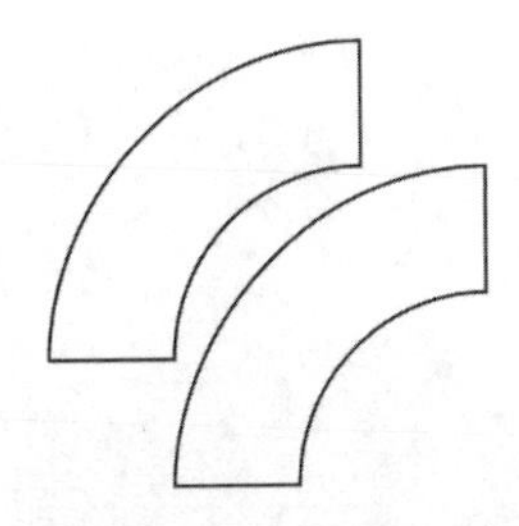

图 6.3 Jastrow 错觉，两个图形大小相同

Hering 错觉（图 6.4）是一个几何感知错觉，展示了直线看起来未必总是直的。当两条平行直线出现在一个放射型的背景上时，它们看起来就像是向外弯曲的。

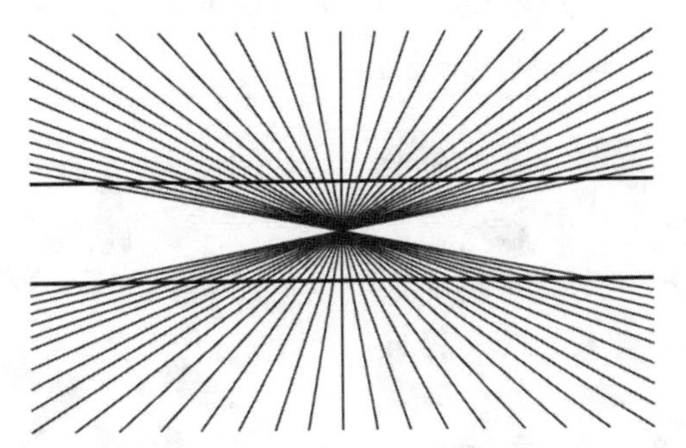

图 6.4 Hering 错觉，两条直线是平行的，尽管看起来是弯的（由 Fibonacci 提供）

这些简单的 2D 错觉告诉我们，在校准虚拟现实系统的时候不必只相信我们的感知（尽管这是一个很好的出发点），因为我们的判断依赖于周围环境。

6.2.2 边界完成错觉[1]

图 6.5 中有三张图片，每张上面都有一个很像 20 世纪 80 年代经典视频游戏“吃豆人”的形状。在最左面的三个吃豆人图片上，你可能会在一个黑线构成的三角形上面看到另一个白色的三角形。

这里对三角形的感知被称为 Kanizsa 错觉，属于错觉轮廓的一种形式。错觉轮廓是指在边界并不实际存在时感知到边界。如果你挡住这些吃豆人，那么由它们支撑的边缘和三角形就消失了。图 6.5（b）展示了一个三角形可以出现在一个渲染出的房间的角落。图 6.5（c）展示了这种不存在的图形甚至可以出现在真实世界中。

图 6.6 展示了另外两个错觉轮廓图形，我们会自行“脑补”从而感知到并不实际存在的 3D 图形。格式塔完形理论（Gestalt Theory）认为，整体不等于各部分之和，我们会在 20.4 节阐述该问题。

1 原文为 Illusory Boundary Completion，又称为幻觉性世界补全。

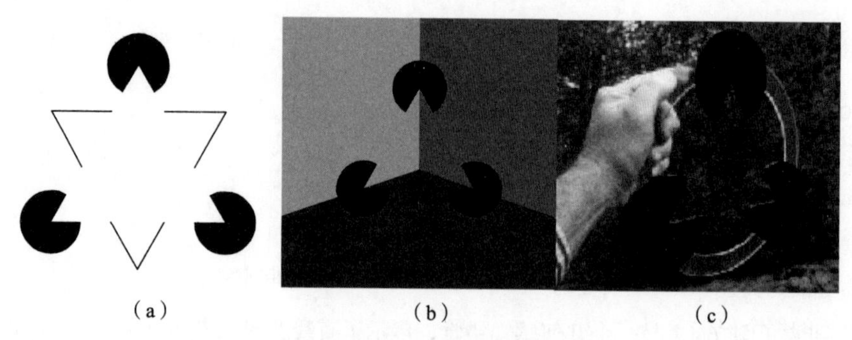

图 6.5 Kanizsa 错觉。（a）经典形式；（b）3D 形式（由 Guardini and Gamberini 提供）；（c）真实世界形式（引自[Lehar 2007]）

虽然三角形并不真实存在，但是我们能够感觉到它。

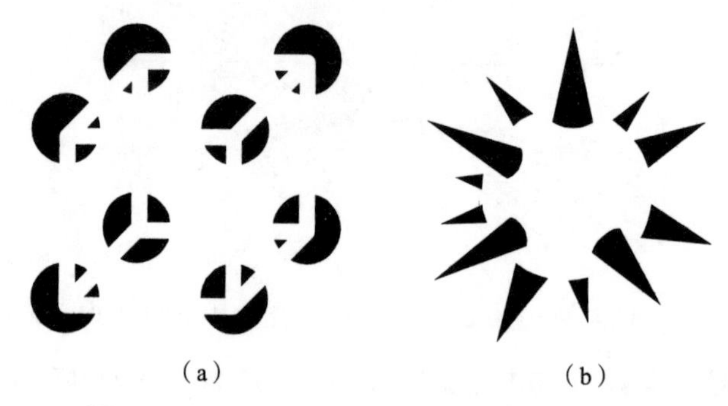

图 6.6 Neeker 方块（a）和一个尖刺球（b）的错觉

和 Kanizsa 错觉一样，我们能在没有形状的地方看出形状（基于[Lehar 2007]）。

错觉轮廓告诉我们，并不需要完美地复制现实，而只需要呈现最本质的刺激将物体引入用户心中。

6.2.3 盲点

甚至当我们眼前确实有东西时，心也能感知为空无一物。盲点（Blind spot）是视网膜上血管离开眼球的区域，那里没有光敏细胞。盲点大到当坐在房间两端的人看对方时，头会消失[Gregory 1997]。通过图 6.7 中的简单图像，能看到（或者看不到！）盲点的作用。

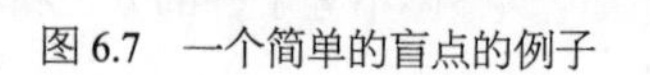

图 6.7 一个简单的盲点的例子

闭上你的右眼。用左眼盯着红色的点，然后慢慢向图片靠近。你会发现两根蓝条现在变成一根了！

6.2.4 深度错觉

Ponzo 铁轨错觉

图 6.8 展示了 Ponzo 铁轨错觉（Ponzo railroad illusion）。上面的浅色长方形看起来比下面的浅色长方形大。实际上两个浅色长方形的形状是相同的（可以自己测量一下）。之所以会有错觉，是因为我们会根据线性透视来解释向内收敛的两条边，向远处延伸的平行线会逐渐变短（9.1.3 节）。这样，我们会认为上面的黄色长方形离我们更远，所以以为它更大——在视网膜上形成同样大小图像的两个物体，更远的那个一定更大。

图 6.8　Ponzo 铁轨错觉

上面的黄色长方形看起来比下面的黄色长方形要大，尽管它们实际上大小一样。

Ames 房间

在如图 6.9 所示的 Ames 房间中，站在其中一个角落的人看起来像一个巨人，而另一个角落的人看起来则不可思议的小。这个错觉非常令人信服，当人从房间的一个角落走到另一个角落的时候看起来像在放大和缩小。

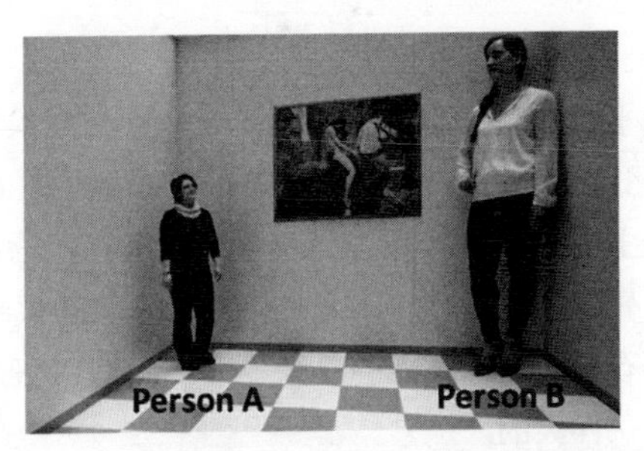

图 6.9　Ames 房间造成了戏剧性的不同大小人的错觉

尽管从逻辑上我们知道人在形体上不可能有这么大的区别，但这个场景依旧很使人信服（由 PETER ENDIG/AFP/Getty Images 提供）。

Ames 房间是经过设计的，它从特定角度看起来就和普通房间一样。其实这是一个透视的小诡计，房间的真正形状是梯形：房间的墙是斜的，天花板和地板都是斜的，右边的角落比左边的角落更加接近观察者（图 6.10）。此处产生的错觉表明我们的感知会被周围环境干扰。产生错觉的原因之一是由于这个房间是用一只眼睛通过一个针孔来看的，避开了立体视觉和运动视差提供的线索。在创造虚拟现实世界的时候，我们希望能注意多感官模态的一致性，以免不小心造成误解。否则就会出现很多比 Ames 房间错觉更奇怪的现象。

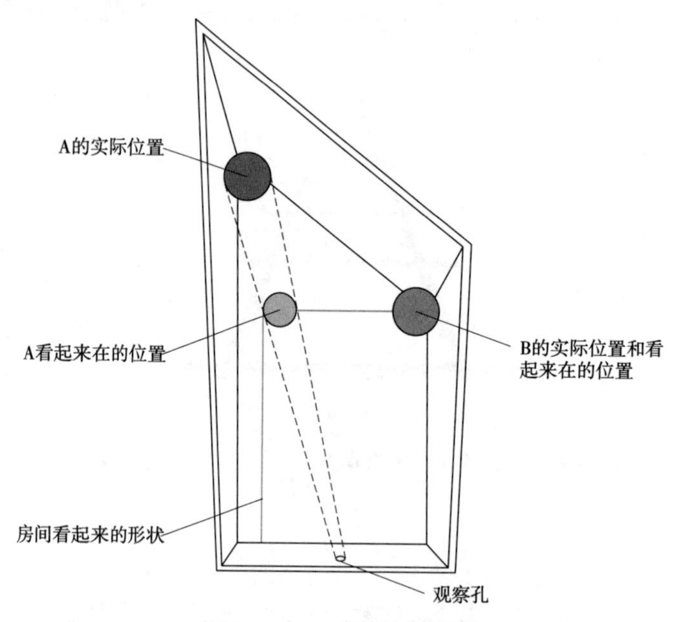

图 6.10　Ames 房间的实际形状

6.2.5　月亮错觉

月亮错觉指月亮在靠近地平线的时候会比它高挂在天空中的时候显得更大，尽管它距离观察者的距离及观察者的视野都没有变化。关于月亮错觉的解释有很多（图 6.11），其中最有可能的是，当月亮靠近地平线的时候，地表上有一些能够和月亮直接对比的参照物。大地和地平线带来的距离暗示让我们更加清晰地感受到月亮离我们很远。距离暗示越多，错觉就越强烈。就像 Ponzo 铁轨错觉一样，被认为离得更远的月亮看起来比最高点的月亮更大（我们在感知上认为天空比地平线更近），尽管它们在视网膜上的成像是一样大的。

图 6.11 月亮错觉

这是指月亮在靠近地平线时看起来比高挂在天空时更大。当有类似图片中前景的强烈深度提示时，错觉会特别强烈。

6.2.6 残影

负残影指图像不再呈现后，眼睛还能看到图像的反色的错觉。一个残影可以通过盯着图 6.12 中的女士眼睛下面红、绿、黄的小点来产生。请在盯着这些点 30~60 秒之后，再看向右侧空白处的 X，你会看到这个女士的一张写实彩色图片。这是怎么发生的？眼睛中感光细胞的敏感度会在一直盯着某个颜色一段时间之后降低，当看向白色屏幕时（实际上白色是所有颜色的混合），不敏感的颜色趋向于不可见，只剩下相反的颜色。

图 6.12 残影效果

盯着眼睛下面红、绿、黄色的小点，在 30~60 秒后看向右面空白区域的 X（图片© 2015 The Association for Research in Vision and Opthalmology）。

正残影是一个相同颜色在图片消失之后仍然存在的短期错觉。这可能会导致当一个物体在显示屏幕上快速移动时，我们会感知到很多个物体［称为频闪（Strobing），参阅 9.3.6 节］。

6.2.7 移动错觉

移动错觉在虚拟现实中很容易出现，这种错觉会造成方向迷失和晕眩（第 12 章）。可以利用移动错觉来创造一种被称为相对运动错觉（Vection）的自我移动的错觉（9.3.10 节）。

Ouchi 错觉

如果一直盯着如图 6.13 所示的 Ouchi 错觉，可能会看到圆圈在向左或者向右移动。如果一边盯着圆圈，一边左右摇头，圆圈看起来会在稳定的背景上晃动。

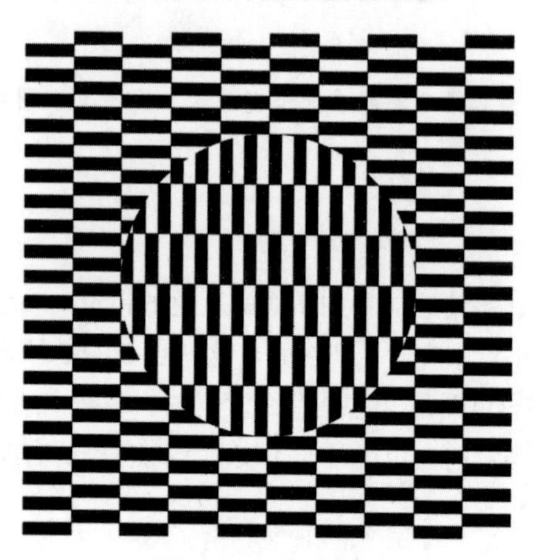

图 6.13 Ouchi 错觉

尽管这个图片是静态的，但长条看起来好像在移动。

这种移动错觉在很多情况下都会发生，对此有很多解释。一种解释是，两种方向不同的长条被感知为在不同深度的平面上，导致眼睛移动时它们之间看起来像是在相对移动（就像它们真的在不同深度平面时所发生的那样）。

运动后效应

运动后效应（Motion aftereffects）是一种当你持续盯着向同一个方向运动的刺激物 30 秒以上时会产生的错觉。你可能会感到这个运动变慢了或者完全停止，因为运动检测神经元产生了疲劳（一种感官适应的形式，参见 10.2 节）。当运动停止或者人将视线从移动的刺激转到非移动的刺激时，就会感知到与之前的运动刺激方向相反的运动。因此，在测量可感知的移动或者为虚拟现实设计内容时，必须小心。比如，要谨慎地在虚拟世界中加入持续移动的纹理，例如流动的水。否则，用户长时间地看着这些区域后可能会无意识地感知到运动。

月云错觉

月云错觉是诱动现象的一个绝佳实例。一个人可能觉得云是静止的而月亮在移动，但实际上月亮是静止的而云在动。之所以产生这个错觉是因为我们认为小的物体比大的周围环境更可能处于运动状态（参阅 9.3.5 节）。

似动现象

似动现象（Autokinetic effect），也称为自动运动，是指当没有其他视觉信息时，一个单独稳定的点光源看起来在运动的错觉。这个错觉在我们头部静止的时候也会发生。这是因为大脑无法直接意识到轻微缓慢的无意识眼部运动（8.1.5 节），而且身边没有别的可以辅助判断运动的视觉内容（也就是说，没有任何可以获得的物体相关的运动信息，参阅 9.3.2 节），所以运动是有歧义的；我们无法判断这个移动是因为观察者不知道到底是眼睛在动还是光源在动，并且感知到的运动的数量和方向也不尽相同。似动现象在目标变大的时候会减弱，因为大脑会假设占据视野更广的物体是静止的。

似动现象指出，创造稳定世界的幻象要求有较大的周边环境（参阅 12.3.4 节）。

7 感知模型和感知过程

人的大脑非常复杂，无法通过一个简单的模型或过程来描述。本章探讨了一些模型和过程，以便从不同视角描述大脑是如何工作的。请注意这些概念不一定是绝对“真相”，而是提供了思考感知的有效途径的简化模型。这些概念有助于解释影响人类感知和行为的多种因素；让我们能够创造更好的与不同用户群交流的虚拟环境；帮助我们更好地将交互写入我们的环境，从而更好地以用户为中心、为用户创造更加沉浸和充实的体验。

7.1 远端刺激和近端刺激

为了理解感知，必须首先理解远端刺激（Distal stimuli）和近端刺激（Proximal stimuli）的不同。

远端刺激是世界上实际存在的物体和事件（客观现实）。

近端刺激是由远端刺激传达到感官（眼睛、耳朵、皮肤等）的能量（Energy）。

感知的主要任务是解释世界上的远端刺激，以引导有效的生存实践（Survival-producing）和目标驱动的行为。挑战在于，近端刺激并不总是远端刺激信息的理想来源。比如，来自远端物体的光线会在眼后视网膜上产生一个图像。但是这个图像会根据光线的不同、身体的移动、眼睛的旋转等持续变化。尽管这个近端的图像触发了神经信号并传递给大脑，但我们却几乎不会意识到或者很少关注到整个图像（10.1 节）。相反，我们能意识到并且给出回应的是近端刺激所代表的远端物体。

在远端刺激中起作用的因素包括背景、先验知识、期望和其他感官输入。感知心理学家试图了解大脑是如何从有限和不充分的信息中提取出对物体和事件的准确稳定的感知的。

虚拟现实创作者的工作是构建一个人工的远端虚拟世界，再将它投射于感官；我们越是能以身体和大脑所期望的方式来创造，就越有可能让更多的用户在虚拟世界中获得临场感。

7.2 感觉和感知

感觉是通过近端刺激对远端刺激进行低级识别的初级过程。比如，在视觉上，光子落在视网膜上时会产生感觉；在听觉上，振动的空气波被外耳采集，并经过中耳、内耳的骨头传到耳蜗时也会产生感觉。

感知是一个高级过程，它结合来自各个感官、过滤器、器官的信息，并对它们做出解释、赋予意义，创造主观、有意识的体验，这使我们能认识周围的环境。两个人能够从同样的感官信息中产生两种不同的感知，甚至就算是同一个人也能从相同事物中感知到不同的东西（比如，图 6.1 中模棱两可的图片或者在不同时间听到同一首歌时的情绪反应）。

7.2.1 整合

形状、颜色、运动、声音、本体感觉、平衡感和触摸感都能独立触发大脑皮层不同部分的神经信号。整合是指合并刺激以创造对一个稳定物体——比如一个“红色的球”——产生有意识感知的过程[Goldstein 2014]。我们将物体的所有特征结合起来创造出一个单一稳定的感知，以统一对该物体的感知。在感知单一实体产生的多模态事件时，整合也十分重要。然而，有时我们将一个物体的特征错误地分配给了另一个物体，如腹语术，我们以为声音传出的地方并不是实际发声的地方（8.7 节）。这些错觉现象最常出现在事件快速发生（比如，罪犯的目击证词中的错误），或者场景仅仅简单地被展示给观察者时。维护多感官模态之间的时空顺应（25.2.5 节）会强化整合，而且对最大化直觉的虚拟现实交互、最小化晕动症格外重要（12.3.1 节）。

7.3 自下而上和自上而下的过程

自下而上的过程（也称基于数据的处理过程）是基于近端刺激的处理过程[Goldstein 2014]，它是感知的起点。感觉刺激—传导—神经处理的整个过程就是自下而上过程的例证。虚拟现实使用有充分说服力的（比如，创造临场感）自下而上的刺激（比如，显示器上的像素）来超越自上而下的数据，这些数据暗示我们只不过是戴着头戴显示器而已。

自上而下的过程（也称为基于知识或者基于概念的处理过程）是基于知识的处理过程——观察者的经验和期望对其感知的影响。在任何时候，观察者都有一个理解世界的心智模型（7.8 节）。比如，我们通过经验得知，物体的属性是趋于稳定的（10.1 节）。与此相反，我们会根据环境的情景特性及不同方面来修正预期。对远端刺激的感知很大程度上偏向于这种内部模型[Goldstein 2007，Gregory 1973]。当刺激越来越复杂时，自上而下的过程发挥的作用越来越大。在决定我们感知到什么时，我们对世上事物的认知扮演了重要的角色。作为虚拟现实创作者，要好好利用自上而下过程的优点（比如，用户从真实或者虚拟世界获得的经验），它可以让我们创造出更有趣的内容、更引人入胜的故事。

7.4 传入和传出

传入神经（Afferent nerve）冲动从感受器传入中枢神经系统。传出神经（Efferent nerve）冲动从中枢神经系统传出到效应器（比如肌肉）。传出副本（Efference copy）发送一个与传出相同的信号到预测传入的大脑区域。这种预测允许中枢神经系统在感觉反馈发生之前就启动响应。大脑将输出副本和传入信号进行对比，如果信号相符，则表明传入仅依赖于观察者的行为。这就是所谓的"再传入"，因为传入再次确认发生了预期的行为。如果传出副本和传入不相符，那么观察者就会从外部世界的变化（被动运动）而不是从自己内部的变化（主动运动）来感知刺激。

传入和传出副本导致我们对世界产生不同的感知，这取决于刺激是主动的还是被动的[Gregory 1973]。比如，当眼部肌肉移动眼球时（传出），若传出副本和我们预期的视网膜上的图像运动相同（再传入），那么就会感知到一个视觉上稳定的世界（如图 7.1 所示）。然而，如果是一个外部力量来移动眼球，那么就会感觉这个世界在视觉上是运动的。你可以闭上一只眼，然后轻轻推动睁开的另一只眼太阳穴附近的皮肤来感受这个效果。与大脑控制眼球运动的通常方式不同，用手指强迫眼睛运动是一种被动行为。感知到视觉中的场景移动，是因为大脑没有接收到控制眼部肌肉移动指令的传出副本，接着传入（视网膜上场景的运动）比不存在的传出副本强烈，因此外部世界看起来就像在运动。

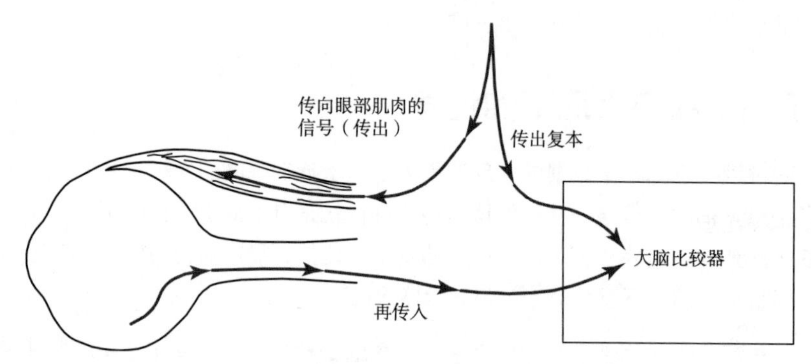

图 7.1 眼睛旋转过程中的传出副本（基于[Razzaque 2005]，改编自[Gregory 1973]）

7.5 迭代感知过程

简而言之，感知可看成一个不断演进的处理步骤序列，如图 7.2 所示。

粗略来说，Goldstein 的迭代感知过程的三个步骤[Goldstein 2007]：

1. 刺激到生理——外部世界投射在我们的感受器上；

2. 生理到感知——我们从知觉上解释这些信号；

3. 感知到刺激——我们的行为影响外部世界，形成了称之为生命的无限循环。

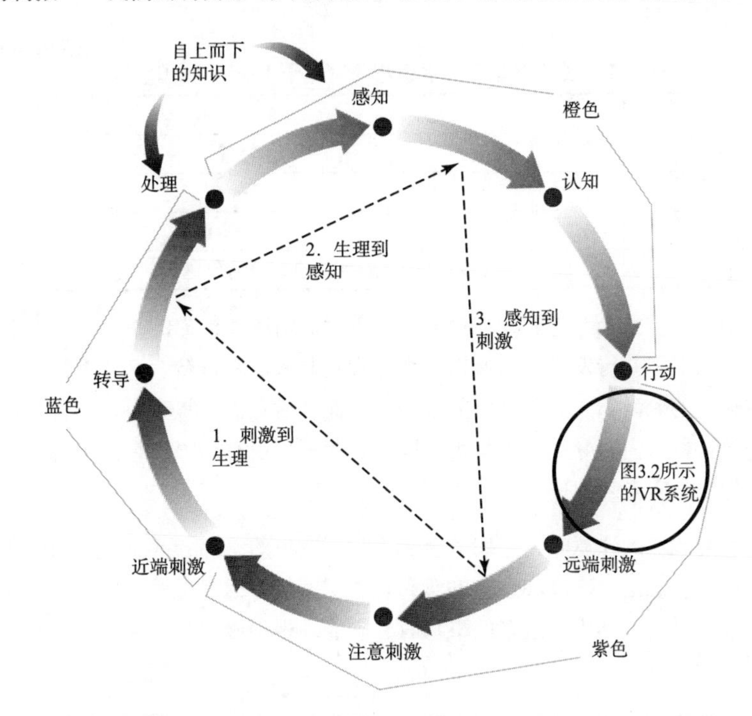

图 7.2 感知是一个动态的、不断改变的连续过程（改编自[Goldstein 2007]）

紫色箭头代表刺激，蓝色箭头代表感觉，橙色箭头代表感知。

这些阶段可以被进一步细分。当我们穿行于世界时，面对的是一个复杂的物理世界（远端刺激）。世界发生着太多的事情，我们环顾四周，看、听、感觉着那些吸引我们的东西（注意刺激）。当接触到光子、振动和压力（近端刺激）时，我们感受相应物理属性的器官将其转化为电信号（转导）。之后这些信号通过被我们过去经验（自上而下的知识）所影响的复杂的神经系统进行交互（处理），使我们产生有意识的感觉体验（感知）。我们也因此能够对这些感知进行分类或赋予其意义（认知）。这决定了我们的行为（行动），进而影响远端刺激，然后继续循环此过程。

在虚拟现实中，我们拦截了真实世界的远端刺激，并将其替换为由几何模型和算法实现的、电脑生成的远端刺激。如果能够通过某种方式完美地用模型和算法替代真实世界，那么虚拟现实将与现实毫无二致。

7.6 潜意识和意识

可以认为我们的心有两个不同的部分——潜意识和意识。表 7.1 总结了这两个部分的特征[Norman 2013]。

表 7.1 潜意识思考和意识思考（基于[Norman 2013]）

潜 意 识	意　识
快速	慢速
自动	受控制
多资源	有限资源
控制熟练行为	在学习时、在遇到危险或事情出错等新情况时，会被唤醒

潜意识是心中并未被完全意识到，却强烈影响着我们情感和行为的一切。因为潜意识过程是在我们没有意识到的情况下并行发生的，所以这个过程看起来非常自然。潜意识是一位强有力的模式发现者，它能将输入的刺激归入此前已有的范畴中。而且潜意识非常有力，它会严重地影响我们的决定，使之偏向错误的方向并导致不当行为。同样，潜意识也有局限，它无法以一种智能的方式排列符号，也无法做出走向未来的具体计划。

当一些东西引起我们的注意时，它们就会成为我们意识的一部分。意识是我们在任何时候都能体会到的感觉、感知、想法、态度和感受的总和。意识擅长考虑、思考、分析、比较、解释和合理化。不过，当心需要处理一连串、过多的事物时，它表现得很慢，并导致分析瘫痪。书面文字、数学和编程都是意识的工具。

尽管潜意识和意识都可能产生错误、误解和不理想的解决方案，但它们能够互相取长补短。它们的结合常常会创造出通常不会被意识到的洞悉和革新。

7.7 本能的、行为的、反射的、情感的过程[1]

一个有用的人类认知和反应的近似模型可以分为四个层次：本能的（Visceral）、行为的、反射的、情感的。这四个层次可以被认为是模式识别和预测的不同形式，它们共同协作确定一个人的状态。高层级的认知反射和情感可以触发低层级的本能和生理反应；反过来，低层级的本能反应可以触发高层级的反射思考。

1 原标题为 Visceral，Behavioral，Reflective，and Emotional Processes。

7.7.1 本能过程

本能过程，通常称为“蜥蜴脑”（the lizard brain），它和运动系统（Motor system）紧密相连，且作为一种反射和保护机制来帮助生存（immediate survival）。本能沟通（1.2.1 节）会针对状况（比如，处于危险或危机中时）做出直接反应和判断。本能反应是直接的，它没有时间去确定原因、发出责难，甚至体验情感。本能反应是很多情感体验的前兆，也可能由情感引发。尽管高层次的学习并不是由本能过程引发的，但是感官适应（Sensory adaptation，参阅 10.2 节）可以促成敏感化（Sensitization）和脱敏感化（Desensitization）。

本能反应的例子包括意外事件引发的惊吓反射、战斗或逃跑反应、恐高症、因为关灯而产生的童年焦虑。恐高症这一本能反应在体现虚拟现实的强大时特别受欢迎（例如，从高楼大厦顶部的边缘俯瞰世界）。

本能过程是一种与吸引或排斥有关的初始反应，和产品及虚拟现实体验的可用性、有效性、可理解性并无关联。许多自以为“聪明”的人往往忽视本能反应，并且难以理解一个体验“感觉更好”的重要性。伟大的设计师用审美直觉驱动本能反应，创造出积极的状态，获得用户的喜爱。

7.7.2 行为过程

行为过程是在与已存储的神经模式相匹配的情境下触发的习得技能和直觉交互，大多是潜意识的。尽管我们通常能注意到自己的行为，但往往忽视其中的细节。

当我们有意识地行动时，我们只需专注在目标上；然后大脑和身体就会完成大部分我们几乎不会注意到的细节。例如，当某人拿起一样东西时，他会先产生做这个动作的意愿，然后这个动作就发生了——我们不需要有意识地去思考手的角度和位置。如果一位虚拟现实用户想要拿起当前环境中的一个物体，他只需要想到拿起这个物体，手就会移动到该物体旁，然后按一下按钮把它拿起来（假设他知道如何使用追踪控制器）。

对控制环境的渴望驱使我们学习新的行为。当我们无法控制或者事情没有按计划进行时，就会感到挫折或者愤怒。当我们因为无法理解事物不能运行的原因而无法学习新的有效行为时，这种感觉会格外明显。反馈（25.2.4 节）对学习新的交互界面至关重要，即使反馈是负面的，虚拟现实应用应该持续提供某种形式的反馈。

7.7.3 反射过程

反射过程的范围包括从基本的有意识的思考到审视自己的想法和感受。高层级的反射提供理解，并让人能够做出逻辑判断。反射过程比本能过程和行为过程慢得多；反射过程经常在事件发生之后才进行。间接沟通（1.2.2 节），比如讲话或者内心思考（例如，自己对自己说话），是反射过程的工具。与本能过程相反，反射过程会评估状况、确定原因、归咎责任。

反射过程是我们在心中创造故事的地方（这些故事可能和现实相差甚远）。反射的故事（reflective stories）和记忆往往比过去真正发生的事情更为重要，因为过去不再存在——更重要的是要根据创造的故事预测和规划未来。反射故事创造了最高层次的情感——记忆或者预期事件中的高潮和低谷。情感和认知比大多数人认为的更加紧密地交织在一起。

7.7.4 情感过程

情感过程属于意识的情感方面，它能够有力地处理数据，产生生理和心理的本能反应和行为反应。这种方式比反射思考更加省力和快速——提供直观的洞察力来评估一种情况或者一个目标是否可取。

如果一个人没有情感，那么他做决定就会很困难，因为情感带来主观的价值和判断，而理性思考更侧重客观的理解。情感也比与情感无关的客观事实更容易被回忆起来。逻辑常常被用来合理化一个已经在情感上做出的决定。一旦某人做出了一个情绪化的决定，那么只有一些重大的事件或见解才会让他改变这个决定。人们用情感去追求理性的思考，比如，受到鼓舞去学习数学、艺术或虚拟现实技术。情感也可能是有害的，因为它是为了最大化当前的生存和繁殖，而不是为了实现超越生存的长期目标而进化出来的。

人们常会记住虚拟现实体验结束时的情感（连接），因此，如果最终体验是好的，那么记忆可能是积极的——但前提是用户能体验到最后。相反，不好的初次体验可能会导致用户再也不想体验此应用，或者，在最坏的情况下，再也不想体验任何虚拟现实。

7.8 心智模型

心智模型（Mental model）是我们心中对世界或世界的某些特殊方面如何运行的简化解释。心智模型的主要目的是预测，而最好的模型是最简单的，它能让人充分预测情况将如何正向发展，以采取适当的行动。

心智模型可类比成真实世界的地图。地图不是土地——这意味着我们形成了客观现实（土地）的主观表征（地图），但是表征不是真正的现实，就像一个地方的地图不是那个地方本身而是一个或多或少准确的表征一样[Korzybski 1933]。大多数人混淆了现实的地图和现实本身。我们心中产生的解释/模型（地图）并非现实（土地），尽管它可能是简化后的真实。而模型的价值在于它所能够产生的结果（比如，一段有趣的体验或学习新技能）。

我们所有人都创造了关于自己、他人、环境和互动对象的心智模型。不同的人对同样的事物通常有不同的心智模型，这些模型以一种自上而下的方式，经由过去的经验、训练和指导而创造出来，这个过程可能并不稳定。事实上，某人对同一个事物可能建立起多个模型，每个模型处理其操作的不同方面[Norman 2013]。这些模型甚至还可能相互冲突。

一个好的心智模型不需要很完整，甚至不需要很准确，只要有用即可。在理想情况下，心智模型的复杂度应当在能够直觉理解的程度上尽可能简单，而不是简化，这样才能达到想要的结果。当隐含的假设无效时，过度简化的模型是危险的，在这种情况下模型可能是错误的并引发困难。有用的模型能够作为指南来帮助人们理解世界，预测事物的运行方式，并与世界互动以实现目标。如果没有这样的心智模型，我们就像无头苍蝇一样，毫无边际地摸索，无法充分理解事物有效运转的原因，也不会知道该从我们的行动中期待什么结果。我们能够精确地跟随指导的方向行动，但当出现问题或意料之外的情况时，良好的心智模型是必不可少的。虚拟现实创作者应该使用标示线索（signifying cues）、反馈和约束（25.1 节）来帮助用户形成高质量的心智模型，并做出明确的假设。

习得性无助（Learned helplessness）是指某件事无法被完成的决定，至少做出决定的人是这么认为的，因预见到事情无法控制而放弃。一直以为虚拟现实很难被广泛采用，而糟糕的界面又恶化了这个趋势。即便是某一项任务的糟糕的交互设计也会迅速引发习得性无助——一系列的失败不仅会削弱人们对某项任务的信心，还会让他们坚信在虚拟现实中进行交互是相当困难的。如果用户没能获得一个哪怕很小的成功的信号，那么他们可能会感到厌烦而无法意识到他们其实可以做得更多，并且导致从身体或心智上都拒绝虚拟体验。

7.9 神经语言规划

神经语言规划（Neuro-Linguistic Programming, NLP）是一种基于心智模型概念，用于沟通、个人发展和心理治疗的心理学方法（7.8 节）。NLP 本身是一个模型，它解释了人类如何处理感官为心智带来的刺激，并有助于解释我们如何感知、交流、学习和行动。其创造者 Richard Bandler 和 John Grinder，声称 NLP 能将神经系统过程（神经的）与语言（语言的）联系起来，而且我们的行为来自由经验建立的心理程序。他们甚至还声称，可以通过对这些专家的神经语言模式进行建模来获得专业技能。NLP 相当有争议，对其中一些主张和细节的争论十分激烈。然而，即使 NLP 的某些特定细节不能准确地描述神经系统过程，但一些 NLP 的高层概念在思考用户如何解释虚拟现实应用呈现的刺激时仍非常有用。

每个人即使在相同的处境下也都以自己独特的方式感知和行动，这是因为人们会根据自己的“程序”操控纯粹的感官信息。每个个体的程序都由他的毕生经历共同决定，所以每个程序都是独一无二的。按照这种说法，程序是有模式的，如果我们理解了大脑的程序，便可以让不同的人对同一事件有更加一致的体验。在虚拟现实的情境中，我们可以控制呈现给用户的刺激，来影响而不是操控人的体验。理解感官信号是如何被心灵体验并精确控制的，能使我们更直接、更一致地交流和影响用户体验。这种理解也帮助我们根据用户的行为和个人喜好来调整呈现给用户的内容。

7.9.1 NLP 交流模型

NLP 交流模型（The NLP Communication Model）描述了外部刺激如何影响我们的内部状态和行为。如图 7.3 所示，NLP 交流模型[James and Woodsmall 1988]可以分为三个部分：外部刺激、过滤器和内在状态。外部刺激通过我们的感官进入，然后在和我们的内在状态整合之前以多种方式被过滤。之后，人们会无意识（潜意识）或有意识地做一些可能会改变外部刺激的行为，创造一个不断重复的交流循环。

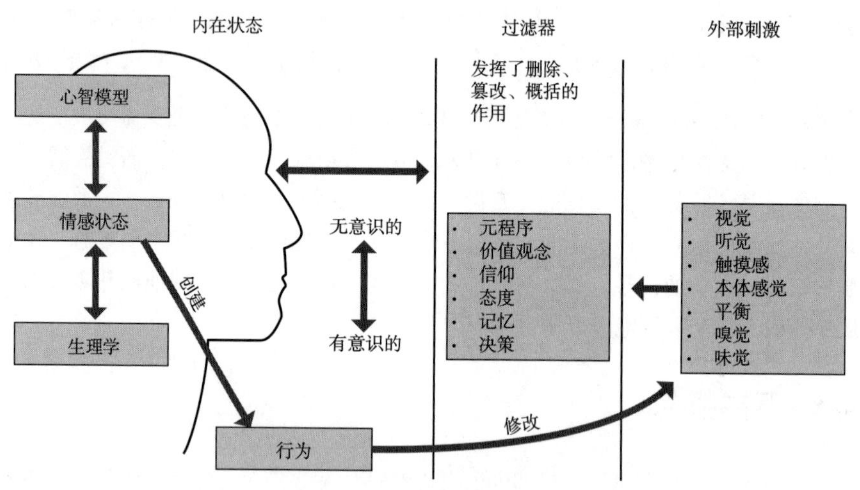

图 7.3　NLP 交流模型指出外部刺激进入心灵时会被过滤，
然后产生个体的特定行为（改编自[James and Woodsmall 1988]）

7.9.2 外部刺激

NLP 声称，人类通过感觉输入通道感知事件和外部刺激（External stimuli）。此外，个体具有一个支配性的或带偏好的感官模态（Sensory modality）。个体不仅更擅长感知其偏好模式，而且其思维方式也是基于偏好模式的。所以一个偏好视觉的人会在图片方面思考得更多，而偏好声音的人会在声音方面思考得更多。即使外部刺激只是一种形式，人们也倾向于只感知偏好模式的部分。例如，视觉主导的人会对传达颜色或形状的视觉语言做出更大的反应。这些偏好模式的概念对于教育来说尤其重要，因为学生是按不同方式学习的。通过提供所有模态的感官信息，个体更容易理解所呈现的概念。例如，运动主导型的学生通过做来学习的效果最好，而不是通过看或听。虚拟现实创作者通常会掉进一个陷阱：他们会专注于自己的偏好模式，而系统的用户可能有不同的偏好模式。虚拟现实创作者应该提供覆盖所有模态的感官信息，以覆盖更广泛的用户。

7.9.3 过滤器

绝大多数感官信息都是通过潜意识被吸收的。当潜意识能够吸收并储存我们周围发生的大部分事情时，我们有意识处理的只有大约 7±2 个 “块（chunk）” [Csikszentmihalyi 2008]。此外，意识根据环境和经验以不同的方式来解释输入的数据，以便理解、分辨及利用世界的复杂性。如果意识客观地接收了所有的信息，那么我们的生活就会立即被淹没，而且将无法维持个体的自我和社会整体。这些过程可以被看成感知过滤器，它完成了三件事：删除（Delete）、篡改（Distort）和概括（Generalize）。

删除通过选择性地关注世界中的一些部分来忽略输入的感官信息的某些方面。在特定的时间里，我们专注于最重要的事情，其余的从意识中被删除，以防止被信息淹没。

篡改修改了输入的感官信息，使我们能够综合考虑环境和以往经验。这通常是有益的，但当世界上发生的事情与一个人对世界的心智模式不匹配时，就会被欺骗。被技术吓倒，害怕我们逻辑上得知的并不真实，或者误解模拟中发生的事情，这些都是我们如何篡改输入信息的例子。篡改的类别包括两极分化（绝对极端地思考事物，比如，游戏中的敌人或战争是完全邪恶的）、心灵阅读（比如，那个角色不喜欢我）和灾难化（比如，如果那个妖精打中我，我就要死了）。

概括是根据一个或多个经验得出全局结论的过程。大多数时候，概括是有益的。例如，用户首次通过指导教程来学习如何打开一扇门，并快速地概括了这个新技能，从而以后可以打开所有类型的门。设计稳定的虚拟现实体验会随着时间的推移使用户形成过滤机制，来概括对事件和交互的感知。概括也会导致一些问题，比如，发生习得性无助（7.8 节）。例如，用户在几次失败的尝试后，可能会得出虚拟现实中的控制很困难的宽泛结论。

删除、**篡改**和**概括**的过滤器多种多样，从深度无意识的过程到更有意识的过程。即便是同一件事物，每个人也会有不同的感知方式。下面按照意识增强的大致顺序列出了对这些过滤器的描述。

元程序（Meta programs）是最无意识的过滤器，它对内容没有限制，所以适用于所有情况。有些人认为元程序是一个人与生俱来的“硬件”，很难改变。元程序类似于人格类型。它的一个例子是“乐观主义”，即不管情况如何都保持乐观。

价值（Values）是自动判断事物是好是坏、是对是错的过滤器。讽刺的是，价值观是与环境相关的；因此，在某人生活中某些方面很重要的东西，在其他方面可能并不重要。一个视频游戏的玩家对游戏角色的价值衡量可能与他对现实人物的价值衡量大不相同。

信念（Beliefs）是对世界真相或世界中事物真相的信念。坚定的信念是不会被有意识地认知到的假定（Assupmtions）。而薄弱的信念，如果经过有意识地思考或受到他人质疑时，则会发生改变。

信念可以强化或阻碍用户在虚拟现实中的表现（比如，“我不够聪明”的信念会显著削弱表现）。

态度（Attitudes）是关乎特定主体的价值观和信仰体系。态度有时是有意识的，有时是潜意识的。例如“我不喜欢这部分的训练”。

记忆（Memories）是在当下对过往经历的有意识重现。个人和集体的经历影响着当前的感知和行为。设计师可以利用记忆的优势，在环境中提供线索来提醒用户一些过去的事情。

决策（Decisions）是经过深思熟虑后得出的结论或决议。过去的决策会影响现在的决策，而且人们倾向于坚持已经做出的决策。过去的决策创造了价值、信念和态度，从而影响我们当前如何做出决策，以及如何回应当前的情况。一位自己决定喜欢虚拟现实初体验的人肯定会更容易接受新的虚拟现实体验,而那些有过糟糕的虚拟现实初体验的人——即便他们拥有高质量的后续体验——也将更难以认可虚拟现实在未来的可观前景。确保用户在最初阶段拥有积极的体验能让他们更易于决定喜欢全部体验。

尽管虚拟现实创作者并不控制用户的过滤器，但了解目标用户的普适价值观、信仰、态度和记忆可以帮助其创建虚拟现实体验。31.10 节讨论如何创建用户画像，以更好地针对用户的需求制作虚拟现实应用程序。

7.9.4 内部状态

随着信息通过过滤器传入，思想被构建为一种称为内部表征（Internal representation）的心智模型的形式。这种内部表征形成了感官知觉（如一个有声音、味道和气味的视觉场景），它可能是一种外部刺激也可能不是。这种模型可触发情绪状态或被情绪状态触发，而情绪状态又可以接着改变人的生理机能及促动人的行为。虽然不能直接测量内部表征和情绪状态，但我们可以测量生理状态和行为。

8 感知模态

> “心灵—机器”的协作需要一个双向通道。通向心灵的宽带经由眼睛，而这并不是唯一的途经。耳朵特别擅长察觉情况、监测警报、感知环境变化和语音。触觉（感觉）和嗅觉系统似乎能触及更深层的意识。语言中丰富的暗喻表明了这种深度。我们能“感觉”到复杂的认知情景，比如因为我们“嗅到（Smell）”了老鼠，所以我们需要“去处理（get a handle）”。
>
> ——Frederick P. Brooks，Jr. [2010]

我们通过视觉、听觉、触觉、本体感受（Proprioception）、平衡感/运动感、嗅觉和味觉来与世界互动。本章将讨论上述所有感官，并着重于它们与虚拟现实相关的方面。

8.1 看

8.1.1 视觉系统

光线落在视网膜的光感受器上，光感受器将光子转化为在大脑不同路径中传播的电化学信号。

光感受器：视锥与视杆细胞

视网膜是一个多层的神经元网络，覆盖在眼球内侧背面，负责处理光子的输入。视网膜的第一层包含两种类型的光感受器，视锥（Cones）和视杆（Rods）。视锥主要负责视觉的高光、色彩和细节部分。中央凹（Fovea）是视网膜中央的一小块区域，它只包含密集的视锥。中央凹位于视线上，因此当一个人看着某物时，物体的图像会落在中央凹上。视杆主要负责低照度的视觉，位于视网膜除中央凹和盲区外的所有地方，它在黑暗中非常敏感，但无法很好地解析细节。图 8.1 显示了视网膜上视杆和视锥的分布。

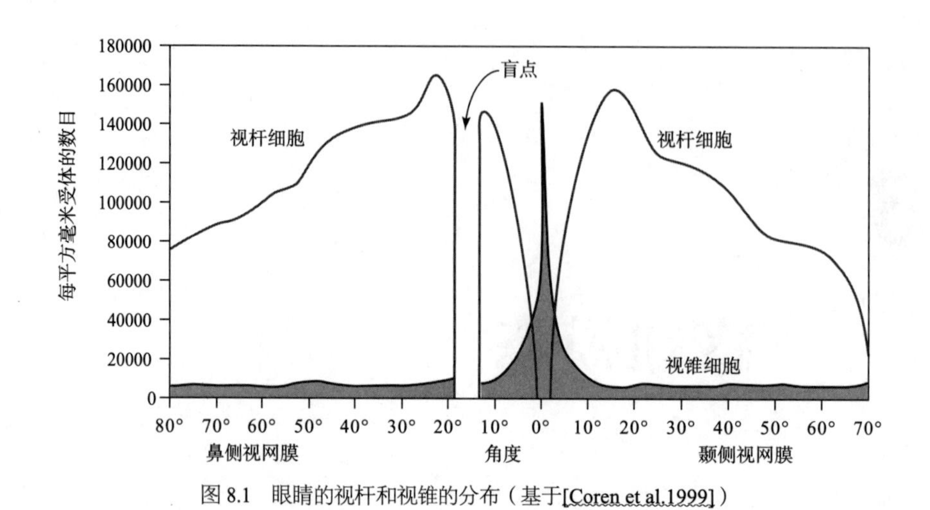

图 8.1　眼睛的视杆和视锥的分布（基于[Coren et al.1999]）

来自多个光感受器的电化学信号汇集到视网膜上的单个神经元。每个神经元汇集的信号的数量向边缘增加，导致更高的感光度及更低的视觉敏感度。在中央凹中，一些视锥细胞拥有一条通往大脑深处的“私有通道”[Goldstein 2007]。

视锥和视杆之外：小细胞（Parvo Cells）和巨细胞（Magno Cells）

越过视网膜的第一层，与视觉有关的神经元以多种不同的形状和大小接入。科学家将这些神经细胞分为小细胞（体型较小）和巨细胞（体型较大）。小细胞多于巨细胞，而朝着外围视觉的方向，巨细胞分布增多，而小细胞分布减少[Coren et al. 1999]。

与巨细胞相比，小细胞具有较慢的传导率（20m/s），具有持续性响应（只要有刺激就会有持续的神经活动），有一个小的接收区域（影响神经元发射率的区域），并且对颜色敏感。这些特性使得小细胞善于处理局部形状、空间分析、颜色和纹理等视觉信息。

巨细胞对色彩没有反应，它有很大的接收区域，有快速的传导率（40m/s）以及瞬时性响应（当一种变化发生时，就会短暂地激发神经元，然后停止响应）。巨细胞善于处理运动检测、时间保持操作/时间分析和深度感知。巨神经让观察者能够在感知到微小的细节之前，快速感知到大的视觉整体信息。

多重视觉通路

视网膜发出的信号沿着视神经传播，然后沿着不同的路径发散。

原始视觉通路。原始视觉通路[也称为顶盖枕核系统（Tectopulvinar system）]在视神经末端开始分叉（大约占视网膜信号的 10%，主要是巨细胞）通往上丘。上丘是大脑脑干上方的部分，它在演化层面更加古老，是比大脑皮层更原始的视觉中心。上丘对运动非常敏感，是导致晕动症（第三部分）的主要原因，因为它会改变对前庭神经系统的反应，在反射性眼部/颈部运动和定位中起着重要的作用，改变镜头的曲率以聚焦物体（人眼调节），为视觉刺激进行体位调整（Postural adjustment），引发恶心，并协调隔膜和腹部肌肉引起呕吐[Goldstein 2014，Coren et al. 1999，Siegel and Sapru 2014，Lackner 2014]。

上丘也接收来自听觉和躯体的（例如，触碰和本体感觉）感觉系统，以及视觉皮层的输入。来自视觉皮层的信号被称为“反投影”——这是一种基于以前已经处理过的信息，来自大脑高级区域的反馈形式（例如，自上而下的过程）。

主视觉通路。主视觉通路（也被称为外侧膝状体纹皮质系统）穿过丘脑的外侧膝状体（LGN）。LGN 作为一个中继中心，将视觉信号发送到视觉皮层的不同部位。LGN 由中央视觉占据，而不是边缘视觉。除了从眼睛接收信息，LGN 的大量信息（高达 80%~90%）来自大脑皮层的高级视觉中心（反投影）[Coren et al. 1999]。LGN 也接收来自网状激活系统的信息，它是大脑中帮助调节人们的警觉性和注意力的部分（10.3.1 节）。因此，LGN 过程并不仅仅是眼睛的功能 ——视觉处理受到自下向上（从视网膜）和自上向下处理（从网状激活系统和皮层）双方的影响，正如 7.3 节所描述的那样。实际上，LGN 从大脑皮层接收到的信息比发送到大脑皮层的信息要多。我们所看到的主要取决于经验和想法。

信号从 LGN 的小细胞和巨细胞汇入视觉皮层（还有反向的从视觉皮层汇入 LGN 的反投射）。到达视觉皮层之后，信号会分成两条不同的路径，通往颞叶和顶叶。通往颞叶的路径称为腹侧通路或“内容”通路（“what” pathway）。通往顶叶的路径被称为背侧通路或“位置/方式/行动”通路（“where/how/action” pathway）。注意，通路并不是完全独立的，信号在每条通路上都是双向通行的。

“内容”通路。腹侧通路通向颞叶，它负责识别和确定一个物体的身份。颞叶损伤的人可以看到事物，但是难以数清一个点阵里点的数量，识别新面孔，以及将图片按照能组成故事或图案的序列排列[Coren et al. 1999]。因此，腹侧通路经常被称为“内容”通路。

“位置/方式/行动”通路。背侧通路通向顶叶，它负责确定一个物体的位置（以及其他责任）。拿起一个对象不仅需要知道对象的位置，还需要知道手的位置以及手是如何移动的。位于这条通路末端的顶叶的到达区域是控制够到和抓握的大脑区域[Goldstein 2014]。因此，背侧通路通常被称为“位置/方式/行动”通路。10.4 节将讨论行动，背侧通路对行动的影响很大。

中央视觉 vs.边缘视觉

中央视觉与边缘视觉有不同的属性，不仅是因为视网膜，还因为上述不同的视觉通路。

中央视觉：

- 视觉灵敏度高。
- 针对明亮的日间环境进行了优化。
- 对颜色很敏感。

边缘视觉：

- 对颜色不敏感。
- 在黑暗环境中对光线的敏感度要高于中央视觉。
- 对波长较长的光敏感度较低（比如红色）。
- 响应速度更快，对快速运动和闪烁更加敏感。
- 对慢速运动敏感度较低。

9.3.4 节会进一步描述中央视觉和边缘视觉对运动的敏感度。

视野和能视域（Field of regard）

尽管我们用中央视觉来观看细节，但边缘视觉在真实或虚拟世界中发挥着极其重要的作用。事实上，边缘视觉十分重要，以至于美国将视力更好的那只眼看不到 20°以上的人视为法律上的盲人。

视野是在单一时刻对人眼可见范围的角度度量。如图 8.2 所示，人眼的水平视野约为 160°。当直视前方时，双眼可以看到大约 120°的相同区域[Badcock et al. 2014]。在直视前方时，我们总的水平视野大概是 200°——因此我们可以看到头部两侧“后方”各 10°的区域。如果我们将眼睛从一边转到另一边，那么我们就能在两侧看到额外 50°的区域——因此，为了让一个头戴显示器覆盖整个视觉潜在范围，需要一个水平视野为 300°的头戴显示器！当然我们可以转动身体和头看到全方向 360°的范围。转动眼睛、头部和身体所能看到的范围被称为“能视域”。完全沉浸式的虚拟现实能够提供 360°的横向和纵向能视域。

眼睛在垂直方向上看不到这么大的范围，因为我们的额头、躯干和眼睛不是垂直分布的。由于额头的遮挡，我们向上只能看到 60°，而向下能看到 75°，纵向视野总计 135°[Spector 1990]。

8.1.2 亮度和明度

亮度是照亮视野中一个区域的光的强度。理想条件下，一个光子能够刺激一个视杆细胞，我们至少能够感知到六个视杆细胞被六个光子刺激[Coren et al. 1999]。即使是在较高的光照水平下，少数光子的波动也会影响亮度感知。

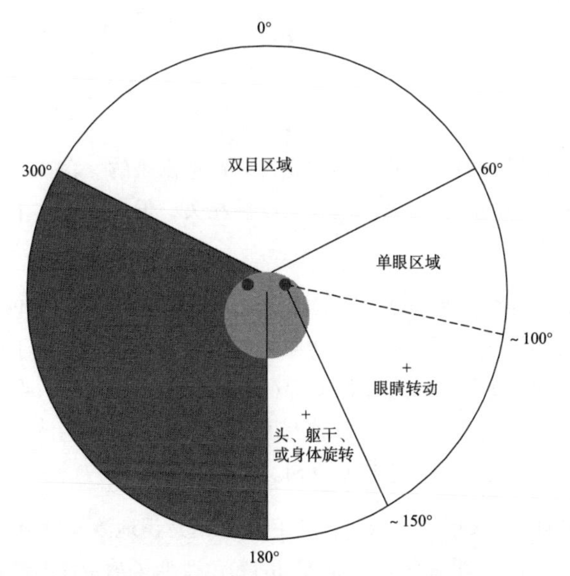

图 8.2 头部固定在直视前方的位置时右眼的水平视场（引图顶端），
眼睛的最大横向旋转，以及头部的最大横向旋转（来自[Badcock et al. 2014]）

光的亮度不能简单地用光到达眼睛的数量来解释，也依赖于其他因素。不同波长的光表现出不同的亮度（例如，黄光看起来比蓝光更亮）。除了在中央凹视觉中显现为红色的波长较长的光，边缘视觉对其余所有光都比中央凹视觉（foveal vision）更敏感（盯着暗淡的点看会导致它消失）。暗适应视觉比光适应视觉的敏感性高 6 个数量级（10.2.1 节）。持续时间长的光（长到 100 毫秒）比持续时间短的光更容易被检测到，增加刺激的大小也能使光更容易被检测到（大到 24°）。周围的刺激也会影响我们对亮度的感知。图 8.3 展示了通过使周围的背景变淡，可以使一个亮的正方形看起来更暗。

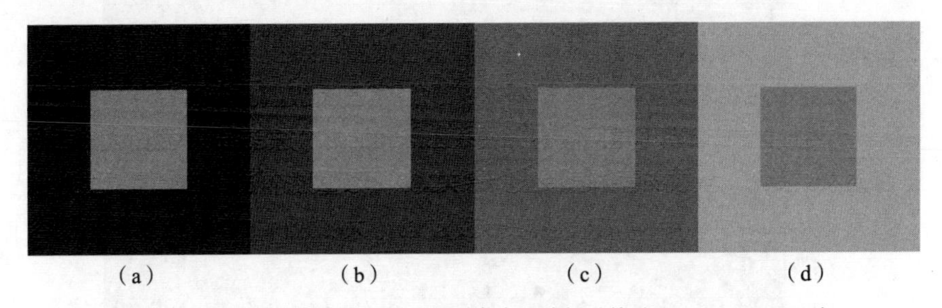

图 8.3 周围刺激的亮度会影响我们对亮度的感知（基于[Coren et al. 1999]）

四个中间的矩形的亮度是一样的，但是（d）看起来是最暗的。

明度（也称为白度），是指一个表面的反射系数，物体反射小部分的光，就显得黑暗，物体反射大部分的光，就显得亮/白。物体的明度不仅仅关系到光到达眼睛的数量。即使到达眼睛的光的数量发生了变化，物体看起来依旧保持着同样的明度，这种感知被称为“明度恒定”，我们将在 10.1 节讨论。

8.1.3 颜色

颜色并不存在于外部世界，而是由我们的知觉系统创造出来的。存在于客观现实中的是不同波长的电磁辐射。虽然我们所说的颜色与光的波长系统性相关，但本质上并不存在“蓝色”对应短波或者“红色”对应长波的事实。

我们能感知的颜色的光的波长在 360nm（紫色）到 830nm（红色）之间[Pokorny and Smith 1986]，这个范围内的波被我们与不同颜色联系起来。物体的颜色很大程度上取决于从物体反射到我们眼睛的光的波长，其中包含三种吸收不同颜色的锥状视觉色素。图 8.4 展示了一些日常物体的反射光线与波长之间的函数关系的图表。黑纸和白纸在某种程度上都反射了所有的波长。当一些物体反射某些波长多于其他波长时，我们就称这些为色彩或色相。

颜色不仅仅是波长物理变化的直接效果——颜色可以潜意识地激发情绪并影响决定[Coren et al. 1999]。颜色可以让人愉悦，让人印象深刻。洗涤剂的颜色改变了消费者对洗涤剂强度的评价。药物的颜色可能会影响患者是否按医嘱服药——黑色、灰色、棕黄色或者褐色的药片会被拒绝，而红色和黄色的药片更容易被接受。蓝色被认为很凉爽，而黄色则被认为是温暖的。实际上，在一个蓝色的房间里，人们会将温度调得比在黄色房间的更高一点。虚拟现实创作者应该非常清楚自己选择的颜色是什么，因为随便选择的颜色可能会导致计划外的体验。

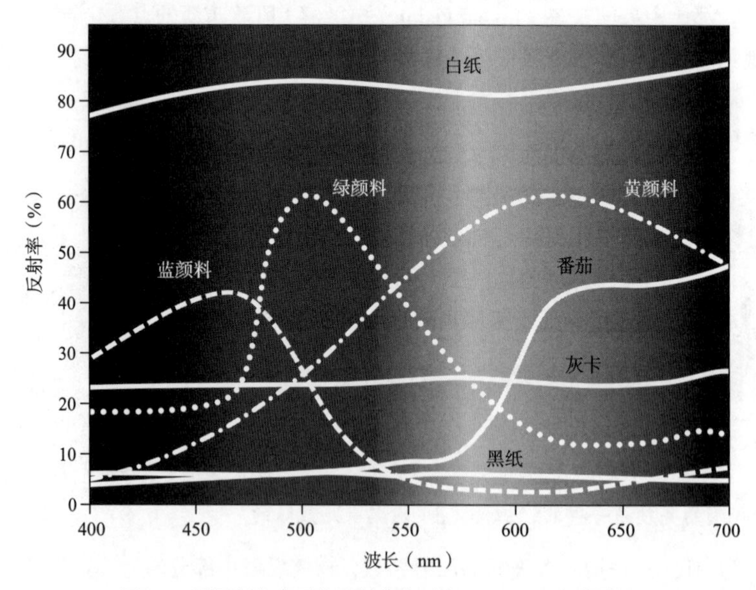

图 8.4　不同颜色表面的反射曲线（由[Clulow 1972]提供）

8.1.4 视敏度

视敏度（Visual acuity）是一种解析细节的能力，并且通常以视觉角度衡量。"拇指法则"指从一个胳膊长的距离看一个拇指或者一个 25 美分硬币，对应到视网膜上大约 2°。一个正常视力的人，能够在 81 米的距离上（大约是一个足球场的长度）看到一个美分硬币，也就是 1 弧分（1 度的 1/60）[Coren et al. 1999]。在理想情况下，我们最细能够看到一条 0.5 弧秒（1 度的 1/7200）的细线[Badcock et al. 2014]。

因素

很多因素会影响视力。如图 8.5 所示，视敏度随着偏离中央凹而急剧下降。注意，视敏度与图 8.1 中显示的视锥分布非常相符。我们在看高照明、高对比度和长线段的时候，也有较好的视敏度。

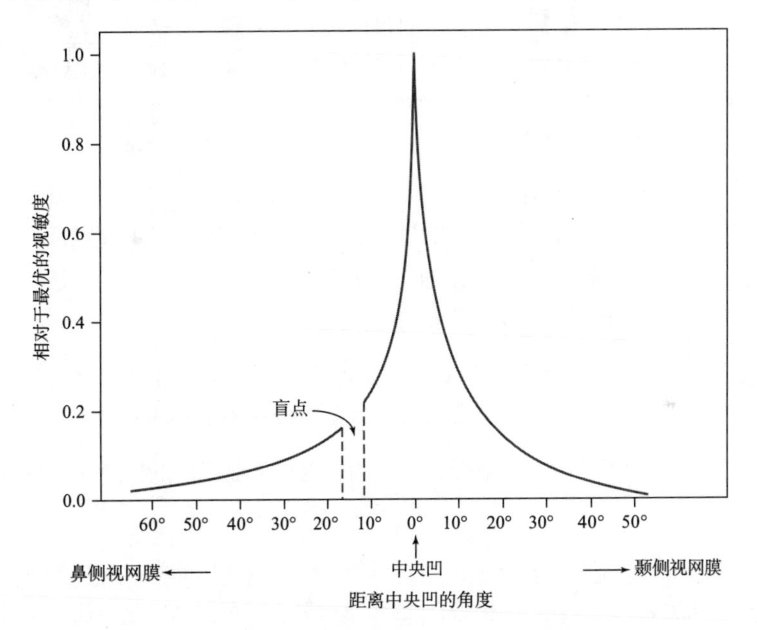

图 8.5 中央凹的位置视敏度最高（基于[Coren et al. 1999]）

视敏度也取决于所测量的视敏度的类型。

视敏度的类型

视敏度有几种不同的类型：察觉视敏度（Detection acuity）、分离视敏度（Separation acuity）、光栅视敏度（Grating acuity）、游标视敏度（Vernier acuity）、识别视敏度（Recognition acuity）和立体视敏度（Stereoscopic acuity）。图 8.6 展示了用于检测这些视敏度的敏感目标。

察觉视敏度（也称为可见视敏度）是在一个空白区域中可以检测到的最小刺激，代表了视觉的绝对阈值。将目标大小增加到一个点，就相当于增加了它的相对强度。这是因为察觉的机制是对比，对于小型物体，最小可见的敏锐度实际上并不取决于线不能被分辨时的宽度。当这条线变细时，它看起来会变弱，但不会变细。

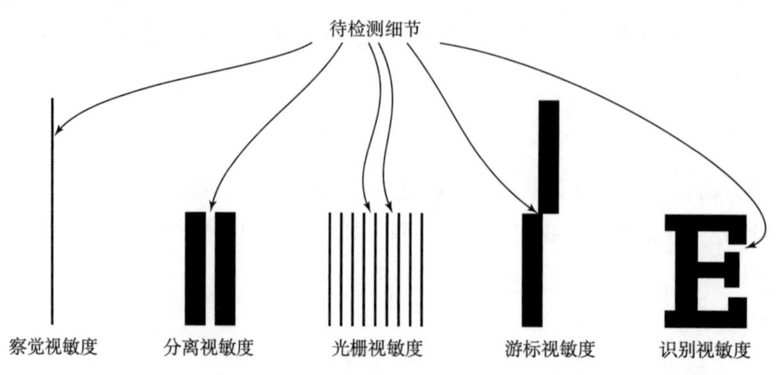

图 8.6　用来测量不同类型视敏度的经典的视敏度目标（改编自[Coren et al. 1999]）

分离视敏度（也称为可解析视敏度或分辨视敏度）是相邻刺激间能够被分辨的最小分离角度，也就是说两个刺激要能够被感知为两个。5000 多年前，埃及人用分辨两颗星的能力来测量分离视敏度[Goldstein 2010]。今天，最小分离视敏度通过分辨两个由空白分隔的黑色条纹的能力来测量。使用这种方法，观察者可以看到两条线间 1 弧秒的空隙。

光栅视敏度是区分由交替的暗亮条纹或方格组成的细光栅元素的能力。光栅视敏度类似于分离视敏度，但阈值较低。在理想的情况下，光栅视敏度是 30 弧秒[Reichelt et al. 2010]。

游标视敏度是能够感知到两个线段相偏离的能力。理想情况下可以达到 1~2 弧秒[Badcock et al. 2014]。

识别视敏度是识别简单形状或符号的能力，例如字母。最常用的测量识别视敏度的方法是使用 Snellen 表。观察者从远处看图表并识别图表上的字母，最小的可辨认的字母决定了其敏锐度。图表上最小的字母大约从六米（20ft）的地方看有 5 弧秒；这也是一个在正常观看距离下新闻印刷字体的平均大小。对于 Snellen 表，测出的灵敏度是与正常观察者的表现相关的。“6/6（20/20）”视敏度的意思是，观察者能够在 6 米（20ft）的距离识别文字，这也是一个正常人的识别能力。“6/9（20/30）”的意思是，观察者能够在 6 米（20ft）的距离看到一个正常人能在 9 米（30ft）处识别的文字。

立体视敏度是由于眼间的双眼视差而发现细微的深度差别的能力（9.1.3 节）。对于复杂的刺激，立体视敏度与单眼视敏度相似。在光线充足的情况下，10 弧秒的立体视敏度被当成一个合理值[Reichelt et al. 2010]。对于更简单的目标，如垂直的杆，立体视敏度可达 2 弧秒。影响立体视敏度的因素包括空间频率、视网膜上的位置（如在离中心 2°的地方，立体视敏度降低到 30 弧秒），以及观察时间（快速变化的场景会降低视敏度）。

立体视觉比单眼视觉有更好的视敏度。在最近的一项实验中，当没有其他信息出现时，基于视差的深度感知在 40 米以上[Badcock et al. 2014]。有趣的是，立体视觉对深度的贡献比对移动头部时产生的运动视差的贡献要大得多。

8.1.5 眼动

6 块眼外肌控制每只眼睛在 3 个轴上的转动。眼睛的运动可以用几种不同的方式分类。我们将其分为转移注视眼动、凝视眼动和稳定注视眼动。

转移注视眼动

转移注视使人们能够追踪移动的对象和查看不同的对象。

追踪（Pursuit）是眼睛对一个视觉目标的自觉跟踪。追踪的目的是将物体稳固在中央凹上，从而保持最大分辨率并防止运动模糊，大脑速度太慢以至于难以处理移动快于每秒几度的中央凹图像的所有细节。

扫视（Saccades）是眼睛自愿或者非自愿的快速运动，能够让场景的不同部分落在中央凹上，这对视觉扫描很重要（10.3.2 节）。扫视是身体外部运动速度最快的，可以达到 1000°/s，而且它是弹道式的，即一旦开始就无法改变目的地[Bridgeman et al. 1994]。持续时间介于 20~100ms 之间，一般为 50ms[Hallett 1986]，幅度最大是 70°。扫视大概每秒钟发生三次。

扫视抑制极大降低了扫视期间和扫视之前的视力，使观察者眼花缭乱。尽管观察者很少意识到这种视觉的丧失，但在这个过程中发生的事件，观察者是无法看到的。在没有观察到的过程中，场景可通过 8%~20%的眼球转动而旋转[Wallach 1987]。如果虚拟现实中有眼球追踪，系统就可以（为实现步行重定向；28.3.1 节）在用户意识不到的情况下移动场景。

聚散是两眼在相反方向上同时转动，以获得或维持不同深度物体的双目视觉。**聚合**（词根有“接近”的意思）是将眼球向着对方旋转。**离散**（词根有“分离”的意思）是将眼球转向远离对方的方向，从而看得更远。

凝视眼动

凝视眼动（Fixational Eye Movements）能够让人们在保持头部静止并且注视着一个方向的时候维持视觉。这些微小的运动可以避免视锥和视杆褪色。人类不会有意识地注意到这些细微且无意识的眼部运动，但如果没有这样的眼部运动，视觉场景就会消散。

细微且快速的眼动可以被分为脉动“microtremors”（频率在 30~100Hz 时小于 1 弧分）和微动“microsaccades”（在不同频率下大概 5 弧分）[Hallett 1986]。

眼漂移是眼睛的慢速运动，在观察者不注意的时候眼睛可能会有 1°的漂移[May and Badcock 2002]。在尝试稳定不动的过程中，非自主漂移范围的中位数是 2.5 弧分，速度大概是每秒 4 弧分[Hallett 1986]。在黑暗中的漂移速度很快。眼漂移在 6.2.7 节介绍的自主运动错觉中扮演了重要的角色。如同这里所说，它可能在判断位置稳定性时起到重要作用（10.1.3 节）。

稳定注视眼动

稳定注视眼动让人在移动头部的时候也能看清物体。稳定注视眼动在适应固定位置中起作用（10.2.2 节），晕动症的眼球运动理论（12.3.5 节）指出，稳定注视眼动出现问题会导致晕动症。

视网膜图像滑动是视网膜相对于看到的视觉刺激的移动[Stoffregen et al. 2002]。引发这个现象最有可能的原因是头部的转动[Robinson 1981]。协作以保持头部运动时注视方向的两个机制是前庭眼球反射和视动反射。

前庭眼球反射。前庭眼球反射（Vestibulo-ocular Reflex，VOR）根据前庭输入来移动眼球，即使在没有视觉刺激的黑暗之中也能发生。VOR 引起的眼球转动速度能够达到 500°/s[Hallett 1986]。这个快速的反射（从头部运动发生之后 4~14ms）让视网膜图像滑动保持在视动反射（下面将描述）敏感的低频率范围内；它们协同工作以维持头部运动时图像的稳定[Razzaque 2005]。也有本体感觉的眼球运动反射，与 VOR 类似，使用颈部，躯干，甚至腿部运动来帮助稳定眼睛。

视动反射。视动反射（Optokinetic Reflex，OKR）基于整个视网膜的视觉输入来稳定视网膜注视方向。如果视觉场景整体在视网膜上运动，那么眼睛就会以反射性的旋转作为补偿。视动反射引起的眼球转动速度能够达到 80°/s[Hallett 1986]。

眼球转动增益。眼球转动增益是眼球转动速度与头部转动速度的比值[Hallett 1986，Draper 1998]。1.0 的增益值意味着，头部向右旋转时眼睛向左旋转了同样的角度，因此眼睛一直看着同一个方向。仅靠 VOR 得到的增益值（比如，在黑暗中）大概是 0.7。如果观察者在世界中想象一个稳定的目标，增益可以增至 0.95。如果观察者想象一个跟着头部转动的目标，增益值会被压至 0.2 或者更低。因此，VOR 不是完美的，OKR 会进一步矫正剩余的误差。VOR 在 1~7Hz 时最有效（举例来说，VOR 帮助人在走动或者跑动时维持看物体的固定视角），在低频上效果逐渐减弱，尤其在 0.1Hz 以下。OKR 在 0.1Hz 以下最有效，在 0.1~1Hz 间效果逐渐减弱。在典型的头部运动中，VOR 和 OKR 是互补的——在范围较宽的头部运动中，它们的相互协调能够使增益值接近 1。

增益值的大小也取决于与被注视的视觉目标间的距离。对于一个无限远的物体，眼睛能够平行地直视前方。这种情况下的增益值能够达到 1.0，所以目标图片能够停留在中央凹。对于比较近的目标，眼部旋转必须大于头部旋转以维持图片在中央凹上。这些增益的差别是因为头和眼的旋转轴不同。通过比较看着一根放在眼前的手指与看着一个远距离物体时眼部的运动，可以快速展示增益的不同。

被动与主动的头部和眼部运动。观察者主导的主动头部转动会产生比外力造成的被动头部转动更加鲁棒和稳定的 VOR 增益和相位间隔（举个例子，在椅子上自动旋转）[Draper 1998]。同样地，头部移动时对视觉场景的运动敏感度取决于头部移动是主动的还是被动的[Howard 1986a，Draper 1998]。传入和传出将主动眼动考虑在内来帮助解释运动感知。对传入和传出的解释，以及在眼睛转动时关于世界为何依旧看起来稳定的解释，请参阅 7.4 节。

眼球震颤是眼球周期性的非自主转动[Howard 1986a]，它由 VOR 和 OKR 共同产生[Razzaque 2005]，能够帮助稳定注视。研究人员通常讨论以恒定的角速度旋转观察者所引起的眼球震颤。眼球震颤的缓慢期是使观察者在椅子旋转时保持直视世界前方的眼球旋转。当眼睛到达在眼窝中的最大旋转值时，一次扫视将眼睛转回直视头部正前方的位置。这种旋转被称为眼球震颤的快速期。这种模式不断重复，从而产生周期性的眼睛旋转。在快速旋转刺激了人的前庭神经系统而产生眩晕后，再观察眼睛也能看到眼球震颤[Coren et al. 1999]。

摆动性眼球震颤发生在一个人以固定频率前后转头的时候。这就导致了一个持续变化的缓慢期，而没有快速期。摆动性眼球震颤会发生在走路和跑步时。它常用于寻找头戴显示器中的延迟，通过快速地前后旋转头部，在头部转动的时候观察场景是如何移动的来估算延迟。目前还不了解眼球震颤在我们感知到头戴显示器中这种延迟引发的场景运动时是如何运作的（第 15 章）。用户在寻找场景运动时，其目光可能会在空间中保持稳定（因为 VOR）而导致视网膜图像滑动，或者可能跟随场景（因为 OKR）而没有视网膜图像滑动。这可能因为头部运动程度、任务种类、个体等的不同而不同。眼球追踪可以让调查人员详细研究此问题。一个延迟实验中的实验对象[Ellis et al. 2004]声称能在移动中将注意力集中在单一特征上，然而，这只是未经验证的坊间传闻。

8.1.6 视觉显示

每个眼球通过转动能够看到 210°，加上大约 2 弧秒的游标视敏度或者立体视敏度，那么每只眼睛的显示器需要的横向分辨率是 378000 像素，以匹配我们在现实中的所见。这个数字是在完美的理想情况下做的一个简单的极端分析结果，可以针对不同的情况约束设计。比如，因为我们不会在中央视觉之外感知如此高的分辨率，所以可以通过眼球追踪仅在用户注视的地方渲染高分辨率。这可能需要新的算法、非制式的显示硬件，以及快速的眼球追踪。很显然，离真正地模拟现实视觉，还有很多工作要做。在这种情况下，需要更加重视延迟，因为系统要与眼睛赛跑，要在用户看向一个特定的位置时，及时地用高分辨率显示。

8.2 听

听觉感知是相当复杂的，并且受到头部姿势、生理、期望，以及与其他感官信号间关系的影响。我们能从声音中推断环境的特质（比如，在大房间中听起来的感觉和在小房间中的不一样），还能仅靠声音来判断物体的位置。下文讨论了声音的一般概念，21.3 节讨论了虚拟现实场景下的音频。

8.2.1 声音的属性

声音可以分解为两个不同的部分：物理方面和感知方面。

物理方面

一个人不需要真的在树林里才能制造树木倒下的声音。物理声音（Physical sound）是通过材料（比如空气）传播的压力波产生的，当物体快速振动时就会发生。声音频率是每秒的周期数（赫兹，Hz），或者是压力变化的振动频率。声音振幅是声波的高低峰值之间的压力差。分贝（dB）是声音振幅的对数转换，声音振幅翻倍的结果就是增加 3dB。

感知方面

物理声音进入耳朵，刺激耳膜，然后受体细胞将这些声音振动转化为电信号。接着，大脑将这些电信号处理为声音的属性，如响度、音调和音色。

响度是感知到的属性中与声音振幅最相关的，尽管会受到频率的影响。增加 10dB 的物理声音（是六倍多的振幅），会增加大约两倍的主观响度。

音高（pitch）与基本频率这一物理特性最为相关。低频率关联到低音高，高频率关联到高音高。大多数真实世界的声音不是严格周期性的，因为它们没有重复的时间模式，而是从一个周期到下一个周期的波动。从这种不完美的声音模式所感知到的音高是循环变化的平均周期。其他的声音，例如噪声是非周期的，没有可感知的音高。

音色与声音的和声结构（和声的强度和数量）密切相关，是区分音调的特性，不同的音调有同样的响度、音高和周期，但声音不同。例如，比起低音管或低音萨克斯管，吉他有更高频的泛音[Goldstein 2014]。音色也取决于起音（attack，音调开始时声音的增强）和音调的衰减（音调结束时声音的减弱）。倒着播放一张钢琴唱片的时候，听起来会更像管风琴演奏，这是因为本来的衰减变成了起音，本来的起音变成了衰减。

听觉阈值（Auditory Thresholds）

人类可以听到 20~22000Hz 的频率[Vorlander and Shinn-Cunningham 2014]，而对 2000~4000Hz 的声音最敏感，这是对理解语音来说最重要的频率范围[Goldstein 2014]。人的听觉所支持的声音能量波动范围很广，其最小值与最大值（假设人类听觉容忍限度为 120dB）之间相差数千亿倍。在日常生活中遇到的大多数声音都在 80~90dB 的动态强度范围内。图 8.7 显示我们能听到的振幅和频率，以及感知的音量如何明显依赖于频率——更低或更高频率的声音需要比中频频率更大的振幅以使我们感知到同等响度。这很大程度上是由于外耳的耳道加强/放大了中频频率。有趣的是，我们只能感知到音高低于 5000Hz 的音乐旋律[Attneave and Olson 1971]。

与视觉和本体感觉相比，听觉通道对时间变化更敏感。例如，振幅波动可以在 50Hz[Yost 2006] 处察觉到，而时间波动最大能够在 1000Hz 处察觉到。听者不仅能察觉到快速的波动，而且能迅速做出反应。对听觉刺激的反应时间比视觉反应时间快 30~40ms[Welch and Warren 1986]。

8.2.2 双耳信息

双耳信息（Binaural cues，也称立体声信息）是提供给双耳的两个不同的音频信息，可以帮助确定声音的位置。每只耳朵听到有细微差异的声音——在时间上和强度上都不相同。两耳间的时间差异为低频声音的定位提供了有效的线索。

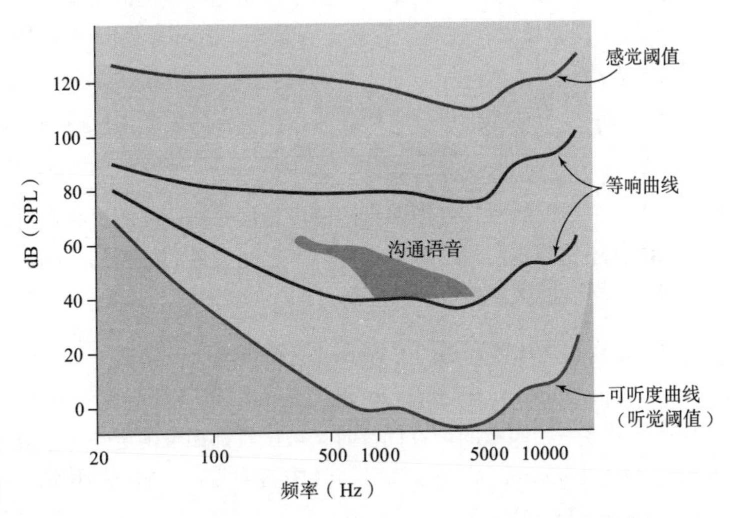

图 8.7 可听度曲线和听觉反应区（改编自[Goldstein 2014]）

可听度曲线上的面积代表了我们能听到的音量和频率。超过感觉阈值可能导致疼痛。

两耳间的时间差异分辨率可以到 10ms[Klumpp 1956]。由于声能（Acoustic energy）被头部所反射和衍射，产生了双耳之间的强度差（称为声影），这为定位 2kHz 以上的声音提供了有效的提示。

单耳信息（Monaural cues）利用进入耳朵（和其形状有关）的频率（或频谱）分布的差异，来帮助确定声音的位置。单耳信息有助于确定声音的海拔方向（上下方向），而双耳信息则不能实现。

头部运动也因为改变了两耳间的时间差异、强度差异，以及单耳频谱信息，而有助于辨别声音的来源。

听觉系统的空间敏锐度远不如视觉。对于身体前后的声音，我们能够察觉到大约 1°的差异，但是当声音在身体左右的远处时，敏感度则下降到 10°；如果是在身体的上下方向，则只有 15°。视觉可以在定位声音时发挥作用，参阅 8.7 节。

8.2.3 语音感知

音素（Phoneme）是一门语言中最小的可感知的独特声音单位，它有助于区分发音相似的单词。音素的结合形成语素、单词和句子。因为不同的语言使用不同的声音，所以不同语言中含有不同数量的音素。例如，美国英语有 47 个音素，夏威夷语有 11 个音素，一些非洲语言有多达 60 个音素[Goldstein 2014]。

词素（Morpheme）是一门语言的最小语法单位，每个词素构成一个单词或词中有意义的部分，它不能被划分成更小的独立语法部分。一个词素可以但不一定是一个词的子集（每个单词都由一个或者多个词素组成）。当一个词素独立存在时，它被认为是根（Root），因为它本身有意义。当一个词素依赖于另一个词素来表达一个想法时，它是一个词缀，因为它有语法功能（比如，在单词后面加“s”变为复数）。一个词素可与其他词素结合的方式越多，它的生产力就越高。音素和词素意识是在它们处于其自然环境——口语中时，鉴别会话声音的能力，是构成单词的语音手势。

语音分段是对会话中单个单词的感知，即使会话的声音信号是连续的。我们对词语的感知并不仅仅基于神经末梢的刺激，还受到我们对这些声音和声音之间关系的体验的影响。对于一个听着陌生外语的人而言，单词似乎在一道声音流中快速地滑过。

在有意义的语境中感知音素是比较容易的。Warren 让被试者听一句话——“The state governors met with their respective legislatures convening in the capital city（州长们在首都召开会议）”。当“legislatures”中的第一个 s 被一个咳嗽的声音代替时，被试者都无法确定句子中哪个地方被咳嗽的声音覆盖了，或者无法判断“legislatures”中的第一个 s 有没有发声[Warren 1970]。这被称为音位恢复效应（Phonemic restoration effect）。

Samuel 利用音位恢复效应来展示语音感知是由声音信号（自下而上的信息处理）和听者预期的环境（自上而下的信息处理）共同决定的[Samuel 1981]。Samuel 还发现，更长的单词会增加音素恢复效应发生的可能性。相似的效果也发生在说话时句子中有意义的单词和对语法规则的知识；在熟悉的符合语法的句子中，单词听起来更容易理解[Miller and Isard 1963]。

8.3　触摸

当我们触碰某物或被触摸时，皮肤中的感受器会提供关于皮肤、与皮肤接触的物体的信息。这些感受器使我们能够感知关于小细节、振动、纹理、形状和潜在的伤害性刺激的信息。

虽然那些失聪或失明的人可以很好地生活，但那些由于很罕见的情况导致失去触感的人，会由于缺乏触碰和疼痛的警告，经常遭受碰伤、烧伤、骨折的困扰。失去触觉也会导致与环境的互动变得困难。如果没有触摸的反馈，那么像捡起东西或者在键盘上打字都会变得很困难。不幸的是，在虚拟现实中实现触摸是极具挑战性的，但通过了解我们是如何感知触摸的，至少可以给用户提供充分的提示。

成人有 1.3~1.7 平方米（14~18 平方英尺）的皮肤。然而，大脑并不同等对待所有的皮肤。人类非常依赖于用手来表达和操控物体，因此大脑有很大部分用于指挥手部动作。图 8.8 的右半部分是一个感官小人模型（Sensory homunculus，拉丁文中的“小人”），它描绘了不同身体部位占有的感觉皮层的位置和比例。每个身体部位占有的感觉皮层的比例也与该部位所含触觉感受器的密度有关。

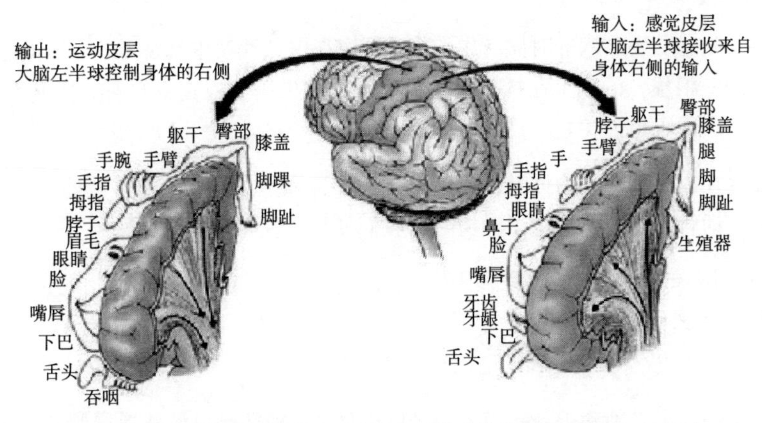

图 8.8　感官小人模型描绘了“大脑内部的身体”（基于[Burton 2012]）

图中每个身体部位的大小代表了该身体部位所占有的大脑皮层的数量。

左半部分显示了运动小人模型，它帮助我们做计划并且执行动作。身体的某些部位是由大得不成比例的感觉和运动神经区域所表现出来的，尤其是嘴唇、舌头和手。

8.3.1　振动

皮肤不仅能察觉到空间细节，还能察觉到振动。这是因为存在一种称为环层小体的机械感受器。位于小体内的神经纤维对缓慢或恒定的推动响应迟缓，但对高频的振动响应良好。

8.3.2 纹理

依靠视觉来感知纹理（Texture）并非总是足够的，因为要有光线才能看到纹理。我们也可以通过触摸感知纹理。空间信息由表面的凸起和凹槽之类的元素提供，因此能感觉到形状、大小和表面元素分布。

当皮肤在一个有纹理的表面移动时，会获得以振动的形式产生的时间信息。精细的纹理通常只有手指在表面移动时才能被感觉到。时间信息对于通过工具间接感受表面也很重要（比如，在粗糙的表面上拖动一根棍子）；我们一般不会觉得这是工具的振动，而认为是表面的纹理，尽管手指没有直接触摸纹理。

大多数虚拟现实创作者不会考虑物理纹理，而在考虑被动触觉（3.2.3节）时才会想到它们，比如在构造物理设备（比如，手持控制器或者一个转向系统）、用户在沉浸状态下需要与真实世界的表面发生接触时。

8.3.3 被动触摸与主动触摸

被动触摸在皮肤感受到刺激的时候产生。被动触摸在虚拟现实中和视觉相结合时很能令人信服。比如，当用户看到一根虚拟的羽毛在抚摸自己身体时，如果用一根真正的羽毛抚摸用户的皮肤，就能非常有效地使用户进入角色（4.3节）。

主动触摸发生在人主动探索物体时，通常会使用手指和手。注意不要将被动和主动触摸与3.2.3节描述的被动和主动触觉混淆。在主动触摸时，我们使用了三种不同的系统。

- 感官系统，用来察觉皮肤的感觉，比如，触摸、温度、纹理，还有手指的位置/移动。
- 运动系统，用来移动手指和手。
- 认知系统，用来思考由感官和运动系统带来的信息。

这些系统合作创造出一种和被动触摸大相径庭的体验。被动触摸的感觉一般是一种皮肤的体验，而在主动接触时，我们会感觉到物体在被触摸。

8.3.4 疼痛

疼痛的作用是警告危险。三种疼痛的类型是：

- 神经性疼痛（Neuropathic pain），由损伤、反复作业（比如，腕管综合征），或者神经系统的损伤（比如，脊髓损伤或中风）造成。
- 伤害性疼痛（Nociceptive pain）因皮肤中的伤害感受器被激活而产生，该感受器专门响应组织损伤或者来自热、化学制品、压力、寒冷的潜在伤害。

- 炎症痛（Inflammatory pain），由以前的组织损伤、关节炎或者肿瘤细胞造成。

对疼痛的感知受到皮肤刺激以外其他因素的强烈影响，比如，期望、注意力、分散注意力的刺激、催眠暗示等。幻肢疼痛就是一个具体的例子，截肢的人会持续感受到肢体的存在，有时候还会持续感受到并不存在的肢体的疼痛[Ramachandran and Hirstein 1998]。“雪世界（Snow World）”是一个使用虚拟现实来减轻疼痛的例子，它是一个设置在寒冷环境里、分散注意力的虚拟现实游戏，医生会在移除烧伤病人的绷带后使用它[Hoffman 2004]。

8.4 本体感觉

本体感觉是对肢体和整个身体的姿势和运动的感觉，源于肌肉、肌腱和关节囊的感受器。本体感觉使我们即使闭着眼睛也能用手触摸到鼻子。本体感觉包括有意识的和潜意识的成分，它不仅能让我们感觉到四肢的位置和运动，还能给我们提供发力的感觉，使我们能够调节力量的输出。

因为能经常意识到触摸产生的感觉，所以触摸看起来很直接；而本体感觉更加神秘，因为我们通常不会意识到它，并在日常生活中视其为理所应当。但是作为虚拟现实创作者，熟悉本体感觉的感知，对于理解用户如何与虚拟环境进行交互是很重要的（至少在直接相连的神经交互界面普及之前），包括移动头部、眼睛、肢体、整个身体。如果没有触觉和本体感觉，我们在拿起易碎品的时候就会弄碎它。本体感觉在设计虚拟现实交互时非常有用，参阅 26.2 节。

8.5 平衡和物理运动

前庭神经系统作为机械运动探测器，由内耳中的迷路（Labyrinths）构成（图 8.9）。它提供了平衡感的输入和对物理运动的感知。前庭器官由耳石器官和半规管组成。

每一套耳石器官（左耳或者右耳）都作为三轴加速度计工作，能够测量线性加速度。线性运动的停止几乎能够立刻被耳石器官感知到[Howard 1986b]。神经系统对来自耳石器官的信号的解释几乎完全依赖于加速度的方向而不是大小[Razzaque 2005]。

每三个几乎正交的半规管为一组（SCC），作为一个三轴陀螺仪工作。SCC 主要作为陀螺仪来测量角速度，但在速度恒定时，它只能工作一段时间。3~30 秒后，SCC 就无法区分零速度和恒定速度[Razzaque 2005]。在现实和虚拟世界中，头部角速度除了零速度几乎无法恒定。SCC 在 0.1~5.0Hz 之间最为敏感；SCC 输出在低于 0.1Hz 时大致等于角加速度，在 0.1~0.5Hz 之间时大致等于角速度；高于 0.5Hz 时大致等于角位移[Howard 1986b]。0.1~5.0Hz 这个范围很符合常见的头部运动——步行时（至少有一只脚没有离开地面）其频率在 1~2Hz，跑步时（有时两脚会同时离地）其频率在 3~6Hz [Draper 1998，Razzaque 2005]。

虽然平时我们不会意识到前庭神经系统的存在，但是在事情出错的反常状况下我们会很清楚地意识到这种感觉。理解前庭神经系统对于创作虚拟现实内容非常重要，因为当前庭神经刺激与其他感官刺激不相符时，就会导致晕动症。第 12 章详细讨论了前庭神经系统及其与晕动症的关系。

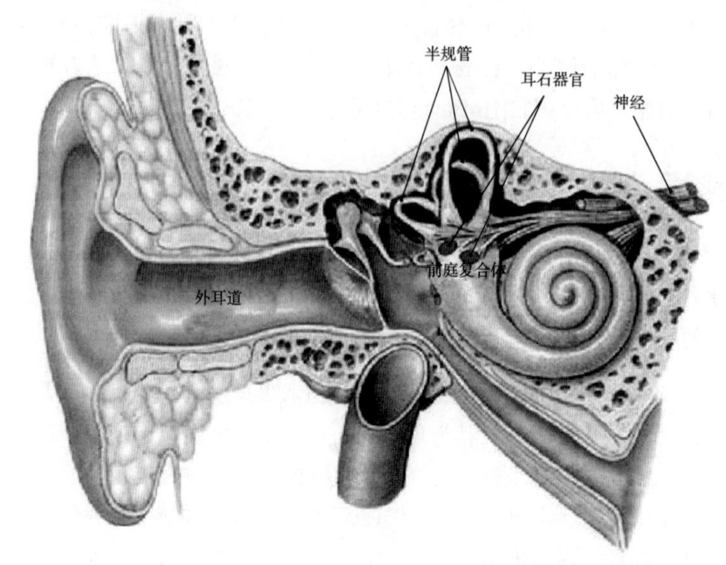

图 8.9　外、中、内耳的剖面图，它们组成了前庭神经系统（基于[Jerald 2009]，改编自[Martini 1998]）

8.6　嗅觉和味觉

嗅觉和味觉都是通过化学感受器（Chemoreceptor）来运作的。化学感受器能探测到环境中的化学刺激。

嗅觉（也就是气味感知）是在气味的空气分子附着在嗅觉受体的特定部位时感知气味的能力。浓度很低的物质也可以被嗅觉系统觉察。嗅觉系统能分辨的气味的数量一直在争论中，争论的范围从几百种到数万亿种不等。不同的人因为基因的不同会闻到不同的气味。

味觉（味觉感知）是对舌头上物质的化学感官感觉。人类的舌头可以分辨出五种不同的味道：甜、酸、苦、咸和鲜。

气味、味道、温度和质地的结合一起提供了对风味的感知。结合这些感官，可以提供比单一味觉更丰富的风味。实际上，已经存在一个伪味觉虚拟现实系统，通过为用户提供不同的视觉和嗅觉线索，它让用户认为一块很平常的饼干有不同的味道[Miyaura et al. 2011]。

8.7 多模态感知

我们对不同感觉的整合是自动发生的，很少有感知作为单一模态而发生。单独考察各个感官会导致对日常知觉经验的片面理解[Welch and Warren 1986]。Sherrington 声称，“神经系统的所有部分都连接在一起，它的任何部分都不可能在不影响其他部分或者不受其他部分影响的情况下运行”[Sherrington 1920]。

对一种模态的感知可以影响其他模态。一个令人惊讶的例子是，如果音频信号没有精确地与视觉信号同步，那么视觉感知可能会受到影响。例如，听觉刺激可以影响视觉闪烁融合频率（受试者开始注意到视觉刺激闪烁的频率；参阅 9.2.4 节）[Welch and Warren 1986]。

[Sekuler et al. 1997] 发现，当两个移动的图形在显示器上交叉而过时，大多数人都认为这些形状是穿过了对方并继续进行直线运动的。当这些形状刚好相邻的时候便发出了“咔嗒”的声音，大多数人会认为这些形状是相互碰撞后沿着相反的方向弹回来。这与真实世界中通常发生的情况一致——当声音在两个移动的物体彼此靠近时出现，就应该是发生了引发那个声音的碰撞。

感知语音通常是一种包含听觉和视觉的多感官体验。对口型（Lip sync）指的是说话人的嘴唇和说话的声音之间的同步。感知语音同步的阈值取决于视听事件的复杂性、一致性和可预测性，以及上下文和应用的实验方法[Eg and Behne 2013]。通常，我们更能容忍视觉引导声音，阈值随着声音的复杂性而增加（比如，和句子相比，我们在音节中更能注意到不同步）。一项研究发现，当音频比视频提前 5 个视频字段（大概 80ms）时，观众对演讲者的评价更负面（也就是，无趣，更不愉快，更不具影响力，更焦躁，更不成功），尽管他们并非有意识地识别到不同步[Reeves and Voelker 1993]。

McGurk 效应描绘了视觉信息对所听到的内容产生的强大影响[McGurk and MacDonald 1976]。比如，当听者听到“ba-ba”的声音，但是看到人做出了“ga-ga”声音的嘴唇动作，听者会听成“da-da”的声音。

视觉倾向于支配其他感官模式[Posner et al. 1976]。例如，视觉主导立体声音。当来自一个地方的声音（比如，电影院中的扩音器）被错误地定位成似乎来自另一个视觉运动的地方（比如，屏幕上演员的嘴）时，就会产生视觉捕捉或腹语术现象。这是由于我们倾向于试图识别可能产生声音的可视事件或对象。

在很多情况下，当视觉和本体感觉不一致时，我们倾向于接受视觉呈现的手的位置[Gibson 1933]。在特定情况下，我们可以让虚拟现实用户相信他们的手触摸的是所看到的，与触摸感受到的不同的形状[Kohli 2013]。在其他情况下，虚拟现实用户对他们虚拟的手在视觉上穿透虚拟对象更为敏感，而不是依靠本体感觉感知他们的手并没有在空间中与虚拟的手协同[Burns et al. 2006]。感官替代可以一定程度弥补虚拟现实系统中缺乏物理触觉的问题，参阅 26.8 节。

视觉和前庭神经信号的不匹配是虚拟现实的一个主要问题，因为它会引起晕动症。第 12 章仔细讨论了这种信息冲突。

8.7.1 视觉信息和前庭信息相互补充

前庭系统主要提供一阶近似的角速度和线性加速度，和随着时间发生的位置漂移[Howard 1986b]。因此，绝对位置或方向不能仅由前庭神经信号决定。视觉信息和前庭神经信息的结合使人们能够清楚地辨别移动刺激和自我运动。

视觉系统擅长捕捉低频运动，而前庭系统则能更好地侦测高频率运动。相对于比较慢的眼睛的电化学视觉响应，前庭神经系统是一个响应更迅速的机械系统（快至 3~5ms！）。因此，前庭神经系统对突发性物理运动反应更灵敏。经过持续一段时间的匀速运动后，前庭神经的信息会减少，视觉信息开始占主导。中段频率同时使用了前庭神经和视觉信息。

丢失或产生误导的前庭神经信息会引起飞行员产生威胁到生命安全的运动幻觉[Razzaque 2005]。例如，前庭的耳石器官不能区分线性加速和倾斜。如果在半规管的感受范围内，这种分歧能够通过半规管澄清。然而，当不在飞行员的敏感范围内时，这个分歧需要通过视觉线索判断。飞机事故，以及许多生命的丧失，都是在视觉线索缺失时（比如，低可视度情况）由这个分歧造成的。我们在虚拟现实中可以利用这种分歧，比如，运动平台能够通过倾斜产生一个非常令人信服的向前加速的感觉。

9 空间与时间的感知

我们是如何感知所处环境中物体的布局、时间和移动的呢？这个问题已经让艺术家、哲学家和心理学家迷恋了数个世纪，早已不新鲜了。绘画、摄影、电影、视频游戏和如今虚拟现实的成功很大程度上是因为它们令人信服地描述了空间三维关系和时机。

9.1 空间感知

错觉艺术作品（图 9.1）和 Ames 房间（图 6.9）证明了当涉及空间感知时，人的眼睛是可以被欺骗的。但是这些错觉很有限，只有在特定的角度才会奏效——当观察者通过移动和探索感知到更多的信息时，错觉就会消散并现出真相。相较于“欺骗”虚拟现实用户让他们相信自己处于另一个世界，只从单一角度来“欺骗”观察者要容易得多。

如果感官可以被欺骗并产生错误的空间认知，那么如何能够确定感官没有一直在欺骗我们呢？也许我们不能百分之百确定周围的空间，然而进化论告诉我们，感知在某些方面必须是真实可靠的——否则，若感知被过度欺骗，那人类早就灭绝了[Cutting and Vishton 1995]。也许制造空间错觉是虚拟现实的目标，如果有朝一日能够完全克服虚拟现实的困难，那么便可以击败进化论的论点，并且应该不会让自己在这个过程中灭绝。

多感官模态通常会通过合作确定空间位置。视觉是最优秀的空间模态，因为它更精准，可以较快地感知到位置（尽管在侦查任务时听觉会更快），它在所有三个维度上都是准确的（而以听觉为例，它仅在横向维度上表现很好），且在长距离的情况下也能良好工作[Welch and Warren 1986]。感知周围的空间不仅仅是被动感知，在环境中主动移动（10.4.3 节）和交互（26.2 节）对于感知来说也很重要。

9.1.1 外中心和自我中心判断

外中心判断，也被称为相对于物体的判断，是对物体与其他物体、世界或者是其他外部参照物之间相对位置的感知。外中心判断包括对重力、地理方向感（如辨别正北方向）和两个物体间距离的感知。高格尔的邻接原则指出，“相对线索的有效性随着感知到的物体间距产生的相对线索的增加而降低”[Mack 1986]。也就是说，当物体被分开得越远，就越难以比较它们。

对于物体位置的感知也包括该物体相对于我们身体的方向和距离。自我中心判断，也被称为相对于主体的判断，是对相对于观察者主体的位置线索（方向和距离）的感知。对左右和前后的判断就是以自我为中心的。通过视觉、听觉、本体感觉和触觉这些主要的感官模态，可以实现自我中心判断。

几个变量会对自我中心感知产生影响。当可用的刺激越多，我们的判断就越稳定；如似动现象（6.2.7 节）所示，我们在黑暗中的判断更不稳定。未处于视野中心的刺激物（如一个偏移的方块）可以使在正前方的刺激看起来偏向非中心。主视眼，即用于瞄准目标的眼睛，也会影响方向的判断。眼睛的移动也影响我们对于正前方的判断。

26.3 节讨论了与虚拟现实相关的外中心和自我中心空间的参考框架。这些参考框架对于设计虚拟现实界面尤为重要。

9.1.2 分割我们周围的空间

我们每个人周围的空间布局可以分为三个以自我为中心的圆形区域：个人空间、行动空间和视野空间[Cutting and Vishton 1995]。

个人空间通常被认为是手臂自然移动能够到达或者较之稍远的范围。只有在关系亲密或者由于公共需要（例如，在地铁或音乐会上）的情况下，我们才能愉快地接纳其他人处于个人空间。这个空间距离是在个人视点的两米之内，包括用户站立时的双脚，以及用户不需要移动便可物理操作的空间。在个人空间内工作更利于提供本体感觉的线索，更加直接地映射手部运动与物体运动，更强的立体视觉和头部运动视差线索，以及更精细的运动角度精度[Mineetal. 1997]。

在个人空间之外，行动空间是公共行动的空间。在行动空间中，我们可以相对快速地移动，与别人交谈，投掷物体等。这个空间范围在距离用户 2 米至 20 米之间。

20 米之外则是视野空间，我们几乎无法即时控制此空间，而且感知线索相当一致（例如，双目视觉几乎不存在）。因为在这个范围内有效的深度线索是图像化的，在这个范围内的大型二维视错觉绘画可以最有效地欺骗眼睛，让观众误以为这个空间是真实的，图 9.1 展示了由安德烈 · 波佐（Andrea Pozzo）绘制的维也纳耶稣会教堂穹顶。

图 9.1 维也纳耶稣会教堂穹顶

这种视错觉艺术表明，有了一定的距离就可能难以区分 2D 绘画和 3D 建筑。

9.1.3 深度（景深）感知

当前你正在阅读的页面距离你可能不足一米，文字不高于一厘米。如果你抬头望去，可能会看到墙壁、窗户和一米之外的种种物体。尽管这些物体投影在你视网膜上的是二维图像，你也可以无须过多思考就能直觉地估计物体和你之间的距离并与之交互。仅根据周围世界在视网膜表面投射的场景，我们便能以某种方式来直观地感知物体到底有多远。

那么我们是如何处理落在视网膜表面的独特光子，并通过它们重塑对三维世界的理解的呢？如果空间感知仅仅是每个视网膜上二维图像作用的结果（8.1.1 节），那么就无法知道一个特定的视觉刺激有一英尺远还是有一英里远。显然，其中的过程不可能只是检测视网膜上的光点那么简单。

在感知三维世界的过程中必定存在着某些高层级处理。人类的感知依赖于对空间、形状和距离的多种观察方式。在本节中，我们描述几种能帮助我们感知以自我为中心的深度或距离的线索。可用的线索越多，且它们之间越一致，对于深度的感知就越强。如果在虚拟现实系统中应用得当，这种深度线索就可以显著提高临场感。

深度线索可以分为四类：图像深度线索、运动深度线索、双目深度线索和眼动深度线索。用户所处的环境或心理状态也会影响他对于深度/距离的判断。表 9.1 给出了本节描述的深度线索和因素的组织结构。表 9.2 展示了几个具体线索大致的重要性顺序。

图像深度线索

图像深度线索（Pictorial Depth Cues）来自远端刺激投射到视网膜（近端刺激）的光子，最终形成二维图像。即使只用单眼观看，该眼或者视野中的任何物体都没有移动时，这些线索也会呈现。

下面按照大致的重要性降序列出图像深度线索。

表 9.1　本节描述的深度线索和因素的组织结构

- ◆ **图像深度线索**
  - ○ 遮挡（Occlusion）
  - ○ 线性透视（Linear perspective）
  - ○ 相对/相似尺寸（Relative/Familiar size）
  - ○ 影子/阴影（Shadows/Shading）
  - ○ 纹理梯度（Texture gradient）
  - ○ 相对于地平线的高度（Height relative to horizon）
  - ○ 空间透视（Aerial perspective）
- ◆ **运动深度线索（Motion Depth Cues）**
  - ○ 运动视差（Motion parallax）
  - ○ 动态深度效应（Kinetic depth effect）
- ◆ **双目深度线索（Binocular Depth Cues）**
- ◆ **眼动深度线索（Oculomotor Depth Cues）**
  - ○ 聚散度（Vergence）
  - ○ 调节（Accommodation）
- ◆ **环境距离因素（Contextual Distance Factors）**
  - ○ 预期行为（Intended action）
  - ○ 恐惧（Fear）

表 9.2　在个人空间、行动空间和视野空间中以自我为中心
感知距离时的视觉线索，按大致的重要性排序（1 表示最重要）

信息来源	空　间		
	个人空间	行动空间	视野空间
遮挡	1	1	1
双目	2	8	9
移动	3	7	6
相对/相似尺寸	4	2	2
影子/阴影	5	5	7
纹理梯度	6	6	5
线性透视	7	4	4
眼动	8	10	10
相对于地平线的高度	9	3	3
空间透视	10	9	8

遮挡

遮挡是最强的深度线索，因为近距离不透明物体总是会遮住其他远距离的物体，并且在可感知距离的全部范围内都是有效的。虽然遮挡是一个重要的深度线索，但它只能提供相对的深度信息，因此精度取决于场景中物体的数量。

在设计虚拟现实显示时，遮挡是一个特别重要的概念。由于遮挡、运动、生理和双目的线索中存在着冲突，许多用于 2D 视频游戏的平视显示并不适用于虚拟现实显示。由于这些冲突，二维的平视显示应该被转化为三维几何，与视点间保持一定距离以便正确地处理遮挡。否则，当文字或者几何图形出现在远处但没有被近距离的物体遮挡时，会让用户感到困惑，甚至会导致眼睛疲劳和头痛（13.2 节）。

线性透视

线性透视会让平行线延伸到一定距离时看起来像是汇聚到了一点，该点被称为消失点（图 9.2）。图 6.8 中的蓬佐（Ponzo）铁路错觉证明了线性透视线索的强大。由线性透视提供的深度感十分强烈，以至于非现实向的网格图案比那些有诸多细节的常见纹理（如地毯或平面幕墙）能更有效地表现空间。

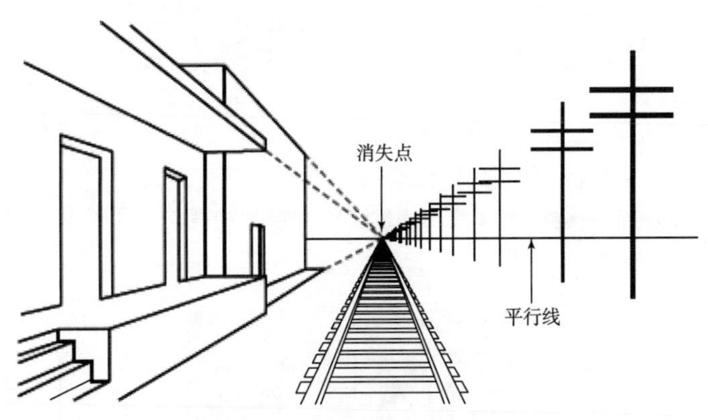

图 9.2　线性透视会让向远处延伸的平行线汇聚于消失点

相对/相似尺寸

当两个物体大小相同时，远端物体在视网膜上的成像比近端物体占据的视角更小。相对/相似尺寸使我们能在知道物体尺寸时估算距离，无论是根据先验知识还是同场景中的其他物体比较来估算（图 9.3）。看到自己身体的重现不仅可以提升临场感（4.3 节），同时也能作为一个相对尺寸深度线索，（因为用户知道自己身体的大小）。

图 9.3 相对/熟悉尺寸

已知尺寸物体的视角提供了该物体的距离感。如果两个相同物体的尺寸不同，较小的一般表示距离更远。

影子/阴影

影子和阴影可以提供物体位置相关的信息。阴影可以直接告诉我们物体是放在地上还是浮在空中（图 9.4）。阴影还可以提供与物体形状相关的线索（和单个物体的不同深度）。

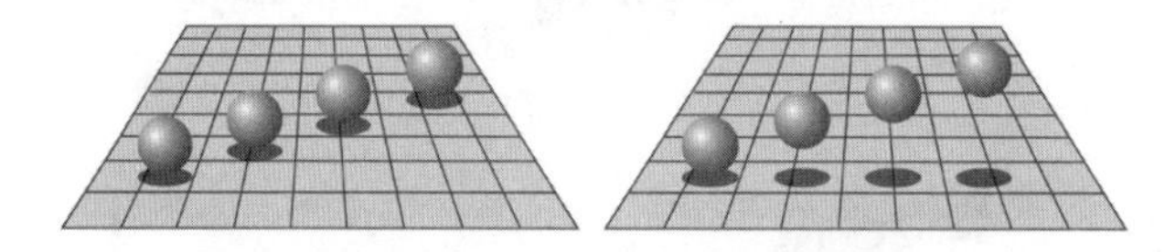

图 9.4 通过阴影来表现物体不同的深度和高度（基于[Kersten et al. 1997]）

纹理梯度

大多数自然物体都包含视觉纹理。纹理梯度类似于线性透视；纹理密度随着眼睛和物体表面之间距离的增加而增加（图 9.5）。

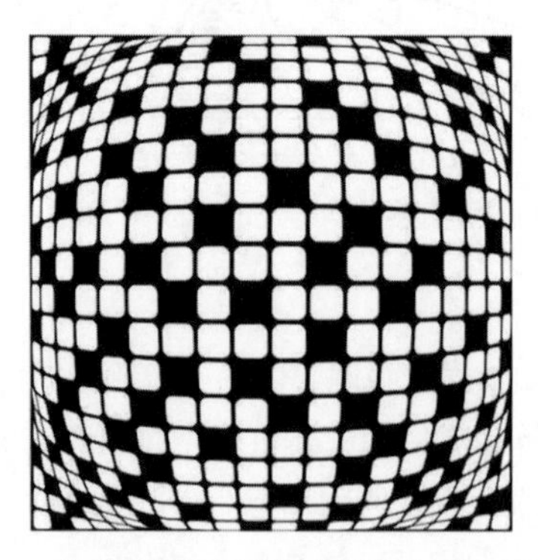

图 9.5 物体的纹理可以提供形状和深度的感觉

受纹理梯度的影响，图像的中心看起来似乎比边缘更贴近观看者。

相对于地平线的高度

当物体越接近地平线时，它看起来就离观察者越远（图 9.6）。

图 9.6 靠近地平线的物体看起来更远

空间透视

空间透视，也称大气透视，是一种对比度更高（如更亮、更清晰或色彩更鲜艳）的物体比暗淡的物体看起来更近的深度线索（图 9.7），这是由光粒子在大气中的散射造成的。

图 9.7 由于空气透视，远处的物体具有较少的颜色和细节（感谢 NextGen Interactions）

运动深度线索

运动深度线索是指在视网膜上的相对运动。

运动视差（Motion parallax）是一种深度线索，它指远端刺激投影到视网膜上的图像（近端刺激）的移动速度因距离的远近而有所不同。例如，在行驶的汽车上看向窗外时，近处的物体模糊地从眼前掠过，而远处物体的移动却慢得多。在移动时将焦点集中在一个点上，该点被称为固着点（Fixation point），比固着点远的物体和比它近的物体会朝相反的方向移动（身体的移动方向与近处物体移动方向相反，与远处物体移动方向一致）。运动视差使我们能够观察物体四周，是一个强力的相对深度感知线索。运动视差在所有方向上都等效，而双目视差只在头部水平方向上出现。甚至呼吸引起的微小的头部动作都可以产生细微的运动视差来增强临场感（Andrew Robinson 和 Sigurdur Gunnarsson，个人传播，2015 年 5 月 11 日）。

当有多个观察者但是只追踪了一个人的视角时，对于“世界固定显示器”（World-fixed displays）而言，运动视差就是一个问题。对于被追踪的人来说，场景的形状和运动是正确的；而对于那些未被追踪的观察者而言，场景中就会出现扭曲和物品摇晃的情况。

动态深度效应（Kinetic depth effect）是运动视差的一种特殊形式，描述了物体移动时的 3D 构造如何被感知。例如，观察者可以通过线框旋转时投射的影子的运动和变形，轻易地感知到该线框的 3D 结构。

双目深度线索

对于拥有两只健康眼睛的人而言，每个视网膜上获得的世界景象会有轻微的不同，两者的差异形成了一个距离的函数。双目视差是刺激在左右眼投射的图像位置的差异，由眼睛的水平间距和刺激距离引起。大脑将双眼中分离的不同图像结合成一个包含清晰深度感的单一感知，形成了立体视觉（也称为双目融合）。

在一定距离内的刺激空间中形成一个没有差异的、被称为双眼视界（Horopter）的表面，如图 9.8 所示。我们能在靠近双眼视界前后的空间内感知到立体视觉，这个空间也被称为 Panum 融合区。Panum 融合区以外差异过大，无法融合，所以会造成双重影像而导致复视。

头戴显示器可以是单眼单视的（只有一个图像，给单只眼睛看）、双眼单视的（两个相同的图像分别给两只眼睛看）或是双眼双视的（两只眼睛能看到两个不同的图像，提供立体视觉）。双眼双视图像可能会引起视觉调节、双目聚散和视差的冲突（13.1 节）。双眼单视头戴显示器则会引起与运动视差的冲突，但是针对这种冲突的抱怨较少。

双目线索在立体显示器和虚拟现实中的价值饱受争议。其中一部分原因可能是有一部分比例的人口是立体视盲——据估计，3%~5%的用户无法仅靠现代 3D 显示器的视差差异提取深度信号[Badcock et al. 2014]。这种立体视盲的发生率随着年龄的增长而升高，并且这 3%~5%中的立体视盲也分为不同等级，这导致了双目显示器价值上的争议。

对于大多数人而言，在个人空间中用手交互时，立体视觉尤其重要，特别是在其他深度线索不明显的情况下。我们在远距离（理想条件下可达到约 40 米，见 8.1.4 节）的情况下，也会察觉到一些双目深度线索，但在这种距离下，立体视觉就不那么重要了。

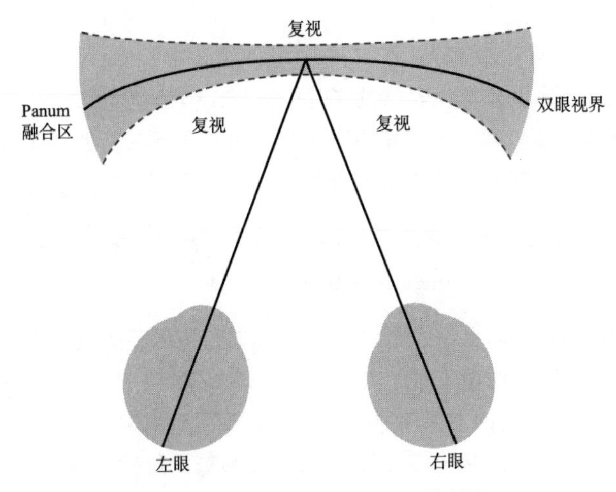

图 9.8 双眼视界区和 Panum 融合区

眼动深度线索

眼部肌肉组织，特别是处理视觉调节和双目聚散的肌肉，能在两米内提供精准的深度线索。在真实世界中观察不同距离的物体时，视觉调节和双目聚散通常会自动协同工作，即调节辐辏反射（Accommodation-vergence reflex）。在虚拟现实中，当显示的焦点被设定成与人眼正在看的距离不一致时，视觉调节与双目聚散会产生冲突（同时也会与其他双目线索产生冲突，参见 13.1 节）。

聚散度（Vergence）。如 8.1.5 节所述，双目聚散是由视网膜视差引起的双眼同时反向转动，主要是为了取得或维持双眼视野的清晰与舒适[Reichelt et al. 2010]。我们可以感觉到眼睛向内（收敛）和向外（发散）的运动，它能带来深度线索。有证据显示，单靠聚集获取深度线索在大约两米内有效[Cutting and Vishton 1995]。视觉收敛比下面描述的视觉调节更为有效。

调节（Accommodation）。眼睛含有能改变曲率的弹性晶状体，使我们能够迅速地聚焦于视网膜上的物体图像。调节是指眼睛调整其视觉能力以使不同距离的物体聚焦于视网膜上的机制。在改变晶状体的形状以聚焦在近处物体时，我们可以感觉到眼部肌肉在绷紧，这种肌肉收缩还可以在大约两米内作为一种判断距离的线索[Cutting and Vishton 1995]。完整的调节反应最少需要 1 秒的固定时间，并且主要是由视网膜模糊触发[Reichelt et al. 2010]。一旦我们适应了一个特定的距离，远于或近于该距离的物体就会失焦。这种模糊度也可以提供细微的深度线索，但是很难判断模糊的物体距离焦点物体更近还是更远。对于调节来说，对比度低的物体是一个微弱的刺激。

调节能力随着年龄增长而下降，且大多数人只能在短时间内维持特写/近焦调节。虚拟现实设计师不应该让一个需要被一直看见的必要刺激离眼睛太近。

环境距离因素

尽管关于视觉的深度线索的研究已经持续了几个世纪，但最近的研究提出，距离感知不仅受视觉线索的影响，还受到周围环境和个人差异的影响。例如，有研究表明，目标物体在室内或者在室外，甚至在不同类型的室内环境下，距离感知的准确度都不同[Renner et al. 2013]。

未来效应距离线索（Future effect distance cues）是关于距离在未来如何对观察者产生个别影响的内心信念，它包括人们的行动意向（Intended action）和恐惧。

预期行为。感知和行动是密切交织的（10.4 节）。预期行为的距离线索是一种心理因素，来自影响距离感知的未来行动。在同样的情境下，人们会因计划执行的事情和因此所带来的好处/成本而对世界产生不同的感知[Proffitt 2008]（境由心生）。我们只有在试图够到某物时才会从“获得者”的角度看待世界，在试图投掷的时候才是“投掷者”，在试图步行的时候才是“步行者”。那些触手可及的物体看起来比那些够不着的物体更近，当通过使用工具来延伸可及范围时，距离消失了。山丘看起来比实际的更陡峭，5°的斜坡看起来有 20°，10°的山坡看起来像 30°[Proffitt et al. 1995]。如果人们打算步行，那么影响行走时费力程度的操作也会影响到距离感知。背着沉重的背包、身体疲劳、年龄较大、身体健康情况下降这些行走负担都会导致人对距离的过高估算[Bhalla and Proffitt 1999]。由于预计的与行走有关的代谢能量消耗增加，山坡会显得更为陡峭，自我中心距离也更远。

恐惧。基于恐惧的距离线索是由于增加高度感而引起恐慌的情况。我们会高估垂直距离，特别是从上方观察高度时，比从下往上的高估程度更甚。相比毫无恐惧站在箱子上的人，小心翼翼站在滑板上的人会更觉得人行道陡峭。这可能是由于逐步发展的适应性——增强了人们对于垂直高度的感知以避免跌倒。恐惧会影响空间感知。

9.1.4 测量深度感知

测试距离感知的方法可以分为三类：（1）口头估计，（2）感知匹配，（3）视觉指导行为[Renner 等 2013]。不同的方法通常导致不同的估计值。即使是同一方法，使用的语句不同也会影响人们对距离的估计。例如，“物体在视觉上看起来有多远”或“物体实际上有多远”可能会产生不同的估计结果。通过精心设计的方法得知，20 米以内的深度感知是相当准确的。

9.1.5 虚拟现实中空间感知的挑战

要在虚拟现实中实现自然的空间感知，对显示技术和内容创作来说仍然是一个挑战。例如，尽管自我中心的距离感知在真实世界中效果不错，但在虚拟现实中它估计的距离会被压缩[Loomis and Knapp 2003，Renner et al. 2013]。真实的空间感知并非对于所有虚拟现实应用都必不可少，但是在需要感知距离和物体大小的地方至关重要，比如，建筑、汽车和军事应用。

9.2 时间感知

时间可以被看成人对连续变化的个人感知或体验。与客观测量的时间不同，时间感知是在某些情况下可以被操纵和扭曲的大脑构思。时间的概念在大多数文化中是不可或缺的，在语言中有过去、现在和将来的明确时态，加上无数的修饰语来使“时间”更加精准。

9.2.1 时间分析

主观存在（Subjective present）始终伴随我们，它存在于我们当下有意识地经历着的宝贵几秒。这几秒之外的一切——过去和未来——都是不存在的。主观存在包括两部分：一是“现在”，即当前的时刻；二是已经历的时间体验[Coren et al. 1999]。已经历的时间体验可以进一步分为（a）持续时长估计，（b）顺序/次序（包括同时性和连续性），（c）对即将到来的未来的预期/规划（例如，在演奏乐器时知道接下来要弹什么音符）。

心理时间可以被看成一连串的时刻而不是连续的经历。感知时刻（Perceptual moment）是观察者可以感觉到的最短时间的心理单位。在相同感知时刻内的刺激被认为是同时发生的。基于若干的研究结果，Stroud 估算出感知时刻的周期在 100 毫秒以内[Stroud 1986]。根据不同的感官模态、刺激物、任务等，感知时刻的长度范围在 25 毫秒至 150 毫秒之间。证据表明，当人使用多种感官模态进行判断时，感知时刻是不稳定的，例如，在判断声音和光的呈现顺序时[Ulrich 1987]。

事件（Event）是一段有开始和结束的、发生在特定位置的时间，或是一系列随时间展开的感知时刻。我们理解行为和对象之间关系的能力就依赖于此。事件类似于语言中的句子和短语，其中名词和动词的出现时机和顺序赋予了其意义。“熊吃人”和“人吃熊”之间有很大的区别。这两个短语包含相同的元素，但这些元素带给眼睛或耳朵刺激的顺序和时机产生了意义。

9.2.2 大脑和时间

延迟感知（Delayed Perception）

大多数人都不愿意相信的是，由于我们的意识总是滞后于现实，所以我们都生活在过去。视觉信号到达 LGN（8.1.1 节）需耗时 10~50 毫秒，再用 20~50 毫秒到达视觉皮层，到达负责行动和规划的大脑区域还额外需要 50~100 毫秒[Coren et al. 1999]。当响应时间至关重要时，这会导致一些问题。例如，驾驶员需要 200 毫秒以上的时间来感知刹车决定的需求。如果驾驶员适应了黑暗环境，那么这个反应时间甚至会更长（10.2.1 节）。在感知到刺激后，需要相对短的时间（10~15 毫秒）来引发肌肉反应。驾驶员若以 100 千米/小时（62 英里/小时）的速度行驶，在他开始把脚移向刹车之前，该车已经前进了 6 米（20 英尺）。针对可预测的事件，可以通过自上而下的处理来减少这种延迟，使细胞反应更快。

虽然我们生活在刚刚过去的几百毫秒之中，但这并不意味着在虚拟现实系统中可以有几百毫秒的延迟。如第 15 章所述，这种额外的身体外部延迟是导致晕动症的主要原因。

存留（Persistence）

除了延迟感知，体验的长度还取决于神经活动，而不一定是刺激的持续时间。存留是一种正相残像（6.2.6 节）看起来在视觉上仍然存在的现象。当观察者适应明亮环境时，1 毫秒的闪光通常会被感知为 100 毫秒的感知时刻，当适应黑暗环境时，则会被感知为 400 毫秒的感知时刻[Coren et al. 1999]。

当两个刺激在时间和空间上相近时，这两个刺激会被认为是一个单独的移动刺激（9.3.6 节）。例如，在不同时间显示在不同位置的像素可以被看成一个单独的正在移动的刺激。当两个刺激之一（通常是视觉或声音）不被感知时，也可能会发生遮罩。第二个刺激通常被更准确地感知（反向遮罩），就像是第二个刺激及时回溯抹去了第一个刺激一样。

感知连续性（Perceptual Continuity）

感知连续性是指即使只有部分外界刺激，仍能保持连续性和完整性的错觉[Coren et al. 1999]。大脑通常在接收多个刺激之后开始构建事件，这样有助于单一事件在被环境中的外来刺激打破或中断后仍保持连续性。

语音复原效应（Phonemic restoration，参阅 8.2.3 节）使我们能根据上下文推断言语中缺失的部分。视觉系统以类似的方式运作。当物体移动到其他物体后面被遮挡时，即使无法完全看到被遮挡的物体，我们仍然能够感知到完整的它。就像从半掩的门缝中看出去一样（即使门缝只打开了 1 毫米）。当头或物体在缝隙后移动时我们能感知到完整的场景或物体，因为大脑会将这些场景随着时间的推移自行“脑补”。知觉连续性是我们通常无法察觉到盲点的原因之一（6.2.3 节）。

9.2.3 感受时间的流逝

与感官模态不同，我们没有明显的时间器官来感受时间的流逝，而是通过变化来感知时间的。那么，我们是如何感知时间的？生物时钟和认知时钟这两个理论对其进行了描述[Coren et al. 1999]。

生物时钟（Biological Clocks）

万事万物都有自己的变化节奏，昼夜循环、月球周期、季节更替和生理变化。生物钟是按周期规律运作的身体机制，每个周期就像是时钟的一个时刻，这使我们能体会到时间的流逝。改变我们生理节奏的速度会改变我们对时间流逝速度的感知。

昼夜节律（Circadian rhythm。circadian 来自词根 circa，意为“近似”，而词根 dies 意为“天数”）

是一种源自生理本能的 24 小时波动。昼夜节律主要由视交叉上核（Supra Chiasmatic Nucleus，SCN）控制，视交叉上核是位于视神经交叉附近的小器官，仅由几千个细胞组成。昼夜节律带来了运行于一个昼夜循环的睡眠—觉醒行为。虽然昼夜节律是内源性的，但它们却由一种被称为授时因子（Zeitgebers，德语意为“时间给予者”）的外部刺激激发，最重要的授时因子就是“光”了。如果没有光，我们大多数人实际上会有 25 小时的昼夜节律。

像脉搏、血压和体温这样的生理过程会随着昼夜循环变化。对我们身心产生的其他影响还包括改变情绪、警觉、记忆、知觉运动任务、认知、空间方向、姿态稳定性和整体健康。用户在该睡觉的时间来体验虚拟现实的感觉可能不会很好。

缓慢的昼夜节律对我们感知短暂的时间周期没有帮助。我们有好几个生物钟来判断不同时长的时间和不同方面的行为。短期生物计时器被建议用作内部的生物计时机制，包括心跳、脑电活动、呼吸、代谢活动和行走步数。

当生物钟变化时，我们对时间的感知似乎也会发生变化。当单位时间内的生物计数比正常更多且导致生物钟速度更快时，我们就会觉得持续时间更长。相反，当内部时钟太慢时，会感觉时间过得很快。有证据表明，体温、疲劳程度和药物都会改变我们对时间周期的估计。

认知时钟

认知时钟（Cognitive clocks）基于发生在一段间隔内的心智过程。时间不是被直接感知到的，而是被构想或者推断出的。一个人当前参与的任务也会影响对时间流逝的感知。

影响时间感知的认知时钟因子有（1）变化量，（2）处理该刺激事件的复杂度，（3）对时间流逝的关注度，（4）年龄。这些都影响对时间流逝的感知，并且有证据表明认知时钟计数速度受内部事件处理方式的影响。

变化。认知时钟的运转速度取决于发生变化的次数。在一段时间内发生的变化越多，时钟就运转得越快，导致感觉经过了更长的时间。

人们会觉得一段充满了刺激的时间比一段同样时长但毫无刺激的时间长，这种感知错觉即填充时间错觉（Filled duration illusion）。例如，在同样的时长下，充满声音的时间段要比几乎没有声音的时间段感觉更长。灯光闪烁、文字和绘画也会带来同样的效果。相反，待在隔音暗室中会低估自己在其中度过的时间。

处理消耗。认知时钟的运转速度也取决于认知活动。较难处理的刺激会导致认为花了更长的时间。同样，增加处理信息所需的记忆存储空间也会使人们做出花费了更长时间的判断。

关注时间。时间感知因观察者参与任务的方式而变得复杂。越关注时间流逝，就越会觉得时间长。对时间的关注甚至可以扭转之前提到的填充时间错觉，因为在参与时间流逝的同时很难处理多个事件。

若观察者事先被告知需要估算一件任务的耗时，那么他们估算的时间往往比完成任务之后再被问到的更长。这大概是因为他们关注着时间。

相反，任何需要将注意力从时间流逝上移开的事情都会使我们感知到更快的时间。我们对完成复杂任务的时间估算要比完成简单任务的时间估算更短，因为人们更难以同时关注时间和复杂任务。

年龄。随着人们年龄的增长，较大单位时间（日、月，甚至是年）的流逝似乎加快了。对此的一个解释是，人们会以自己经历的总时长作为参照。一年对于一个四岁大的孩子来说是他生命的25%，所以时间似乎拖长了。而对于 50 岁的人来说是他生命的 2%，所以时间似乎流逝得更快。

9.2.4 闪烁

闪烁是交替的视觉强度的闪现或重复。尽管视觉皮层对闪烁光的敏感度要低得多，但视网膜受体对它的响应速度可达每秒数百次[Coren et al. 1999]。闪烁的感知范围很广，受许多因素影响，包括暗适应、光强度、视网膜位置、刺激大小、刺激之间的间隔时间、一天中的时间（由于昼夜节律）、性别、年龄、身体机能和波长。最敏感的时候是身体最清醒、眼睛已适应光亮、而光覆盖了宽广的视觉周边范围且强度高时。停闪频率阈值是闪烁在视觉上刚好能被感知到的闪烁频率。

9.3 运动感知

感知不是静态的，而是随时间不断变化的。人们最初认为运动感知是微不足道的。例如，视觉上的运动被简单地当成某种刺激移过视网膜的感觉。然而，运动感知是一个复杂的过程，涉及许多感官系统和生理成分[Coren et al. 1999]。

即使视觉刺激不在视网膜上移动，我们也可以感知到运动，比如，用眼睛追踪运动物体的时候（即使周围没有其他环境刺激可以用来做比较）。也有时候，刺激在视网膜上移动，但我们不会感知到运动，比如，移动眼睛去检查不同物体时。尽管世界的成像在视网膜上是运动的，但我们感知到的却是一个稳定的世界（10.1.3 节）。

一个无法感知运动的世界令人不安而且危险。一个患有运动失调症（Akinetopsia，运动视盲）的人所看到的人和物都是突然出现或突然消失的，因为他无法感知这些对象接近或远离的过程。对他们来说，自己亲手倒一杯咖啡几乎是不可能完成的。缺乏运动感知不仅给社会生活带来不便，而且相当危险，比如，在过马路时看到看起来很远的车辆突然靠得非常近。

9.3.1 生理

大脑的主视觉通路（8.1.1 节）很大程度上是为运动感知而专门设置的，伴随着对反射反应（如眼睛和头部运动）的控制。主视觉通路也会通过大细胞通路（以及较小的小细胞通路）、腹侧通路（用于感知物体内容的通路）和背侧通路（用于感知物体空间/方式/运动的通路）来检测运动。

灵长类动物的大脑具有专用于运动检测的视觉感受器系统[Lisberger and Movshon 1999]，人类就是利用这个系统来感知运动的[Nakayama and Tyler 1981]。虽然视觉速度（Visual velocity，即视觉刺激在视网膜上的速度和方向）会直接被灵长类动物感受到，但视觉加速度（Visual acceleration）却不会，它是由速度信号处理后推断出来的[Lisberger and Movshon 1999]。

大多数视觉感知学家认为，在感知大多数运动的时候，视觉加速度没有视觉速度重要[Regan et al. 1986]。然而，当视觉线性加速度与前庭系统检测到的线性加速度不匹配时，视觉线性加速度比视觉线性速度更容易引起晕动症（18.5 节）。

9.3.2 物体相对运动和主体相对运动

当刺激之间的空间关系发生变化时，会发生物体的相对运动（类似于外中心判断，9.1.1 节）。因为关系是相对的，我们并不能确定到底是哪个物体正在移动。视觉的相对物体判断仅依赖于视网膜上的刺激，而不考虑如眼睛或头部运动这样的视网膜以外的信息。

当刺激与观察者之间的空间关系发生变化时，会发生主体相对运动（类似于自我中心判断，9.1.1 节）。这种用于视觉感知的相对主体参考框架由前庭输入这样的视网膜外信息提供。即使头部没有移动，前庭系统仍然能接收输入信号。只有单个可见的视觉刺激或在所有的视觉刺激具有相同的运动时，才会出现不掺杂任何物体相对线索的纯粹的主体相对线索。

人们同时使用相对物体和相对主体线索来判断外部世界的运动。除了最短的时间间隔，人类对物体相对运动比对主体相对运动更敏感[Mack 1986]，因为人类是根据视觉环境而不是速度来感知位移的。例如，一项研究发现，在黑暗环境中一个移动光点（主体相对）的速度达到大约 0.2° /秒时才能被观察者察觉到，而在静态的视觉环境中一个移动目标（物体相对）大约以 0.03° /秒的速度移动时就能被察觉到。

增强现实中的视觉主要是与真实世界中的线索物体相对应的，因为所见之物可以直接与真实世界进行比较。使用光学透视式头戴显示器（如增强现实）更容易看出没有正确移动的视觉内容[Azuma 1997]，因为用户可以直接把渲染的视觉效果与真实世界相比较，从而看出相对物体运动的破绽。由于延迟和误差等问题，虚拟现实中的视觉误差通常是相对的，这样的错误会导致整个场景随着用户头部的移动而移动（除了运动视差，视点转换和深度也会影响视觉内容产生不同的移动）。

9.3.3 光流

光流是视网膜上视觉运动的模式——由人与场景之间的相对运动引起的视网膜上的物体、表面和边缘的运动模式。人向左看时，光流向右移动。人向前移时，光流以辐射模式向外扩展。梯度流表示视网膜图像上不同部分的不同流速——离观察者越近流速越快，离观察者越远则流速越慢。延伸焦点是空间中的一个点，当人向该点前进时，其他所有的刺激看起来似乎都在膨胀。

9.3.4 运动感知因素

许多因素都会影响我们对运动的感知。例如，对比度增加会使我们对视觉运动更敏感。下面讨论一些其他因素。

周边视觉与中心视觉的运动感知

学术上关于眼睛偏心距（Eye eccentricity，从视网膜上的刺激到中央凹中心的距离）会降低还是会提高运动敏感性一直存在争议，产生争议的原因可能是实验条件和解释的差异。

[Anstis 1986]指出，有时人们会错误地认为周边视觉比中心视觉对运动更敏感。事实上，检测慢动作刺激的能力是随着眼睛偏心距的增加而逐渐下降的。然而，由于对静态细节的敏感度下降得更快，所以相比于观察形态，周边视野更善于检测运动。在周边视域内可以感知到物体正在移动，但很难辨认出移动的物体是什么。

Coren 等人指出，对运动的察觉依赖于刺激源移动的速度和眼睛的偏心距[Coren et al. 1999]。一个人检测慢动作刺激（小于 1.5°/秒）的能力随眼睛偏心距的增加而降低，这与 Anstis 的看法一致。然而，对于更快的运动刺激，察觉移动刺激的能力是随着眼睛偏心距一起增加的。这些差异是因为背侧或“动作”通路（8.1.1 节）周边有大量瞬时细胞（对快速变化的刺激反应最佳的细胞）。周边视觉中的场景运动对自我运动察觉也很重要（参阅 9.3.10 节和 10.4.3 节）。

判断运动（Judgeing motion）不限于寻找移动刺激（Moving simuli）。有证据表明，周边视觉中的轻微运动更容易通过“感觉”来判断（例如，9.3.10 节描述的相对运动错觉），而中心视觉中的细微运动更容易通过直接的视觉和逻辑思维来判断。例如，两位参与虚拟现实场景运动感知任务的实验对象指出[Jerald et al. 2008]]：

> 大多数时候，我都是感觉到轻微的眩晕后才察觉到场景是运动的。在非常轻微的运动场景中，会出现一种怪异的停顿或者是暂停，它静止不动但却仍然有一定的浮动性。
>
> 在每次实验开始时（初期——由于自适应阶梯原理，此时的场景速度最大），我使用视觉判断运动状态；在此之后（接下来的实验中），当难以用视觉来分辨场景运动时，我会依靠胃部的状态来判断。

这些判断视觉运动的不同方式可能是因为利用了不同的视觉通路（8.1.1 节）。

头部运动抑制运动感知

虽然头部运动会抑制对视觉运动的感知，但当移动头部时，视觉运动的感知却会出奇地精准。Loose 和 Probst（2001）发现，当视觉运动相对于头部移动时，增加头部的角速度明显地抑制了察觉视觉运动的能力。[Adelstein et al. 2006]和[Li et al. 2006]的研究也表明，头部运动抑制了视觉运动的感知。他们使用一个没有头部跟踪的头戴显示器来检测相对于头部的轻微运动。Jerald（2009）测出了头部运动是如何抑制对视觉运动（在现实世界中这是相对轻微的运动）的感知的，然后得出了抑制与感知延迟的数学相关性。

深度感知影响运动感知

中心点假说（Pivot hypothesis）[Gogel 1990]指出，如果某个点刺激的感知距离与实际距离不同，那么这个点刺激会随头部移动。相关的效果可以通过下述方法展现：将视线聚焦在眼前的一根手指上，可以注意到远处的背景看起来会随着头部移动。同样，如果一个人聚焦于背景，那么手指看起来会朝着头部运动的相反方向移动。

头戴显示器中的物体往往比其预期距离看起来更近（9.1.5 节）。根据中心点假说，如果用户看着一个看起来很近的物体，但系统在用户转头时，将头戴显示器中该物体图像当成更远的图像来移动，那么物体看起来将会与头部移动方向同向移动（类似于上面的手指示例）。

9.3.5 诱导运动

当一个物体的运动引起对另一个物体运动的感知时，会发生诱导运动（Induced motion）。

在一个统一的视野中，当一个点在另一个点旁边移动时，显然我们确切地知道有一个点在移动，但是通常很难确定是两个点中的哪一个点（相对物体的线索告诉我们两个物体如何相对于彼此移动，而不是相对于世界移动）。然而，当观察的是矩形框和点时，即使点静止而框架在移动，我们也更容易觉得是点在移动。这是因为我们的意识会认为小的物体比周围的大物件更有可能移动，且周围的大物件被当成稳定的环境（参见 6.2.7 节中的月云错觉和似动现象及 12.3.4 节的静止参考系假设）。

当周围环境缓慢移动，形状为矩形（比圆形环境的环绕范围更大），且目标及环境离观察者的距离相同时，诱导运动的效果最显著。

9.3.6 表观运动

对运动的感知不需要持续运动的刺激。表观运动（Apparent motion），也称为频闪运动

（Stroboscopic motion），是由按一定时空间隔排布的刺激带来的视觉运动感知，而实际上没有任何东西在运动[Anstis 1986][Coren et al. 1999]，看起来就像大脑不愿意在相邻时间获得依次出现的两个相似刺激一样。因此，必须将原来的刺激移动到新的位置。

19 世纪以来，技术持续受益于这种将非连续的变化看成连续运动的能力，从闪烁的霓虹灯（例如，旧拉斯维加斯招牌造成的运动幻觉）到滚动文字显示、电视、电影、电脑图形和虚拟现实。对于虚拟现实创作者而言，理解表观运动和大脑中视觉运动感知的规则（它们会填充物理上缺失的运动信息），不仅对通过像素传达运动感非常重要，而且对传达稳定感也非常重要，因为当头部移动时，像素必须适当变化才能维持空间的稳定。

大脑通常通过跟踪两个相邻刺激之间的最短距离来感知表观运动。然而在某些情况下，所感知的运动路径也可能变成围绕着两个闪烁刺激之间的物体。就好像大脑试图弄清楚物体是如何从 A 点到 B 点的。两个不同形状、方向、亮度和颜色的刺激也可以被认为是同一刺激在移动时进行的变换。

频闪和抖动

由于在头戴显示器中，头部和眼睛的运动是相对于屏幕和刺激进行的，所以存在频闪和抖动的问题。

频闪是多个刺激同时出现时的感知，即便这些刺激在时间上不同步，但它们会残留在视网膜上。如果两个相邻的刺激闪烁得太快，就可能导致频闪。距离间隔较长的刺激则需要更长的时间间隔以使人感知到运动。

抖动是断断续续的或不平滑的视觉运动的表现。如果相邻的刺激闪烁太慢，便会产生抖动（对于传统的视频，在不同的计时格式之间转换也可能会引起抖动）。

因素

图 9.9 显示了三个变量与表观运动在时间方面的关联。

刺激间隔（Intersitmulus interval）：刺激之间间隔的时间。提高间隔时间会增加频闪并减少抖动。

刺激周期（Stimulus duration）：每次刺激持续的时长。增加刺激周期可减少频闪并增加抖动。

刺激发生异步（Stimulus onset asynchrony）：从一次刺激开始到下一次刺激开始（刺激间隔+刺激周期）之间的总时间。这是屏幕刷新率的倒数。

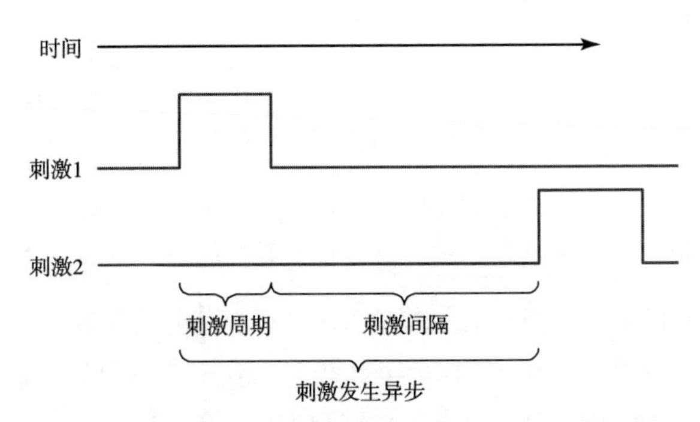

图 9.9 三个影响表观运动的变量（改编自[Coren et al. 1999]）

能够使人注意不到抖动或者频闪所需的时长不仅取决于时间，还依赖于刺激的空间属性，如刺激间的对比度和距离。电影制作人通过有限的相机运动、物体移动、照明和动态模糊来控制这些要素。感知运动所需刺激发生的异步范围，是从拉斯维加斯赌场闪光标志的 200 毫秒，到高质量头戴显示器中平滑运动的 10 毫秒[1]左右。虚拟现实则更具挑战性，部分原因是用户控制的视角变化太快了。在虚拟现实体验中尽量减少抖动的方法是减少刺激发生异步的情况和缩短刺激周期，尽管刺激周期太短可能会出现频闪[Abrash 2013]。

9.3.7 运动连贯性

在各帧中看似随机放置的点，如果在数帧间以连贯的规律移动，那它们就会被视为具有某种形式或运动。**运动连贯性**是指连续图像中各点间运动的相关性。若每帧间各点完全随机运动，则具有 0 的运动连贯性，如果所有点都以同样的方式移动，则运动连贯性为 100%。人们对于运动连贯性异常敏感，我们可以洞察到连贯性仅有 3%的形式和运动[Coren et al. 1999]。点以每秒 2°的速度移动时是感知运动连贯性的最佳条件。对运动连贯性的敏感度随着视野范围的扩大（最大可达 20° ）而提高。

9.3.8 运动拖影

运动拖影（Motion smear）是物体在运动中留下的可被持续感知的痕迹[Coren et al. 1999]。痕迹的持续时间长到人们能看见物体的移动路径。虽然我们可以在移动点燃的香烟或残留的薪火时看到运动，但我们并不一定要在黑暗环境下或者有光的刺激时才能看到运动拖影。例如，可以通过在眼前挥动手掌来观察运动拖影，此时的手掌看起来像同时出现在多个位置。研究表明，当刺激沿着可预测的路径运动时，可以明显地抑制运动拖影的效果，因此运动拖影不只依赖视网膜上的持续成像。

1 此句的原文为：The stimulus onset asynchrony required to perceive motion ranges from 200 ms for a flashing Vegas casino sign to ~10 ms for smooth motion in a high-quality HMD。

9.3.9 生物运动

人类在识别人的运动时尤其敏锐。**生物运动感知**就是指察觉这类运动的能力。

[Johansson 1976]发现，一些观察者可以识别由持续时间短至 200 毫秒的 10 个移动点光源组成的人体运动，而当持续时间在 400 毫秒以上时，所有观察者都能完美识别出 9 种不同的运动模式。

在另一项研究中，彼此熟识的参与者仅被拍摄了一些小部分的关节，几个月后，他们只观察那些移动的关节就能判断出视频中的人是谁[Coren et al. 1999]。当被问到是如何做出判断时，参与者提到了各种运动因素，如速度、弹跳性、节奏、臂摆和步长。在其他的研究中，即使面对只表示脚踝的点阵图像，观察者都可以在 5 秒内判断出该点阵图像来自男性还是女性。

这些研究表明，即使虚拟化身没有被完整地显示或只出现了很短的时间，它的运动都非常重要。任何对人类运动的模拟要想令人信服都必须很准确。

9.3.10 相对运动错觉

相对运动错觉（Vection）指并没有真正移动、却感知到自我运动的错觉。相对运动错觉类似于诱导运动错觉（9.3.5 节），但引起的不是小型视觉刺激的运动，而是引起了一种自己在运动的错觉。在真实世界中，坐在车内的人看到旁边停靠的车开走时就会产生相对运动错觉。坐在实际静止的车里，会感觉自己在朝运动车辆的反向移动。

当虚拟现实中的整个视觉世界都围绕用户移动时，即使本人并没有真正地移动，通常都会产生相对运动错觉。这是一种很真实的自我运动错觉，与运动刺激的移动方向相反。如果视觉场景向左移动，用户可能会感觉自己在向右移动或倾斜，并会倾向场景移动的方向（左侧）来补偿。事实上，在精心设计的虚拟现实体验中，用户是无法分辨相对运动错觉和真实自我运动的（例如，2.1 节中描述的 Haunted Swing）。

其他感官形式也可以促进相对运动错觉，虽然不如视觉影响强烈[Hettinger et al. 2014]。在没有其他感官刺激的情况下，听觉可以自己产生相对运动错觉，也可以强化其他感官刺激引起的相对运动错觉。生物力学型相对运动错觉产生于一个人以站姿或坐姿在跑步机或静止平面上重复踏步时。触觉/皮肤感觉的线索也可以强化对相对运动错觉的感知，比如，通过触摸一个围绕着用户旋转的鼓，或是风扇产生的气流。

因素

大型刺激在周边视域移动时更容易引起相对运动错觉。将视觉运动提升到 90°/s 时会强化相对运动错觉[Howard 1986a]。具有高空间频率的视觉刺激也会加重相对运动错觉。

通常情况下，在相对运动错觉开始前，用户能正确地感知到自己是静止的，而视觉内容在运动。这种对相对运动错觉的延迟可能会持续几秒钟。然而，当视觉运动刺激的加速度低于 5°/s² 时，由于相对运动错觉的加速度更高，这个延迟也就不存在了[Howard 1986b]。

相对运动错觉不仅来自自下向上的底层处理过程。研究表明，通过静止画面（12.3.4 节）处理全局一直存在的自然场景的过程（自上而下的上层处理过程）控制着自下向上的底层相对运动错觉处理过程[Riecke et al. 2005]。与近距离刺激相比，远距离刺激会产生更多的相对运动错觉，大概是因为现实生活中的经验告诉我们背景物体通常更稳定。比起人造声音或者移动物体产生的声音，在真实世界中作为地标的物体的移动声音（如教堂的钟声）能引起更强的相对运动错觉。

如果相对运动错觉依赖于环境稳定假设，那么人们希望在产生相对运动错觉时，相对运动错觉就变强，如果受到的刺激被认为是静止的。相反，如果我们反转这个假设，将世界看成可以操作的对象（例如，在 3D 多点触控的模式下抓取这个世界并将它移向我们，参阅 28.3.3 节），就能减少相对运动错觉和晕动症（参阅 18.3 节）。来自这种可操作世界友好的用户反馈也确实表明有这种情况。然而，还需要进一步的研究来确定其影响程度。

10 知觉稳定性、注意力和行为

10.1 知觉恒常性

我们对世界和物体的感知是相对恒定的。知觉恒常性（Perceptual constancy）指在环境（如光线、观察位置、头转向的改变）发生变化的情况下，物体留在知觉中的映像也保持不变。知觉恒常性的发生，在一定程度上是因为观察者对世界中物体的理解和预期是趋向于保持不变的。

知觉恒常性有两个主要的阶段：注册和理解[Coren et al. 1999]。

注册（Registration）是指在神经系统内处理近端刺激，并对其进行编码的过程。个体不需要有意识地觉察到它。注册通常以焦点刺激，即注意的物体为中心，它周围的刺激就是环境刺激。

理解（Apprehension）指的是有意识的、可以被描述的主观体验。在理解过程中，感知可以被分为两个属性：对象属性和情境属性。**对象属性**随着时间的推移会保持不变。**情境属性**更容易变化，例如，主体相对于物体的位置或光线构成。

表 10.1 总结了几种常见的知觉恒常性，接下来将会进一步讨论

表 10.1 知觉恒常性（改编自[Coren et al.1999]）

恒 常 性	注册刺激（可能是无意识的）		理解刺激（有意识的）	
	焦点刺激	环境刺激	恒 定 的	变 化 的
大小恒常性	视网膜图像大小	距离线索	物体大小	物体距离
形状恒常性	视网膜图像形状	朝向线索	物体形状	物体朝向
位置恒常性	视网膜图像位置	头部或眼部位置的自我感觉	物体在空间中的位置	头部或眼部距离

续表

恒常性	注册刺激（可能是无意识的）		理解刺激（有意识的）	
	焦点刺激	环境刺激	恒定的	变化的
亮度恒常性	视网膜图像强度	光照线索	表面白强度	表现出来的照度[1]
颜色恒常性	视网膜图像颜色	光照线索	表面颜色	表现光照颜色
响度恒常性	听到的声音强度	距离线索	声音大小	与声音的距离

10.1.1 大小恒常性

为什么当我们走向物体时它的大小看起来并没有改变？毕竟当我们走近或者远离一个物体时，它在视网膜上的投影大小会发生变化。例如，如果我们走向一只远处的动物，并不会像看到一只不断变大的怪物一样被吓得倒吸一口气。感官现实是，当我们走向动物时，视网膜上的动物成像在变大，但我们并不会感知到动物的尺寸变化。我们过去的经验和对世界的心智模式告诉我们，当走向物体时，它们的尺寸并不会改变——我们已经知道物体属性恒定不变，这与我们在世界上的运动无关。这种物体会保持同一大小的习得经验即大小恒常性（Size constancy）。

大小恒常性很大程度上取决于物体的视距是否正确，事实上，错误的感知距离如果发生变化，则会引起感知到的物体大小的变化。能获取的距离线索（9.1.3 节）越多，物体的大小恒常性就越强。当只能获取少量深度线索时，远处的物体往往会被过小地感知。

在不同的文化中，大小恒常性似乎并非始终一致。住在非洲热带雨林深处的俾格米人不常暴露在开阔空间，没有多少机会来学习大小恒常性。一个俾格米人离开了他熟悉的环境后，将远处的一群水牛看成了一群昆虫[Turnbull 1961]。当他接近水牛时，他会认为是某种形式的巫术让昆虫“长成了”水牛并被吓得瑟瑟发抖。

大小恒常性并不只出现在真实世界中。即使在不包含立体线索的第一人称电子游戏中，当其他角色和物体所占的屏幕大小发生改变时，我们仍然可以感知到他们保持着相同的尺寸。在虚拟现实中，由于运动视差和立体线索的存在，大小恒常性的效果会更强。然而，如果这些不同的线索彼此并不一致，那么对大小恒常性的感知就会被破坏（例如，物体在屏幕上逐渐变小时，我们的立体视觉却告诉我们物体正在靠近）。这同样适用于接下来要介绍的形状恒常性和位置恒常性。

10.1.2 形状恒常性

形状恒常性（Shape contancy）是指虽然我们从不同的角度观察物体，它们在视网膜上呈现的形状会发生变化，但我们仍然感知到物体的形状是维持不变的。例如，尽管咖啡杯的杯沿只有从正上

1. 原文为 apparent illumination。

方观察时才会在视网膜上成一个圆形的像（如果从其他角度看的话它是一个椭圆，从水平方向上看是一条线），但我们始终认为咖啡杯的杯沿是一个圆。这是因为经验告诉我们杯子是圆的，然后我们记在了脑海中。试想如果我们在每一个时刻都把物体理解为它们在视网膜上呈现的形状，那会产生多大的混乱啊。

形状恒常性不仅为我们提供了对物体持续不变的感知，它还帮助我们确定物体的方位和相对深度。

10.1.3 位置恒常性

位置恒常性（Position contancy）是指即使眼睛和头在移动，我们仍能感知到物体在世界中是静止不动的[Mack and Herman 1972]。将视网膜上的运动和视网膜外的线索相匹配的知觉匹配过程会让这种移动被忽略。

当一个人转动头部时，真实世界是保持稳定的。将头向右转动 10°，视野会相对于头部向左旋转 10°。位移比是指环境位移角与头部旋转角的比值。真实世界的稳定性与头部运动无关，因为它的位移比是 0。如果环境随着头部旋转，则位移比就是正的。同样地，如果环境转动方向与头部相反，则位移比为负。

缩小镜（Minifying glasses），即带凹透镜的眼镜，可以增加位移比，并使物体看起来跟随头部的旋转而移动。放大镜可以将位移比降低至 0 以下，使物体看起来以头部旋转的反方向进行移动。渲染和呈现不同的视野可以产生类似于缩小镜或放大镜的效果。对头戴显示器而言，这种场景运动可能会导致晕动症（第 12 章）。

不动范围（The range of immobility）是能感知到物体位置恒常性的位移比范围。[Wallach and Kravitz 1965b]确定了不动范围的位移比区间为 0.04~0.06。如果观察者头部向右旋转 100°时，环境朝头部转动的相同或相反方向移动 2°~3°是不会引起观察者注意的。

在未跟踪的头戴显示器中，场景会跟随用户的头部移动，且位移比为 1；而在有延迟的跟踪头戴显示器中，场景最开始移动的方向和头部转动方向一致（位移比为正），在系统追上用户的动作之后，当头部减速时，场景会向头部转动的反方向移动，回到它正确的位置（位移比为负）[Jerald 2009]。

缺乏位置恒常性可能有多种因素，它可能是造成晕动症（将在第三部分讨论）的主要原因。

10.1.4 亮度和颜色恒常性

亮度恒常性（Lightness constancy）即对物体亮度的感知，亮度（8.1.2 节）更多是受到物体反射率和周围刺激强度影响的结果，而不是到达眼睛的光量[Coren et al. 1999]。例如，即使光照条件改变，白纸和黑煤仍旧呈现出白色和黑色。亮度恒常性基于周围物体的相对强度，保持在百万分之一的光照范围内。亮度恒常性也受阴影、物体形状和光照分布、物体间相对空间关系的影响。

颜色恒常性（Color contancy）是指即使光照改变，对熟悉物体的颜色感知仍然相对稳定。当阴影覆盖部分书本时，我们并不会认为有阴影的那部分书页变了颜色。就像亮度恒常性一样，颜色恒常性很大程度上取决于和周围刺激的关系。场景中可以用来比较的对象和颜色刺激越多，对颜色恒常性的感知就越强烈。过去经验（例如，自上向下处理）也被用于维持颜色恒常性。即使各部分在不同的光照条件下，香蕉也总是呈现黄色，这是因为经验告诉我们香蕉是黄色的。

10.1.5 响度恒常性

响度恒常性（Loudness contancy）是指即使耳朵听到的声音强度随着听者远离声源而降低，但感知到的声源却仍旧保持其响度。和其他恒常性一样，响度恒常性只在某个阈值内生效。

10.2 适应

为了生存，人类必须能够适应新的环境。我们不仅要适应不断变化的环境，还要适应诸如神经处理时间和眼睛间距等内在变化，这些变化会伴随我们一生。在研究虚拟现实中的感知时，研究人员必须注意"适应"，因为它可能会干扰测量并改变感知。

适应可以被分为两类：感官适应和知觉适应[Wallach 1987]。

10.2.1 感官适应

感官适应改变了一个人对刺激的敏感度。随着时间的推移，敏感度会提高或者降低；在一种刺激强度不变且持续一段时间之后，或是在移除这种刺激之后，我们会开始或停止感觉这种刺激。感官适应通常是局部的，并且只持续很短的一段时间。暗适应就是一个感官适应的例子。

暗适应提高了人在黑暗环境中对光的敏感度。**光适应**则降低了人在明亮环境中对光的敏感度。根据环境光线的情况，眼睛的敏感度变化多达 6 个数量级。

眼睛的视锥细胞（8.1.1 节）在开始暗适应后约 10 分钟就可以达到最大限度的暗适应。视杆细胞大约在开始暗适应后 30 分钟可达到最大限度的暗适应。在光适应开始 5 分钟内能达到完全光适应。如 15.3 节所说，暗适应会导致人对刺激的感知延迟。偶尔呈现明亮的大型刺激源可以保持用户的光适应。相对而言，视杆细胞对红光不是很敏感。因此，如果使用红光，视杆细胞会进行暗适应而视锥细胞则会维持高敏感度。

10.2.2 知觉适应

知觉适应改变人的感知过程。[Welch 1986]将知觉适应定义为"知觉或知觉运动协调的半永久性变化，它能减少或消除记录在感觉模态之间或之内的差异，或该差异引起的行为错误。"促进知觉适应的六个主要因素有[Wlech and Mohler 2014]：

- 稳定的感官重排（Stable sensory rearrangement）；
- 主动交互（Active interaction）；
- 纠错反馈（Error-corrective feedback）；
- 即时反馈（Immediate feedback）；
- 多会话的分布式曝光（Distributed exposures over multiple sessions）；
- 对重排的递增式曝光（Incremental exposure to the rearrangement）。

双重适应（Dual adaptation）是指对两种或两种以上相互冲突的感官环境的知觉适应，会在这些冲突环境频繁交替时发生。对于经验丰富的用户来说，在虚拟现实体验和真实世界之间来回移动切换可能不是什么问题。

第一个极端的知觉适应的例子可以追溯到 19 世纪晚期。George Stratton 戴着一种颠倒的眼镜，在 8 天的时间里，他的视觉世界都是上下左右颠倒的[Stratton 1897]。起初，一切看起来都是相反的，很难正常生活，但几天过去，他渐渐适应了。最终他几乎完全适应了这种状态，世界看起来都是正确的，他可以戴着颠倒眼镜完全正常地生活。

位置恒常性适应

在转头时保持环境被稳定感知的补偿过程可以被知觉适应改变。[Wallach 1987]将这种视觉-前庭感官重排称为“对视觉方向恒常性的适应”，本书称它为“位置恒常性适应”（Position-constancy adapation），与前面描述的位置恒常性一致。

VOR（8.1.5 节）适应是位置恒常性适应的一个例子。也许最常见的方向恒常性适应就是眼镜，刚戴上它时，静止的环境看起来会随着头部运动而移动，但在使用一段时间后便能感知到稳定的环境。在另一个更极端的例子中，Wallach 和 Kravitz（1965a）制造了一台让视觉环境以 1.5 的位移比（10.1.3 节）、与头部旋转方向反向转动的设备。他们发现仅仅在十分钟内，被试者就伴随着头部转动减弱渐渐适应了感知到的这种环境运动。在取下该设备后，被试者反馈了一种负面的后遗症（10.2.3 节），他们感觉环境随着头部转动而移动，在位移比为 0.14 时看起来静止不动。Draper（1998）发现当刻意将渲染的视野修改得与头戴显示器的真实视野不同时，被试者在使用该头戴显示器时也会出现类似的适应现象。

人们能够实现对方向恒常性的双重适应，这样，即使存在某些暗示（例如，头上的眼镜或者是潜水面罩）使位移比不同，也能感知到稳定的世界[Welch 1986]。

时间适应

如前所述，我们的意识大约滞后于现实几百或上千毫秒。**时间适应**（Temporal adaptation）改变了意识滞后的时长。

到目前为止，还没有研究能够展现对延迟的适应（尽管 15.3 节中普氏摆动效应表明，暗适应也会导致某种形式的时间适应）。[Cunningham et al. 2001a]发现了一种行为证据，表明人类能够适应由延迟的视觉反馈引起的一种新的感官内视觉–时间关系。实验如下，标准显示器上显示了一架匀速下行的虚拟飞机，被试者只能移动鼠标控制飞机左右移动来穿过障碍区域。被试者首先在 35 毫秒的视觉延迟下执行预测试的任务，接着他们会在加入 200 毫秒额外延迟的系统中执行相同的任务，最后，他们在最初 35 毫秒的最小延迟下执行后续测试的任务。而被试者在后续测试的表现比在预测试中差得多。

在视觉延迟为 235 毫秒的测试结束时，有部分被试者主动报告，他们认为视觉和触觉反馈似乎是同步的。所有的实验对象都表现出了很强的负面后遗症。事实上，当实验工作人员去除了实验游戏中的时间延迟时，有些被试者反馈，他们感觉似乎在用手控制视觉刺激之前，视觉刺激看起来就在移动了，也就是说因果关系发生了逆转，结果似乎在起因之前就发生了！

作者认为原因在于要适应对延知的感知，就要暴露于差异结果中。在先前的研究中，延迟出现时，被试者能够通过放缓移动来减少差异，但在这次实验中，被试者不允许降低下降速度。

这些结果表明虚拟现实用户也许能够适应延迟，并随着时间的推移改变延迟阈值。总体而言，很多人确实降低了对晕动症的敏感度，由延迟引发的晕动症似乎也明显减少。不过目前尚不清楚虚拟现实用户是否真的能在感知上适应延迟。

10.2.3　负面后遗症

负面后遗症（Negative aftereffects）是指在移除适应性刺激之后，对原始刺激的感知产生了变化。负面后遗症在感官适应和感知适应中都会出现。这些负面后遗症提供了最常见的对适应的度量[Cunningham et al. 2001a]。13.4 节中讨论了与虚拟现实运用有关的后遗症。

10.3　专注

感官不断地提供大量的信息，多到我们无法一次全部感知到。**专注**（Attention）是将注意力或焦点集中于某个实体而忽略其他可感知信息的过程。专注不仅仅是简单地观察事物，而是通过加强对事物的处理和感知，将该事物引向我们意识的最前沿。随着更加专注，我们会开始注意到更多的细节，也许会意识到这个事物与最初所想的不同。我们的感知和思维变得清晰明了，而且这种经验很容易被回忆起来。专注告诉我们正在发生的事情，使我们能够感知细节，缩短响应时间。专注还有助于将不同的特性，例如，形状、颜色、运动和位置，结合到可感知的物体上（7.2.1 节）。

10.3.1 有限的资源和过滤

大脑的生理能力和处理能力是有限的，而专注可以被看成是对这些有限资源的分配。为了防止过载，心智体已经进化到可以一次将更多的资源用于一个感兴趣的范围内。例如，中央凹是视网膜上唯一能提供高分辨率视觉的地方。为了专注于某种信息，我们会过滤掉与当前兴趣无关的事件。

感知容量是一个人感知能力的总量。**感知负荷**是一个人当前使用的感知容量的大小。在简单或熟练的任务中感知负荷较低，而在困难的任务中，如学习一项新技能，需要较高的感知负荷。

正如 7.9.3 节所述，删除过滤器会选择性地关注部分世界，来排除传入数据中多余的部分。我们没有注意到的事情就不甚清晰也更难以记住（甚至不会被感知到，这就是我们之后将描述的无意识盲视）。过滤掉的这些信息很少能给人留下持久的印象。

个人成长行业声称，网状激活系统是一种自动寻靶机制，它将我们所想的事物带到我们关注的最前沿，过滤掉我们不关心的事情。不幸的是，这些“有科学证据支持”的说法中都没有包含参考文献，而文献搜索结果表明几乎没有支持这种说法的科学证据。**网状激活系统**确实提高了清醒度和一般警觉性，而大脑的这部分只不过是注意力拼图的一小块。不管怎样，无论大脑的哪个部分控制着我们的注意力，感知和专注的概念对所思考的事物都是很重要的。

鸡尾酒会效应

鸡尾酒会效应是指一种将听觉注意力集中在一个特定的对话上，同时过滤同一个房间里其他对话的能力。**跟随**是指重复刚接收到的语言输入的行为，该语言输入通常来自其他对话。如果信息来自空间中两个不同的位置，有不同的音高并/或以不同的速度表达，则更容易出现重影。

无意识盲视

无意识盲视（Inattentional blindness）指由于没有注意某物体或事件而没能产生感知，这一现象甚至在直视物体时也会发生。

研究人员制作了一段视频，视频中有两支队伍在玩一种类似于篮球的游戏，然后要求被试者对传球次数计数，使他们把注意力集中在其中一支球队上[Simons and Chabris 1999]。45 秒后，一个打着伞的女人或是一个打扮成大猩猩的人会用 5 秒走过游戏画面。然而令人惊讶的是，近一半的被试者都表示没有在视频中看到女人或大猩猩。

无意识盲视也可以指类型更具体的感知盲视，包括下面讨论的变化盲视、选择盲视、影像重叠现象，以及变化盲听。

变化盲视

变化盲视（Change blindness）是指没有注意到一件显示的物品在不同时刻发生的变化。在空白画面场景中制造变化或是在图像间有闪光时，最容易演示变化盲视。背景变化比前景变化更难引起注意。

即使明确告诉被试者需要他们寻找变化，变化盲视也会出现。连续性错误是指电影镜头之间、许多观众都没能注意到的显著变化。如果变化在眼球扫视运动时进入视线，那么也经常会使观众错过这些变化。

大多数人都相信他们善于发现变化，而没有意识到变化盲视。这种意识的缺乏被称为“变化盲视意识缺失”。

选择盲视

选择盲视（Choice blindness）是指人们没有注意到事件的结果与他们之前所选择的不同。当人们相信自己选择了一个结果（而实际上他们并没有选择）时，他们通常会解释“选择了”那个实际未被选择的结果的原因来使结果正当化。

影像重叠现象

影像重叠现象（Video overlap phenomenon）是一种视觉上的鸡尾酒效应。当被试者只关注叠加在 A 视频之上的 B 视频时，可以轻易地跟随 B 视频中的内容，而不是同时关注两个。

变化盲听

变化盲听（Change deafness）是一种听觉刺激渐渐被听者忽略的生理变化。注意力会影响变化盲听。

10.3.2 引导注意

虽然不需要有意识地关注来获取一个场景的“主旨”，但我们需要把注意力引导至场景的特定部分，同时忽略其他部分以便感知细节。

专注凝视

专注凝视（Attentional gaze）[Coren et al. 1999]是一种比喻，代指如何把注意力集中到场景中的某个特定位置或事物上。注意力集中处的信息会被更高效地处理。注意力就像聚光灯或变焦镜头，可以促进指向位置的处理过程。由于能够暗中集中注意力，专注凝视并不一定与眼睛注视的区域一致。专注凝视可以指向局部/小部分场景，也可以指向场景中更为全局/更大的区域。我们还可以选择只关注对象的单一特性，比如，纹理或大小，而非关注对象整体。然而，通常情况下，我们并不能在任何单一时间点上同时关注多个地方。

专注凝视可以比眼睛转移得更快。视觉刺激引起的专注凝视在目标闪现后，从原始视觉通路（8.1.1

节）开始到激活细胞仅需 50 毫秒，而眼球扫视通常需要超过 200 毫秒才开始向刺激的方向移动。

听觉注意力也似乎具有方向性，并且可以被指向特定的空间位置。

注意力是主动的

我们不会被动地看到或听到事物，而是为了看到和听到事物而主动地（Actively）去看或去听。我们的经历几乎都是自己同意才参与进去的；我们不是仅仅被动地坐在那里，等待着一切事物进入脑海，而是主动地将注意力集中到对我们而言重要的地方——我们的兴趣和目标引导着自上而下的处理过程。

与注意力相关的自上而下的处理过程与场景模式相关联。**场景模式**是指观察者自身所处的典型环境中包含内容的相关背景或知识。人们往往会更久地注视那些看似不属于此地的事情。人们也会注意到他们期望的事情——例如，我们更有可能在十字路口，而非在城市街区的正中——寻找和注意停车标志。

有时，过去的经验或线索告诉我们，一件重要事件也许即将在某时某地发生。于是我们将注意力集中于预期的位置和时间，为事件发生做好准备。准备会改变一个人的注意状态。听觉线索尤其能吸引用户的注意力，让他们为一些重要事件做好准备。

正在执行的任务同样会影响注意力。我们往往在对一个物体采取行动之前会先观察它，眼球运动略微先于肢体动作，以提供交互所需的即时信息。观察者也会根据对动态事件可能发生的概率估计来转变注意力。例如，他们会更加关注野生动物或者表现可疑的人。

注意捕捉

注意捕捉（Attentional capture）是一种突发的、非自愿的注意力转移，由突显性（Salience）造成。**突显性**是使刺激从周围物体中脱颖而出，吸引人们注意的一种属性，比如，突然的闪光、明亮的颜色，或者是响亮的声音。注意力捕捉反射的产生是由于大脑需要在世界被扰乱时尽快更新它的心智模型[Coren et al. 1999]。如果相同的刺激反复出现，那么它就会成为心智模型预期的一部分，定向反射也会减弱。

显著图（Saliency map）是一个视觉图像，它表明了场景的各个部分有多突出并吸引注意力。显著图通过色彩、对比度、方向、运动和不同于场景其他部分的突兀变化等特征绘制。观察者首先关注的是显著图中特别明显的区域。当这些最初的反射行为发生后，观察者会有更加主动的关注行为。

注意力图（Attention map）提供了关于用户实际注视事物的有效信息（图 10.1）。测量并可视化注意力图能够非常有效地确定到底是什么吸引了用户的注意。提升创建者对吸引用户注意力行为的理解，有助于他们将此理解作为迭代内容/交互创建过程的一部分。虽然眼球跟踪是创建高质量注意力图的理想选择，但假设用户通常将注意力集中于视野中心，就可以用头戴显示器创建低精确度的注意力图。

任务无关刺激（Task-irrelevant stimuli）是分散注意力的信息，与当前执行的任务无关并会降低执行任务的表现。突显性强的刺激更容易引起分心。当任务比较简单时，任务无关刺激对表现产生的影响更大。

我们通过显性和隐性的切换持续监控环境。

显性定向（Overt orineting）是指感官受体物理地指向一组刺激，以便最优地感知某一事件的重要信息。眼睛和头部会反射性地转向（头部会跟随眼睛）显著刺激。定向反射包括体位调整、皮肤电导变化、瞳孔扩张、心率下降、呼吸暂停及周围血管收缩。

隐性定向（Covert orienting）是一种精神上转移注意力的行为，不需要改变感受器。显性和隐性定向相结合可以增强知觉、加速识别，并提高对事件的意识。在没有明显迹象的情况下仍有可能进行隐性定向。有意识地倾听通常比观看更为隐蔽。

图 10.1　展现用户重点关注区域的三维注意力图（摘自[Pfeiffer and Memili 2015]）

视觉扫描和搜索

视觉扫描是从一处扫视到另一处，以便用户最大限度地看清楚映射在中央凹上感兴趣的事物。**定位**是在感兴趣的事物处暂停，而眼跳是指从一个定位到下一个定位的间断性眼球运动（8.1.5 节）。尽管我们通常不会注意到眼跳运动，但我们大概每秒会有三次眼跳。扫描是一种显性定向。抑制返回（Inhibition of return）是指减少眼睛注视已观察过的事物的可能性。

搜索是对环境中相关刺激的主动探查，扫描一个人的感官世界以获得特定特征或特征的组合。

视觉搜索（Visual search）是在一个刺激区域中寻找特征或对象，可以是特征搜索（Feature search），也可以是关联搜索（Conjunction search）。**特征搜索**是寻找周围干扰项所不具备的特定特征（例如，一条直角线）。**关联搜索**则是寻找特定的特征组合。一般来说特征搜索比关联搜索更容易。

在特征搜索中，干扰项的数量不会影响搜索速度，可以被理解为并行操作。事实上特征搜索有时会使被搜索对象看起来像是从周围模糊的不相关特性中“弹出来”的。对此的一种解释是，我们的知觉系统将相似的物品组合在一起，并将场景分割成图像和背景（Figure and ground）（20.4 节），其中图像就是正在被搜索的对象。

在关联搜索中，我们将每个对象与正在寻找的对象进行比较，只在相匹配时响应。因此，关联搜索有时也被称为串行搜索。由于关联搜索是串行执行的，所以搜索速度比特征搜索慢，并且依赖于被搜索物体的数量。

警觉（Vigilance）是对可能存在的危险、困难或感知任务保持注意力和集中精神的行为，经常伴随罕见事件出现并持续较长时间。在初次执行一项警觉任务后，由于疲劳，对刺激的敏感度会随着时间的流逝而降低。

心流

当处于心流（Flow）状态时，人们就会忽略时间和任务之外的事[Csikszentmihalyi 2008]。他们与行动相一致。心流只发生在难度水平适当的情况下：难度足以需要用户维持注意力，不会难到引起用户沮丧和焦虑的程度。

10.4 行为

感知不仅提供了有关环境的信息，而且激发了行为，使原本被动的体验变成了主动体验。事实上，一些研究人员认为视觉的目的不是要展示外界，而是引导行为。基于自身感官信息采取行动帮助我们生存下来，这样我们才能感知到新的一天。本节阐述行为及它与感知的关系。第五部分阐述如何为用户设计出可交互的虚拟现实交互界面。

交互的连续循环过程包括形成目标、执行动作和评估结果（感知），25.3 节中会有更详细的分析。预测行动的结果也是感知的一个重要部分。请参阅 7.4 节，以了解预测和意外结果如何导致了观察者对自身与世界相对运动的误解。

正如 9.1.3 节所述，预期行为会影响距离感知。表现也会影响感知——例如，相比不那么成功的击球手，成功的击球手认为球看起来更大，新晋的网球冠军认为球网的高度更低，出色的足球射手估计球门柱相距更远[Goldstein 2014]。对如何与物体交互的感知（25.22 节）也会影响我们对它本身的感知。视觉运动会导致相对运动错觉（认为自身在运动的感觉，9.3.10 节）和姿势的不稳定（12.3.3 节）。

10.4.1 行为与感知

大量的证据表明，视觉引导的行为主要通过背侧通路处理，而没有行为的视觉感知主要通过腹侧通路处理（8.1.1 节）。人们根据它们是纯粹的观察还是行为而使用不同的度量标准和参考框架。例如，当通过视觉观察 Ponzo 错觉（6.2.4 节）时，对长度的估计是有误的，但当伸手去抓住 Ponzo 线时，手不会被错觉所欺骗[Ganel et al. 2008]。也就是说，这种错觉对感知（长度估计）生效而对行为（伸手抓住）却无效。

10.4.2 镜像神经元系统

虽然镜像神经元（Mirror neurons）仍是有争议的，并且个体镜像神经元在人类中还没有被证明存在，但是镜像神经元的概念仍然有助于思考行为和感知之间的关联。在一个动作被执行或是被观察到时，**镜像神经元**都以相似的方式做出反应[Goldstein 2014]：即，镜像神经元似乎响应发生的事件，而与执行动作的人无关。大多数镜像神经元都会调整自己以响应特定类型的行为，比如，抓取或放置某个物体的行为，被移动或被观察物体的种类对神经元的反应几乎没有影响。镜像神经元对于理解他人的行为和意图、通过模仿来学习新技能，以及共情这样的情感交流来说都是很重要的。

无论人类个体是否真的拥有镜像神经元，这个概念在设计虚拟现实交互时都很有用。例如，看着计算机控制的角色执行一个动作有助于学习新的交互技术。

10.4.3 导航

导航是指确定和维持一段路线或轨迹，以便前往预期位置。

导航任务可以分为探索任务和搜索任务。**探索**没有特定目标，用来浏览空间和构建对环境的认识[Bowman et al. 2004]。探索通常在进入一个新环境时发生，用以熟悉周围世界和其特征。搜索（10.3.2 节）有特定目标，这个位置可能是未知的（**无知搜索**）也可能是已知的（**已知搜索**）。在极端情况下，尽管有一个特定目标，无知搜索也只是简单的探索。

导航由寻路（Wayfinding）（脑力部分）和移动（Travel）（运动部分）组成，两者紧密相连[Darken and Peterson 2014]。

寻路是导航的脑力部分，它不涉及任何形式的实际物理运动，而只是引导运动的思想。它涉及对空间的理解和高层次思考，比如，确定一个人当前的位置，建立环境的认知地图，并规划/决定从当前位置到目标位置的路径。21.5 节和 22.1 节讨论了地标（环境中的显著线索）和其他帮助寻路的方法。眼动和功能磁共振成像显示，相比于场景中的其他部分，人们往往更关注环境中的寻路提示，而且大脑会自动分辨决策点的位置/线索，从而引导导航[Goldstein 2014]。

寻路通过以下几方面工作。

- 感知（Perception）：感知和识别沿路线索。
- 注意（Attention）：专注于作为地标的特定刺激。

- 记忆（Memory）：使用从过去的路途中储存的自上而下的信息。
- 组合（Combining）：将这些信息全部组合在一起创建认知地图，帮助人们将感知到的事物与当前位置和目标位置联系起来。

移动是从一地到另一地的行为，可以通过许多不同的方式来完成（如步行、游泳、开车，或者在虚拟现实中通过点击来飞行）。移动可以视为一个从被动运输(Passive transport)到主动运输(Active transport）的连续体。极端的被动运输在没有用户直接控制的情况下全自动地发生（如沉浸电影）。极端的主动运输包括步行和在小范围内重复人类双足行走的界面（例如，在跑步机上行走或者在空间中行走）。大多数虚拟现实移动都介于被动运输和主动运输之间，比如，点击飞行或通过操纵杆控制视点。在 28.3 节中我们会讨论各种虚拟现实移动技术。

当人们朝着一个目标前进时，他们会以一种互补的方式依赖光流（9.3.3 节）和自我中心方向（Egocentric direction，一个相对于身体的目标，见 9.1.1 和 26.2 节)，从而产生稳健的运动控制[Warren et al. 2001]。当光流减少或扭曲时，行为往往更多地被自我中心方向影响。当有更大的光流和运动视差时，行为往往更多地被光流影响。

许多感觉都有助于感知移动，包括视觉、前庭感觉、听觉、触觉、本体感觉和足动（脚的运动)。视觉线索是感知移动的主要模态。第 12 章讨论了当视觉线索与其他感官模态不匹配时，会如何产生晕动症。

感知：设计指南

客观现实并不总是我们所感知到的那样，意识也并不总是按我们直觉上所认为的方式运作。对于创造虚拟现实体验而言，理解我们如何感知比使用其他媒介进行创造更为重要。研究人类感知将帮助虚拟现实创作者优化体验，创造使大众愉悦的革新型技术，并解决出现的感知问题。

将人类感知概念应用于创造虚拟现实体验的一般指导原则如下（按照章节整理）。

11.1 主观和客观现实（第 6 章）

- 研究感知错觉（6.2 节）以更好地理解人类感知，指出并测试假设，分析实验结果，更好地设计虚拟现实世界，并帮助理解/解决出现的问题。
- 使各感官模态的感官线索在空间和时间上保持一致，这样就不会出现与现实世界不同的意外错觉（6.2.4 节和 7.2.1 节）。

11.2 感知模型和感知过程（第 7 章）

- 不要忽视内心（7.7.1 节）和情感（7.7.4 节）过程。用审美直觉来激发最本源的吸引力和积极的情绪。
- 同时使用正反馈和负反馈来尽量减少用户的挫败感并改变用户行为（7.7.2 节）。
- 确保用户在情绪高昂的时候结束虚拟现实体验——结束时的体验更容易被记住（7.7.4 节）。
- 提供会引起联想的线索来鼓励用户认真思考（7.7.3 节）过去的积极经历。例如，在虚拟现实体验结束时，以第三人称视角对用户亮眼表现进行回顾。
- 要使界面直观，它的复杂性要能被达成期望结果的最简心智模型理解，而不能过于简单（7.8

节）。这将有助于最大限度地减少习得性无助。

- 使用象征型线索、反馈和约束来帮助用户形成高质量的心智模型，并做出明确的假设（7.8节和25.1节）。
- 不要陷入只关注自己偏好的感官模态的陷阱。提供遍布所有模态的感官线索以覆盖更广泛的用户（7.9.2节）。
- 使用一致性，因为用户会形成过滤器，概括感知到的事件和交互（7.9.3节）。
- 提供能唤起记忆的线索，将体验与用户之前的现实生活或虚拟事件联系起来（7.9.3节）。
- 请注意，用户在虚拟现实体验的初期就会有所决定，而他们倾向于坚持这些决定而非改变它们（7.9.3节）。让用户在体验的一开始就能很容易地做出喜欢此体验的决定。
- 定义角色（31.10节），使设计的虚拟现实体验能够利用目标受众关于一般价值、信念、态度和记忆的过滤器（7.9.3节）。

11.3 感知模态（第8章）

- 虚拟现实创作者应该非常清楚要选择什么颜色，随意的选择可能导致意料之外的后果（8.1.3节）。
- 配合头部姿态使用双耳线索来获得声音定位的感觉（8.2.2节）。
- 当计时精度（8.2节）很重要时要使用听觉，当定位精度（8.1.4节）很重要时要使用视觉。

11.4 空间与时间的感知（第9章）

- 在设计环境和交互时要考虑到个人空间、行动空间和视野空间（9.1.2节）。
- 考虑深度线索的相对重要性是如何随着距离的变化而变化的。一些深度线索在不同的距离下的相关性更强（表9.2）。
- 使用多种深度线索来改善空间判断并增强临场感（9.1.3节）。
- 在空间中使用文本而非二维平视显示器，这样文字与用户有一定距离，而且可以正确处理遮挡（9.1.3节）。
- 不要让必须在视野中持续存在的刺激近在眼前（9.1.3节）。
- 不要忘记深度不仅与呈现出的视觉刺激有关，用户还会根据他们的意图和恐惧感知到不同深度（9.1.3节）。
- 两个图像或声音在出现时间上过于接近时要注意，因为这种“遮罩”效果会导致第二个刺激在感知上擦除更早的刺激（9.2.2节）。
- 要注意事件的顺序和时间。更改顺序可能会完全改变其含义（9.2.1节）。

11.5 知觉稳定性、注意力和行为（第 10 章）

- 涵盖足够多的距离线索并确保它们之间保持不变，从而维持大小恒常性、形状恒常性和位置恒常性（10.1 节）。
- 为维持视网膜中央凹视野的高视觉敏锐度，考虑在暗场景下主要使用红色和光照来维持暗适应（10.2.1 节）。
- 不要期望用户仅仅因为事件出现在视野内就能注意到或记住它们（10.3.1 节）。利用突显性（例如一个闪亮/鲜艳的物体或者是一个空间化的声音）来吸引用户的注意（10.3.2 节）。
- 考虑首先通过空间化的音频吸引用户注意，以便让他们为即将发生的事件做好准备（10.3.2 节）。
- 也可以通过看起来不合适的物体，或通过将物体放置到人们预期它会在的地方吸引用户注意（10.3.2 节）。
- 为了增强表现，需要移除与任务无关的刺激（特别是简单任务中的显著刺激）。为使任务更具挑战性，可以考虑添加分散注意力的刺激（10.3.2 节）。
- 收集数据建立注意力图可以确定是什么真正吸引了用户的注意力（10.3.2 节）。
- 为了优化搜索，让搜索目标凸显于周围刺激来突出特征搜索（例如，目标拥有直角线而周围特征不包含直角线），这样搜索目标看起来就像是从周围模糊的无关特征中“弹出来”的。（10.3.2 节）。
- 为了让搜索任务更具挑战性，包含许多相似的对象并使搜索目标具有特定的特征组合来突出关联搜索（10.3.2 节）。
- 为了最大化心流，需要将难度与个人技能水平相匹配（10.3.2 节）。
- 通过用计算机控制的角色进行演示交互的方式帮助用户学习相同的交互（10.4.2 节）。

第三部分　健康危害

许多用户体验虚拟现实之后感到身体不适，这可能正是虚拟现实面临的最大挑战。例如，8 个月内有 6 位 55 岁以上的游客在体验了迪士尼乐园耗资 1 亿美元的名为“任务：太空”的游乐项目之后，因为胸痛与恶心反胃进了医院。自从 2001 年佛罗里达州的多数主题公园开始向州政府报告所发生的严重的伤病案例以来，迪士尼的这个项目是伤病报告数最多的。迪士尼乐园因此在该游乐项目中为游客提供呕吐袋。传奇游戏开发者、Oculus 公司的首席技术官 John Carmack 曾谈到公司不太愿意“被这口井污染”，即太急于推广虚拟现实的硬件设备会给用户带来大规模的晕动症[Carmack 2015]。

本部分主要关注虚拟现实带来的健康危害及原因。健康危害指由虚拟现实系统或应用程序引起的恶心反胃、视疲劳、头痛、眩晕、外伤和传染病一类的健康损害。原因则包括感知环境的偏移、不准确的校准、延迟，物理损害及卫生情况不达标。更进一步说，这些问题可能会间接导致比健康问题更严重的问题。用户可能会为了避免生病去改变自己的行为，从而导致面向现实生活中的真实任务做一些错误的训练[Kennedy and Fowlkes 1992]。使用虚拟现实的后遗症（参阅 13.4 节）不仅包括给用户自身带来的安全威胁，还可能会危害公共安全（比如车祸）。我们可能无法估测虚拟现实带来的所有负面作用，但是通过理解这些问题的发生原因，可以在设计虚拟现实系统和应用时，尽可能地减小其负面影响。

VR 眩晕

由虚拟现实引起的病症有很多别名，包括晕动症（Motion sickness）、电脑病（Cyber sickness）和模拟器眩晕症（Simulator sickness）。这些词经常被混用，但并不完全相同，主要是引起病症的原因不同。

晕动症是指因暴露于真实（物理或视觉）或明显运动相关场景下引起的不良症状和明显征兆[Lawson 2014]。

电脑病是指因沉浸在计算机虚拟世界而引起的视觉上的运动眩晕。这个词听起来像是由计算机或者虚拟现实引起的任何不适都可以叫作电脑病（cyber 这个词本身指和计算机相关的东西，并不是指运动），但是因为某些原因，现在电脑病已经被特指为使用虚拟现实引起的运动不适。然而这个定义没有包括虚拟现实的非运动不适问题，比如视觉辐辏调节冲突（Accommodation-vergence conflict）、显示闪烁、疲劳、不卫生，所以这个定义相当局限。例如，在一个虚拟现实场景中，用户因为视觉辐辏调节冲突而导致了头痛，但是场景中没有任何运动，所以不构成电脑病。

模拟器眩晕是模拟本身的问题，而不是模拟出来的场景的问题[Pausch et al.1992]。例如，有缺陷的飞机模拟器可能导致眩晕和不适，但是用户在真的飞机里面却不会感到眩晕或不适。模拟器眩晕大多数情况下是由画面运动和实际运动不符引起的（实际运动并不是指没有运动，而是指用户自己的运动，或者系统自身的运动），除此之外也可能由视觉辐辏调节冲突（13.1 节）和闪烁（13.3 节）引起。因为模拟器眩晕不包括模拟出的体验引起的不适，所以紧张激烈的游戏引起的不适并不属于模拟器眩晕（比如，模拟生死情景）。例如，在一个虚拟悬崖上往下看引发的恐高症（恐高可以引起紧张）和眩晕症就不属于模拟器眩晕（也不是电脑病）。有一些专家也用模拟器眩晕来指代混合了真实场景的飞行模拟器引起的眩晕，但这种眩晕和使用头戴显示器没有关系[Stanney et al. 1997]。

目前还没有一个公认的可以概括所有因为使用虚拟现实而引起的眩晕和不适症状的词，而且大多数用户不知道也不关心这些具体的术语。但我们需要一个不局限于某一种原因的通用的词。因此，本书尽量避免使用电脑病和模拟器眩晕这两个词，本书会使用 VR 眩晕（VR sickness）或者是“眩晕和不适”来描述任何由使用虚拟现实而引起的不适症状，而不限制于某一种病因。晕动症一词只用来描述由运动引起的不适症状。

章节总览

本部分分章阐述虚拟现实创作者应该了解的虚拟现实在健康上的负面作用。

第 12 章，晕动症，该章将讨论场景移动及其引起的眩晕和不适。介绍了几种引起眩晕的原理。展示了一个统一的晕动症模型，并把眩晕原理联系在其中。

第 13 章，视疲劳、痉挛和副作用，该章将讨论这些非运动刺激是如何造成不适和健康危害的。目前已知的问题包括视觉辐辏调节冲突，遮蔽显示冲突（Binocular-occlusion conflict），以及闪烁。本章也讨论了由场景移动和非运动视觉刺激间接引起的副作用。

第 14 章，硬件挑战，讨论涉及虚拟现实设备物理上的难题。本章讨论体力疲劳、头戴设备的舒适问题，和体验过程中的受伤和卫生问题。

第 15 章，延迟，该章将在细节上讨论延迟是如何造成意料之外的场景移动和晕动症的。因为延迟是造成 VR 眩晕的一个主要原因，所以这一章也会详细讨论延迟及形成延迟的原因。

第 16 章，度量不适感，该章将讨论研究者如何测量 VR 眩晕的程度。为了优化虚拟现实应用设计和提升体验的舒适性，收集数据来测量用户的晕动症等级十分重要。该章一共介绍了 3 种测量眩晕的方法：肯尼迪模拟疾病问卷表（The Kennedy Simulator Sickness Questionnaire）、姿态稳定性（Postural stablility）和生理测量。

第 17 章，导致负面作用的影响因素总结，该章节将总结使用虚拟现实引起健康危害的主要原因。原因主要分为系统原因、用户个体原因和应用设计原因。此外，本章将简要讨论画面呈现和晕动症之间的权衡关系。

第 18 章，减少不良影响的案例，该章将提供几个提升用户舒适性、减少负面健康效应的具体方法的例子。

第 19 章，减少健康危害的设计准则，该章将总结前 7 个章节，并列出可以实际应用于提升舒适性及减少健康危害的一系列准则。

12 晕动症

晕动症是指使用虚拟现实时，由画面运动引起的不良症状及其明显征兆[Lawson 2014]。由画面运动引起的晕动症（也叫电脑病）是使用虚拟现实时最常见的负面健康效应。类似的症状包括一般的不适、恶心、头晕、头痛、混乱、眩晕、嗜睡、皮肤苍白、流汗，以及最严重的还可能呕吐[Kennedy and Lilienthal 1995][Kolasinski 1995]。

仅由视觉运动引起的晕动症称为视觉晕动症，由物理运动引起的则称为运动晕动症。简单地闭上眼睛就可以避免视觉晕动症，但是这个方法并不能避免运动晕动症。

晕车、晕船或者晕机都是由交通工具的物理运动引起的运动晕动症。游乐设施中的旋转、荡秋千等也会导致运动晕动症。尽管视觉晕动症和运动晕动症很相似，但是其具体的诱因和症状都不太一样。例如，模拟器眩晕和普通的晕动症相比，很少会引起呕吐症状[Kennedy et al. 1993]。第 15 章列举了许多引起晕动症的因素，即便没有物理运动，也有可能出现晕动症。

本章将讨论虚拟现实中的视觉场景移动、晕动症和相对运动错觉的关系、晕动症的病理，以及一个统一的晕动症模型。

12.1 场景移动

场景移动（Scene motion）是指一种在真实世界一般不会存在的整体虚拟环境在视觉上的运动[Jerald 2009]。虚拟现实场景可能会不稳定，因为存在有意的场景移动，即在系统中故意使虚拟世界产生和真实世界不同的移动（比如 28.3 节中讨论的世界中的虚拟移动），以及无意的场景移动（Unintentional scene motion），即由技术缺陷引起的（移动头部才会出现的场景移动）移动，比如延迟或校准失误（视野区域的错误匹配、光学扭曲、追踪错误、错误的瞳距等）。

有意的场景移动是由代码定义的，而无意的场景移动是由数学定义的[Adelstein et al. 2005] [Holloway 1997] [Jerald 2009]。尽管如此，场景移动的感知、场景移动是如何与晕动症产生关联还缺乏明确的解释。研究人员仅知道明显的场景移动会造成晕动症、降低任务性能、降低视觉的细腻程度、减弱现场感，从而降低整体的虚拟现实体验质量。

12.2 晕动症和相对运动错觉

相对运动错觉（Vection）（一种自运动错觉，见 9.3.10 节）不一定会导致晕动症。例如，当场景以一个稳定的直线速度运动时，常常会出现相对运动错觉，但是这类运动又不是引起晕动症的唯一原因。当场景以其他方式运动的时候，晕动症也会频频出现。为什么会这样呢？

影响感官的视觉运动感知形态并不是只依靠眼睛。当场景画面的运动独立于用户自身的动作时，用户看见的运动就会和身体感受到的运动不符。当虚拟运动加速时，这种不符感尤其恼人，因为内耳器官（见 8.5 节）并不能感觉到同样的加速度。当场景以恒定直线速度运动时，这种不相符几乎不会有影响，因为内耳器官并不能感受到速度的变化，所以就没有和视觉看到的速度形成比较。虚拟转向导致不符感的原因在于耳内的半规管检测到了加速——恒定的角速度比持续的直线速度更易导致晕动症[Howard 1986b]。

在虚拟现实中，相对运动错觉其实是用于创造旅行感的重要工具。但是虚拟现实设计师应该理解创造这样的旅行感所带来的影响——尤其是使整个场景进行直线加速运动或任意形式的转动时。有人认为人工加入头部振动会增强体验感，但是恰恰相反，头部振动很容易导致眩晕和不适。山岭地形和楼梯也有同样的问题，虽然问题小一些。可能因为我们在真实世界中很少真的卷入格斗或者战争，所以侧向移动也会造成问题[Oculus Best Practices 2015]。

由于技术实现上的缺陷，在虚拟现实的进场过程中也会发生错误的场景移动。尽管前庭模拟可以抑制相对运动错觉[Lackner and Teixerira 1977]，但是延迟和头部运动共同造成的相对运动错觉仍然是导致晕动症的主要原因。校准不良的系统也会在用户转头时出现错误的场景移动。

12.3 晕动症病理

关于晕动症出现的原因已有一些理论解释，在设计和评价虚拟现实体验时，可以予以考虑。

12.3.1 感官冲突原理

感官冲突原理（Sensory Conflict Theory）[Reason and Brand 1975]是目前被广泛接受的对晕动症状起因的解释[Harm 2002]。这个原理表明，当环境改变、各个感官模型之间信息接收不兼容且和我们的感官预期不一致时，就会出现晕动症。

虚拟现实中的视听信息都是模拟出来的，而本体和前庭器官的感受则来自真实世界中的身体运动（无论是在模拟场景还是在真实场景中，都应该考虑运动平台和触觉学）。这样的结果是，视听感觉与本体及前庭器官的感觉不一致，而这样的不一致就成为导致晕动症的主要原因。虚拟现实中的一个重要难题就是如何才能使视听感觉和本体前庭感觉一致，以尽量减少晕动症带来的影响。

归根结底，晕动症的一对主要矛盾就是视觉和前庭感觉的矛盾。在大多数虚拟现实应用程序中，视觉系统的场景移动和前庭感觉并不一致。例如，当一个用户在游戏手柄上进行前进的操作时，用户会看到自己在画面中前进，但现实中他只是坐在同一个物理位置，并没有移动。当场景不连续时，就可能导致晕动症。

12.3.2 进化理论

感官冲突原理为特定情况下的晕动症提供了解释，即解释了不同感官之间的矛盾。但是这个原理并没有从人类进化演变的角度提供解释。

进化理论（Evolutionary theory）也称为毒药理论[Treisman 1977]，解释了为什么运动会使人感到眩晕恶心：对于人类而言，能恰当地感受到自身身体运动和周围世界的运动，是在进化过程中得以幸存的关键因素。如果感官接收到了冲突的信息，就说明感官和运动系统出现了异常。身体通过进化演变出了一套保护机制，可以尽量减小因为吸收毒素后导致的生理紊乱。以下情况会触发保护机制。

- 抑制运动（例如，在恢复健康前尽量卧床）。
- 通过流汗和呕吐来排出毒素。
- 产生恶心和心理不安（轻微的不健康感或者不愉快感），以防止以后接触类似的毒素。

反胃症状一般伴随晕动症出现，因为大脑会把感官冲突理解为中毒的征兆，所以通过触发恶心和呕吐的程序来保护自己。

12.3.3 姿态不稳定理论

尽管感官冲突原理表明在实际刺激和预期体验不相符时会出现晕动症，但这个原理没有准确说明在什么情况下会出现这样的不一致，也没有预测症状的严重程度。

姿态不稳定理论（Postural Instability Theory）表明当动物缺乏或者还没有掌握维持稳定姿态的能力时，会出现眩晕和不适[Riccio and Stoffregen 1991]。Riccio 和 Stoffregen 认为维持姿态是动物的一个重要意图，当动物没有掌握维持平衡的能力时，就会感到眩晕和不适。他们认为人们在新的环境中也需要学习新的方法来控制姿态的稳定，并承认在刺激环境中的感官刺激源会导致身体不适，但他们认为这类问题仅仅是由姿态不稳定所造成的（而没有其他的诱因）——姿态不稳定是晕动症的前因，同时也是不适症状的关键。此外，他们还认为不稳定状态的时长和不稳定的严重程度是预测晕动症及其严重程度的因素。

一个认为自己站定的人实际上并不是完全不动的，他会不断且无意识地调整肌肉来保持平衡。如果视觉看到的运动和身体的运动不相符，且因此导致了错误的肌肉控制，就会出现姿态不稳定[Laviola 2000]。例如，如果视觉上的场景在向前移动，那用户通常也会身体前倾来弥补应有的身体运动[Badcock et al. 2014]。因为用户不会像视觉看到的那样向前移动，而是站在原地，所以前倾就会让用户身体不稳，这就导致姿态不稳定，造成晕动症状。

乘船旅行时适应船体的移动来得到抗晕船的能力，是真实世界中处理姿态不稳定的成功案例。与此相似，虚拟现实用户也会随着时间的推移，渐渐地学会更好地控制姿态和平衡，这样就会减轻晕动症。

12.3.4 静止参考系假设

另一个反对感官冲突原理的观点是，有一些感官信息的冲突并不会引起眩晕和不适。静止参考系假设（Rest Frame Hypothesis）表明晕动症并不是直接由方向和运动信息之间的冲突引起的，而是由运动信息和当前参考的静止空间框架的矛盾造成的[Prothero and Parker 2003]。

静止参考系假设大脑中存在一个内部心理模型，这个模型可以区别静止的物体和运动的物体。静止参考系是场景中相对静止的一部分，观察者利用它来判断相对运动。在真实世界中，可见的背景、环境、地面都是常用的静止参考系。处于房间内的人总是认为房间是静止的，所以房间常常会成为判断空间位置和运动的依据。房间静止，而球在房间内运动，和房间内的球静止而房间相对球在运动相比，前者明显会更贴近人本能的思考。大脑要感知运动，一定会先认定静止的物体——静止参考系。运动的物体或者人自身是相对于静止参考系运动的。当新的运动感官信息和当前的静止参考系心理模型相矛盾时，就会出现晕动症。晕动症不可避免地会和人的静止心理模型联系在一起。

可以把人和物体之间的运动理解为一种互相的相对运动。例如，一个物体向右运动也可以看成是人的身体在向左运动。如果把这个物体作为静止参考系，那这个物体是保持静止的，任何人与该物体的相对运动都是人的自身运动，这也会导致相对运动错觉。

静止参考系假设允许存在不导致晕动症的感官冲突，前提是这个冲突对于静止参考系的稳定影响不大。但如果静止参考系中的一部分和感官产生冲突，就会出现不适症状。例如，当一个用户开始虚拟移动时，场景中脚下的地就会移动。如果把地面看成静止参考系，那就一定是用户自己在运动。前庭系统的信息又告诉大脑其实用户自己并没有在地面上移动，那么这些矛盾的信息就会使用户对于这个世界的心理模型产生混乱，从而导致晕动症。

人们在视觉上对某些东西有一些偏向性，比如，会把场景中一些有意义的部分及背景看成是静止的（12.3.4 节）。例如，我们常认为比较大的背景一般都是稳定静止的，似动错觉证明了相对小的视觉刺激则不那么稳定（6.2.7 节）。

虚拟现实创作者应该尽可能让静止参考系保持一致，而不是过分强调所有方位和运动的一致。虚拟现实中的视觉可以分成两个部分：一部分是内容，另一部分是符合用户物理惯性环境的静止参考系[Duh et al. 2001]。例如，由于用户很大程度上会受到作为静止参考系的背景环境的影响，所以即便是场景中有一部分在运动，让背景环境和前庭器官信息保持一致也能减轻晕动症。如果背景环境无法和前庭器官信息保持一致，用小一些的前景信息辅助静止参考系也是可行的。Houben and Bos[Houben and Bos 2010]设计了一个“抗晕船显示器”用在全封闭的船舱内，船舱内则完全隐蔽了海平面。这个显示器作为地面固定的静止参考系，和房间内的其他部分相比，可以更好地和前庭器官信息保持一致。受试者反馈在这个显示器帮助下的确可以减轻船动引起的晕动症。可以把这样的静止参考系看成一个反向增强现实的形式，即把在真实世界中空间静止且和前庭器官信息一致的视觉信息（即便是计算机生成的也可以）引入虚拟世界中（增强现实是把虚拟世界的信息加入真实世界中）。和在 18.2 节中讨论的一样，这种技术可以用来减轻虚拟现实晕动症。

在增强现实光学透视头戴显示器（Optical-see-through HMD）中，由于用户可以直接看到真实世界和前庭器官信息一致的静止参考系，所以晕动症会更轻微。如果穿过头戴显示器的外边缘可以看到真实世界，也会减轻晕动症。

12.3.5 眼动理论

眼动理论（Eye Movement Theory）指眼睛为了让场景图像在视网膜上保持稳定做出的不自然的眼动，这会引起晕动症。如果图像的运动和预期不符，那眼睛的预期和实际就会产生矛盾，眼睛就必须做出与在真实世界中不同的动作来维持图像在视网膜上的稳定，结果就会导致晕动症，这在虚拟现实中经常发生。7.4 节简单介绍了真实世界是如何运动的，眼睛的异常动作会导致轻微的相对运动错觉。

前庭眼反射（Vestibulo-ocular Reflex，VOR）以及视动反射（Optokinetic Reflex，OKR）会带来 VOR 视觉压力而造成稳定注视眼动（Gaze-stabilizing eye movements），这证明了视觉系统和前庭系统的紧密联系（8.1.5 节）。研究者们普遍认为视动眼球震颤（nystagmus）会影响迷走神经[Ebenholtz et al. 1994]—— 一种同时包含感官和运动神经元的混合神经[Siegel and Sapru 2014]。这样的神经分布会导致恶心和呕吐。

研究表明，如果观察者把视线固定在一个点来减少由较大的运动引起的眼动（减少视动眼球震颤，见 8.1.5 节），就会改善相对运动错觉。像这样把视线静止固定在一个点上也会引导用户选择这个点作为静止参考系[Keshavarz et al. 2014]。所以，给虚拟现实用户一个固定的注视点来维持眼睛的稳定可以减少晕动症。

12.4 晕动症的统一模型

本节描述一个运动感知和晕动症的统一模型，包括外界和自身的真实状态、感官输入、外界和自我的状态判断、动作、输入和输出信号、个人内部心理模型[Razzaque 2005]。把这些不同的组件整合到一起不仅是为了让用户更好地感知动作，更是为了留住用户；同时这还对移动、平衡/姿态、稳定眼球使其正常工作有很重要的作用。此模型与之前阐述的晕动症相关的所有理论都是统一的，而且可以帮助理解人类是如何感知运动的、感知到的运动是外部运动还是自我运动，及为什么会出现晕动症。图 12.1 展示了下文讨论的各个组件之间的关系。

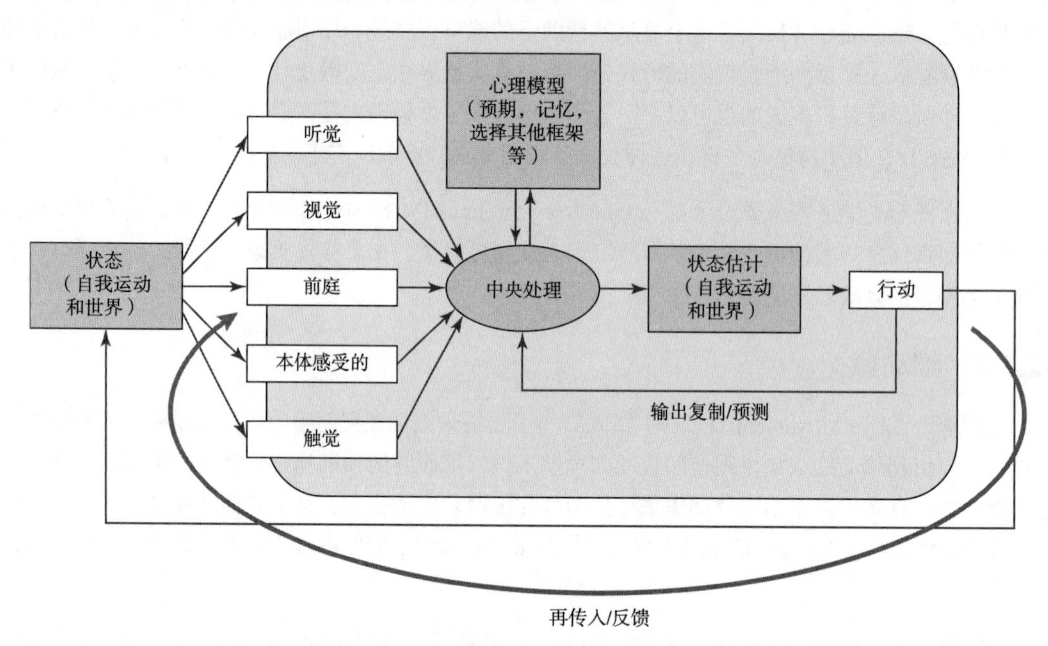

图 12.1　运动感知和晕动症的统一模型（改编自[Razzaque 2005]）

12.4.1 世界的真实状态

任何给定时刻的世界“真相”（包括用户本身）都可以看成是一个描述世界内一切事物的状态。对于这个模型而言，这个状态是外部世界（末端刺激）和实体自我之间的客观运动。

12.4.2 感官输入

人对运动的感知在很大程度上借助于多重感官的信息输入功能（近端刺激传入输入神经脉冲）。人依赖于视觉、听觉、前庭、肌肉运动知觉及触觉信息来维持平衡和方向感，并区别自身运动和外部运动。

12.4.3 中央处理区

大脑的处理流程会整合从多重感官中接收到的当前所发生的一切（自下向上的流程）。任何单一的感官形式都有极限，所以大脑整合来自多重感官的信息，形成一个更好的对外界和自身的判断。实际上，就算具备所有感官信息也不足以（有时候是各个感官不一致）准确地判断外界和自身。因此，需要在中央处理区中加入额外的输入。额外的输入来自内部的心理模型（自上向下的流程）以及对于自身动作的感官预测。

12.4.4 状态判断

在任何给定的时刻，大脑都有对于外界和自身的判断。不同感官信息之间的互动有助于弄清楚是外界运动还是自身运动。中央处理区会不断地测试和修正运动判断。错误的状态判断会导致视错觉，比如，相对运动错觉。不一致或者不稳定的状态判断（例如，前庭信息和视觉信息不符）会导致晕动症。如果状态判断变得自身统一，但是输入仍然不变，那就一定是出现了感官调节（10.2.2 节）。状态判断不仅包含了当前发生的状态，还包含了可能会发生的状态。

12.4.5 动作

身体在运动时会不断尝试自我修正来符合状态判断。在尝试自我修正时，可能会出现这些身体动作：（1）通过改变姿态来保持稳定；（2）眼球会通过前庭眼动和视动反射来转动，尽量稳定视网膜上的虚拟世界影像；（3）一些生理反应，比如，出汗，严重者甚至会出现呕吐。这些反应是因为身体认为体内的毒素造成了混乱的状态判断，所以尝试清除毒素。

只要意识和身体学会或者适应了新的动作方式（例如，新的导航移动技术），那么动作、预判、反馈，以及心理模型就会更加统一，晕动症也会更少。

12.4.6 预判和反馈

视觉感官的稳定，依赖于对自身动作将引起的感官信息改变的预判。例如，当人在向左转头并向左看的时候，输出神经信号的副本（7.4 节）就会传到中央处理区中，中央处理区则会预判向左的前庭反应，颈部左转的知觉，以及向右的光流。如果这个输出信号的副本和感官输入信号相符，那么大脑就会感知到所有由自身动作引起的感官改变（然后因为感官输入确认了动作意图已经发生，所以输入信号就会变成再输入信号）。如果输出副本和输入不相符，就会感觉到感官刺激不是由自身动作引起而是由外界的变化引起的（例如，世界整体不正常的移动）。

更进一步说，驾驶员和飞行员在操控交通工具移动时很少出现晕动症，但当他们作为乘客时，有时候又会出现晕动症[Rolnick and Lubow 1991]。这个现象证实了自主发起的运动和被动感受的运动在感知处理流程中是不同的（10.4 节），再输入信号的反馈流程也不同。和驾驶很相似，当虚拟现实用户主动控制视点运动时会减少不良症状发生的可能性。

12.4.7 运动的心理模型

输入和输出信息并不完备，无法完全解释恒定位置和自身运动。肌肉中有噪声信号，外力有时候会限制运动，扫视动作并不完全可预测，等等。

我们每个人都有一个描述世界如何基于先验经验和未来预期运作的内在心理模型（7.8 节）。新的输入信息不会引起新的模型，而是通过既有模型来进行评估。如果新的信息和模型不相符，就会产生混乱和疑惑。人的心理模型总是在局部变化中，并且经常会重新评估和学习。模型的其他部分更多是由不变的或生物构造决定的设定。例如，越大越远的物体会越容易被感知为静止参考物，这就导致了实际上当大的物体在移动时，人们总认为是小一些的物体在相对移动（9.3.5 节）。另一个设定是持续性——人们总认为物体的属性（10.1 节）在短时间内是不会变化的。即便看出这些设定是错误的，打破这些设定还是会导致强烈的错觉；感官系统并不总是能和大脑的理性思考皮层达成一致[Gregory 1973]。

内在的心理模型对于人的动作会如何影响外界以及如何改变之后的感官刺激是有预期的。当一个人做动作时，新的感官输入信号、之前的输出信号副本，以及心理模型三者都会进行比对，然后可能证实、提升心理模型，或者使其失效。这也符合静止参考系假设——当运动的心理模型失效时，静止参考系就会看起来在移动，从而导致晕动症。

13 视疲劳、痉挛和副作用

非运动的视觉刺激也有可能引起不适和健康危害。已知的问题包括视觉辐辏调节冲突、遮蔽显示冲突及闪烁。本章也讨论了场景移动和非运动视觉刺激引起的副作用。

13.1 视觉辐辏调节冲突

在真实世界中，眼睛的聚焦调节和辐辏角调节是紧密相连的（9.1.3 节），这样才能让近处的物体呈现出清晰的影像。如果双眼聚焦在近处的物品上，会自动进行辐辏调节，如果双眼聚焦在远处的物体上，辐辏角会自动变大，使物体在双眼的成像合成一个锐利的影像。在头戴显示器中，由于聚焦调节和辐辏角调节的关系和真实世界中的不同，所以会出现**视觉辐辏调节冲突**（Accommodation-vergence conflict）。颠覆聚焦和辐辏的组合视神经物理反应，会导致视疲劳和眼部不适[Banks et al. 2013]。

13.2 遮蔽显示冲突

遮蔽效果和显示信息不符时就会出现**遮蔽显示冲突**（Binocular-occlusion conflict），例如，把文字放在一个比较近的不透明物体的背后，却还可以看见文字。这会使用户非常混乱和不适。

许多桌面第一人称射击游戏或第一人称视角的游戏都用二维的叠加层或者抬头显示来呈现提供给用户的信息（23.2.2 节）。如果把这样的游戏移植到虚拟现实中，一个很重要的问题是是否要删除这些呈现信息，或者给叠加层再加一个深度，当叠加层被场景中的物体遮挡时能够合理显示遮挡效果。

13.3 闪烁

闪烁（Flicker）（9.2.4 节）会分散注意力，并且引起视疲劳、恶心、眩晕、头痛、心慌、混乱，在少数情况下还会出现痉挛和失去意识[Laviola 2000，Rash 2004]。在 9.2.4 节中已经讨论过，闪烁感是由许多变量共同影响形成的。头戴显示器的设计中需要权衡很多参数，这些权衡会使用户更容易感受到闪烁（例如，视野更广但是显示的持续性更低），因此维持较高的刷新率来避免闪烁导致的身体问题就变得很重要。然而闪烁不仅仅和显示器的刷新率有关。虚拟环境的闪光灯也会引起闪烁，所以虚拟现实创作者一定要注意不加入这类的闪光。黑暗场景可以用来增强暗适应，而暗适应也能减少闪烁感。

光痉挛（Photic seizure）是一种发作症状，在真实世界中沿着栅栏开车，抑或是虚拟现实中的闪光刺激都可能引发这种症状，大概 0.01%的人会出现这样的症状[Viirre et al. 2014]。痉挛展现出一种暂离的状态，醒着但是做不出反应。这类痉挛不一定会导致抽搐，所以并不总是很明显。不断的痉挛会导致脑损伤，还会增加以后发作的可能性。报告显示，最常见的发生痉挛的频率区间较广，在 1~50Hz 之间，具体频率取决于不同条件。因为尚不清楚最可能引起痉挛的头戴显示器或者应用程序的情况，所以应该避免任意频率的闪烁或闪光灯。有癫痫史的人都不应该使用虚拟现实。

13.4 副作用

在沉浸体验中的负效应不是使用虚拟现实的唯一风险。有一些问题可能会在回到真实世界之后出现。VR 副作用（10.2.3 节）是指在使用虚拟现实之后、已经离开虚拟现实环境所出现的危害效应。这类副作用包括对外界的不稳定感、混乱及闪回幻觉。

大约有 10%的模拟器用户会感觉到副作用[Johnson 2005]。在使用虚拟现实过程中有严重不良反应的人一般也会有最严重的副作用。大部分副作用症状会在一两个小时内消失。超过 6 小时的长久症状都被记录了下来，在统计上这些症状呈现出一定频率。

[Kennedy and Lilienthal 1995]用姿态稳定性测量方法对比了使用虚拟现实之后的模拟器眩晕和醉酒状态的眩晕，得出的结论是，正如限制醉酒之后的活动那样，应当限制使用虚拟现实之后的后续活动。它产生的副作用有可能还会对其他人造成伤害，比如车祸。实际上，许多虚拟现实娱乐中心都要求用户在体验结束后至少再等 30~45 分钟才能驾车[Laviola 2000]。作为虚拟现实社区的成员，除了尽量减少 VR 眩晕，还应该教育那些不了解 VR 眩晕潜在危险副作用的人。

13.4.1 重新适应

在 10.2 节中描述过，知觉适应是一种感知，或是知觉的调整，这种调整可以减少或者消除感官差异。而**重新适应**（Readaptation）则是在适应了非常规环境之后重新适应常规的真实世界环境。例如，在航海结束之后，许多旅客都需要花几个星期甚至几个月来重新适应陆地环境[Keshavarz et al. 2014]。

虚拟现实用户会逐渐适应虚拟现实的缺陷。在已经适应了这些缺陷之后再回到真实世界，用户就会感觉又到了一个新环境，于是会出现重新适应的过程。例如，在场景渲染和真实场景校准不恰当的时候，也会发生适应或者重新适应的情况，这还会导致头戴显示器中的图像扭曲变形。这样的扭曲会使用户在扭头时觉得显示中心以外的部分看起来很奇怪。而一旦用户习惯了这种奇怪的图像，那么显示出来的世界就会逐渐变得稳定，这就说明发生了适应过程。遗憾的是，当用户在适应了这种错误的虚拟场景之后再回到真实世界，就很容易发生倒转。倒转就是指会感觉到反向的扭曲，扭头也会觉得世界在晃动。在缩小镜/放大镜[Wallach and Kravitz 1965b]，以及头戴显示器的渲染场景和真实场景不匹配的情况下会出现这类适应过程（这类适应过程也叫作稳定位置适应，见 10.2.2 节）[Draper 1998]。

在用户重新适应真实世界之前，一些副作用比如困倦、运动姿态控制紊乱、手眼不协调都会一直持续[Kennedy et al. 2014，Keshavarz et al. 2014]。

有两个可行的方法可以改善**重新适应**——自然消退（Natural decay）和主动重新适应（Active readaptation）[DiZio et al. 2014]。自然消退就是减少和减轻所有活动，比如，闭眼全身放松。这个方法可以让用户少一些不适感，但是可能会延长重新适应的过程。主动重新适应则包括使用一些实在的目标达成活动来重新校准感官系统，比如，手眼协调任务。这类活动可能会引起更多不适，但是会加快重新适应的过程。

用户是能够适应多种环境的。经常在虚拟现实和真实世界间切换的专家、用户可能会更少感受到副作用和其他的 VR 眩晕。

14 硬件挑战

虚拟现实使用的硬件问题也很值得考虑。本章主要讨论身体疲劳、头戴适配（Headset Fit）、受伤问题及卫生问题。

14.1 身体疲劳

身体疲劳可能有多重原因，包括佩戴/手持设备的重量、保持不自然姿态，以及需要长时间有身体动作的导航移动。

20 世纪 90 年代的一些头戴显示器重达 2 公斤[Costello 1997]。好在头戴显示器的重量已经减轻了很多，问题不像以前那么严重了。头戴显示器的重心如果离头部重心太远（尤其是水平方向）会是一个比较大的问题。如果头戴显示器的重心不居中，颈部就需要额外用力来维持平衡。在这种情况下扭头会引起最严重的问题。颈部容易疲劳，并且引发头痛。不仅仅是肌肉疲劳和头痛，这种不平衡还会改变用户感知距离和自身动作的方式[Willemsen et al. 2009]。

控制器的重量一般不是主要问题。但是有些设备的重心比较不平衡。对于这类设备，应该小心选择对应的控制器，仔细权衡再做决定。

在现实生活中，人们会在工作时自然地放松手臂。在许多虚拟现实应用中，手臂很少能找到一个可以把扶的东西来休息。猩猩臂就是由于长时间进行手势交互而不休息造成手臂疲劳的一种表现。一般这种情况会出现在用户把手一直放在腰部以上高度保持 10 秒钟左右的时候。在选择手势追踪设备时（27.1.9 节），应该考虑视线问题，让用户在工作时就能舒服地把手放在膝盖上，或者放在身体两侧。交互技术在设计时不应该要求用户抬高手臂或者举在身前一次性超过好几秒钟（18.9 节）。

一些移动形式是通过步行来实现的（28.3.1 节），这样持续一段时间后可能会导致疲惫，尤其是需要用户走很长一段距离时。即便只是站着，很多用户也会觉得很累，一般他们会在站一会儿之后就想要坐下。如果移动时间比较长，那应该始终给用户提供坐着的选择，而且体验应该优化为大多时间都是坐着的，只是偶尔需要站起来和走动。在走动的交互过程中，重量问题更为明显。

14.2 头戴适配

头戴适配（Headset Fit）是指头戴显示器和用户头部的匹配度与舒适度。头戴显示器和头的接触点经常会有压迫感或者紧绷之类的不适感。这些接触点取决于不同的头戴显示器和不同用户的头型，但是一般而言集中在眼眶周围、耳朵、鼻子、前额，以及后脑勺。这些压迫感不仅会让皮肤感觉不舒服，还会造成头痛。对于戴眼镜的人，头戴适配更为突出。

把头戴显示器调得很松同样也会引起问题，如果头晃动的幅度较大，那戴上的东西都会晃，这也是因为头部的皮肤并不是完全固定而是有一定弹性的。用户的头动得很快时，头戴显示器还会轻微滑动，这种滑动会让皮肤更难受，也会引起微小的场景移动。减轻头戴显示器的重量可以减少滑动现象，但不能完全消除。计算晃动的量并恰当地移动场景来抵消晃动，可以使场景在视觉上保持稳定。

大多数头戴显示器都可以手动调节，因为在使用过程中不适感会逐渐增加，用户又不太可能在完全进入体验时再来调节，所以用户应该在使用前就确保把头戴显示器调节到最舒适的状态。但是手动调节也不能保证所有用户的体验质量。尽管头型不同的人基本上都能用，但是头型的尺寸并不只是测量头围。想要获得理想的适配效果，可以在头戴显示器的设计中加入头部扫描[Melzer and Moffitt 2011]。创立 Jema VR 的 Eric Greenbaum（也是 About Face VR 卫生解决方案的作者）目前在研究其他解决方案，包括充气内衬、在设计中加入人体工学、把头戴显示器的力分散到用户脸部最稳定的部分（前额及颧骨），以及尝试不同的泡沫。

14.3 受伤问题

各种类型的受伤问题由全沉浸式虚拟现实中的多重因素所造成。

外伤，由于在虚拟现实环境中无法看见、听见真实世界的物体或动静，所以存在物理损伤的风险（例如，跌倒摔伤或者撞伤）。从安全角度来说，坐着更安全，因为站着更有可能和真实世界中的墙壁或物体碰撞，被线缆绊倒或者失去平衡。只要用户不做太多旋转的动作，就可以把线缆挂在天花板上以减少绊倒的风险。如果有必要的话，可以请一名监护人就近监护，帮助站着或是走动的用户保持稳定；也可以考虑使用安全吊绳、扶手或者垫子。用户如果突然移动，头戴显示器的线缆也可能造成危险，因为头部动作会带动一些短线，或者是打结卡住的线抽打到身体。即便没有受伤，碰到东西或者是线缆也会中断体验。活动的触觉设备力量太强尤其危险。硬件设计师应该保证这些设备的作用力不会超过一个极限，而且也应该在这些设备中集成物理安全机制。

重复性劳损（Repetitive strain injuries）是肌肉骨骼或者神经系统损伤，比如肌腱炎、纤维组织增生及韧带拉伤，这类劳损由长期的重复性快速手腕手掌活动引起[Costello 1997]。报告显示使用像鼠标、手柄、键盘一类的普通输入设备会造成这类劳损。对于真实世界中的用户任务来说，任何需要持续性重复运动来交互的技术都不理想。和传统的鼠标键盘输入相比，设计良好的虚拟现实界面中的重复性劳损会更少，因为输入不必限制在一个平面上。按住一个键来进行精细的三维拖动旋转操作时会很费力，所以有时会用一只手来旋转，另一只手来操作按键，但这样做的问题在于交互不太直接、自然。

噪声导致听力损失（Noise-induced hearing loss），这是由巨响或者长时间的噪声导致的听觉敏感降低。持续暴露（超过 8 小时）在超过 85 分贝的噪声中或者受到超过 130 分贝的一次性冲击都可能造成永久的听力受损[Sareen and Singh 2014]。理想状态下，不应该持续播放音效，并且应该限制最大音量来避免听力损伤。遗憾的是，开发者并不能完全控制不同用户的特定系统，所以限制最大音量很难保证有同样的保护效果。例如，有一些用户有自己的声音系统和音响，或者有些电脑还可以不同程度地放大音量。但是在软件中，的确可以设置最大音量。例如，当用户可能触发一个音源的时候，代码可以保证这个音源的音量不超过某个特定的范围。

14.4 卫生问题

虚拟现实硬件是一种**病媒**（Fomite），即可以携带病原生物的无生命物体（例如，细菌、病毒、真菌），这些病原体可能会在使用同一设备的不同用户之间传播疾病[Costello 1997]。越来越多的用户佩戴同一个头戴显示器，所以卫生问题越发重要。这类问题不仅是虚拟现实所特有的，像键盘、鼠标、电话和卫生间都有类似的问题，当然，作为靠近或是和脸部接触的界面，头戴显示器的这类问题更严重。

脸部皮肤会分泌油脂和汗液。而且，脸部皮肤适宜各种益生菌和致病菌生长。电子设备会发热，眼部周围缺少通风都会加重出汗。这会导致糟糕的用户体验，极端情况下还会有危害健康的风险。[Kevin Williams 2014]把卫生问题分为湿类、干类和非常规类，分述如下。

- **湿类**包括汗液、油脂及化妆/美发用品引起的问题；
- **干类**包括皮肤、头皮和毛发引起的问题；
- **非常规类**包括虱子/虱子卵和耳垢引起的问题。

一些专业人士会用紫外线来消毒清洁三维偏振眼镜，但是这样会分解眼镜中的塑料材质（UV 降解），而且这个方法使用次数很有限，不然会导致硬件不可用[Eric Greenbaum，2015 年 4 月 29 日，私人通信]。电影行业一般用工业清洗机来清洁眼镜。但这些方法都不适合头戴显示器（廉价的手机头戴显示器除外）。

尽管用酒精擦拭设备有一定效果，但是一些缝隙和带透气孔的材料（头戴显示器和皮肤接触的部分经常用这类材料）很难清洗，所以仍然不能清除所有的生物媒介。金属、塑料和橡胶也很常用，而且比透气材料更耐久，但是这类不可透材料对于用户就会不太舒适，透气性也不好。镜片则应该用耐磨纤维布蘸温和的清洁剂/抗菌肥皂来擦拭，再次使用前需要晾干。类似迪士尼使用的内衬帽，可以防止每个用户都直接接触设备，这样可以进一步减少风险[Pausch et al. 1996，Mine 2003]。对于音频，应该每人使用一副耳塞。或者使用大一些的可以罩住整个耳朵的头戴耳机，这样的耳机也比较方便清洁。

Eric Greenbaum 在产品 About Face VR 中创造了一套可拆卸的头戴显示器（图 14.1）来解决卫生问题。About Face VR 在头戴显示器和脸部之间加入了几层可替换的材料，这样就杜绝了生物媒介的传播。可替换材料层包括个人用的织物板/衬垫和公用的不透气的衬垫，个人用的那层可以像衣物一样日常清洗，公用的则可以用酒精或者其他清洁剂来擦洗。

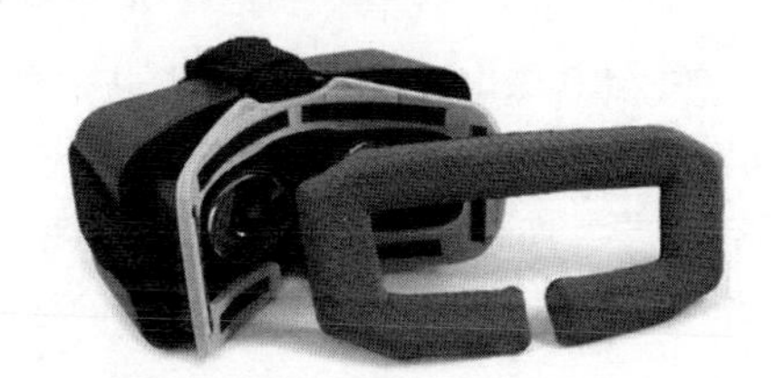

图 14.1　About Face VR 人体工学插件（灰色部分）
及可拆卸/可清洗衬垫（由 Jema VR 提供）

如果使用手持控制器，需要为用户提供给手消毒的清洁剂，在使用前后清洁手部。为了预防用户不良反应中的最坏情况，应准备好呕吐袋、塑料手套、漱口水、饮品、小零食、空气清新剂及其他清洁产品。但是要把这些东西放到视线之外，以免这些东西让用户联想起身体不适的感受，即便仅是想到不适的感觉也可能真的引起身体不适。

15

延迟

虚拟现实系统一个最基本的要求就是即便用户的头在动，呈现在场景中的任何运动效果也仍然必须正确。由于存在延迟，当今虚拟现实应用中的场景空间都不太稳定。

延迟（Latency）是系统对用户的动作做出回应的时间，是从一个动作开始的瞬间到动作在显示像素上映射出现的一瞬间的真实时间间隔[Jerald 2009]。要注意，由于显示技术的不同，像素点可能会有不同的出现时间和不同的明暗节奏（15.4 节）。为了防止用户因头戴设备引起的晃动，在程序中做些预判和画面变形可以减少较大的延迟，但是依然不会完全消除延迟。

15.1 延迟的负面作用

用户不会直接感觉到低于 100 毫秒的延迟，而是感觉到延迟带来的后续效应——用户移动头部的时候，本来静止的虚拟场景就会开始晃动[Jerald 2009]。基于头戴显示器的系统如果存在延迟，会使视觉信息滞后于其他的感官信息（例如，视觉信息和前庭信息不会完全同步），这会导致感官冲突。在有延迟的情况下移动头部，头戴显示器里呈现的视觉场景的移动就会出错。这种由延迟造成的不理想的且会严重影响可用性的场景移动叫作“游移”。VR 延迟是导致晕动症的主要因素，所以对于 VR 创作者而言，理解延迟并减少延迟是非常重要的。

除了造成不理想的场景移动和引起晕动症，延迟还有一些别的负面作用，如下文所述。

15.1.1 视敏度弱化

延迟会引起视觉弱化。在有延迟的情况下，一个戴着头戴显示器的用户移动头部然后停止，停止时场景的画面仍在移动。如果图像在视网膜上的成像移动速度大于 2°/s~3°/s，就会出现运动模糊以及视敏度变弱。普通的头部移动和延迟都会引起速度大于 3°/s 的场景移动。例如，频率为 0.5Hz，幅度为±20°的正弦头部转动加上 133 毫秒的延迟，就会造成峰值为±8.5°/s 的场景移动[Adelstein et al. 2005]。尚不清楚用户的双眼是会跟住滞后的场景图像，然后不会出现视网膜成像的滑动，还是双眼会试图保持不动，然后出现视网膜成像滑动。

15.1.2 弱化表现

足以使人的表现水平下降的延迟和足以被感知的延迟应该不是一个量级的。Griffin 在 1995 年研究了延迟和人在头戴显示器中学习的关系。被试者的实验任务是转动头部来追踪一个目标。当延迟大于 120 毫秒时，该训练并没有提高被试者的表现——被试者无法学会如何在任务中弥补延迟。

15.1.3 体验感中断

延迟会干扰头戴显示器中的场景体验[Meehan et al. 2003]。头部动作的延迟会导致场景和真实世界不符——这就会干扰用户，使他意识到自己是在虚拟现实环境中，知道这些都是模拟出来的假象。

15.1.4 反面训练效应

反面训练效应是指在针对某项任务进行训练时产生的表现反而变差的不理想状况。[Cunningham et al. 2001a]已经发现延迟会在桌面显示和用大屏模拟驾驶中导致反面训练效应[Cunningham et al. 2001b]。

15.2 延迟阈值

工程师常常以“低延迟”为目标来创建一个头戴显示器系统，但没有具体定义什么是“低延迟”。研究人员也很少对理想延迟的要求达成共识。理想状态下，延迟应该低到不让用户察觉到延迟所引起的场景移动。延迟阈值应该随着头动速度的提高而降低——头部快速运动时的延迟很容易被察觉。

NASA 的 Ames 研究中心[Adelstein et al. 2003，Ellis et al. 1999，2004，Mania et al. 2004]开展了一系列实验，实验报告了头部做类正弦偏转运动时的延迟阈值。综合实验误差、头动类型的差别、被试者个体差别、实验条件差别及其他已知和未知的影响因素，最后得到的绝对阈值是 85 毫秒。他们意外地发现，无论是单一、简单的物体还是精细、逼真的渲染环境，延迟阈值和不同的场景复杂度都没有联系。他们还发现当延迟在 4~40 毫秒时，用户恰好可以察觉的时间差会更稳定，而且无论基础延迟是低还是高，用户对延迟的变化都同样敏感。所以即便基础延迟比较高，维持一个稳定的延迟也是很重要的。

Jerald [Jerald 2009]在和 NASA 一起合作测量了头部转动的运动阈值之后[Adelstein et al. 2006]，

开发了一个延迟为7.4毫秒（系统延迟）的虚拟现实系统，并且测量了不同条件下头戴显示器的延迟阈值。他发现其中一位最敏感的被试者可以区别小到3.2毫秒的延迟差别。Jerald还设计了一个和延迟、场景移动、头部运动、延迟阈值相关的数学模型，并且用心理物理学的测量方法进行了验证。模型证实了即便头部运动减少了我们对场景移动的敏感度（9.3.4节），但我们对延迟的敏感度仍然增加了。这是因为随着头部运动的加快，延迟导致的场景移动会在场景移动敏感度降低之前出现。

要注意，以上的结论适用于全沉浸式的虚拟现实。光学透视显示器的延迟阈值会低很多（小于1毫秒），因为用户可以直接看到真实世界和模拟影响的区别（判断是物体相关，而不是主体相关的，参见9.3.2节）。

15.3 感官延迟：暗适应的机能之一

普氏摆动效应是当两只眼睛的暗适应（10.2.1节）不一致时[Gregory 1973]，或者用黑纱布遮住一只眼睛时产生的视觉深度错觉。钟摆在一个和视线垂直的平面摆动，摆动的轨迹看起来不是一个扁平的弧线，而是一个椭圆形（在弧线的最底部线速度最大时，钟摆会看起来和观察者的距离更近或者更远）。

被遮住的“黑”眼调整了对空间和时间的视敏度来增加对光的敏感度。“黑”眼的视网膜会用较长的一段时间来接受光线，这就导致了视觉的延迟。和没有被遮住的眼睛相比，“黑”眼看到的钟摆的真实位置会更远一些。钟摆在弧线中间加速时，“黑”眼会觉得钟摆更远，比另一只眼睛看到的位置更远。这种作用位置的差别就造成了椭圆深度错觉。图15.1展示了普氏摆动效应导致的这种深度错觉。

暗适应的感官延迟让我们意识到一些问题：我们是如何，或者我们是否在不同的光照条件下会感觉到不同的延迟？亮环境和暗环境之间的延迟差可以达到400毫秒[Anstis 1986]。延迟增加了汽车驾驶员在暗光中的反应时间[Gregory 1973]。根据暗适应或者光刺激强度的不同，视觉延迟的时间也会不同，那么为什么人在黑暗环境下或是戴上墨镜时延迟会变长，不会像在头戴显示器中感受到的一样，觉得世界是在晃动或是出现晕动症呢？下面给出了两个可能的答案[Jerald 2009]。

- 大脑可以区别更暗的视觉刺激并对延迟做出合适的校正。如果真是如此，就说明用户也可以适应头戴显示器所带来的延迟。更进一步说，一旦大脑理解了佩戴头戴显示器和延迟的关系，那么在有延迟的头戴显示器中也会存在和真实世界一样的位置稳定性。大脑会在戴上头戴显示器时预判出有更大的延迟。但是，大脑用了一辈子的时间把暗适应/光刺激强度和延迟联系起来，因此，把佩戴头戴显示器和延迟联系起来可能需要好几年。
- 暗适应/弱视觉刺激中的固有延迟不是一种准确且单一的延迟。时长为1毫秒的刺激可能感觉上会长达400毫秒（9.2.2节）。这种不准确的延迟造成了运动模糊（9.3.8节）并且使准确定位移动物体变得更加困难。或许人倾向于在黑暗环境中的物体感觉更稳定，这样一来，相对较明亮的头戴显示器就不能适用该理论了。如果此理论是对的，那么，让场景变暗或者给场景移动加上模糊效果就会让场景看起来更稳并且减少晕动症（尽管在没有预判的情况下加入运动模糊会明显增加平均延迟）。

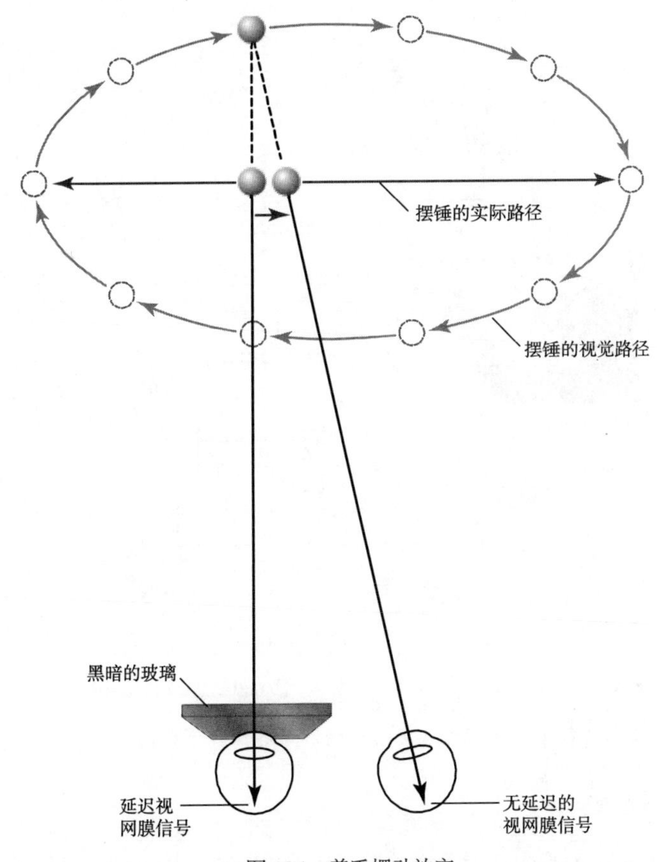

图 15.1　普氏摆动效应

一只眼睛处于暗适应状态，视觉延迟更长，因此钟摆的摆动面本来垂直于视线，但是看起来摆动的轨迹却是一个椭圆形[Gregory 1973]。

15.4　延迟源

[Miné 1993]和[Olano et al. 1995]描绘了在虚拟现实系统中的系统延迟，并讨论了一系列方法来减少延迟。系统延迟（System delay）是动作追踪、应用程序、渲染、显示及各组件同步延迟的总和。要注意，这里使用“系统延迟”一词是因为有些人认为延迟是经过延迟补偿技术（18.7 节）之后得

到的少于系统延迟的有效延迟，所以，系统延迟不是有效延迟，而是等同于真实延迟。图 15.2 展示了各种延迟是如何构成系统延迟的。

注意，系统延迟大于帧率的倒数；即，一个流水线系统的帧率为 60Hz，但是延迟可能只有几帧。

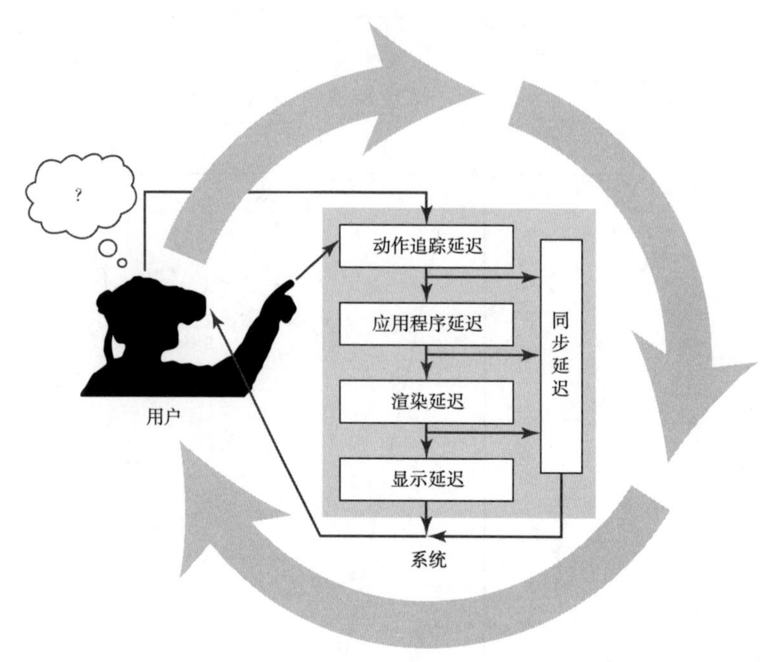

图 15.2 系统延迟（改编自[Jerald 2009]）

完整的系统延迟是由系统各个独立组件各自的延迟和给各组件进行同步的延迟共同组成的。

15.4.1 动作追踪延迟

动作追踪延迟（Tracking delay）是从被追踪身体部位的动作开始，一直到动作追踪传感器把动作信息输入虚拟现实系统的应用程序或者渲染组件中所消耗的时间。用于动作追踪的产品会包含一些使延迟分析变得复杂的技术。例如，许多动作追踪系统都包含防抖的滤波功能。如果用到滤波器，那么最新的追踪器读入数据只能部分决定最后识别出的动作，这样就很难定义准确的延迟。一些追踪器会根据当前不同情况下的动作评估来选择不同的滤波模型——不同动作的延迟也会不同。例如，3rdTech 的 HiBall 追踪系统可以选择使用多重滤波模型。在动作较少的情况下可以用低通滤波器来减少抖动，因此速度更快时会用不同的模型。

有时一台计算机执行应用程序和场景渲染的工作，而追踪会在另一台计算机上执行。在这种情况下，动作追踪延迟还要考虑加入网络延迟。

15.4.2 应用程序延迟

应用程序延迟（Application delay）是从接收到动作追踪数据开始，直到数据传输到渲染阶段所消耗的时间。其中包括更新世界场景模型、计算用户交互的结果、物理仿真等。应用程序延迟很大程度上取决于程序任务和虚拟世界的复杂度。应用程序的执行经常会和系统的其他部分不同步[Bryson and Johan 1996]。例如，一个依靠远程数据源的天气模拟可能会有好几秒的延迟，并且刷新率很慢，然而渲染应该和头部动作紧密耦合。即便场景模拟很缓慢，用户还是应该可以自然地在模拟环境中四处观察。

15.4.3 渲染延迟

一帧是一个以全解析度渲染出的图像。渲染延迟（Rendering delay）是从新的数据进入图形流水线开始，一直到画出一帧完整新画面所消耗的时间。渲染延迟取决于虚拟世界的复杂度、图像质量要求、渲染通道数量、图形软硬件的性能。帧率是每秒钟系统渲染整个场景的次数。渲染时间是帧率的倒数，在非流水线渲染系统中，渲染时间等于渲染延迟。

渲染通常在和应用程序并行的图形硬件上完成。对于简单的场景，现在的显卡可以达到几千赫兹的帧率。好消息是无论是内容创作者还是软件开发人员，都可以很好地控制渲染延迟。只要使用合理的几何模型，优化好应用程序，并使用高端显卡，渲染延迟只会在整个延迟中占很小的比重。

15.4.4 显示延迟

显示延迟（Display delay）是从信号离开显卡开始，一直到每一个像素点根据显卡输出调整到对应的颜色亮度所消耗的时间。头戴显示器采用了一系列显示技术，包括 CRT（阴极射线管）、LCD（液晶显示）、OLED（有机发光二极管）、DLP（数字光处理）投影仪、VRD（虚拟视网膜显示）。不同的显示技术各有优劣。[Jerald 2009]总结了这些显示技术和延迟。下面讨论常见的基本显示类型的延迟。

刷新率

刷新率（Refresh rate）是显示器每秒钟显示出完整画面的次数，单位为赫兹（Hz）。请注意刷新率和前面的帧率是不同的。刷新时间（也称为刺激发起异步间隔，见 9.3.6 节）是刷新率的倒数（每次刷新的时间）。刷新率为 60Hz 的显示器，刷新时间为 16.7 毫秒。常规的显示器刷新率从 60Hz 到 120Hz 不等。

双重缓存

为了避免内存冲突问题，显示器不应该在渲染器写入帧数据时就读取帧数据。每一帧必须在渲染完成之后再显示到屏幕上，否则几何图元（Geometric primitives）可能显示不完整。另外，渲染时间可能随着场景复杂度、执行手段及硬件而波动，而刷新率又是由显示器单独设定的。

利用双重缓存（Double buffering）技术可以解决帧数据的二元访问问题。显示处理器把渲染数据写到一个缓存里，同时刷新控制器从另一个缓存里读取数据到显示器显示。垂直同步（Vertical sync）信号出现之后，刷新控制器才会把画面显示到屏幕上。大多数情况下，系统会等垂直同步信号来替换缓存。之前渲染好的帧在屏幕上显示时，新的帧也在渲染。因为必须等够 16.7 毫秒（对于 60Hz 的显示器）才能开始下一帧渲染，所以等待垂直同步信号可能会造成额外的延迟。

光栅显示

光栅显示（Raster displays）是指从左到右、从上到下逐行刷新显示[Whitton 1984]。这种显示刷新模式被称为光栅。从内存中把像素数据显示在屏幕中正确位置的时序都是精确控制的。

因为在某个时间某个视角采样渲染的像素图像并不是同时呈现到屏幕上的，所以光栅显示的像素有不同的帧内延迟（例如，同一帧的不同部分有不同延迟）；如果系统等待垂直同步信号，那么最底行的像素就会比最顶行的像素晚一整个刷新时间再显示。

画面撕裂（Tearing）。如果系统不等待垂直同步来替换缓存，那么替换缓存就有可能和显示器读取帧数据再显示同时发生。这样的话，在视角或者物体移动的情况下，由于好几帧画面（在不同的视角采样点渲染出的帧）共同组成了屏幕上的一个显示画面，画面就会出现撕裂，出现空间上的不连续。如果系统等待垂直同步来替换缓存，因为显示的画面是一个单独的渲染帧，所以就不会出现画面撕裂。

图 15.3 展示了一个不等待垂直同步的系统生成的图像覆盖在一个等待垂直同步的系统生成的图像上方。插图表示了当用户从右向左转头的时候，原本静态的方块呈现出的图像。替换缓存时不等待垂直同步的话，由于这个图像包含了四个不同的头部位置渲染出来的四个不同的图像，所以图像撕裂就会很明显。因此，目前大部分虚拟现实系统都以增加额外的波动的帧内延迟为代价来避免图像撕裂。

即时像素（Just-in-time pixels）。减少头部姿态的变化就可以减少图像撕裂。只要增加动作追踪的采样率、帧率、姿态连贯性，图像撕裂就会不那么明显。如果系统用最及时的视点来渲染每一个像素点，那撕裂只会出现在单个像素点之间。相比于像素点的尺寸，撕裂会很小，这样就不会感觉到图像撕裂，图像变得更平滑。Miné 和 Bishop（1993）称之为即时像素。

渲染的速率完全可以快到对每一个像素点做缓存替换。尽管渲染的是整个画面，但对每一个渲染出来的画面，只有一个像素点显示在屏幕上。然而，针对 1280 像素×1024 像素分辨率、60Hz 屏幕刷新率的图像，对帧率的要求可能会超过 78MHz——很明显，短期内使用标准的渲染算法，采用相应的商业硬件是不可能的。如果变成每一行像素渲染一帧，那帧率就会变成大约一千分之一，即78kHz。实际上，对于比较简单的场景，目前系统的渲染帧率可以达到20kHz，那么每几行像素渲染一帧来组成新的显示图像也是有可能的。

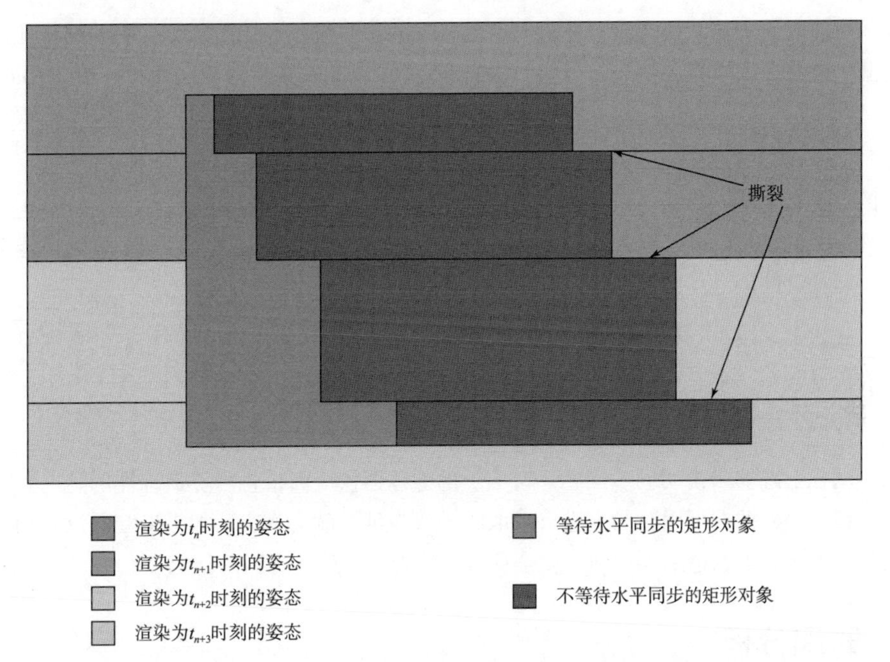

图 15.3　头戴显示器中显示一个矩形物体，当用户从右往左看时，紫色部分不等待垂直同步替换缓存，并覆盖了等待垂直同步的橘色部分。不等待垂直同步替换缓存会造成图像撕裂（改编自[Jerald 2009]）

在一些虚拟现实系统中，等待垂直同步造成的延迟可能是系统延迟中最大的延迟。尽管会造成图像撕裂，但是忽略垂直同步可以极大地减少整体的延迟。注意，有一些头戴显示器会利用垂直同步来完成延迟抵消（18.7 节），所以忽略垂直同步并不是对所有硬件都适用。

响应时间

响应时间（Response time）是指从像素变化到目标亮度的时间。每一种显示技术都有不同的像素响应时间。例如，液晶显示响应时间就会比较慢——有时候会超过 100 毫秒！使用响应缓慢的显示器就不可能准确定义延迟。尽管由于从起始亮度到目标亮度的响应时间会因为每一个像素的不同都有所偏差，但是通常还是会定义一个目标亮度的百分比。

持久性

显示持久性（Persistence）是指像素在完全变暗之前在显示器上持续显示的一段时间。许多显示器都会在下一次刷新之前保持像素的亮度，并且一些显示器的消散时间会较长，这就使得系统在试图熄灭这些像素的时候用户还是能看见。这也使得延迟很难定义：延迟是取决于像素最开始出现的时间点，还是说像素处于可见状态的均值时间点？

较长的响应时间和显示持久性会使得显示器出现运动模糊和“幽灵特效”。有些系统让像素点只在刷新时间中的某一段点亮（例如，一些 OLED 设备），以此来减少运动模糊和抖动（9.3.6 节）。

15.4.5 同步延迟

整体的系统延迟并不只是各组件延迟的简单相加。同步延迟（Synchronization delay）就是整合流水线组件形成的延迟。同步延迟等于整体系统延迟减去各组件延迟之和。同步延迟可能会源于组件等待开始新计算的信号，以及/或者等待各组件的同步。

工作流水线上的组件会依赖于前一个组件的数据。如果一个组件准备开始新的计算时，上一个组件还没有更新数据，那么只能用旧数据来计算。或者，某些情况下组件会等待上一个输入组件完成计算的信号或者输入数据。

可以用动作追踪器来说明同步问题。市面上的追踪器供应商报告声称追踪器的延迟其实是响应时间——追踪器的数据在可用时马上进行读取，导致的延迟就会最小。如果追踪器没有和应用程序或者渲染组件同步，那么追踪器刷新率就会严重影响平均延迟和延迟的稳定性。

15.5 时间分析

本节阐述一个时间分析的示例，并且讨论分析系统延迟的复杂度。图 15.4 展示了一个典型的虚拟现实系统的时间图表，每一个颜色的条状图都代表了不同信息生成的时间段。在这个图例中，每次屏幕显示都会在完成垂直同步之后。虽然显示器通常会在不同的时间独立显示刷新不同的像素点，但是此处的显示阶段是按照离散的图像帧来显示的。图像的延迟等于开始动作追踪的时间点到显示器显示的时间点。这张图中没有显示响应时间。

如图 15.4 所示，在没有新的输入数据时，同步计算常会产生重复的图像。例如，在应用程序组件提供新的信息之前，渲染组件是无法开始新的计算的。如果没有新的应用程序数据，渲染器就会重复相同的计算。

在图 15.4 中，显示组件会用最新的渲染结果来显示第 n 帧。所有组件的时间恰好排列到从第 n 帧开始，第 i 张图像的延迟并没有比所有组件延迟之和大很多。在显示第 $n+1$ 帧时没有新的数据可用，于是重复显示了完整的上一帧。因为新的一帧在第 $n+1$ 帧开始显示时还没有进行渲染，所以在图像 i 又增加了额外的一个 $n+1$ 帧的延迟时间。$n+4$ 帧也因为类似的原因被延迟了更久。对于 $n+5$

帧，没有复制数据的计算（图像 i+1 在应用程序组件中进行了数据复制，渲染出两帧不同的图像），但是因为渲染和应用程序组件必须在开始新计算之前完成之前的计算，所以图像 i+2 的延迟相当高。

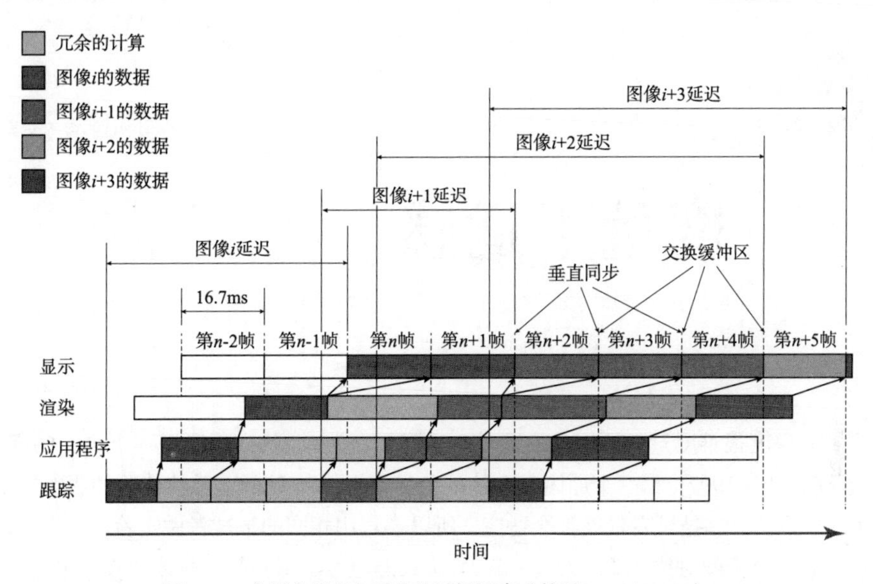

图 15.4　典型虚拟现实系统的时间图表（基于[Jerald 2009]）

在这个无优化的示例中，流水线组件同步执行任务。必须等到上一个组件完成新的计算结果之后，下一个组件才能开始新的计算。

15.5.1　延迟测量

为了更好地理解系统延迟，不仅可以测量整体系统延迟时间，还可以测量系统子部件的延迟时间。从测量中可以得出均值和标准差。可以用延迟量表(Latency meters)来测量系统延迟。[Taylor 2015] 提供了一个开源软硬件的延迟量表。

可以在流程的不同阶段对信号采样然后测量时间差来进一步分析时间。利用计算机的并行端口来输出时间信号。因为协议栈不会造成额外的延迟，所以这些时间信号都是准确的；写入并行端口可以等同于写入内存。

也可以间接测量流程上两个相邻组件的同步延迟（Synchronization delay）。如果已知单个组件自身的延迟，然后经过这两个相邻组件的总时间就可以拿来和单个组件延迟之和对比，对比出来的差值就是这两个组件之间的同步延迟。

16 度量不适感

VR 眩晕的程度很难度量，原因之一是 VR 眩晕有很多症状，不能用一个单一的变量来度量[Kennedy and Fowlkes 1992]。另一个原因是个体的差异很大。VR 眩晕对整体体验的影响通常比较弱，很快就会消失。因为许多被试者最终都会适应，所以一直用相同的被试者做实验也是个问题。因此，研究人员通常会设计组间对比实验（33.4.1 节）。个人差距大、影响弱、身体适应、组间对比实验，这些因素都使得实验需要巨大的样本集。被试用户的庞大数量使得控制实验条件的一致性变得十分困难。

问卷调查或者症状清单都是测量 VR 眩晕的常用方法。这些方法相对来说实现比较简单而且可以使用很长时间，但是这些方法比较主观，也依赖于被试者能否区别自己身体的变化并记录下来。由于姿态稳定性测试和生理测量比较客观和自然，所以常常会用到。

16.1 肯尼迪模拟疾病问卷表

肯尼迪模拟疾病问卷表（以下简称 SSQ）是源于 1119 位用户在 10 台美国海军飞行模拟器上的数据分析而得到的。在普遍存在的 27 种症状中认证了 16 种有效症状[Kennedy et al. 1993]。这 16 种症状可以分为 3 类：眼动相关类，定向障碍类，以及恶心反胃类。眼动相关类包括眼疲劳、聚焦障碍、眼花、头痛；定向障碍类主要是眩晕；恶心反胃类主要包括胃部不适、唾液分泌增加、打嗝。在问卷表中，被试者用 4 个分值来标记 16 种症状的程度：“无”“轻微”“中等”“严重”。SSQ 会用 4 个分值来表示结果，包括一个总体不适感评分和眼动评分、定向障碍评分、恶心反胃评分三个子评分。

SSQ 已经成为度量模拟器眩晕症的标准方法，总体不适感评分可以作为 VR 眩晕不适感程度的最恰当的表示。在附录 A 中有 SSQ 的示例问卷表。尽管不建议单独看 3 项子评分，但是它们可以提供眩晕症详细的诊断信息来指导我们提高虚拟现实应用。设计者可以比较相似应用程序的 SSQ 评分结果，或者利用 SSQ 评分来测量应用程序每一次优化的程度。

和[Kennedy et al. 1993]中的建议相反，一般在虚拟现实体验开始前会让被试者做一遍 SSQ，体验结束后再做一遍以做对比。[Young et al. 2007]发现体验前的问卷表暗示了虚拟现实会引起不适，这造成体验后问卷中报告的不适症状有一定程度的增加。所以，目前的实际操作标准是只在体验之后再做问卷表。虽然这样没有了对比的基准，用户也有可能对虚拟现实的不适症状没有心理准备，但是至少消除了前面所说的误差。对于在体验虚拟现实之前身体状况本身就不好的被试者，不应该让他们继续使用虚拟现实，而且一定不要把他们加入 SSQ 的结果分析中。

16.2 姿态稳定性

姿态稳定性测试（Postural stability tests）可以通过行为来度量晕动症。姿态稳定性测试可以分为静态测试和动态测试。强化 Romberg 检查法是一个常见的静态测试：一只脚的脚尖顶住另一只脚的脚后跟，身体重量均匀分布两腿，两只手臂交叉放在胸前，抬起下巴。被试者失去稳定的时间就是姿态稳定性的测量值[Prothero and Parker 2003]。目前市场上也有一些评估身体摇晃的系统。

16.3 生理测量

生理测量（Physiological measure）可以在体验虚拟现实的全程中提供详细数据。一些生理数据在不适症状出现时会发生变化，例如心率、眨眼频率、脑电图（EEG）及肠胃不适[Kim et al. 2005]。伴随不适感的还有肤色变化和冷汗（最好用皮肤电传导来测量）[Harm 2002]。对于不同的个体，不适症状出现时的大部分生理测量值的变化方向是不一致的，所以推荐测量绝对值。目前，对于 VR 眩晕的生理测量研究还比较少，还需要更多性价比高、客观的生理测量方法来度量 VR 眩晕及人对于 VR 眩晕的敏感程度[Davis et al. 2014]。

17 导致负面作用的影响因素总结

感官不一致带来的健康危害不仅来源于虚拟现实，也来自不同的交通工具。约有 90%的人都体验过不同交通工具带来的不适，例如，大约 1%的人晕车[Lawson 2014]；大约 70%的海军人员晕船，当船比较小、浪比较大的时候晕船会更严重。有高达 5%的人在航海期间一直没有适应海面环境，还有一些人在航海结束之后的好几周都还有反应（也叫陆地眩晕），包括身体姿态不稳，自身运动的时候会在视觉上感觉身体不稳定。在 20 世纪 90 年代的虚拟现实系统用户中，80%～95%用户都上报了不适症状，有 5%～30%的人症状十分严重以至于中断体验[Harm 2002]。好在使用虚拟现实时比较极端的呕吐案例不像真实世界中的晕动症那么多——75%晕船的人会出现呕吐，而只有 1%模拟器眩晕的人会出现呕吐[Kennedy et al. 1993, Johnson 2005]。

本章总结导致负面作用的影响因素，其中几个在前面的章节中已经讨论过了。理解这些因素有助于创造最舒适的体验、减少不适感。影响因素及因素之间的相互作用很复杂——有一些必须结合其他问题才会对用户产生影响（例如，快速的头部运动必须在延迟高过某一范围的条件下才会出现问题）。影响因素分为系统因素、用户个人因素和应用程序设计因素。每一类因素都是 VR 眩晕的重要影响因素，去除任意一类因素就不会出现健康危害（例如，关闭体验系统，不提供内容或是去除用户），但同样地也不会存在虚拟现实体验。以下的影响因素清单源于大量的出版刊物、作者的个人经历、同他人的讨论，以及 Chosen Realities 有限公司的 John Baker 和步兵训练系统的前总工程师的修改和添加意见。步兵训练系统是一个训练 65000 名士兵总共超过 100 万小时的虚拟现实/头戴显示器系统。

17.1 系统因素

VR 眩晕的系统因素是一些技术缺陷，随着工程师的努力最终可以解决。一些很小的光学偏差和扭曲都会引起不适，我们按照重要性从上到下列举如下。

延迟。在大多数虚拟现实系统中，延迟的不利影响比所有其他因素加起来还要多[Holloway 1997]，它同时也是造成 VR 眩晕的最大原因。因此，第 15 章详细讨论了延迟。

校准。缺少准确的校准是导致 VR 眩晕的主要原因。校准不良的最严重影响就是在用户有头部动作时出现不当的场景移动/场景不稳定。重要的校准工作包括校准追踪器误差（从真实世界到追踪器误差、从追踪器到传感器误差、从传感器到显示器误差、从显示器到人眼误差）、纠正错误的视野参数、光学偏差、错误的变形参数等。[Holloway 1995]详细讨论了由校准不良引发的错误情况。

追踪准确性。头部动作追踪的准确性如果太低，会导致虚拟世界中的视角出现错误。手机上使用的惯性传感器会随着时间的延长出现漂移误差，头部追踪的准确性也因此随时间延长而降低。磁力计可以测量地磁场来减少漂移误差，但是地板中的钢筋、高层建筑的工字梁、计算机/监控等都会使位置变化影响磁场测量。手部动作追踪的错误不会导致晕动症，但是可能会引起使用问题。

追踪精度。头部追踪精度太低会导致**抖动**，用户会感觉整个虚拟场景都在振动。可以通过滤波来减少精度不够出现的抖动，但是需要以增加延迟作为代价。

缺少位置追踪。只追踪方向（不追踪位置）的虚拟现实系统会导致虚拟世界随用户变动而变动。例如，用户俯身从地板上捡东西时，地板就会向下延伸。用户可以学着减少位置移动，但是微小的位置变化也可能造成 VR 眩晕。如果没有有效的位置追踪，可以在用户转头时矫正传感器到人眼的误差来评估运动视差。

视野。宽角度的视野显示会导致更多晕动症，原因有三：一是用户对边缘的相对运动视错觉更为敏感；二是视野里的大部分场景都在移动；三是缺陷导致的错误场景移动或者设计好的场景移动。没有任何场景移动的宽视野虚拟现实系统不会造成晕动症。

刷新率。显示器刷新率越高，延迟、颤抖、闪烁越少。理想情况下刷新率应该尽量高。

抖动。抖动是指看起来快速抖动或者不平滑的视觉运动，在 9.3.6 节中有讨论。

显示器响应时间和持久性。显示器响应时间指像素变化到目标亮度的时间（15.4.4 节）。显示持久性是指像素在达到目标亮度之后保持亮度的持续时间。这两个因素是权衡抖动效应、运动模糊、闪烁及延迟之后得到的——都是问题的一部分，因此在选择硬件时应该考虑所有的权衡量。

闪烁。闪烁（9.2.4 节和 13.3 节）会形成干扰，导致视疲劳、抽搐。显示亮度越高，感受到的闪烁越多。在较宽视野的头戴显示器中也更容易感受到闪烁。响应时间长且持久性好的显示器（例如 LCD）闪烁会更少，但是相对的运动模糊、延迟、颤抖也会增加。

视觉辐辏调节冲突。在传统的头戴显示器中，聚焦距离一般维持恒定，而辐辏却不是（13.1 节）。显示源不应该太靠近眼镜或者短时间靠近眼镜，这样可以减少眼睛的压力。

双目双视图像。头戴显示器可以单目成像（单只眼睛有图像）、双目单视成像（双眼图像一致），或者**双目双视**成像（双眼图像不一致以制造深度）（9.1.3 节）。错误的**双目双视图像**可能会导致重影和眼疲劳。

双眼分离。在很多虚拟现实系统中，双眼图像的距离、目镜距离、瞳距常常互相矛盾。这会增加视觉上的不良症状及双眼的肌肉失衡[Costello 1997]。

现实世界周边视野。头戴显示器的周围并不完全封闭，用户可以看到外界，把真实世界当成静止参考系可以减少相对运动错觉（12.3.4 节）。理论上对于完全校准好的头戴显示器，这个因素不会起作用。

头戴适配。不合适的头戴显示器（14.2 节）会带来不舒适和压迫感，可能会导致头痛。对于戴眼镜的用户，头戴显示器抵着眼镜会非常不舒服甚至弄伤用户。不合适的头戴显示器还可能会滑动，引发额外的场景移动。

负重和重心。过重的头戴显示器或者重心比较偏的头戴显示器（14.1 节）会使颈部肌肉劳损，从而导致头痛，并改变用户对距离和自身运动的感觉。

运动平台。如果运动平台搭建得好，可以明显减少晕动症（18.8 节）。但是如果搭建得不那么成功，反而会因为额外加入的身体运动和视觉信息不符而加重晕动症。

卫生。公用设备的卫生（14.4 节）尤其重要。没有人会用一个臭烘烘的头戴显示器，而且异味还会引起恶心反胃。

温度。报告显示设备的温度如果超过室温，会普遍增加不适感[Pausch et al. 1996]。通风不足会导致眼部周围无法散热。

屏幕污渍。无法看清屏幕会导致眼疲劳。

17.2 用户个人因素

VR 眩晕的易感程度取决于多重基因（尽管还不清楚导致眩晕的具体基因序列，但是可以确定不止单一基因），也许对 VR 眩晕影响最大的因素就是个人因素。Lackner（2014）声称易感程度的范围很大，可以用从 1 到 10000 的因子来概括。有一些人马上就能列举出虚拟现实体验过程中所有 VR

眩晕的征兆，有一些只能在使用一段时间之后列出来几个，有些即便是超长时间使用，除了最极端的情况，完全没有任何不适的征兆。当经过剧烈的身体运动或是前庭系统和视觉系统严重不符时，几乎每个人都会有某种程度的不适症状。唯一的例外是完全丧失前庭功能的人群[Lawson 2014]。

不同个体的 VR 眩晕程度也不同，而且引发症状的原因也不同。例如，横向运动（例如，扫射）会让一些用户产生不适[Oculus Best Practices 2015]，但是另一些用户却对这样的运动没有任何不良反应，但他们会对其他的刺激性运动很敏感。有一些用户容易受视觉辐辏调节冲突影响——这可能是因为年纪增长，眼睛的聚焦能力减弱所导致的。另外，新用户总是比老用户更容易眩晕。因为这些差异的存在，对于不同的用户，减少眩晕会有不同的重点。有一个应对方法是为用户提供可以选择的不同配置来优化体验。例如，对于新用户，可以把视野调整得更小。

即便如此，不同个体的差异仍然很大，主要有以下三个关键因素影响个体的眩晕程度[Lackner 2014]：

- 对激烈运动的敏感度；
- 适应能力；
- 症状的恢复时间。

这三个关键因素解释了为什么有些人在使用一段时间虚拟现实后可以更好地适应。例如，一个很敏感、但是适应能力很强、恢复时间很短的人可能比一个中等敏感但是适应能力较弱、恢复时间较长的人，体验到的不适感更少。

下面按照重要性从大到小列举了一些更为具体的和 VR 眩晕有关的个人因素。

晕动症病史。在行为科学中，过去的行为是未来行为的最好预测。证据表明个人晕动症历史（物理因素导致或者视觉因素导致）也可以预测 VR 眩晕[Johnson 2005]。

健康状况。不处于正常健康状况的人不应该使用虚拟现实，不良的健康状况也会导致 VR 眩晕[Johnson 2005]。宿醉、流感、呼吸道疾病、伤寒、耳感染、耳阻塞、肠胃不适、抑郁、疲劳、脱水、睡眠不足等症状都会使眩晕程度更容易加重。服用药物（药物无论是否合法）或者饮酒之后也不应该使用虚拟现实设备。

虚拟现实经验。由于适应作用，具备虚拟现实经验越多的人 VR 眩晕就越少。

心理不适感。内心想着即将感觉不舒服的人更容易真的形成不适感。对用户的不适感暗示可能会让他们细细地“品味”不良反应，这就比预先不告知的情况要糟糕[Young et al. 2007]。不对用户进行警告也是一个道德的窘境（比如，应该告知用户不适的风险，这样用户可以自己来做决定，并且知道在开始觉得不适的时候停止体验）。应该适当警告用户有些人会有一些“不舒服”，而且如果真的开始出现不适症状，不要“硬撑过去”，但是一定不要过度强调不适感，不然用户会过度紧张。

性别。女性的 VR 眩晕易感程度是男性的三倍[Stanney et al. 2014]。这可以解释为是来自激素的差异，视野差异（女性的视野更大，这也和更严重的 VR 眩晕相关），以及数据上报的差别（男性上报症状比实际小）。

年龄。物理晕动症易感程度最大的年龄段是 2~12 岁（儿童通常会晕车），在 12~21 岁之间易感程度会迅速降低，再之后就会更为缓慢地降低[Reason and Brand 1975]。VR 眩晕症随着年龄增大而加重[Brooks et al. 2010]。目前还无法完全解释年龄对物理晕动症和 VR 眩晕症的不同影响，但可能是由一些混杂因素引起的，比如，生活经验（飞行模拟器里的飞行和沉浸的电子游戏娱乐）、兴奋、缺少调节能力、精神集中度、平衡能力等。

心理模型/预期。如果场景移动不符合预期，用户会更容易感到不适（12.4.7 节）。例如，第一人称射击游戏的老玩家就会对虚拟现实的移动模式有不同的预期。大部分第一人称射击游戏都会把视线方向、武器/手臂，以及前进方向放到同一个方向。因此，玩家就会有身体跟着头的方向移动的预期，甚至在万向跑步机（Treadmill）上都是这样。当移动方向和视线/头的方向不一致时，就打破了他们的心理模型并造成疑惑，同时也会出现不适感（有时也称为使命召唤综合征，Call of Duty Syndrome）。

瞳距。大多数成年人的双眼间距在 45~80 毫米之间，5 岁的儿童则会窄到 40 毫米[Dodgson 2004]。应该根据每一个人的瞳距来校准虚拟现实系统。否则就会引起眼疲劳、头痛、不适感及各种问题。

不知道是否佩戴正确。简单告诉用户戴上头戴显示器并不能保证用户正确地佩戴好头戴显示器并且保持头部在正确的位置。用户的眼睛可能不在最佳位置，头戴设备可能角度很怪，或者很松等。要减少这些不利情况，应该教导用户如何佩戴好头戴设备，要求用户看着一个东西然后告诉他们“调整头戴设备到最舒服的位置并且保证显示器里的那个东西看起来是清晰的”。

平衡感。姿态不稳定（12.3.3 节）和晕动症紧密相连。在虚拟现实技术之前，关于姿态不稳定最准的相关测量就是 SSQ 里的恶心反胃类和定向障碍类量表[Kolasinski 1995]。

闪烁融合临界频率（Flicker-fusion frequency threshold）。一个人的闪烁融合临界频率就是他能够感知到最快闪烁的频率（9.2.4 节）。对于闪烁融合临界频率，不同的个体有较大的个体差异，同一天的不同时间、性别、年龄、智力都会影响差异[Kolasinski 1995]。

真实世界任务经验。有经验的飞行员（有真实飞行经验）会更容易感受到模拟器眩晕[Johnson 2005]。这可能是因为期望模拟体验会有和真实体验一样的反馈，于是更敏感。

偏头痛史。有偏头痛史的人容易感受到更严重的 VR 眩晕[Nichols et al. 2000]。

可能还会有其他的个人因素引起 VR 眩晕。例如，有猜测认为种族、专注程度、虚拟转向能力，场独立性都和 VR 眩晕的易感程度有关[Kolasinski 1995]。但是到目前为止没有太多有结论的研究来支撑这些猜测。

17.3 应用程序设计因素

即便完美解决了所有的技术问题（例如，零延迟、校准完美、无限计算能力），内容也可能会引起 VR 眩晕。有些 VR 眩晕不是源于人造硬件的技术限制，而是由于身体、大脑本身的生理构造所限。注意，用户可以通过头部动作和导航移动来驱动内容，因此把这些身体动作也包含在内。下面按照重要性从高到低罗列一些因素。

帧率（Frame rate）。低帧率会导致延迟（15.4.3 节）。把帧率列在应用程序因素里而不是系统因素的原因在于，帧率取决于应用的场景复杂度和软件的友好度。帧率的连续性同样重要，一个在 30Hz 和 60Hz 之间来回波动的帧率比稳定在 30Hz 的帧率要糟糕。

操控感（Locus of control）。一个人主动控制导航移动会减少晕动症（12.4.6 节）。飞行员和驾驶员会比同机的副驾和乘客更少感受到晕动[Kolasinski 1995]。控制可以让人预测未来的运动。

视觉加速。视觉加速会导致晕动症（12.2 节和 18.5 节），所以应该尽量减少视觉加速（例如，用摇头来模拟步行会引起震荡视觉加速，所以不应该摇头）。如果必须用视觉加速，应该使加速时长尽量短。

头部运动。对于有缺陷的系统（例如，有延迟或者校准不足的系统），用户保持头部不动可以明显减少晕动症，因为只有在头部运动的时候，系统缺陷才会引起场景移动（15.1 节）。如果系统的延迟超过 30 毫秒，那么内容应该针对低频且缓慢的头部运动进行设计。虽然头部运动是用户的个人因素，但是由于内容可以引导头部动作，所以仍归入此类。

时长。VR 眩晕随着体验时长的增加而加重[Kolasinski 1995]。因此，创作内容就应该针对短时体验来设计，并且在章节间加入间歇。

相对运动错觉。相对运动错觉指实际上没有动但是产生运动的错觉（9.3.10 节）。相对运动错觉，不常出现，但常会引起晕动症。

遮蔽显示冲突。在立体显示中如果物体和遮挡关系不符则会引起眼疲劳和困惑（13.2 节）。从现有游戏中移植的 2D 抬头显示常常会有这个问题（23.2.2 节）。

虚拟转向。视角的虚拟转向会引起晕动症（18.5 节）。

猩猩臂。过度使用要求手超过腰高度的交互姿态并且不给足够的时间休息会导致手臂疲劳（14.1 节）。

静止参考系。人类对静止的场景有强烈的参考倾向性。如果一部分视觉信息的呈现可以和前庭系统保持一致（即便其他部分不一致），也能减轻晕动症（12.3.4 节和 18.2 节）。

站立/行走 vs.坐。站着的用户比坐着的用户有更高的 VR 眩晕发生概率，这也和姿态稳定性有关[Polonen 2010]。这个现象也符合姿态稳定性理论（12.3.3 节）。由于无法听到、看到外界，站立时跌倒、和真实世界物体/线缆的碰撞的风险就更大。要求用户一直站立或者过度地以某种形式行走的移动会引起疲劳（14.1 节）。

距离地面的高度。视觉流直接和速度正向相关，和高度反向相关。已经发现飞行模拟器的真实高度不足是造成模拟器眩晕的最主要因素，因为视野中有更多运动的刺激源[Johnson 2005]。一些用户反映模拟出来的视觉高度如果和真实世界的高度不同也会引起不适。

双目视差过大。物体距离眼睛过近会出现重影，因为眼睛无法恰当地融合左右眼的图像。

虚拟现实入口和出口。在用户戴上或者取下头戴显示器时，应该显示空白或者让用户闭上眼睛。不属于虚拟现实应用程序的视觉刺激不应该显示给用户（在切换应用程序时不要显示操作系统的桌面）。

亮度。亮度和闪烁有关。对于持久性较弱，刷新率较低的显示器，黑暗环境的问题不会很明显[Pausch et al. 1992]。

重复性劳损。重复性劳损源于长时间的重复活动（14.3 节）。

17.4 沉浸感和晕动症

静止参考系假设（12.3.4 节）指出沉浸感（4.2 节）与静止参考系的稳定性有关[Prothero and Parker 2003]。例如，将一个精确校准系统中的整个场景作为静止参考系，和外面真实世界保持相对稳定（没有场景移动）就可以制造出高度沉浸。但是这个假设也并非适用于所有情况。例如，当用户在向前飞行的时候，为了减少眩晕而加入不真实的防抖（18.2 节）就会减弱沉浸，尤其是当环境中的其他部分真实时。

加强沉浸的因素（例如，更宽的视野）也可以加强相对运动错觉，而且很多情况下制造相对运动错觉就是虚拟现实设计的目标。但遗憾的是，这些可以增强沉浸的因素中的一部分同样也会加重晕动症。类似地，可以使用一些设计技巧来减少自身的移动感及晕动症。在设计虚拟现实体验的时候应该权衡这些因素。

18 减少不良影响的案例

基于前几章的内容，本章提供了一些减少眩晕的案例。我们希望读者不仅可以使用这些案例，而且还希望这些案例可以激发大家对虚拟现实眩晕理论的理解，这样便能创造出新的方法和技术。

18.1 适应优化

由于视觉和运动感知系统都是可以调整的，所以可以通过多重适应来减轻眩晕症状（10.2 节和 13.4.1 节）。但是好在大部分人都能够适应虚拟现实，而且大部分人在适应了之后不适感就会减轻[Johnson 2005]。当然，适应不是即时就完成的，适应过程的时长取决于不同情况和个人[Welch 1986]。可以迅速适应的人可能不会有任何的不适，然而适应得比较慢的人可能就会感到不适，在完成适应之前就放弃了[McCauley and Sharkey 1992]。递增式的体验和强度渐变的模拟可以有效地减轻晕动症[Lackner 2014]。为了达到充分的适应，初期的体验应该每次间隔 2~5 天[Stanney et al. 2014，Lawson 2014，Kennedy et al. 1993]。除了加入语音和文字告诉新手用户头部动作要轻缓，也可以通过制造轻松/流畅的环境来巧妙引导。延迟也应该保持稳定以达到阶段性的适应（10.2.2 节）。

18.2 外界稳定信息

车和船的运动会触发晕车、晕船。当人在车内或者船舱里看着一个稳定的东西时，比如看书，视觉信息会告诉大脑没有检测到运动，但是车的运动刺激了前庭系统，前庭系统告诉大脑检测到了运动。相对运动错觉则和这种情况相反——眼睛看到了运动但是前庭系统并没有检测到运功。这两种情况都存在视觉和前庭信息的冲突，常常会引起类似的眩晕和不适。

从车窗往外看或者在船内望向海平线，就会使视觉检测到的运动信息符合前庭信息。由于没有视觉和前庭信息的矛盾，晕动症就会大幅度减轻。反过来我们也可以在虚拟环境中加入稳定视觉信息（假设延迟低且系统校准良好）作为静止参考系（12.3.4 节）。和真实世界保持相对稳定的驾驶座可以有效地减轻晕动症。驾驶座之外的虚拟世界可以随着用户操控飞行器而变化，但是飞行器的内部相对于真实世界和用户是稳定的（图 18.1）。这不要求一定是一个完整的驾驶座，只要是相对于真实世界和用户保持稳定的视觉信息，都可以用来让用户在空间中感觉稳定，减轻晕动症。图 18.2 展示了一个例子——无论用户怎么虚拟转向或者行走，箭头相对于现实世界总是稳定的，也可以在用户周围放一个稳定的标记气泡。

图 18.1　EVE Valkyrie 中的驾驶座（源于 CCP Games）

该驾驶座为用户提供了一个静止参考系，让用户感觉稳定，减少晕动症。

图 18.2　对于校准良好、低延迟的系统，即便在用户虚拟转向或者到处走动的时候，相对真实世界静止的箭头也会符合前庭感知到的信息。在这个案例中，箭头也有指路的作用（源于 NextGen Interaction）

18.3　把世界场景当成一个物体来控制

尽管和真实世界相差很大，3D 多点触控模式（28.3.3 节）允许用户用手推、拉、转动、拉伸视点。这样的视点操控可以有两种差别微妙的感受和理解，但是这微妙的差别却很重要：

- 自身运动，用户在世界场景中控制自身移动；
- 世界场景运动，用户像控制对象一样推拉控制着世界场景的运动。

虽然这两种理解方式在理论上是等效的，都是用户和世界场景之间的相对运动，但有些有趣的证据表明第二种理解方式会减轻晕动症。当用户想从静止的点对象化控制世界场景时（用户把地板和身体看成静止参考系），大脑就不会对前庭系统的刺激有任何要求。事实上，Paul Mlyniec（2015年4月28日，私人通信）提出"在没有翻滚和俯仰的动作时，和视觉前庭冲突最大的动作就是拾起一个巨大的物体"。对于一些用户而言，保持对象化世界场景的心理模型有一定的难度，因此加入提示来维持心理模型十分重要。例如，两手之间旋转、缩放时显示的中心点可能对用户预测运动，以及制造主动操控感很有帮助，也可以为新手用户加入一些限制，例如，保持世界场景竖直可以增加操控感，减少混乱。

18.4 先导标记

如果行进路线是提前规划的，那么加入提示信息让用户可以准确预测视点近期的变化，能减轻一些干扰所带来的影响，这就是**先导标记（Leading indicator）**。例如，在虚拟场景中，在被动用户规划好的运动轨迹上加入一个提前500毫秒的标记（类似于驾驶员跟车驾驶）可以减轻晕动症[Lin et al. 2004]。

18.5 尽量减少视觉加速度和旋转

稳定的视觉速度（例如，以恒定速度向前虚拟移动）不太会引起晕动症，因为前庭器官无法检测到线速度。但是，视觉加速度（例如，视觉上从静止到前移）就会有更大的问题，应该尽量减少（假定没有使用运动平台）。如果设计上需要视觉加速度，那加速度应该只是偶尔出现，并且加速过程应尽可能快。例如，从静止加速到某个恒定速度，加速阶段应该快速完成。在行进中改变方向，就算线速度保持一致，也属于一种加速度，但现在还不太清楚改变行进方向是否和线速度的改变一样会引起眩晕不适。

尽量减少加速和旋转十分重要，尤其是用户没有主动控制视点进行被动移动的时候（例如，沉浸式电影中拍摄机位的移动）。和快速方位变化相比，缓慢的方位变化引发的问题会少很多。对于真实世界中的全景拍摄（21.6.1节），除非确认可以精确地控制相机的小幅度移动且移动是舒服的，否则相机整体最多只应进行稳定的匀速移动。类似地，在计算机生成的场景中，如果系统可以改变用户虚拟形象的头部姿态（例如，物理仿真带来的头部晃动），那么用户的视点就不应该和自身的虚拟形象的头部绑定。

用户主动操控视点时（12.4.6节），视觉加速度造成的问题会更小，但是仍然会造成用户的不适感。如果使用了游戏手柄上的模拟操纵杆或者其他的操控技术（28.3.2节），最好是有离散的几挡速度，切换速度时要迅速。

遗憾的是，还没有公布虚拟现实可以接受的数字指标。虚拟现实创作者应该对不同的用户（尤其是虚拟现实的新用户）做充分的测试来决定具体的保证用户舒适的实现方法。

18.6 棘轮转动

Denny Unger称不连续的虚拟转动（例如，突然旋转30°）为**棘轮转动**（**Ratcheting**），他发现这种转动引起的眩晕比顺滑的虚拟转动会小很多。如果用户没有习惯，这种方法会导致体验感中断并制造非常奇怪的感觉，但是又值得用来减少眩晕。有趣的是，它并不是在任意角度都会有效果。Denny Unger经过实验和调整，发现转动30°时是有效的，其他角度的转动都会引起用户更多的眩晕和不适。

18.7 延迟补偿

由于计算需要时间，所以虚拟现实总会有延迟。**延迟补偿技术**（**Delay compensation techniques**）可以减少系统延迟的不良效应，有效减少延迟[Jerald 2009]。下面将介绍一些预测和后渲染技术，这些技术可以一起使用，先进行预测，然后用后渲染技术修正预判中的所有错误。

18.7.1 预测

头部运动预测是头戴显示器系统中常用的一种延迟补偿技术。预测可以合理降低系统延迟或减缓头部运动。但是预测也会造成运动过度，放大传感器噪声 [Azuma and Bishop 1995]。位移误差会随着头动角度频率的平方、预测间隔的平方的增加而增加。对于快速的头部运动，提前超过30毫秒的预测不如不进行。而且，无法预测快速变化。

18.7.2 后期渲染技术

渲染后延迟降低技术（**Post-rendering latency reduction techniques**）首先会渲染比最后显示的模型更大一些的几何体，然后在显示过程中选择合适的子部分展示给用户。

最简单的渲染后延迟降低技术就是2D扭曲（2D warp）（Oculus称之为时间扭曲；Carmack 2015）。在一般的渲染过程中，系统首先会把场景渲染到一个单独的图像平面上。然后从这个较大的图像平面中选出一些像素，或者根据新的最优显示参数进行变换，最后再显示出来[Jerald et al. 2007]。

消除旋转引起的错误时，不会用单独的图像平面，用的是类似于Quicktime VR [Chen 1995]的圆筒状全景图像，或者球状全景图像。但是渲染一个圆筒状全景图像或者球状全景图像需要很多的计算资源，因为普通的图形传输没有针对渲染这类图像做优化。

在单独的图像平面和球状全景图像之间做一个妥协，就是**立方体环境贴图**（Cubic environment map）。这个技术通过把场景渲染成有六个面的巨大立方体实现对平面图像的扩展[Greene 1986]。头部的转动只会切换访问不同位置的显存——不需要其他的计算。

[Regan and Pose 1994]通过把几何体投影到视点周围的同心立方体中来进一步映射环境。投影几何体离视点远，较大的立方体对重新渲染的频次要求较低；离视点近，较小的立方体对渲染频次的要求较高。尽管会造成其他的视觉瑕疵，但仍会使用全 3D 扭曲[Mark et al. 1997]或者提前计算好的光场[Regan et al. 1999]来尽量减少大场景变换或者近处物体的错误。

18.7.3 延迟补偿的问题

上面介绍的延迟补偿技术都不是完美的。例如，用 2D 扭曲单独的图像平面可以将中间显示的错误减到最少，但是会增加边缘的显示错误[Jerald et al. 2007]。边缘错误使超广视野头戴显示器的问题变得尤其严重，因为头部转动时画面运动会出错，大脑对画面边缘的运动也很敏感。立方体环境贴图可以减少边缘错误，但是只限于转动（包括伴随某种运动视差的自然头部转动）。几何体距离视点越近，视觉瑕疵越明显。而且，许多延迟补偿技术认定场景是静止的；一般不纠正物体运动。无论如何，大多数延迟补偿技术如果实施得好，就可以减少边缘错误，而且即便有视觉瑕疵，也好过完全不纠正错误。

18.8 运动平台

如果利用好**运动平台**（**Motion platform**）（3.2.4 节），就可以通过减少前庭和视觉信息的不一致来减轻模拟器眩晕。但是，运动平台也加大了晕动症的风险，因为：第一，它扩大了身体运动和视觉运动的不一致（主要原因）；第二，无关视觉运动也会增加因身体运动导致的晕动症（次要原因）。因此运动平台并不是减少晕动症的快捷方法——在设计时加入运动平台一定要谨慎。

即便是被动运动平台（3.2.4 节）也可以减少眩晕（Max Rheiner，私人通信，2015 年 5 月 3 日）。Somniacs 的 Birdly（图 3.14）把用户模拟成了一只在三藩市上空飞行的小鸟。用户通过倚靠动作使平台倾斜来进行操控。手臂的主动操控也可以减少晕动症。用户躺下可以进一步减少晕动症，比站着的姿态稳定很多。

18.9 舒缓猩猩臂

用户在身前长时间手持控制器容易引起身体疲劳（14.1 节）。但如果设计成用户把手放松地放在两侧或者膝盖上完成大部分交互，那么即便用户一次性交互时间长达几个小时也不会感觉到猩猩臂[Jerald et al. 2013]。

18.10 边界警示网格和淡出

当用户接近动作捕捉区域的边缘，即将碰到无法在虚拟世界中看见的真实世界的真实物体（例如，墙），或者接近安全区域的边缘时，都可以用边界警示网格（图 18.3）或者真实世界的淡入显示来提示用户后退。虽然这样的提示会中断用户的体验感，但总比动作捕捉失败带来的体验感中断以及受伤好得多。

图 18.3 边界警示网格

用户接近动作捕捉空间的边缘或者即将碰到真实世界的障碍物/危险的时候，可以用边界警示网格来告知用户（源于 Sixense）。

一旦动作捕捉不再稳定或者延迟超过了某个值，系统应该迅速淡出虚拟世界并转入到单色显示来防止晕动症。通过检测动作捕捉的抖动或者帧率的降低来进行判定。除了淡入单色，具有低延迟摄像头透视能力的系统，可以快速淡入显示真实世界。

18.11 药物

防晕药物可以通过允许逐渐暴露于更高水平的刺激而不引起症状来潜在地提高适应率。但遗憾的是，很多用于减少晕动症的药物都有严重的副作用，所以其应用范围受到严格的限制[Keshavarz et al. 2014]。

有人吹捧姜是一种特效药，但其实姜的作用很小[Lackner 2014]。有时候可以通过放松反馈训练、渐进式增强感官刺激的方法来减少 VR 眩晕的易感程度。

晕动症的药物研究表明，通常药物作用中的 10%~40%都是心理作用。购买穴位按摩和磁疗的腕带来“减轻”或者避免晕动症对某些人也是一种潜在的心理作用。

19 减少健康危害的设计准则

虚拟现实潜在的健康危害是对个人，也是对它自身最后能否为大众接受的最大风险。我们每个人都要认真对待健康危害，并且尽力减少危害，而这也决定了虚拟现实的未来。

本章将总结第三部分各章的业界准则如下，包括硬件、系统校准、减少延迟、通用设计、运动设计、交互设计、使用、度量不适感。

19.1 硬件

- 不要使用让用户感觉到闪烁的头戴显示器（13.3 节）。
- 使用的头戴显示器重量要轻，重心要在中央，佩戴要舒适（14.1 节）。
- 使用的头戴显示器不要有内部视频缓存，但是像素响应要迅速，持久性要低（15.4.4 节）。
- 选用刷新率高的动作追踪器（15.4.1 节）。
- 选用的头戴显示器应该带有追踪准确，精度高，没有漂移偏差的动作追踪器（17.1 节）。
- 如果硬件支持，选用带有方位追踪的头戴显示器（17.1 节）。如果不支持方位追踪，就利用传感器到人眼的误差来估算用户转动头部时的运动视差。
- 如果头戴显示器不能很好地显示双目视觉信息，那么就用单目信息，尽管技术上不正确，但是会更舒适（17.1 节）。
- 如果可能，使用无线系统。如果不行，可以考虑把线缆挂在天花板上来减少绊倒和打结的情况（14.3 节）。
- 选用的触觉设备不能要求用户使出超过极限或是安全机制的力量（14.3 节）。
- 编写程序防止音量超过最大值（14.3 节）。
- 多用户使用设备时，不要使用耳塞，使用较大的耳机（14.4 节）。

- 使用运动平台时要尽量让前庭信息和视觉信息的时间相符（18.8 节）。
- 选择的手柄不需要用户用余光能看到，这样用户就可以把手放在两侧或者膝盖上，手只需要偶尔高过腰部（18.9 节）。

19.2 系统校准

- 为了减少异常的场景移动（12.1 节），要校准系统，并且要常确认校准是正确精准的（17.1 节）。
- 虚拟视野和头戴显示器的实际视野要始终一致（17.1 节）。
- 测量瞳距，并根据瞳距来校准系统（17.2 节）。
- 给不同的用户提供不同的参数配置选择。不同的用户一般会有不同的健康危害源（例如，新用户可能需要一个更小的视野范围，老用户可能不会在意更加复杂的运动）（17.2 节）。

19.3 减少延迟

- 尽量减少整体的端到端延迟（15.4 节）。
- 研究不同类型的延迟来优化/减少延迟（15.4 节），并测量各个会引起延迟的组件，找到最需要优化的地方（15.5 节）。
- 不要依赖过滤算法来删除动作追踪数据的噪声（选用精准的追踪器，这样就不会有追踪器抖动）。对追踪器数据做平滑处理会造成延迟（15.4.1 节）。
- 选用响应速度快、持久性低的显示器将运动模糊和抖动减到最小（15.4.4 节）。
- 因为减少延迟比消除撕裂瑕疵更重要（15.4.4 节），所以可以考虑不等待垂直同步（注意这一条不适用于所有头戴显示器）。如果渲染硬件和场景内容允许，使用超高渲染速率来接近即时像素，可以减少撕裂。
- 因为流水线会显著增加延迟，所以尽量减少流水线模式（15.4 节和 15.5 节）。类似地，因为多通道实现方法会增加延迟，所以要知道多通道渲染也会增加延迟。
- 注意偶尔的丢帧和延迟增加。不稳定的延迟和高延迟一样糟糕，甚至更糟，而且会很难适应（18.1 节）。
- 利用延迟补偿技术来减少有效/可感延迟，但是不要依赖这些技术来补偿过大的延迟（18.7 节）。
- 低于 30 毫秒的延迟可以用预测来补偿（18.7.1 节）。
- 预测之后，利用渲染后技术来纠正预测中的错误（例如，2D 图像扭曲，18.7.2 节）。

19.4 通用设计

- 太靠近双眼的视觉刺激会引起视觉辐辏调节冲突，因此要尽量避免太近的视觉刺激（13.1 节）。

- 双目双视显示器中不要使用 2D 叠层/抬头显示器。在离用户有一定距离的地方放 3D 叠层/文字（13.2 节）。
- 可以调暗场景来减少闪烁（13.3 节）。
- 在场景的任何地方都要避免使用 1Hz 或者以上的闪光灯（13.3 节）。
- 为了减少受伤的风险，设计坐立的体验。如果需要站立或者走动，提供实体障碍物来提供保护（14.3 节）。
- 对于行走或者站立的体验，也要提供一个可以坐下的地方，在虚拟世界中设置一个代表物，以便用户可以找到（14.1 节）。
- 设计短时长的体验（17.3 节）。
- 当用户接近追踪范围边缘时、接近虚拟世界中没有视觉代表物的真实世界物体时，或接近安全范围的边缘时，应渐入边界警示网格（Warning grid）（18.10 节）。
- 当延迟升高或者头部追踪性能下降时淡出虚拟场景（18.10 节）。

19.5 运动设计

- 如果避免 VR 眩晕是首要目标（例如，目标用户是没有虚拟现实经验的用户），不要以任何方式把视点从用户实际的头部动作中偏离（第 12 章）。
- 如果延迟很高，不要设计要求快速头部动作的任务（18.1 节）。

主动运动和被动运动

- 加入的视觉运动会导致用户做动作去平衡视觉上的运动，要谨慎（12.3.3 节）。
- 使用让用户坐着或者躺着的设计来减少姿态的不稳定（12.3.3 节）。
- 专注于让静止坐标系信息和前庭信息相符，不要过度关注所有方位和所有运动的相符（12.3.4 节）。
- 可以考虑把视觉分成两个部分，一部分代表内容，另一部分代表静止参考系（12.3.4 节）。
- 在大部分的背景可见且不要求写实性时，可以考虑把整个背景作为一个和前庭信息相符的真实世界静止参考系（12.3.4 节）。
- 针对驾驶交通工具的体验，可以加入一个稳定的驾驶座；针对非交通工具体验，可以考虑使用非写实的世界稳定信息（18.2 节）。
- 对不同的用户（尤其是虚拟现实新用户），需要做足够的测试来判断在具体实现或者体验中什么才是舒适的运动（第 16 章）。
- 除了直接头部运动，其他类型的视点运动不要靠近地面（17.3 节）。

被动运动设计

- 只有在确实需要的情况下才让视点被动运动（12.4.6 节）。
- 如果需要被动运动，尽量只用线性速度的运动（12.2 节和 18.5 节）。
- 不要加入视觉摇头（12.2 节）。
- 如果系统可以改变用户虚拟形象的头部姿态，那么用户的视点就不应该和自身的虚拟形象头部绑定（18.5 节）。
- 对于真实世界中的全景拍摄，除非确认可以精确控制相机的小幅度移动且移动是舒服的，否则相机整体最多只应进行稳定的匀速移动（18.5 节）。
- 缓慢的方位改变比快速方位改变带来的问题更小（18.5 节）。
- 如果需要虚拟加速度，应快速达到恒定速度（例如，立即加速比缓缓变速要好）并且尽量减少这样的加速度（18.5 节）。
- 使用方向标让用户知道之后的运动方向（18.4 节）。

主动运动设计

- 用户主动控制视点时，视觉加速度造成的问题不大（12.4.6 节），但是仍然会引起一些恶心。
- 如果使用了游戏手柄上的模拟操纵杆或者其他的操控技术，最好是有离散的几档速度，切换速度的时候要迅速（18.5 节）。
- 如果可以的话，不要设计虚拟转向，而是要设计实际转向（12.2 节）。可以考虑使用转椅（虽然有线系统可能会引发一些问题）。
- 可以考虑在角度转动时提供一种非写实的棘轮模式（18.6 节）。
- 遇到丘陵地域、楼梯等情况时，谨慎移动视点上下（12.2 节）。
- 对于 3D 多点触控，不要让用户在世界环境中穿来穿去，而是提示用户这个世界环境就是一个可以操控的物体对象（18.3 节）。

19.6 交互设计

- 交互设计应该可以让用户放松双手在两侧或者膝盖上完成工作，只需要偶尔举到腰部以上（18.9 节）。
- 不要设计重复的交互，以减少重复性劳损（Repetitive strain injuries）（14.3 节）。

19.7 使用

安全

- 可以考虑通过类似环形软垫栏杆的物理限制来强制用户待在安全范围内（14.3 节）。
- 对于站着或是走动的用户，可以让监护人在近处进行监护，如果有必要的话帮用户保持稳定（14.3 节）。

卫生

- 可以考虑给用户提供一个干净的头套放在头戴显示器中，然后在脸部和头戴显示器之间加入可拆卸/可清洗的垫子（14.4 节）。
- 用户使用之后擦洗设备，清洁镜片（14.4 节）。
- 在周围准备好呕吐袋、塑料手套、漱口水、饮品、小零食、空气清新剂，以及其他清洁产品，但是要把这些东西放到视线之外，以免这些东西让用户联想到身体不适（14.4 节）。

新用户

- 对于新用户要尤其谨慎，不要呈现任何会引起眩晕和不适的信息。
- 对新用户可以考虑减少视野范围（17.2 节）。
- 除非用的就是朝注视方向前进的模式（28.3.2 节），不然就这样告诉玩家“不要再想你的游戏了，如果还觉得要向正面移动，那请再想想。这并不是必须的”。（17.3 节）
- 在刚开始时鼓励用户缓慢地移动头部（18.1 节）。
- 刚开始可以用一些短的片段，或者加入足够的休息/暂停。在用户习惯之前不要用长时间的片段（17.2 节和 17.3 节）。

眩晕和不适

- 不要让健康状况不好的人使用虚拟现实系统（17.2 节）。
- 用轻松的方式告知用户可能会出现不舒服的感觉，并且让他们一旦有了不舒服的感觉就停止，一定不要“撑过去”。同时不要过分强调不良反应（16.1 节和 17.2 节）。
- 无论用户在何时选择不参加体验或者停止体验，都要尊重用户的选择（17.2 节）。
- 在用户穿脱头戴显示器的时候不要呈现画面（17.2 节）。
- 如果屏幕没有先变暗，或者用户没有闭眼，就不要暂停或终止应用程序，也不要切换到桌面（17.3 节）。
- 密切注意 VR 眩晕的早期警示征兆。比如，脸色发白、流汗（第 12 章）。

适应和重新适应

- 在使用虚拟现实之后，给用户提供一些重新校准感官系统的活动来进行主动重新适应，可以加快重新适应真实世界的过程（13.4.1 节）。
- 在使用虚拟现实之后，利用自然消退让用户慢慢重新适应真实世界——鼓励用户坐下休息，闭上眼减少动作（13.4.1 节）。
- 在使用虚拟现实之后，告知用户在 30~45 分钟之内，在所有副作用消失之前，不要开车、操纵重型机械，或者进行高风险行为（13.4 节）。
- 使用虚拟现实要间隔 2~5 天来保证充分的适应过程（18.1 节）。

19.8 度量不适感

- 最简单的数据收集方法就是列出症状清单或者做问卷调查。可以把肯尼迪模拟疾病问卷表作为标准（16.1 节）。
- 经过训练的人，通过姿态稳定性的测试（16.2 节）并不难。
- 可以考虑用生理测量的方法来保证不适感度量的客观性（16.3 节）。

第四部分　内容创作

> “我们图像学专家在玻璃瓶上描绘彩色圆点来制造视觉和意识的假象，使之呈现出桌面、宇宙飞船、分子和其他一些真实世界不可能出现的事物或景象。”
>
> ——Frederick P. Brooks，Jr.（1988）

人类上千年来一直在创作内容。比如，洞穴人画的壁画；从金器到金字塔，古埃及人所创造的一切。创作的形式很广泛：从华丽到质朴，跨越不同文化不同时代，但美一直是创作的目的。哲学家和艺术家一直在强调愉悦感和实用性同样重要，对于虚拟现实而言更是如此。

虚拟现实是一个相对比较新，还没有被大众充分理解的媒体。大多其他的学科都比虚拟现实的历史更悠久，而且在很多方面都与之大相径庭，即便如此，虚拟现实还是有许多可以从其他学科借鉴的地方。像建筑、城市规划、电影、音乐、艺术、布景设计、游戏、文学和科学等研究领域都可以为虚拟现实的内容创作添砖加瓦。在本部分内容中，我们会利用上述和虚拟现实密切相关的学科领域中的一些概念。不同学科的不同部分必须在虚拟现实中互相融合，形成用户的整体体验——即故事、行为和反应、人物和社群、音乐和艺术的融合，再加入一些创意，会使整体体验远远超越个体元素的简单累加。

本部分共有五章，讨论如何创造虚拟世界。

第 20 章，内容创作的高级概念，讨论最具吸引力的虚拟现实体验所共有的内容创作核心概念：体验故事、核心体验、概念完整性和格式塔组织原则。

第 21 章，环境设计，讨论从不同模型到不可见隐喻的环境设计的各个方面。环境设计不能止于激发愉悦感——环境设计应该能够提供启示性的线索，提示交互限制及优化寻路。

第 22 章，影响行为，讨论内容创作如何影响用户的状态和行为。因为无法像其他媒体一样通过系统直接控制用户体验，所以影响行为对于虚拟现实尤其重要。本章包括个人导航辅助，注意力引导，内容和行为如何与硬件选择相关，以及虚拟现实的社会效应。

第 23 章，过渡到虚拟现实的内容创作，讨论虚拟现实内容创作与其他媒体内容创作的区别。理想状况下，虚拟现实的内容应该从创作伊始就一同展开。但是有时达不到理想状况，本章介绍一些技巧来移植既有内容到虚拟现实中。

第 24 章，内容创作：设计准则，总结前 4 章，并列出一系列可用于实践的虚拟现实内容创作准则。

20 内容创作的高级概念

没有内容的虚拟世界只会是一片荒芜之地。本章讨论用于内容创作的通用高级技巧——创造引人入胜的故事，专注于核心体验，始终保持世界的完整性，以及感官组织的格式塔组织原则。

20.1 体验故事

> “我们需要考虑用户随着时间流逝所产生的体验曲线。虚拟世界可以激烈也可以静谧，理想的体验应该是在这两种状态间来回往复，这样就赋予了创作者用不同的虚拟现实设计元素来强化故事元素的能力。”
>
> ——Mark Bolas（私人交流，2015 年 6 月 13 日）

戏剧、图书、电影、游戏，传统媒体中的故事，由于能和观众的亲身经历产生共鸣，会非常有吸引力。虚拟现实是极具实验性的技术，和任何其他形式的媒体相比，用户更能成为故事的一部分。但是，单纯用虚拟现实来讲故事并不能直接带给用户醉人的体验—— 一定要用合适的方法在某种程度上使用户产生共鸣。

传达故事的时候，不一定要展示所有的细节。用户会用自己的想象填补沟隙。人们甚至会很自然地给最基本的图形和动作赋予含义。举个例子，Heider 和 Simmel 创作了一段 2 分半的视频，视频中只有一些线条、一个小圆、一个小三角和一个大三角（图 20.1）[Heider and Simmel 1944]。圆和三角在线条内外来回移动，并且偶尔互相触碰。实验要求参与者“写下刚才在画面中发生的事情”。其中一个参与者写下了下面的故事。

“一个男人打算约见一个女孩，结果这个女孩和另一个男人一起出现了。第一个男人让第二个男人离开；第二个男人让第一个男人离开，第一个男人摇了摇头。然后这两个男人就缠斗了起来，这个女孩朝着房间逃去，她犹豫了一下，还是躲进了房间。她显然不愿意和第一个男人在一起。第一个男人跟着她进了房间，此时第二个男人弱弱地靠在屋外的墙边。女孩变得焦虑，然后从房间远处的一个角落逃窜到另一个角落……”

34 名参与者中，有 33 名都把这些几何图形的动作理解为是有生命的物体。只有一名参与者将其理解为单纯的几何图形。最让人吃惊的是，其中有一些故事是如此相似。这 33 个故事在动画特定要点上都有相似的解读：两个人物有打斗，一个人物被关在某个结构中并且尝试逃离出来，然后一个人物追逐另一个人物。

虚拟现实内容创作者不可能将这样的主观性从故事体验中抽离出来。用户总会根据自己的价值取向、信仰、个人记忆等因素曲解任何呈现给他们的刺激。然而，上述实验表明，即使是简单的线索也能引发非常一致的解读。虽然内容创作者不能控制用户在自己的脑海中如何构建故事的所有细节，但是内容创作者可以通过暗示引导用户的思考。内容创作者应当专注于故事最重要的部分，并尽力使其在用户中能够保持解读的一致性。

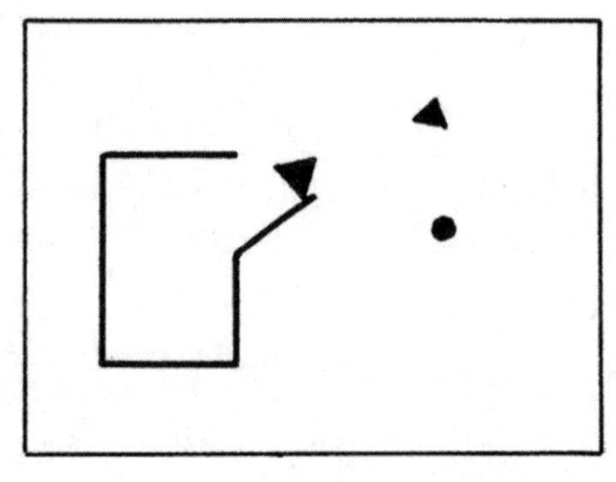

图 20.1　几何图形视频中的一帧

被试者们根据这个动画构想出了许多巧妙的故事[Heider and Simmel 1944]。

体验逼真度（Experiential fidelity）是用户的自身经历和虚拟现实内容创作者试图传达的体验之间的匹配程度[Lindeman and Beckhaus 2009]。优化技术可以提升体验逼真度，同时，技术以外也有很多别的方法可以提升逼真度。例如，在进入虚拟世界之前刺激用户，如在开始之前告诉用户一些关于将要发生的情节的背景故事，会构建用户的参与感和期待感，增加呈现内容的影响力。类似这样的方法可以大大提升用户体验逼真度，可以说比利用技术要有效得多，并且这样的方法是为用户提供高质量体验的必要手段。在提供了足够线索让用户用自身的想象填补细节的情况下，完全的写实手法就没有必要了。整个虚拟现实体验并不是以追求高体验逼真度为目的的。一个可以自由探索的社会化世界能够让用户创造自己的故事——或许内容创作者只需要为用户提供一些元故事，用户就可以在这些元故事的基础上创造自己的故事。

拟真主义（Skeuomorphism）是指把过去的、熟悉的想法融入新的技术中，尽管这些想法已经不再扮演功能性角色[Norman 2013]。拟真主义非常重要，尤其是对于那些比普通人更抗拒变化的人而言。如果设计非常符合真实世界，那么与其他技术相比，快速/较低的学习曲线会使人们更容易接受虚拟现实体验——不是重新学习一个新的界面和与其对应的预期，而是像在真实世界一样直接交互。这样就可以在故事中利用真实世界的隐喻来渐渐教会用户如何用新的方法在这个世界里交互。最终，利用拟真设计的逐渐过渡，即便是再守旧的用户也会开始接受和以往关系不大的奇妙交互形式（26.1 节）。

2008 年 6 月，大约 50 位前沿的虚拟现实研究者在 Dagstuhl VR 研讨会的“体验设计”分区中提出了界定优秀体验的 4 个根本属性[Lindeman and Beckhaus 2009]，如下所述。为了创造极致体验，按照以下的概念，通过强有力的叙事和感官输入来创作内容。

强烈情绪，包括一系列情绪和极端感受。像愉悦、兴奋，以及惊讶这类的强烈感受会在不经意间就获得。强烈情绪来源于对事件的预期，达成目标或者实现童年梦想。和逻辑故事相比，大多数人会更中意情感故事。故事的作用就是将情绪从技术限制中转移出来。

深度沉浸，产生于用户在当下经历着的“流状态”，就像[Csikszentmihalyi 2008]所描述的那种状态。沉浸中的用户会集中所有精力在体验中，从而丧失对时空的感觉。用户在完全没有干扰的高度集中状态下，会变得极其敏感。

大量刺激，是指全形态的感官输入，并且每一种形态的输入量也相当庞大。全身沉浸，并且以多重方式感受体验。但刺激需要和故事协调。

逃离现实，心理上从真实世界中抽离。制造一种真实世界和真实人物的缺失。用户完完全全地体验故事，不会察觉到真实世界的感官信息或者时间的流逝。

虚拟现实不是独立存在的。迪士尼透彻地理解这一点。20 世纪 90 年代中期有一段长达 14 个月的时间，大约 45000 用户以虚拟现实为媒介体验了阿拉丁的故事[Pausch et al. 1996]。故事的作者得出了以下结论。

- 不熟悉虚拟现实的人对科技无感。因此要专注于整个故事而不是专注于技术。
- 在沉浸虚拟世界之前为用户提供相关的背景故事。
- 让故事简单明了。
- 专注于内容，赋予用户目的和任务。
- 为用户提供明确目标。
- 专注于可信度，而不是盲目的超现实主义。

- 对于最敏感的用户，也要保证体验足够顺畅。
- 隐藏体验感中断，如互穿的物体和对用户无响应的角色。
- 和电影类似，虚拟现实会吸引所有人，但是不同的内容会吸引不同的用户群，所以应专注于目标人群。

20.2 核心体验

核心体验是指用户做有意义的选择并得到有意义的反馈的关键性即时活动。核心体验极其重要，虚拟现实创作者应该主要专注于让核心体验足够吸引人，这样用户才会沉浸于其中并且想要再次体验。所以即便是整个虚拟现实体验存在各种上下文联系和限制，核心体验仍然应该始终保持一致。

以一个虚拟现实的乒乓球游戏为例。传统的乒乓球游戏的核心体验感，就是用一个简单动作来进行持续的竞技，这个动作可以通过长时间的练习来提升。虚拟现实的游戏可以超越现实世界的乒乓球游戏，比如，在球桌上加入障碍物、改变球的弹跳轨迹获取额外的分数、增加难度系数、呈现不同的艺术背景、奖励玩家钛合金球拍等。尽管如此，用球拍击打乒乓球的核心体验还是没有变。如果这个核心体验不起作用，那么即使它足够有趣，再多奇特的功能也只能留住用户几分钟。

即使是非娱乐性质的正经应用，做好核心体验的愉悦感，和让用户感觉这不仅仅是一个有趣的样品，而是一个能够持续使用的系统同样重要。**游戏化**在某种程度上是引入用户觉得普通的任务并让核心任务充满乐趣、有挑战性，并且有奖励。

选择核心体验并使其充满乐趣是一项需要创造力的工作。但是很少有创意能够在一开始就转换为核心体验的愉悦感。因此虚拟现实创作者必须不断优化核心体验、尝试不同的核心体验原型、通过观察用户不断学习、收集用户数据。本书的第六部分中包含了相关的概念。

20.3 概念完整性

“没有一种风格可以吸引所有人；没有人会喜欢多种风格的随意混杂……所以在某种程度上一致性会给用户带来明晰/澄明的感受，明晰/澄明的感受则会带来愉悦。”

——Frederick P. Brooks，Jr. （2010）

Brooks 在《人月神话：软件项目管理之道》中强调“概念完整性是系统设计中的第一要素”。在虚拟现实的内容创作中更是如此。概念完整性也被理解为相关性、一致性，以及风格统一性[Brooks 2010]。

虚拟世界的基本架构应该直接、明确、不言自明，这样用户才能迅速理解并且开始体验虚拟世界并与之交互。当一般用户成为专家用户之后可以添加一些复杂度，但是核心的概念模型应当保持一致。

无关紧要的内容和功能对于体验而言并不重要，即使内容和功能本身很好，也应当忽略。有一个贯穿整个体验的好方案好过几个松散相关的好方案。如果有很多不错的方案，这些方案合并起来会优于现有的主要概念，但是这些方案之间有一些矛盾，那么就需要重新思考一个主题概念来融合这些绝佳但是矛盾的方案。

优秀的艺术家和设计师善于利用意识和潜意识决策的一致性来创造概念完整性。当项目特别复杂需要团队协作时如何保证项目中的概念完整性呢？请一位项目主管，把控项目的主要概念，并且他必须有清晰的视野和热情来指导项目的前景和内容。

主管的职能一方面在于用户体验，另一方面在于达成项目目标并领导团队专注于正确的工作。主管会从团队中汲取建议，然后针对目标概念和目标体验做出最后的决定。主管需要在项目定位的过程中起到重要作用（第 31 章）。然而主管又不是执行决策（第 32 章）或获取用户反馈（第 33 章）过程中的独裁者，而是在这些工作中听取工作人员的意见并给出建议。同时，主管必须时刻准备好展示执行示例，即使不是最理想的执行方案，但仍然要演示出他的想法是如何贯彻执行的。如果执行者和数据收集者采纳了主管的建议，那么主管就应该信任他们。

执行者和数据收集者需要及时与主管确认执行的工作和测量的内容是否正确，鼓励提问和沟通。由于在项目发展过程中，项目的定位可能会改变，设想也可能会偏离，所以必须在项目的全过程中保持沟通顺畅。

20.4 格式塔组织原则

格式塔原本是一个德语单词，翻译为中文“完形/格式塔”。格式塔心理学的核心是指人的感知取决于一些组织法则，这些法则决定了我们如何认知事物和世界。这个法则认为人在感知到物体的各个局部之前会形成对物体整体的认知，或者二者同时发生，并且认识到整体并不是局部的简单相加。格式塔心理学对于虚拟现实尤其重要，因为与单纯的图像相比，最好的虚拟现实应用会把所有的感官融入体验中，这是任何其他单一感官形态都无法做到的。

格式塔效应是我们大脑形成整体结构的能力，尤其是在完整图形的视觉认知方面，它让我们看到的不仅仅是一堆简单、毫无联系的像点、线、面一样的元素。在之前已经论述过，如果任何人都已经体验过了所有的虚拟现实片段，那么人就会成为模式识别的机器，可以看见超越现实的东西。

知觉组织包含两个过程：分组和隔离。分组是指把感官刺激按照单元或者对象分为一组的过程，隔离则是将区域或者对象区分开来的过程。

20.4.1　分组法则

格式塔分组是我们自然地按照有组织的模式和对象认知事物的方式，这样的认知方式可以让我们在混乱的个体组件中形成某种程度上的秩序。

简化原则（The principle of simplicity）：图形倾向于以最简单的形式被理解，而不是复杂的形状。如图 20.2 所示，认知一个三维物体取决于其二维投影的简化程度；二维投影越简单，越容易把这个三维物体理解为一个二维图形。在更高层次上来说，即便三维物体不是很真实，我们也更倾向于识别三维物体。图 20.3 中的消防栓为了展示特点，以一种不现实的方式被故意扭曲了，但我们仍然把它理解为一个简单可辨别的物体（即整个消防栓）而不是一堆抽象独立的组件。

连续原则（The principle of continuity）：我们倾向于把整齐一致的元素理解为一个简单的组块，且比没有对齐的元素更具有相关性。我们更容易把构成图案的许多点看成整体，而轨迹平稳的线条也是如此。“X”符号或是两条相交的线（图 20.4）会被看成是两条相交的线而不是两个相对的角。

我们的大脑会在潜意识里自动根据线索整合出一个在现实中最有可能的完整实体。即使物体的一部分被挡住了，我们仍然会觉得这个物体在遮挡物后面的部分是连续的，如图 20.5 所示。

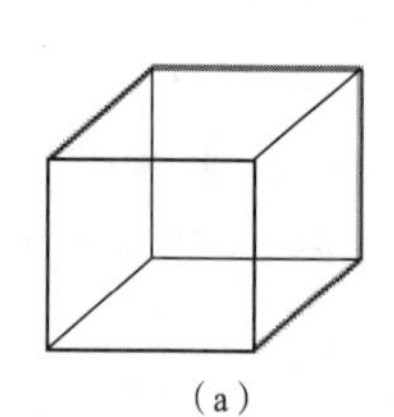
(a)

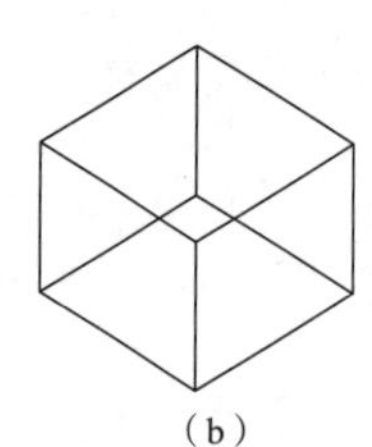
(b)

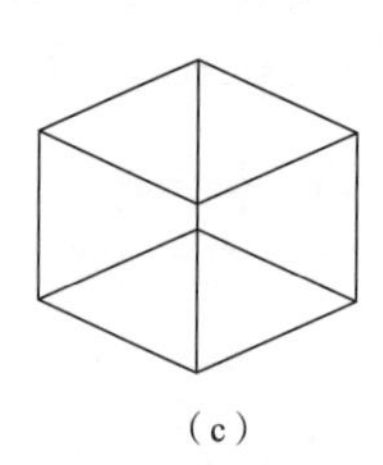
(c)

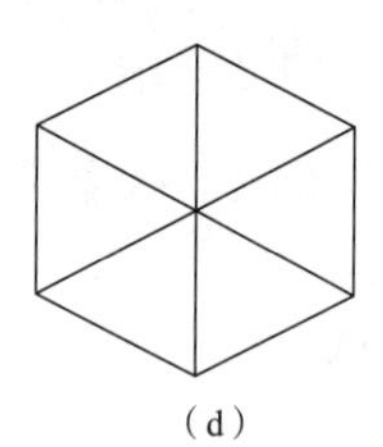
(d)

图 20.2　简化原则（摘自[Lehar 2007]）。

图形以最简单的形式被用户理解，不论是三维图形（a）还是二维图形（d）。

图 20.3　利用简化原则创建的消防栓（几何形状是用户的三维指针）

（由 Sixense 提供，在此致谢）。

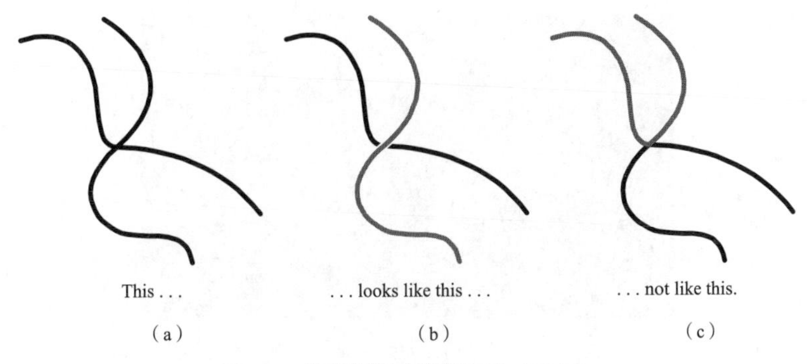

图 20.4　连续原则（摘自[Wolfe 2006]）

最整齐或者轨迹最平顺的元素更容易被感知。

图 20.5　蓝色的几何体连接着两个黄色的三维光标，即便是被中间的彩色方块堵住，但我们还是感觉这个几何体是连续的。同样，我们也会感觉左边那个光标射出的尖刺也是连续的，只不过穿过了方块 [Yoganandan et al. 2014]

就近原则：我们倾向于把距离近的元素看成是同一个图形或同一个分组（图 20.6）。即使形状、大小、对象都差别很大，但只要距离近，就会被看成是一个分组。社会就是利用这样的就近原则发展出了书面语言。单词就是字母的分组，用巧妙的方法把字母用空格隔开和聚拢，就形成了单词。人在学习阅读的时候，识别单词不仅仅是依靠每一个字母，还要依靠字母分组形成的更大的可识别图案。就近原则在图形创建用户界面时也很重要，如图 20.7 所示。

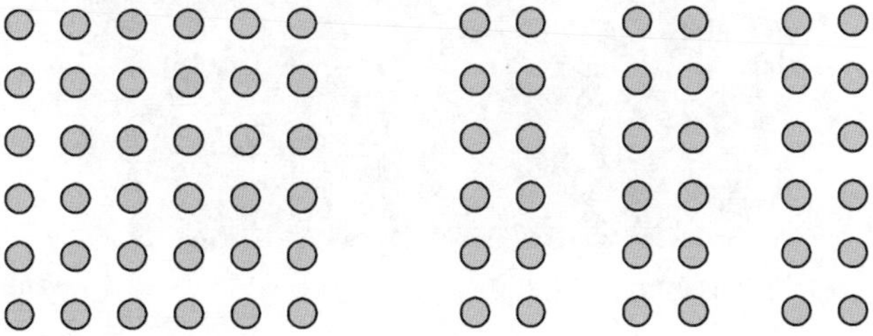

（a）　　（b）

图 20.6　就近原则

距离近的元素会被看成是同一个图形或是同一个分组。

图 20.7　MakeVR 中的一个面板利用就近原则和相似原则给不同的用户界面元素分组（下拉菜单项、工具图标、布尔操作符，以及应用选项）

相似原则：我们倾向于把具有相似特点的元素分为一组（图 20.8）。元素的形式、颜色、大小，以及亮度都会影响相似性。不管是在真实场景中还是在抽象的艺术场景中，相似性都可以帮助分类物体，如图 20.9 所示。

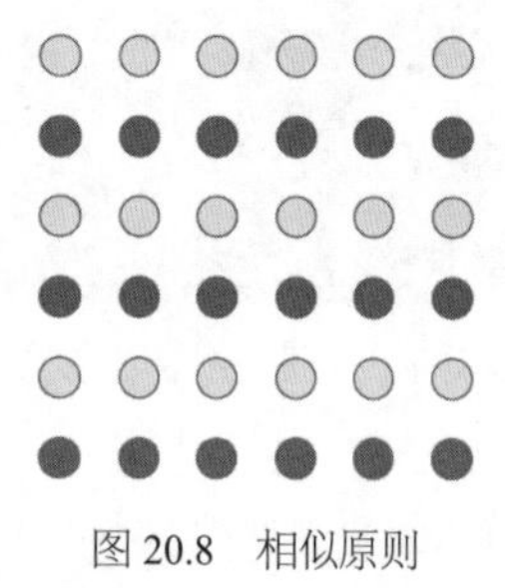

图 20.8　相似原则

具有相似特点的元素倾向于被感知为一组。

图 20.9　在 MakeVR 中利用相似原则搭建的抽象艺术（由 Sixense 提供）

闭合原则：我们倾向于把没有完全闭合的形状认为是一个整体（图 20.10）。我们的大脑会尽量把不完整的物体或者形状看成是一个整体，即便要在空白区域加入想象的线条，就像 Kanizsa 错觉一样（6.2.2 节）。观察者利用认知补全一个图形时就会产生闭合。

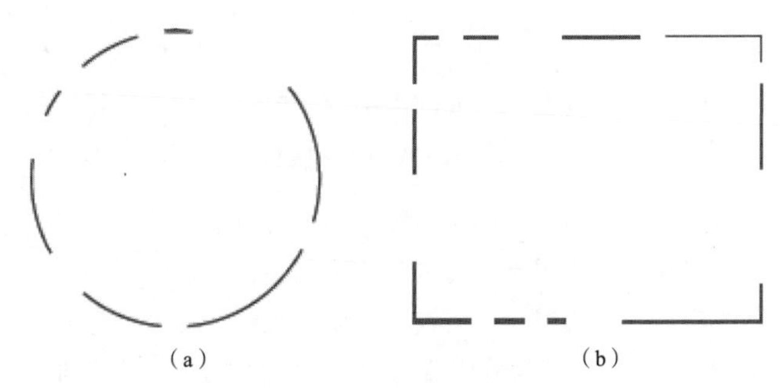

图 20.10 闭合原则

我们倾向于把没有完全闭合的形状认为是一个整体。

连贯性闭合，在电影、动画和游戏中很常见。如果上一个场景是一个角色出发去一个地方，接着下一个场景就突然到达了目的地，那么，我们会脑补场景转换之间的时间，不需要观看整个过程。在沉浸式游戏和电影中也常用到类似的概念。在更短的时间内，当实际上没有运动发生或屏幕在相邻两个画面之间显示空白转场时，就可以感觉到视觉运动（9.3.6 节）。

共同命运原则（The principle of common fate）：我们倾向于把一起运动（运动方向一致）的元素看成是一个整体，即便这些元素在一个很大很复杂的系统中（图 20.11）。共同命运原则不仅仅适用于运动元素的分组，还可以用于感知对象的形态。例如，如果我们动一下头部，共同命运原则就会帮助我们通过运动视差感知到物体的深度（9.1.3 节）。

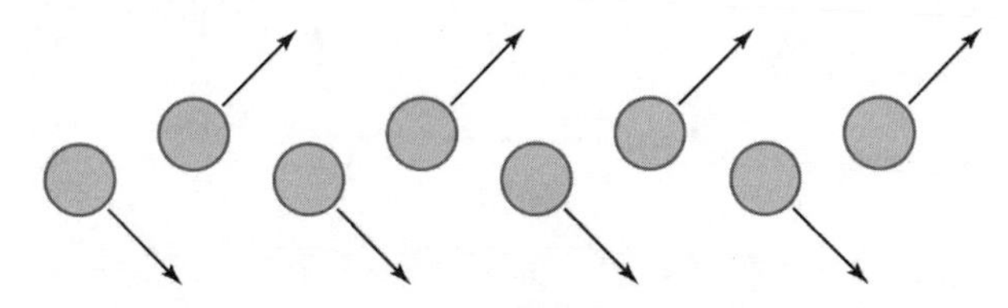

图 20.11 共同命运原则

我们倾向于把运动方向一致（箭头所指方向）的元素看成一组。

20.4.2 分割原则

分割原则是指物体之间的知觉分割。在图形-背景问题中经常提到如何区分图形和背景的问题。

物体一般在背景中显得比较突出。知觉分割其实就是我们意识中会认为具有类似物体特性的轮廓就是一个图形。背景则是我们感知到的图形背后延伸出去的部分。图形和背景之间的边界则更像是属于图形的一部分。

背景的形态少、对比度低，而图形具有更多独特的形态。图形一般会显得比背景上同等大小的光斑更亮或者更暗。图形一般具有更丰富的含义，更容易记忆。图形具有作为一个“物体”的特征，更倾向于表明某种含义，背景则一般没有明显的含义，主要是作为一种稳定的参考，比如运动感知时的静止参考系（12.3.4 节）。图形的感官刺激会比背景具有更丰富的细节。

观察者在区分图形和背景时，有很多影响因素。一般而言物体都是凸状的，所以凸面形状更容易被看成图形。场景中比较低矮的区域更容易被看成背景。象征物体的熟悉的形状会更容易被感知为图形。像局部遮挡或重叠、线性透视、双目视差、运动视差等类似的深度信息，很容易影响我们对图形和背景的感知。那些更易于被视为物体或者信号物（25.2.2 节）的图形，会给我们一种“可以与之交互”的暗示。

21 环境设计

用户所在的环境定义了虚拟现实体验中发生的一切事情的上下文。本章讨论虚拟场景及环境设计师在设计虚拟世界时需要注意的各个方面。

21.1 场景

场景是当前延伸到空间中的全部环境，也是所有行为发生的场所。

场景可以区分为远景/背景、情境模型、基础模型，以及可交互物体（和[Eastgate et al. 2014]中对场景的定义很像）。远景/背景、情境模型，以及基础模型，相当于9.1.2节中描述的视野空间、行动空间和个人空间。

远景/背景：是指远景区域中场景的边界，比如天空、山、太阳。由于距离非常远，几乎不存在非图形化深度信息（9.1.3节），所以它也可以是一个纹理盒。

情境模型（Contextual geometry）有助于定义用户所在的环境。情境模型包括远距离地标（21.5节）。远距离地标用于导向寻路，一般出现在行为区域中。情境模型没有功能示能性（Affordance，即不能被选中，25.2.1节）。情境模型一般而言距离足够远，所以可以用一些简易的伪模型来充当（例如，在描绘比较复杂的物体时，如树，可以直接用二维的公告板或者纹理）。

基础模型（Fundamental geometry）是参与基础体验构成的近处的静态物件，如桌子、指示、门廊。基础模型一般带有功能可见性，如阻止用户穿过墙体，或是能够支撑起别的东西。这类模型一般出现在个人区域和行为区域中。由于距离很近，所以艺术家们应该更注重基础模型的打造。在虚拟现实中，这种近距离的三维细节尤其重要（23.2.1节）。

交互对象（Interactive objects），是指可以交互的动态物件。在个人区域中，这些小物件一般可以直接交互，而在行为区域中，大多数情况下是间接交互的。

所有物体和模型的缩放尺度应该保持与其他物体和用户的相关性相对一致。例如，三维空间中一辆远处的大卡车相对于近处的小汽车应该有一个合适的缩放尺度；不能因为距离很远，就被缩放得更小。一个好的虚拟现实渲染库应该处理好三维空间到人眼的投影变换；而艺术家不需要担心这些细节。为了让体验更真实，可以将一些标准尺寸、用户熟悉的物体放在用户容易看见的地方（相对尺寸请参见 9.1.3 节）。大部分国家都有标准尺寸的纸张，易拉罐、钞票、台阶高度，以及大门。

21.2 色彩和光照

色彩无处不在，以至于我们把色彩的存在看成是理所当然的。不论是穿衣服还是开车，我们一整天都不断地看到色彩并与之互动。我们常把色彩与情感（紫色代表狂怒，绿色代表嫉妒，蓝色代表忧郁）联系起来，或是赋予色彩特殊的含义（红色表示危险，紫色表示高贵，绿色表示生态）。

还有一些因素影响我们对颜色的感知。例如，环境中的情境或者背景可能影响我们对一个物体颜色的感觉。整个场景的夸张色彩或者极端光照条件可能会导致亮度低，色彩一致性缺失（10.1.1 节），并让物体看起来和平常差异很大。除非是特意营造，一般而言，内容创作者应该使用多种色彩和轻微的光照变化，这样可以让用户感知到物体本来的颜色，也可以保持色彩一致性。

色彩可以帮助用户更好地区分物体。例如，明亮的颜色可以通过突显性（指场景本能地吸引注意力的物理特性；10.3.2 节）吸引用户的注意力。图 21.1（左图）举例说明如何将非相关背景（如圆桌上的物体）做成暗灰色形成反差来让用户注意到更相关的物体，即后面的脑叶和分数牌。图 21.1（右图）显示系统给出语音指示后，打开颜色开关，标识出圆桌上可以被抓取的脑叶部分。

图 21.1　色彩用于引导注意力（由 Digital ArtForms 提供）

左边场景中，彩色物体引导了用户的视觉注意力。在系统语音指示之后，圆桌和圆桌上的脑叶显示出颜色，提示用户现在可以和这些物体互动了。

真实世界中的画家只会从 1000 多种颜色中选取一小部分颜色（Pantone 匹配系统包含大约 1200 种色彩选择）。这并不表示在虚拟现实中我们只需要 1200 种颜色的像素。许多微妙的色彩变化来源于表面的渐变——例如，表面的光照强度变化。然而，1000 多种颜色对于在打光之前创造内容已经够用了（除非创作者试图从这 1000 多种颜色之外再找到一个完美匹配的颜色）。

21.3 声音

正如 8.2 节中讨论的，由于受多种因素影响，我们对声音的感知变得极其复杂。听觉信息在日常生活及虚拟现实中有非常重要的作用，包括辅助环境认知，烘托情感氛围，辅助提示视觉，在不增加视觉负荷的同时传递各种复杂信息，提供其他感官系统无法提供的独特信息等。尽管是已经学会正常工作生活的听觉障碍者，也需要用一生的时间来不断学习和无声的世界交流互动的方法。没有声音的虚拟现实世界等同于让一个没有学习过听觉障碍技巧的人突然失去听觉。

娱乐产业善于利用声音。因制作视觉特效闻名于业界的 George Lucas，曾说过声音在动画体验中所占比重达到 50%。就像一部好电影，配乐尤其能激发观众情感。微妙的环境音效（Ambient sound effects），比如鸟鸣伴随着风吹动树枝的沙沙声，孩子们在远处玩耍的声音，或是工厂的喧闹声都可以营造出意外强烈的真实感和存在感。

如果用巧妙的方法来呈现声音，就会使信息传达更容易达到极好的效果。声音在搭建环境认知时十分有效，而且它与任何视觉特性无关，即无论用户在看哪儿都可以引起用户的注意。声音虽然很重要，但是如果滥用的话也会变得喧宾夺主、令人烦躁。忽略声音也是很难的，不像忽略视觉（只需要闭上眼睛）那样简单。频率较低的尖锐的警告音是专门设计带来不悦感和引起注意的，所以如果本意如此，那么就是合理的设计。然而，过度使用这样的声音会很快令人烦躁，而不再起到原本的作用。

重要信息可以用语言（8.2.3 节）来传达，可以是合成的语音，人工预先录制的，或者是远程用户的实时语音。语音信息可以简单到像一个只是寻求确认的界面，也可以复杂到是一个既提供信息，又对用户的语音输入进行反馈的语音界面。利用声音的其他例子还包括帮助用户完成目标的声音提示、对于即将来临的挑战的警告音、物体描述音、响应用户提出的帮助请求，或是给电脑控制的角色加入个性。

虚拟现实至少应该利用声音来传达关于环境和用户界面的基本信息。由于三维界面中缺少触觉反馈，声音会是一种强有力的反馈提示，26.8 节会再作讨论。

为了实现更真实的音频效果，特别是在听觉提示十分重要的情况下，可以使用声音模拟技术——即渲染声音时要模拟声音的反射和双耳差异。声音模拟的结果是立体音——声音听起来像是从三维空间中某个位置传来的（8.2.2 节）。立体音可以用于寻路（21.5 节），提示其他角色位置，反馈用户界面中某元素的坐标。头部关联传输功能（Head-related transfer function，HRTF）是指一种空间滤波器，描述了来自一个特定位置的声音和听者身体器官（一般来讲是外耳）进行交互的过程。理想状态下，头部关联传输函数会模拟一个具体用户的耳朵，但实际上一般会建立一个通用的耳朵模型。多个声源方向的多个头部关联传输函数融合在一起，可以构建相对于耳朵的任意方向的一个头部关联传输函数。然后头部关联传输函数就可以把声源的声波改造成对用户更真实的立体声提示。

21.4 采样和混叠

混叠（Aliasing）是在离散采样时做数据近似而人为造成的。在计算机图形中，进行离散数据采样或者像素渲染时，在计算几何体或者对纹理的边缘做近似时，都会出现混叠。这种情况是由于表现采样点的模型或者材质对像素的影响（可能有影响也可能没有影响）造成的，比如一个像素点可能代表一块几何体、一个纹理的颜色，又或者它什么也不代表。如图 21.2 所示，环境边缘投射在显示器上时出现的不连续称为“锯齿”或者“阶梯状”。还有一些其他的伪迹，比如图 21.3 中的摩尔纹。这类现象在虚拟现实中会更加严重，因为视点在变动，人造纹理和图形也必须随之持续变动，每只眼睛会从不同的视图来渲染图像，并且在一个较大的视野范围中，像素点会被扩散。由于眼睛会被持续运动产生的锯齿现象或是其他伪迹所吸引，原本不会察觉到的头部微动都会干扰用户体验。

图 21.2　显示器上的锯齿现象

阶梯状表示物体的边缘，这种现象是由于对图像进行离散采样产生的。

图 21.3　在图片中央靠左的铁栅栏上能明显看出混叠现象（由 NextGen Interactions 提供）

这种现象在虚拟现实中甚至会更严重，因为和轻微头部运动一样细微的视点移动会使图案持续移动。

有一些反混叠技术可以减少这些现象，如 MIP 映射、滤波器、渲染，以及多重抖动采样。即便这些技术可以减少这些现象，但是也不能完全消除每一个视点的此类现象。而且这些技术有时候也会严重增加渲染时长，导致更长的延迟。除了使用反混叠技术，内容创作者也可以避免在场景中使用高频重复组件来减少混叠现象。然而，混叠现象是没有办法完全消除的。例如，线性透视就会使远处的模型在投影/渲染时有高的空间频率（尽管混叠现象在某种程度上可以通过云雾或大气衰减来减弱）。赋予进/出场模型不同程度的细节（例如，当具有高频组件的模型远离视点时就移除这个模型）可以减少混叠现象，但代价是模型在视野内弹入弹出，会给用户带来中断感。当然，最理想的解决方案是使用超高分辨率的显示器，但就目前来说，内容创作者应该尽量避免创造或使用高频组件来减少混叠现象。

21.5 环境导航辅助

导航辅助（Way finding aids）[Darken and Sibert 1996]可以帮助人们形成空间认知，认清道路（10.4.3 节）。导航辅助可以维持行进途中的位置感和方向感，让用户知道目的地，并在脑中规划如何抵达目的地。常见的导航辅助包括建筑结构、记号、路标、通道、指南针等。因为虚拟现实中的许多导航很容易让用户迷失方向，所以虚拟现实中的导航辅助尤其重要。尤其是虚拟转向，由于用户前庭缺乏运动信息，身体也没有转向感受，所以用户很容易迷失方向（比如，用户用手柄做转向操作但是身体并没有转向）。没有真实的脚步移动也会让距离感不准确。

幸好在虚拟现实中可以加入很多在真实世界中难以实现的导航辅助。我们经常看到的是视觉上的导航辅助，但其实导航辅助不完全是视觉上的呈现。像悬浮的箭头、立体环绕音和传递方位的触觉带都可以作为虚拟现实中的导航辅助，而这些在真实世界中都是难以实现的。无论用户有没有察觉到这些导航辅助，它们都起到了自己的作用。和真实世界一样，虚拟现实中也有非常多的感官信息，这导致用户不可能有意识地从环境中的每一个元素中都获取信息。理解整个应用场景和用户的目标可以帮助设计师确定应该如何设置导航辅助。

本节剩余部分会集中讨论环境导航辅助。22.1 节会集中讨论个人导航辅助。

环境导航辅助是虚拟世界中独立于用户存在的提示信息。这些辅助信息主要围绕场景本身的结构展开。这些辅助信息可以很明显，比如沿路的标识、教堂的钟声，或者是放置在环境场景中的地图。也可以很微妙，比如建筑、朝某个方向走去的角色、阳光和阴影。当环境场景中有很多常见的像树木之类的遮蔽物时，一些音效如高速路上的车辆声就会起到很好的提示作用。即使气味在虚拟现实中不是很常见，但是在一般情境下也能起到很强的提示性作用。创建一个好的虚拟环境并不是靠偶然，而是需要设计师有意识地设计出巧妙的环境导航辅助，即便很多用户可能并没有注意到这些辅助信息。为了让用户可以更有效地理解和使用虚拟现实空间，设计师还需要做很多设计工作。

尽管虚拟现实设计师可以无视物理限制进行更多创造，但是许多非虚拟现实设计同样值得我们学习借鉴。我们不能因为虚拟现实没有物理限制就创造一些和现实脱节、毫无意义的空间。建筑师和城市规划人员花了好几个世纪的时间研究人和环境的关系来设计导航辅助。Lynch（1960）发现城市之间都有以下相似之处。

地标，和场景中的其他物体相比，显得非常突出明了，而且在环境中相对静止。地标很容易被用户识别并帮助用户理解空间布局。全局地标（比如高塔）在环境场景中的任何地方都能被看见，而局部地标则为用户提供近处的空间信息。

最有标志性的地标会被有意安置在一个地方（比如街角），并且有最突出的特性（区别度高的特征），如一个高亮的彩灯，或者跳动的发光箭头。当然，地标也可以不用那么突出，如地面上的色彩或光照。事实上，如果地标太过引人注目，反而会使用户在移动位置时忽视场景中的其他部分，这样反而不利于对空间的理解[Darken and Sibert 1996]。精心设计的自然环境的结构和形式应该明确提供有效的空间提示。

地标有时候是有方向的，所以有可能只能从某一个方向看到它。当用户进入一个新环境时，注意到的第一件物体就是地标，所以它尤其重要。从地面步行，到航海，再到空间旅行，地标在各种环境中都起着重要作用。像建筑这类比较熟悉的地标，可以帮助用户估计距离，因为用户对那些地标及其周围的建筑都比较熟悉。

分区（也叫区域或者邻区）把环境中的各部分显式或隐式地隔开。最好利用不同的视觉特征来区别各个分区（比如不同的光照、建筑风格、色彩）。**通道**（Routes）是一个或者多个连接两个地点的可行走的区段。通道包括道路、地图上的连线，以及文字性的指示。引导用户则可以通过渠道来完成。**渠道**（Channels）是有限制的通道，在虚拟现实和电子游戏（如赛车游戏）中很常见，渠道会让用户感觉自己处于一个相对开放的环境中，即使环境并不那么开放。**节点**（Nodes）是通道之间或者分区入口之间的交叉点。节点包括高速公路出口、交叉路口和多个门道的房间。节点处的方向标识是极其有用的。**边界**（Edges）是分区之间的界线，可以阻挡用户通过。河流、湖泊、围栏都是常见的边界。把用户放在一个无限大的环境中会使用户感到不适，而且大多数用户都想要通过边界不断确认自己有没有迷失方向[Darken and Peterson 2014]。可见的**扶手/栏杆**是环境中的线性特征，比如建筑的一个面或者围栏，它们一般用来指示方向。这样的扶手会形成一种心理上的行动限制，可以让用户沿着某个方向移动一定的距离。

场景中的各个部分如何分类一般取决于用户的行动能力。对于步行的用户，人行道是通道；然而对驾车的用户而言，高速公路则是通道；对于在空中飞行的用户，通道和路径只是地标。用户一般都知道这些区别，而且不同用户会对同样的模型和提示有不同的理解，有时候同一位用户在不同的条件下也会有不同的理解（比如，一个人先步行再驾驶汽车或者飞行器）。

把模型结构搭建好还不够。用户对于整个环境主题和结构组织的理解才是导航的关键。理想状况下，用户应该可以理解整个环境结构。想要给用户传递提示信息、影响用户决策、提高导航性能，就要让整个环境结构在用户的印象中显化出来。街道号或街道名按字母顺序排列更有意义，因为用户理解街道遵循网格模式，并以数字和字母顺序命名。

一旦一个人建立起了对世界结构的固有印象，他就会很难理解打破这个结构的任何解释说明；如果一定要打破固有印象，就必须解释清楚。一个在纽约（网格状的城市结构）住了一辈子的人来到华盛顿特区，就很容易迷路，除非他理解了华盛顿特区街道的轴辐式结构，才能比较容易地找到方向。然而，由于华盛顿特区有许多地方都打破了常规的理解，所以对于大多数人而言，纽约比华盛顿更不容易迷路。

把城市结构的概念和抽象数据（如信息或科学可视化）相结合，可以使用户更好地理解该地区，并更容易找到方向[Ingram and Benford 1995]。为了提高用户的寻路表现，可以加入简单的矩形网格或者径向网格。加入路径指示可以表示用户正在前往一个有用且有趣的地方。按区域分组数据可以强调不同的数据集。但是开发者一定要注意，不能把不合适的结构嵌套在抽象数据或科学数据上，因为用户会把所有感知到的东西都嵌套在那样的结构上，这就可能导致用户感知到的结构其实并不是这些数据本身所特有的。在加入结构提示前应该先咨询相关方面的专家。

21.5.1 标记、轨迹和度量

标记（Markers）是用户放置的提示记号。如果用户使用地图（22.1.1 节），可以把标记标在地图上（如彩色图钉）或者直接标记在环境场景中。这可以帮助用户记住有哪些重要的既有地标。面包屑导航（Breadcrumbs）是用户走过一个环境场景时经常会留下的标记[Darken and Sibert 1993]。轨迹（Trails）是用户走过路径的痕迹，表示这条路已经有人来过了，并且还解释了前人在轨迹上来去的过程。轨迹如果带有个体行进的方向（如脚印能分出前后）一般会比无方向性的提示信息更有用。多重轨迹则表示这条路很好走。但遗憾的是，轨迹太多会导致视觉杂乱。一段时间之后让脚印逐渐消失可以减少视觉杂乱。有时候，先确定被探索的区域会优于直接跟着路径走。

通过交互作用分析使用户理解数据和空间，这样的方法一般要求环境场景中数据集特征的标记和量化。可以用类似笔刷、标签这样带有象征性、语义性或者数量信息的标记工具来实现对环境有交互的标记、计数和特征度量。用户可能只是想表示之后要探索的兴趣区域，或者用系统的自动计数器来计算。线段、表面积和角度都可以测量，测量结果会用一根线连着标记显示在环境中。图 21.4 中显示的是画图和插标签。图 21.5 显示了用医疗数据测量开口周长的例子。

图 21.4　用户观察正在进行领域标记的同事（由 Digital ArtForms 提供）

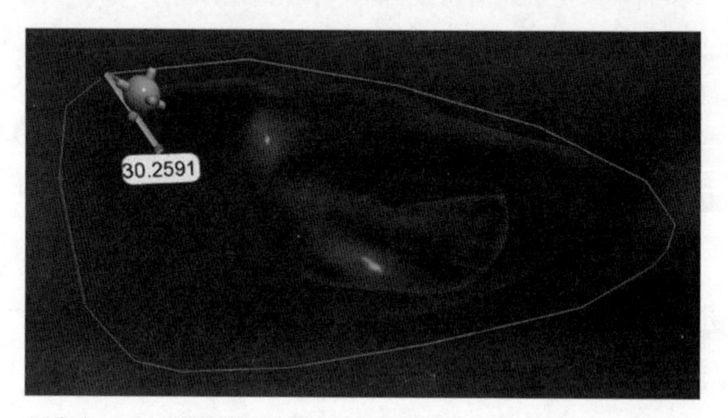

图 21.5　用户在 CT 医疗数据集里测量一个开口的周长（由 Digital ArtForms 提供）

21.6　真实世界内容

真实世界内容是指不用艺术家创造的内容。创建虚拟现实环境不一定要重新创造，也可以复用真实世界的既有内容。从真实世界获取的数据可以带来引人注目的体验。

21.6.1　360°全景相机

特制的全景相机可以从一个或者多个特定视点捕捉 360°全景（图 21.6）。这种捕捉影像的方式促使电影制作者重新思考什么是体验内容。观众在沉浸式电影中，自己也成为场景的一部分，而不再是通过一个窗口来观看电影。但是 360° 全景拍摄和传统电影拍摄还是有很大的不同，如拍摄设备必须小心隐藏起来才能使得所有方向的画面都不会穿帮。同样，和剧情无关的非角色的工作人员也得好好隐蔽起来以防穿帮。在拍摄 360°全景时，除非可以很好地控制运动镜头的稳定性，不然镜头必须保持静止（18.5 节）。

图 21.6 虚拟现实体验中的 360°全景图像（Strangers with Patrick Watson / Félix and Paul Studios）

立体拍摄

由于相机只能从有限的几个机位进行拍摄，所以创作立体的 360°全景内容在技术上是很有挑战性的。如果用户坐在一个固定的位置，只做一些简单的横向头动（左右看），那么这类立体全景内容其实很适合虚拟现实场景。但如果用户低头（往下看）或者扭头（头部转动但是眼睛还在向前看），那之前对于立体拍摄的假设条件就不再成立，用户的感官体验会变得特别奇怪。解决低头问题的常用方法是在双眼之间，场景的上下衔接处加入视差。这样会提升舒适度，但是上方和下方场景中的东西看起来会特别远。另一种方法是将用户下方的地面平滑处理成单一颜色，使其不含深度线索；还有就是在用户脚下放置一个虚拟的物体来防止用户看到真实世界。只要兴趣点不在用户的头顶和脚下，这些方法都会有效。

另一种解决方案更简单，就是避免显示立体的捕捉内容。这就使内容捕捉容易许多，而且还减少了人工现象。可以在场景中加入计算机生成的带有深度信息的内容，但是生成的内容会始终在捕捉的内容前面。

21.6.2 光场及基于图像的捕捉 / 渲染

当用户移动头部——如左右倾斜头部，从单一位置捕捉拍摄就无法形成完整且合适的沉浸式虚拟现实体验。光场是指空间中多点向多方向流动的光流。相机阵列一般会搭配光场捕捉，还有描绘不同机位、多重视点的后期渲染技术[Gortler et al. 1996，Levoy and Hanrahan 1996]。例如，用开放式球形捕捉设备拍摄静态场景的系统[Debevec et al. 2015]，还有通过 360°环形拍摄的图片来描绘木偶定格动画的系统[Bolas et al. 2015]。

21.6.3 真实三维捕捉

深度摄像头或者激光扫描仪可以捕捉真实的三维数据，营造出更沉浸的体验，但代价是由于断层或者皮肤（一些摄像机没法拍摄下的细腻色彩）一类的人工现象，场景会显得不那么真实。利用多重深度摄像头可以减少这些人工现象。由 3rdTech 激光扫描仪在犯罪现场获取的数据，调查人员可以在现场完成一次性信息收集后再回去做后期分析和测量（图 21.7）。3rdTech 公司的首席执行官，

Nick England 亲眼看见了一次激动人心的体验，他在头戴显示器中看见死去的自己躺在模拟的凶杀现场中（私人通信，2015 年 6 月 4 日）。

图 21.7 用 3rdTech 公司的激光扫描仪捕捉的模拟犯罪现场（由 3rdTech 公司提供）

尽管里面还是有像裂缝和部分激光扫描仪捕捉不到的阴影（如被害者的腿），但效果已经相当惊人了。

21.6.4 医学数据和科学数据

图 21.8 显示了一张来自 iMedic 的图像——iMedic 是一个分布式互动咨询的沉浸式医疗系统 [Mlyniec et al. 2011，Jerald 2011]。iMedic 通过使用 3D 多点触控界面控取数据来实现对体积数据集的实时交互式探索（28.3.3 节）。可以通过一个虚拟的手持面板来控制从 3D 立体像素的源密度值到不透明度的映射，一般由非惯用手手持，这样就能实时调整数据组的可视化结构。

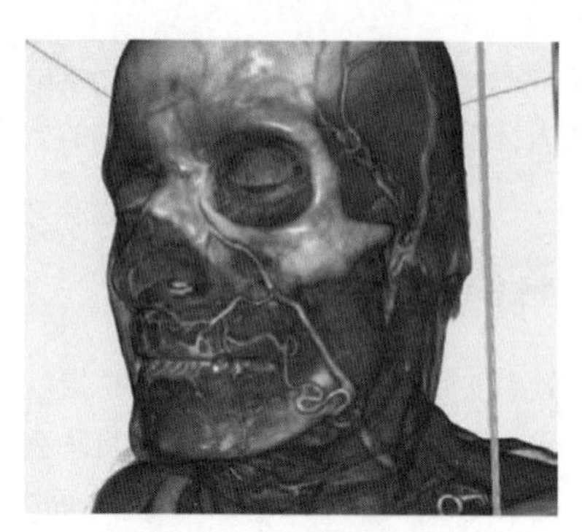

图 21.8 实时的基于立体像素的医学数据可视化（由 Digital ArtForms 提供）

通过使用 3D 多点触控界面抓取数据来浏览实时立体数据。

来自虚拟现实中的可视化数据可以为科学家理解数据提供一个独特而重要的视角（图 21.9）。像头动视差、真实步行等传统显示器无法表达的多重深度信息，可以展现出更好的图像轮廓和信息间的主次，以及关联关系，从而给科学家提供以往他们可能根本没意识到，或者自认为意识到但其实并没有的更深层、更全面的视角。

图 21.9 血小板数据可视化渲染（由 Alisa S. Wolberg 在 NIH award HL094740 下的实验室提供，UNC CISMM NIH Resource 5-P41-EB002025）

这组生长在血小板（蓝色部分）上的纤维蛋白（绿色部分），对于普通人而言可能就是随机的多边形集合，但是对于十分熟悉这些数据的科学家而言，他们通过在头戴显示器中漫步所得到的影像有极大的价值。即便是如此简单的渲染，它所提供的大范围深度数据，以及交互效果所带来的对数据的全新理解也是使用传统工具所无法实现的。

从 2008 年 3 月到 2010 年 3 月，各个学院和组织的科学家已经利用 UNC-Chapel Hill 实验室的技术，在他们自己的数据集中实现了漫步[Taylor 2010]（21.9 节）。除了能更清楚地理解数据集，一些科学家还得到了一些从传统显示中不可能得到的对数据的新理解。他们对结构突出的复杂性理解得更深入；他们发现酵母碎片旁边的浓缩材料，并直接促成了新的实验构思；他们发现分支突出，以及其他完全没有预料到的新的复杂结构对于肺部、鼻道、纤维的分支结构，更容易追踪和导航；他们更容易发现凝块异质性并了解整体的分支浓度。在一个案例中，一位科学家说，"我们没有正确地完成实验，导致不能回答有关聚集的问题……我们之前不知道有这样的工具，竟可以用这样的方式观察数据"。如果可以在实验之前用头戴显示器观察数据，那么他们就可以修正实验设计。

22 影响行为

完全沉浸在创作者建造的世界中的虚拟现实用户，其行为很容易受内容影响，这样的行为影响作用远远大于其他媒体所带来的影响。本章讨论几种设计师可用来影响用户行为的方法，这些方法是一些和内容相关的机制，除了这些方法，还包括设计师在创作内容时需要考虑的关于硬件和网络的问题。

22.1 个人导航辅助

22.1.1 地图

地图是一种标志性的空间的可视化再现，包含了物体、区域及主题之间的关系。地图的作用不一定是某地的直接映射，抽象的呈现常常会在描绘理解上效果更好。例如，地铁示意图一般只显示相关的信息，而站台的大小和距离等并不一定按照实际比例显示。

地图可以是静态的，也可以是动态的；可以在导航之前查看，也可以在导航的过程中查看。导航时查看地图一般是为了确认自己在地图中的位置（心理上知道方位或者通过工具获得方位），回答“我在哪？”以及“我正朝向哪个方向？”之类的问题。

动态的“你在这儿”标记在地图上对用户有极大的作用：可以帮助他们理解自己在世界中的位置。显示用户面朝的方向也很重要，可以用箭头或者在地图上标示用户的视野区域。

在比较大的环境中，细节和整体环境的显示很难两全其美。地图应该可以通过捏掐手势或者 3D 多点触控模式来缩放（28.3.3 节）。为了避免在不用地图的时候形成干扰，可以考虑把地图放在非惯用手这一边，并且可以选择将其开启或关闭。

用微缩世界模型直接进入地图，也可以更有效地导航到地图上的某一地点（28.5.2 节）——在地图上标出目的地，然后直接“进入”地图，同时地图变化成周围世界的景象。

如何置放地图对空间理解有很大的影响。导航时用的地图和提取空间信息的地图是不同的。在驾驶或者步行的时候，由于用户不熟悉区域环境，往往会把地图倒来倒去，而没有对齐的地图会让人的方向判断出现问题。但是看着地图计划行程时，一般又不会倒转地图。根据任务的不同，地图应该相应的调整为前进方向或者朝北方向。

前向地图（Forward-up map）会把地图上各类信息的方向固定/对齐为用户朝向或者前进的方向。例如，用户正往东南方向前进，那地图的顶部中央就相应调整为指向东南方向。这个方法适用于从自我出发进行环境导航和搜寻时[Darken and Cevik 1999]，因为这个方法可以自动对齐地图方向和前进方向，这样就很容易把地图中的点和环境中相应的路标对应起来。如果系统不能够自动调整地图方向（或者说必须由用户手动来调整地图方向），那么很多用户会放弃使用地图。

指南地图（North-up map）的方向独立于用户的方向；无论用户怎么转向或者移动，地图上的信息都不会转动。例如，用户拿着地图朝向东南方向，但是地图的顶部中央始终指向北边。指南地图适合不以自己为中心点的任务。例如，让用户熟悉整个环境，整个过程无关用户自身的位置；导航之前的路线规划。对于不以自己为中心点的任务，要求用户有一个从自我感知到外向感知的心理上的转化。

22.1.2 指南针

指南针可以辅助用户形成离心/外中心方向感。在真实世界中，刚到新环境的人们会有一种要找到北边的本能感觉。如果在虚拟现实中可以使用虚拟转向，那么在缺少物理转向反馈的情况下保持清楚的方向感是很难的。设置一个可以便捷打开的虚拟指南针，用户可以很容易地重新定位自己，在虚拟转向之后可以回到之前的前进方向。指南针和前向地图比较相似，但是指南针只包含方向信息，不包含位置信息。

虚拟指南针可以像真实世界中的一样握在手中。手握指南针，用户就可以把指南针上的刻度线和环境中的地标精准对齐，从而确定地标朝向。和真实的指南针相比，虚拟指南针可以悬挂在身体附近（26.3.3 节），这样就不用用手拿着，尽管不是很方便将刻度线与地标对齐，但是用户也可以根据需要随时抓放指南针。图 22.1 左侧显示了一个地形图上标准的基点指南针。

指南针不一定要提供基本的方向信息。数据可视化中有时候也用立方体形状的指南针来表示数据集的相关方向。例如，医学可视化中有时就用带有各方向首字母的立方体，来让用户理解封闭的解剖学和整个人体的对应关系。图 22.1（右）就显示了这样的指南针。

如果把指南针放在人眼高度/视平线上且围绕用户，那用户就可以通过简单的转头（左右转或低头抬头）来对齐指南针和地标。相对地，也可以把指南针放在用户脚下，如图 22.2 所示。在这种情况中，用户只需要低头就可以清楚自己的朝向。因为只有向下看才能看见，所以这样的好处是指南针不会对用户形成干扰。

图 22.1　传统基点指南针（左）和人体断层扫描（CT）数据中的医学指南针（右）

医学指南针上的字母 A 表示身体的前侧，字母 R 表示身体的右侧。（由 Digital ArtForms 提供）

图 22.2　用户脚下的指南针（由 NextGen Interaction 提供）

22.1.3　多重导航辅助

单纯的个人导航辅助可能并不是非常有效，将它与多重导航辅助结合起来效果将更显著。导航的效率取决于导航信息或辅助的数量和质量[Bowman et al. 2004]。但是，过多的导航辅助也会形成干扰，选择最合适项目的辅助就足够了。

22.2　动作中心

对于电影创作人和其他的内容创作者而言，不能控制用户的朝向视线是一个新的挑战。总部位于洛杉矶的初创公司 Visionary VR，把用户周围的空间分割成了主要和次要视区（图 22.3）[Lang 2015]。最重要的动作都在主要视区。当用户开始看向其他视区时，应该提示用户，如果用户持续看向那个区域，那么相应的动作或者内容就会发生变化。例如，视区之间可以用发光的分界线，当用户看向别的视区时，淡化分界线，或者整个场景的时间减缓、静止。同时，当用户看向这个视区的时候，这个视区的动作会给出回应。这些方法可以让用户无论以怎样的顺序切换视区都可以完整体验到所有场景。

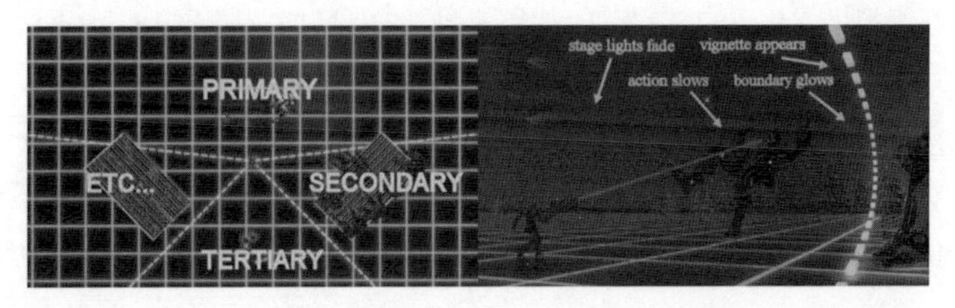

图 22.3 Visionary VR 把场景区分成不同的动作空间（由 Visionary VR 提供）

22.3 视野

设计师可以利用多种技术来发挥视野的力量（Mark Bolas，私人通信，2015 年 6 月 13 日）。其中一个方法是人为地限制虚拟现实体验中某一部分的视野，然后打开其他部分的视野。这和电影中的摄影布光、色彩利用很相似；将特定时刻与正在体验的故事联系起来进而控制感官。另一个方法是改变视野轮廓的形状——圆形，不对称图形会感觉比简单的矩形好很多。头戴设备在鼻梁部分会造成遮挡，即便如此，如果想让整个视野看起来比较自然，就一定要在视野宽度和情绪强度上做足功夫，这靠的是内容创作者的能力。视野宽度和情绪的力量出乎意料的强大。例如，有些很有趣的证据表明拥有宽广视野的虚拟角色的沉浸感会多于那些只有窄视野的虚拟角色。视野宽广时，人的行为会更遵守社会中的一些礼节或者道德标准——例如，不会一直盯着另一个角色看，以及保持合适的距离。

22.4 虚拟现实中的简便与高端配置

不同类型的系统各有优劣。其体验也取决于系统类型，同时体验的设计也应该针对主要的目标类型（尽管有时需要支持多重类型，但是尽量还是针对一类目标用户进行优化）。本节主要关注有线系统和无线系统的对比，以及移动系统和基于位置系统的对比。第 27 章会讨论关于用户输入的具体系统细节。

22.4.1 有线虚拟现实和无线虚拟现实

无论设计师是否考虑过，有线系统和无线系统一定存在体验上的区别。例如，在使用有线系统时，用户如果尝试大幅度转动，那么头戴显示器的线缆拉拽会中断用户体验感。设计师应该考虑是使用有线系统还是无线系统，以优化用户体验。

有线固定系统（Wired seated system）应该将内容放在用户面前，或者允许使用虚拟转向，这样线缆就不会缠起来。禁用虚拟转向的好处是设计师可以认定用户是始终朝向自己前方的。对于许多固定座位的系统，非追踪手的手柄可以认定是放在膝盖上的，那手柄和用户的手可以在和物理位置近似的位置显示在虚拟世界中（27.2.2 节）。如果使用了虚拟转向，那虚拟的手/手柄应该随着虚拟转向转动（例如，显示像椅子一样的设备时，手柄和身体都附着在椅子上）。

自由转向系统（Freely turnable system）使用户可以方便地看向任何方向，就像在真实世界中一样，不需要担心到底哪个方向是正方向。真实转向的好处是不会造成运动眩晕和方向错乱。包含转椅或者万向跑步机的系统应该使用无线设备，不然一旦转向超过 180°，线缆就会缠绕在一起。

全步行系统（Fully walkable system）允许用户站立，并且可以走动。全步行无约束系统也称为游动虚拟现实（Nomadic VR）（Denise Quesnel，私人通信，2015 年 6 月 8 日）。尽管全步行系统效果很好，但是需要加入一个外部的监视人跟随用户以防受伤，如果是有线系统，则需要避免线缆缠住、拉扯用户的头部，也要防止线缆碰到用户身体的任何部位而导致的体验感中断。即便是用无线系统或者有轨道的有线系统，也需要外部监视人。

22.4.2 移动便携虚拟现实和固定位置的虚拟现实

移动便携虚拟现实（Mobile VR）和固定位置的虚拟现实（Location-based VR）的差异相当于移动应用/游戏和细节丰富的高能耗桌面应用之间的差异。即便两部分有重叠，但都应该发挥各自的特点来进行优化设计（输入设备也是如此）。

移动便携虚拟现实的定义是设备足够小以至于可以便携，并且可以随时随地开始沉浸式体验。把手机插入头戴设备是目前移动便携虚拟现实的标准模式。移动便携虚拟现实会更偏向社交、休闲，因为此类虚拟现实体验可以在飞机、晚会或者会议上即刻分享。

固定位置的虚拟现实需要一个手提箱或者更大的设备，需要时间搭建环境，可能是一个客厅或者办公室，也可能是像虚拟现实游乐场或者主题公园之类的户外环境[Williams and Mascioni 2014]。因为使用了高端设备和动作追踪技术，固定位置的虚拟现实更可能提供更高品质的体验，以及最好的沉浸感。

22.5 角色、虚拟形象、社交网络

角色可以是电脑控制的角色（代理），也可以是一个虚拟形象。虚拟形象是真实用户的虚拟角色形象。这一节讨论的是角色及角色如何影响行为。图 22.4 展示了用户和一个远程控制、本地渲染生成的虚拟形象的例子。

图 22.4 一位用户在模拟驾驶座上驾驶一辆虚拟汽车，同时和一个被远程控制的虚拟人物进行对话（引自[Daily et al. 2000]）

就像在 4.3 节中提到的，我们对自我的感知和真实的自我差距很大。在虚拟现实中，我们可以明确地定义和设计自己的形象，而且可以从第三人称视角自由地观察自己的形象。另外，还可以用滤波器和事先录好的音频来修改声音。为用户提供个性化的自我形象的功能实际上在二维虚拟世界[比如第二人生（Second Life）]和沉浸体验中都十分受欢迎。仅在 Xbox 虚拟形象（Xbox Avatar）商店就有 20000 件头像供出售或者下载[1]。漫画用夸张的手法突出特点，使之成为一个人或者物的代表形象，为了营造喜剧或怪诞的效果，不重要的特点在漫画中会被省略或者简化。用漫画效果做出来的卡通形象会带来愉悦感，使形象具有吸引力，带来更好的沉浸感。因为卡通形象可以避免恐怖谷效应（4.4.1 节），所以作为虚拟形象尤其有效。

就像在 9.3.9 节中描述的一样，人类对其他人运动的感知能力非常强。尽管由动作捕捉制作的角色动画会带来很强的体验感，但是对于一个可以任意移动和变速的角色，把它的动作捕捉数据做成相应的动画是相当困难的。有一个简单的解决办法，就是把角色做成没有腿的，比如无腿的机器人角色，这样可以避免行走时动画和动作的不协调带来的体验感中断。图 22.5 展示了一个例子，一个悬浮于地面的敌军机器人，它在移动的时候会倾斜。尽管不像人物角色用腿行走效果好，但是为了杜绝奇怪的腿部动作带来的体验感中断，还是越简单越好。

角色的头部动作对维持社会存在感是极其重要的[Pausch et al. 1996]。幸运的是头戴显示设备都会有头部动作追踪功能，所以头部动作可以直接映射到虚拟形象的头部运动上，让其他人都可以看见（假定带宽质量很高）。眼部动画可以增加效果，但不是必需的，看过《芝麻街》（*Sesame Street*）的三岁小孩都可以证明。而且没有和真实的眼动追踪同步的虚拟形象的眼动效果有可能会导致透露错误的信息，如该角色的注意力转向了别处。

1 链接 22-1

图 22.5　因为模拟行走/奔跑的动画很难具有真实感，所以没有腿的机器人角色可以避免动画不真实带来的体验感中断（由 NextGen Interactions 提供）

在表示引起注意时，对于电脑控制的角色而言，自然的动作是先转头再转身体。在转头之前先转动眼睛效果会更好。但是如果电脑控制的角色有眼部动作，而玩家控制的虚拟形象却没有眼部动作的话，就会给用户透露一条线索——如何分辨电脑角色和玩家。有时候可能会需要引导用户看向某个方向，可以让电脑角色在用户和目标物体之间站成一排或者直接让电脑角色指向目标物体。

跨越距离的网络社交已经算不上是新技术了。像以往在二维的网络虚拟世界中一样，人们现在也一次花好几个小时在全沉浸式的虚拟现实中社交，比如 VRChat（图 22.6）。VRChat 的首席执行官 Jesse Joudrey 表示，在虚拟现实中与他人交流的诉求比别的数字媒体要强烈许多（私人通信，2015 年 4 月 20 日）。比如，当有人进入某人的私人区域时，某人就会急着想退回到虚拟现实中，尽管他也认为面对面是与人交流最好的方式，虚拟现实只是次选。有趣的是，尽管用户可以定义和真实的自己完全不同的外貌，但是动作和行为却很难改变。就算只是基本的动作，也很难隐藏无意识的身体语言。在现实中坐立不安的人在虚拟现实中同样坐立不安。

图 22.6　全沉浸式虚拟现实社交体验的案例（由 VRChat 提供）

23 过渡到虚拟现实的内容创作

"当我发现整个虚拟现实产业都急着去开发虚拟现实游戏系统时，我觉得很有意思，因为真正的任务应该是为这些系统创造有趣并充满娱乐性的环境。这件事很具有挑战性，因为虚拟现实比现有的媒体更丰富，对内容的要求更高。传统的游戏要求设计师搭建二维的游戏环境，但虚拟现实的特性则要求一个完全可交互的丰富的场景环境。"

——Mark Bolas [Mark Bolas 1992]

虚拟现实开发和传统的产品或者软件开发有很大区别。本章提供一些在创作虚拟现实内容时需要考虑的关键要点。

23.1 从传统开发到虚拟现实开发，范式的转换

虚拟现实和其他形式的媒体截然不同。把虚拟现实视为一种全新的艺术表达媒体，有助于充分理解虚拟现实并发挥其优势[Bolas 1992]。虚拟现实跨越众多学科，因此学习和理解其他学科尤其重要。然而，本来也没有哪个学科是完全孤立的。对其他学科的借鉴有些有益，有些无益。要懂得放弃无益的部分。以下是虚拟现实内容创作者应该时刻牢记的关键要点。

关注用户体验。和其他的媒体相比，虚拟现实中的用户体验尤其重要。设计得很糟糕的网站还可能有一些功能，而糟糕的虚拟现实设计则会让用户感到眩晕。虚拟现实的体验必须把沉浸感和吸引力做到极致，才能使用户愿意戴上一顶头盔。

最小化造成不适感的因素。现实中的运动眩晕很常见（比如，晕船、晕车），但是一般的数字媒体不会造成眩晕。一些更传统的数字媒体（比如，IMAX，三维电影）的确偶尔会造成眩晕，但是和

设计不当的虚拟现实比起来就是小巫见大巫了（第三部分）。

美观不是第一要务。美观是一件锦上添花的事，但在项目的开始阶段，有很多其他更重要的难关要攻克。应在满足基本要求的基础上不断地积累更多内容。例如，帧率对于减少延迟是非常重要的，所以有必要优化图形模型以提高帧率。事实上，帧率是所有虚拟现实系统的核心参数之一，帧率应该和头戴显示器的刷新频率相符或者高于刷新频率，在帧率无法维持的情况下，应该让场景淡出（31.15.3 节）。

研究人的感官。在虚拟现实中的感官和传统显示差别很大。在电影或者视频游戏中，从不同的角度观看对于体验几乎没有影响。但是虚拟现实的每一个场景都是根据用户的每一个具体视角来渲染的。其中的深度感知也很重要（9.1.3 节），杂乱的感官信息会引起眩晕感（12.3.1 节）。理解我们感知真实世界的方式对创作沉浸式内容很有帮助。

不要再把所有的动作都集中在场景中的一个部分。其他的媒体都不像虚拟现实那样完全地围绕用户。用户可以随时看向任意方向。许多传统的第一人称游戏允许用户用控制器调整视角，但是在有需要时，也可以选择由系统来控制视角。合理的虚拟现实不可能提供这样的选择。给用户提供提示，引导他们去看重要的区域，但这也不能保证用户一定会遵循引导。

大量的试验。虚拟现实的最佳实践准则还没有标准化（也许永远也没有标准），离成熟阶段也还差很远——有许多未知的部分必须由试验来探索。在某一种情况下可行，在另一种情况下可能就不行。找目标用户群来做测试，并根据他们的反馈来不断优化。然后再迭代、迭代、迭代……（第六部分）

23.2 复用现有内容

传统的数字媒体和虚拟现实差别很大。即便如此，还是有很多内容可以引用或者直接加入虚拟现实中。二维图像或者视频可以直接用作虚拟环境中的纹理。其实在虚拟现实中观看二维电影已经被证实出乎意料地受欢迎。网页或者其他内容也可以直接实时更新，用一个如 28.4.1 节中描述的二维界面来进行交互。

尽管有一些相似之处，但是电子游戏的设计和虚拟现实设计还是很不一样的，主要区别在于电子游戏仍然是二维显示，而且没有头动追踪。头动追踪、手部追踪、准确地校对等概念都要和我们对真实世界的感官感知相匹配，这些概念都是虚拟现实体验的核心元素，设计师在项目的一开始就应该考虑到。如果这些核心元素中任意一个没有执行好，那么人脑可能马上就会拒绝所有呈现的场景，并且导致眩晕。因此，不经设计和改造而把现有的游戏放到虚拟现实中是很不合理的。合理地复用资源、重构代码才是正确的解决方案。当然这也要求拥有一些原始的资源，以及几乎不用修改的源代码。以下信息可以帮助那些用此方法移植现有游戏的人。

23.2.1 几何细节

游戏常常在三维几何体上大量使用纹理。在深度信息，尤其是在立体信息和运动视差变多的情况下，这些纹理很容易被看出来是二维的。但是，由于这个看起来像纸片世界的虚拟场景没必要很写实，所以也不用担心这些平面的纹理会造成眩晕感。

另外，许多标准的电子游戏和图形技术简化了三维效果来提升运行速度。用屏幕空间技术、地图、纹理、告示牌、着色和阴影（取决于实施方案），以及其他在游戏中制造三维错觉的手段，可以把几何体及光照简化为二维的，但是在虚拟现实中用同样的方法会使得几何体看起来是扁平甚至是很奇怪的。这些手段对于远距离的几何体大多都是有效的，但是在近处的场景中应该避免使用这些手段。对于近处的物体，应该把细节制作得很到位才能看起来真实。当这些物体的距离变远时，可以替换掉粗糙的模型，也可以用上述的几何手段简化。在虚拟现实中，某些物体的源代码需要进行修正或者重写，即便是远处的物体也是如此。

23.2.2 平视显示器

平视显示器（Heads-up display，HUD）一般在场景的前侧显示视觉信息。传统电子游戏中的平视显示在虚拟现实中不适用。因为大多数平视显示都是用二维面板来实现的，看起来是屏幕的一部分，而不是场景的一部分。由于没有深度，大多数接口设备都会直接给左右眼放置相同的抬头显示图片，这就会导致这个图看起来有无限大的深度。麻烦的是这样就会导致遮蔽显示冲突（13.2 节），这是一个大问题。当两只眼睛都在平视显示器上看到相同的图像时，平视显示器看起来像在无限远的地方，但是整个场景应该是包围平视显示设备的，这就产生了冲突。以下简要介绍解决此问题的方法。

（1）最简单的办法是关闭所有平视显示元素。有些游戏引擎可以在不修改源代码的情况下直接关闭。但是有些平视显示包含了游戏状态和游戏过程的重要信息，直接关掉可能会让玩家产生困惑。

（2）将平视信息绘制或渲染为纹理，并放置在用户前方某个深度的透明四边形上（可能是成角度的并且在视线以下，因此向下看即可访问该信息），从而在其他几何图形经过前方时形成遮挡关系。虽然可能发生可读性、场景的密闭性、协调趋异冲突等情况，但是和遮蔽显示冲突相比就显得不那么严重了，并且可以通过调节到合适的参数来减少这些情况。此解决方案应该会很有效，只有别的几何体从平视显示信息上经过时，平视显示信息才会被遮挡。

（3）把不同的平视显示的元素拿出来放在用户的某个身体部位，或者和身体部位相关的区域（例如，设置一个信息腰带或者在用户脚下显示信息）。这是最理想的解决方案，不过可能会根据游戏和游戏引擎的不同增加工作量。

23.2.3 瞄准网格线

瞄准网格线是用来瞄准或者选择物体的，一般作为平视显示内容的一部分。但是在虚拟现实中网格线的实现方法可能不太一样。

（1）可以用上一小节中描述的第 2 种方法（平视显示器）来添加网格线。采用此种方法的话，网格线就会像头盔一样活动，因为网格线在头盔的正前方而头盔在眼睛的正前方。和之前说的平视显示器的问题一样，采用此方法后，如果网格线距离人眼有一段距离可能会出现重影。这是由于双眼没法聚焦于网格线，这和在真实世界中我们在用武器瞄准时只用一只眼睛的道理一样。闭上一只眼睛来瞄准其实是一种更实用的办法。设置一只眼为瞄准眼（理想状态下系统应该允许用户只给自己的主视眼设置网格线），这样就可以直接瞄准十字、对准目标。系统必须知道用户正在使用哪只眼睛，然后以眼睛为起点，通过瞄准网格线发出一个射线，被射线击中的物体就是用户正在瞄准的物体。

（2）另一个方法是把网格线投影在被瞄准的东西上（或者目标前方）。尽管这样可能看起来不真实，而且网格线会在深度上被拉远，但是一些用户更喜欢这样的方式，因为更舒适，而且对于不知道要闭上一只眼睛来瞄准的用户，这种方式更加清晰明了。

23.2.4 手部模型 / 武器模型

和平视显示器相似，桌面游戏里的手或者武器一般都是直接放在用户面前的，模型可能是二维纹理的也可能是三维的。但有一个很明显的问题：如果用二维纹理来表示手或者武器，它在虚拟现实中看起来就是扁平的，不太合适。

把二维的手和手臂替换成没有手臂的三维手，用手持遥控器来捕捉用户手的动作再映射到三维手部模型上，尽管刚开始时可能感觉不太真实，影响体验，但是在虚拟现实中这个方法很有效。然而，把手臂加上更是一个问题。在大多数第一人称的桌面游戏中，是没有必要显示完整身体的，所以当把游戏移植到虚拟现实中之后，用户一旦向下看，就会发现自己没有身体，或者只有部分身体。如果游戏中包含了手部模型，那手臂很可能是吊在空中的。转动手持遥控器无法直接把整个手臂的运动映射到模型上，手持遥控器的转动只反映手的转动，而手的转动则是整个手臂和手转动的结果。另外，比起游戏世界的其他物体，很多游戏引擎对于手和武器都有完全不同的实现方案，所以，在不重新构架或者修改源代码的情况下，想要像统一其他三维物体一样统一手和武器是不太可能的。如果真的需要出现手臂，可能需要用到某种逆向运动学。

23.2.5 缩放模式

有些游戏可以用工具或者狙击枪之类的武器进入缩放模式。缩放镜头随着头一起运动会造成真实景象和渲染景象的误差，因此当头部移动时会使虚拟世界特别晃动，容易造成眩晕（在真实世界中透过一片放大镜看东西也会有类似的眩晕感，10.1.3 节）。因此，缩放的景象应该不要随着头动而移动，或者只缩放屏幕中的一小部分（比如，屏幕的一小部分在某一范围内进行缩放）。如果头动会影响缩放，而且无法避免一大部分的场景缩放，就应该禁止缩放模式。

24 内容创作：设计准则

虚拟现实世界就是一张白纸，供设计师随意挥洒。本书前四章和下面介绍的准则可以帮助大家为创造新的虚拟世界打下基础，描绘细节。

24.1 内容创作的高级概念（第 20 章）

体验故事（20.1 节）

- 专注于创造和提炼好的体验：带来愉悦感、富有挑战性、对用户有益。
- 专注于传递故事的核心而不是每一个细节。所有的用户应该对故事核心的理解是一致的；对于非核心的部分，则由用户用自己的故事来填充。
- 利用真实世界的隐喻引导用户在虚拟世界中交互和移动。
- 想要创造冲击力强的故事，就要专注于强烈的情感表达，深入参与体验，大量的冲击和刺激，以及脱离现实的感觉。
- 专注于体验，而不是技术。
- 在用户开始沉浸体验之前介绍相关的故事背景。
- 故事要简单明了。
- 专注于用户的目的和任务。
- 为用户提供具体的任务。
- 不追求完全的写实，力求让用户感觉很真实。
- 对于特别敏感的用户，要让整个体验足够温和。
- 尽量减少体验感中断的情况。
- 专注于目标用户。

核心体验（20.2 节）

- 即使语义环境、限制条件千差万别，也要保证核心体验是一致的。
- 让核心体验带来愉悦感，富有挑战性，对用户有益，这样用户才更愿意重复体验。
- 如果核心体验设计得不好，那么再华丽的画面或者功能也只能留住用户几分钟。
- 不断地提升核心体验，针对核心体验先建立不同的原型，然后通过真实的用户测试观察并收集数据来优化体验。

概念完整性（20.3 节）

- 核心概念模型应该保持一致。
- 让虚拟世界的基础构架明显直接，且可以自我解释。
- 去除对预期体验没有帮助的无关内容和特性。
- 一个贯穿整个体验的好方案好过几个松散的好方案。如果有很多不错的方案，并且感觉将它们合并后会优于现有的概念，然后这些方案之间有一些矛盾，那么就需要重新思考一个主题概念来融合这些绝佳但是矛盾的方案。
- 赋予项目主管把握基本概念的权利。
- 项目主管定义整个项目的方向，但是不负责具体实施或者收集数据。
- 即使他人已经实现了他本身的想法，主管也应始终给予他充分的信任。
- 主管应该和创作者、数据收集者充分交流，并鼓励他们提出问题。

格式塔组织原则（20.4 节）

- 在创造各类资源和用户界面时，要利用好格式塔理论中的分组法则。
- 把格式塔理论中的分组法则运用在更高的概念层面，如让物体保持简单并且具有闭合的连贯性（Temporal closure）。
- 运用隔离的概念——地面可以作为一个稳定的参考面，而形状则强调可以交互的物体。

24.2 环境设计（第 21 章）

场景（21.1 节）

- 简化背景和情境模型。专注于最基本的模型及可交互的物体。
- 保证模型的比例合理，前后一致。用户很容易看到场景中包含的大小合适的熟悉物体，这样可以增强体验的真实感。

色彩和光照（21.2 节）

- 用色彩渲染情感。
- 使用多种颜色和轻微的自然光变化，这样用户就能感受到物体原本的颜色，也可以保持颜色的一致性。

- 用突出的明亮色彩来吸引用户注意。
- 彩色表示物体可用，灰色表示物体不可用。

声音（21.3 节）

- 使用声音来辅助全方位的环境认知，烘托情感氛围，辅助提示视觉，在不增加视觉负荷的同时传递各种复杂信息，提供其他感官系统无法提供的独特信息。
- 不给用户提供声音等于把用户变聋。
- 不要滥用声音，有可能会喧宾夺主。
- 谨慎使用急促的警示音，只在一定要引起注意时使用。
- 使用环绕音来营造真实感。
- 利用音乐来激发情感。
- 用声音来作为用户界面的反馈。
- 在触控操作不可用的时候，用声音和颜色来代替触控。
- 用语音来传达信息。

采样和混叠（21.4 节）

- 避免空间高频的视觉元素。

环境导航辅助（21.5 节）

- 利用导航辅助帮助用户维持行进途中的位置感和方向感，让用户知道目的地在哪儿，在脑中规划如何抵达目的地。
- 要兼用直接明显和微妙隐蔽的两种导航辅助。
- 借鉴像建筑设计、城市规划等非虚拟现实领域的设计。
- 有策略地放置地标。
- 要提供足够高的地标，这样在环境中的大部分地区都能看到它。
- 环境中不同的分区要使用不同的特征来区分。
- 利用通道来限制导航选项，这样可以在限制的同时让用户拥有开放感。
- 在节点处放置标志。
- 用边界阻挡用户通过。
- 利用可见的扶手来导航。
- 使用网格结构之类的简单空间结构。
- 尽量避免打破世界结构的主要隐喻。
- 给抽象的科学数据嵌套结构可以提供上下文的提示并帮助用户理解这些数据。但是一定要注意，不能把不合适的结构强行嵌套在这些数据上，数据本身没有的结构就是不合适的结构。

在加入结构提示前应该先咨询相关方面的专家。

- 使用面包屑、轨迹、标记工具、用户标记，以及测量工具来帮助用户更好地思考和理解环境，同时也可以和其他用户分享信息。

真实世界内容（21.6 节）

- 对于沉浸式电影，由于观看者变成了电影场景中的一部分，所以必须重新思考整个电影的用户体验。
- 在拍摄 360°全景场景时，确保所有的设备和工作人员都没有被拍进画面。
- 对于 360°的全景拍摄，要删除上下两个方向的立体信息。
- 利用光场拍摄或者真实三维数据来还原运动视差。
- 赋予科学家走进他们的科学数据，并用全新的方式观察数据的能力。

24.3 影响行为（第 22 章）

个人导航辅助（22.1 节）

- 在地图中用抽象的形象来表现核心的环境概念。
- 可以用箭头或者视野标记在地图上表示“你在这儿”，这样可以既传达位置信息又传达方向信息。
- 对于大环境，允许用户缩放地图。
- 在实时导航或者以自己为中心点搜寻时，可以使用前向地图，这样就能方便地把地图上的点和环境中相应的地标对应起来。
- 对于不以自己为中心点的任务[例如，当用户想要：①和自己位置无关，只是熟悉整体环境的布局；②在导航之前规划路径；③可以使用指南地图（North-up map）]。
- 使用指南针来方便用户找准自己前进的方向。
- 把指南针放在用户的周围，比如，悬浮在可以轻易拿取的地方，如在用户眼睛周围或者脚周围。

动作中心（22.2 节）

- 可以考虑给用户周围的场景分区。

虚拟现实中的简便与高端配置（22.4 节）

- 在创作内容时，需要考虑系统是有线的还是无线的。
- 如果进行了虚拟转向，则用部分躯干来移动控制器或手。
- 对于有线系统，要把主要的内容都放在主要的前进方向。
- 即便是可以支持多种系统，也要针对单个系统做设计和优化。

角色、虚拟形象、社交网络（22.5 节）

- 如果数据传输速度允许，应该把头动数据映射到虚拟形象的头部动作上。
- 除非是故意让用户区别电脑角色和玩家，一般情况下尽量让电脑角色和玩家的虚拟形象看起来很像（比如，有相似的头部动作）。
- 在给虚拟形象加入人为的眼部动作时要避免传递错误的眼神信息，比如，远程用户没有集中注意力。
- 为了自然地表现电脑角色的注意力，应该先动眼睛（如果眼睛可动），再动头，然后是身体。
- 引导用户看向某个方向时，可以让电脑角色站在用户和目标方向之间，或者直接让电脑角色看向 / 指向目标方向。
- 在不要求写实时，利用漫画来突出角色最重要的特征。
- 可以考虑不给移动的角色加上腿，这样可以减少因奇怪的腿部移动造成的体验感中断。
- 允许用户个性化自己的虚拟形象。

24.4 过渡到虚拟现实的内容创作（第 23 章）

从传统开发到虚拟现实开发，范式的转换（23.1 节）

- 学习借鉴人类感知及其他的学科，但是放弃对虚拟现实无用的学科概念。
- 关注用户体验，因为和其他的媒体相比，虚拟现实中的用户体验尤其重要。
- 应最小化用户的不适感。
- 在用户体验中系统应进行频繁且充分的矫正。矫正不足是导致运动眩晕的主要原因。
- 美观不是第一要务。在致力于使操作更简便并满足基本要求的同时，从基本内容开始并不断积累。
- 不要把所有的动作都集中在场景的某一部分。
- 要进行充分测试。虚拟现实的形式多样而未知——在某一种情况下可行，在另一种情况下可能就不可行。
- 像头部、手部动作的捕捉这类核心的虚拟现实概念应该从项目一开始就纳入设计考虑。

复用现有内容（23.2 节）

- 不要直接把桌面应用移植到虚拟现实中。可以复用已有的资源，如果需要还可以重构源代码。
- 在桌面系统效果很好的几何技巧（例如，用纹理来表示深度），在虚拟现实中会显得奇怪。
- 由于直接移植 / 使用会造成遮蔽显示冲突，所以在使用平视显示器和瞄准网格线时一定要非常注意。
- 把桌面应用中二维的手部模型 / 武器模型替换成三维模型。
- 在使用手持动作捕捉控制器时，除非应用了逆向运动学，不然不要渲染手臂部分。
- 小心使用缩放模式。

第五部分　交互

在本书中，交互被定义为沟通的子集（1.2 节）。交互是用户和虚拟现实应用程序之间通过输入和输出发生的交流。无论用户是否交互，界面都存在于虚拟现实系统中。

虚拟现实中的交互第一眼看上去似乎非常明显——只需要用在真实世界中类似的方式在虚拟世界操作就可以了。然而，自然的真实世界的交互界面（包括好莱坞电影中的那种）在虚拟现实中往往不能像我们期望的那样很好地工作。这不仅是因为虚拟世界并没有像我们期望的那样很贴切地模拟真实世界，而且就算做到了，抽象的交互往往也比真实中的更好（比如，如果你想在虚拟世界查找一些信息，你肯定不会想着先找一个虚拟的图书馆，然后走很久再找到一本虚拟的书来查询）。虽然传统界面的一些基本概念可以在沉浸式环境中使用，但两者之间几乎没有相似之处。创造高质量的交互是当前虚拟现实面临的最大挑战之一。

良好实现的交互技术能够提供高水平的性能和舒适度。同时减轻人为和硬件限制的影响。交互设计师的角色是让复杂的交互更加直观有效。

本部分一共五章，概述了虚拟现实交互设计中最重要的内容。

第 25 章，以人为本的交互，回顾了常规的以人为本的交互概念；直觉性；Norman 的交互设计原则；直接与间接的交互；交互循环，以及人的双手。

第 26 章，虚拟现实的交互概念，讨论了一些与虚拟现实交互有关的最重要的区别，比如，交互保真度；本体感觉与以本体为中心的交互；参考系；多模态技术，以及一些虚拟现实交互中的其他挑战。

第 27 章，输入设备，概述了输入设备的特征和各种不同类型的输入设备。没有一个单一的输入设备适合于所有的虚拟现实应用程序。而选择最适合预期体验的输入设备对于优化交互至关重要。

第 28 章，交互模式和技术，描述了几个交互模式和各种交互技术的例子。交互模式是一种通用的高级交互概念，可以在不同的应用程序之间反复使用，以实现共同的用户目标。交互技术是交互模式更具体的实现。

第 29 章，交互：设计准则，总结了前面的四章，并列出了基于应用需求开发交互技术的一些可操作指南。

25 以人为本的交互

虚拟现实有为使用者提供独特的体验与结果的巨大潜力。然而，虚拟现实的交互不仅在于为用户提供一个实现其目标的界面，更在于给予用户一个直观、愉悦和满意的操作体验。虚拟现实系统和应用程序非常复杂，如何通过虚拟现实应用程序有效地向用户传达虚拟世界及其工具的使用方法并使用户可以优雅地实现目标是对设计师的巨大挑战。

也许虚拟现实交互中最关键的要素是进行交互的人。以人为本的交互设计注重人机交互关系中“人”的一方，即从用户视角出发的交互界面设计。高质量的交互能使用户更清晰地了解之前发生了什么，当下正在发生什么，可以做什么相应的操作，以及如何做这些操作。那些最优秀的交互设计，不仅能有效实现用户的目标、满足用户的需求，而且能为用户带来参与感和令人愉快的使用体验。

本节将介绍五种基本的以人为本的设计概念，这些设计概念是交互设计师在从事虚拟现实设计时所必须考虑的。

25.1 直觉性

虚拟世界作品中的心智模型（7.8 节）通常可以简化许多复杂的问题。在进行交互时，用户没有必要了解程序的底层算法，只需要了解对象、动作和结果之间的关系即可。不论是否是真实的交互接口，虚拟现实的交互界面应该都是直觉性（Intuitiveness）的。一个直观的界面是能被快速了解、被准确预测并易于使用的界面。直觉虽然存在于用户的心中，然而设计师依然将世界通过界面本身的概念直观传达出来以支持塑造心智模型，从而帮助用户建立操作的直觉。

交互隐喻（Interaction metaphor）是一种利用用户在其他领域中特定知识的交互理念。它帮助用户快速构建出交互是如何工作的心智模型。例如，虚拟现实用户通常认为他们在一个环境中“行走”，即使并没有真实移动他们的双脚（例如，他们可能是通过手持控制器控制“行走”），在这样的情况下，用户假设他们是在一个特定高度的平面上行进的，如果高度有变化，则会产生交互不符合心智模型的情况，用户可能会因此感到困惑。

心智模型的一致性可以通过手册、用户间的交流，以及虚拟世界本身来提高。对于那些完全沉浸的虚拟现实体验，用户与真实世界的联系被完全切断，在这种情况下无法保证用户可以阅读手册或彼此间进行交流。因此，在虚拟世界中，虚拟现实创作者应该为每个用户提供适当的信息来创建一个一致的、不需要外部解释的概念模型，否则当应用程序的交互与用户的心智模型不符时便会出现问题。虚拟现实创作者不应该假设专家将永远可以直接向用户解释接口如何工作、回答用户问题或纠正用户的错误。虚拟现实创作者往往期望用户的心智模型能与他们的设计想法一致，然而不幸的是这样的情况十分罕见，创作者们与用户的想法往往不尽相同。因此，一个能引导用户明确了解和有效使用界面的教程，是将心智模型引入用户心中的好方法。

25.2 Norman 的交互设计原则

当用户在虚拟现实中进行交互时，他们需要弄清楚如何使用系统。可视性（Discoverbility）是指该如何发现某物的功能、工作原理及可能进行的操作[Norman 2013]。可视性对于完全沉浸式的虚拟现实体验尤其重要，因为用户此时是看不见也听不到真实世界动静的，真实世界中助手与用户之间的联系也被完全切断。通过一致的示能性（Affordances）、清晰的意符（Signifiers）、利用约束限制（Constraints）引导并解释行动，即时和有用的反馈（Feedback），以及明显且可理解的匹配（Mapping），可以引导用户发现交互界面的使用方法。本节将总结 Norman 定义的这些原则，以及它们应如何与虚拟现实相关联，这将会是虚拟现实交互设计或改进的良好起点。

25.2.1 示能性

示能性定义了什么是用户可能的行动，以及用户可以怎样与对象进行交互。我们惯常认为物品与其属性相联系，但是示能性并不是一个物品的属性；示能性是一个用户的能力和一个事物的属性之间的关系。界面元素提供交互的可能，如虚拟的手提供了选择的功能。一个相同的物品面对不同的用户时，可能会产生不同的示能性。墙上的灯开关提供了控制房间照明的能力，但这仅限于那些能够触及开关的用户。虚拟环境中的一些对象可以进行选择、移动、控制等操作。良好的交互设计侧重于创建恰当的示能性，使所应用的技术被特定的目标用户群（例如，设计者可能故意将灯开关置于某一类用户不能触及的位置，以鼓励用户间的相互协作）轻松地应用于目标行动中（例如，一个可以识别手是否靠近灯开关的跟踪系统）。

25.2.2 意符

不是所有示能性都可以被感知，只有能被感知的示能性才是真正有效的。意符是指向用户传达对象的目的、结构、操作和行为的任何可感知的指示物。一个好的意符可以在用户与对象进行交互前提示对象可能发生的相应交互功能。

一些放置在环境中的符号、标签与图像可以实现指示潜在行动、手势运动方向或者向某个方向前进的功能，这些都是使用意符的例子。另外一些意符会直接反映对象的示能性，如门上的把手、控制器上基于视觉或触觉的按钮。表示不明确甚至不能表现示能性的意符会误导用户，例如，一个看似能被打开的抽屉实际上并不能打开。通常误导性意符的出现是偶然的，或因为对应功能还没有被开发而形成的。然而，有一些误导性的意符是有意为之的。例如，通过反意符鼓励用户为一个“打不开”的抽屉寻找一把能将它打开的钥匙。在这类情况下，内容创作者应清晰了解这些反意符的目标，并小心不要使用户产生挫败感。

意符通常是有意识设立的，如一个指示方向的符号。然而，正如前文所提到的，它们也有可能是偶然出现的。在真实世界当中，一个偶然、非有意设立（有效的）的意符例子是当人们见到沙滩上的垃圾时，会认为这一片区域的环境并不那么健康。一开始，我们会认为出现在虚拟现实场景中的意符都是有意设立的，这是因为虚拟现实场景本身不存在任何东西，所有内容都是由创作者创造的。然而事情并非总是如此，一些非有意出现的虚拟现实意符可能是一个本身被设计为可以被用户拾起并放入迷宫中的对象，然而该对象同时也会被视为一个可以被拾起并扔出的对象（这是一个普遍使虚拟现实内容创作者感到挫败的情形）。另一种在虚拟现实社交体验中出现的偶然意符是当一群具有相同爱好的用户聚集在虚拟空间中的某处时，这成为吸引其他用户到这个位置进行探索并发掘此处功能性的意符。

意符不一定非要附加在特定的对象上，也可以是一般的信息以让用户了解当前正在使用的交互模式，防止产生混淆。

无论创造意符的方法或原因是什么，无论潜在行为是什么或行为是否可行，意符在用户与对象的交互中扮演了非常重要的角色。好的虚拟现实设计需要确保意符能够被用户有效地发现、能与用户进行良好的交流，以及被用户理解。

25.2.3 约束限制

交互的约束限制（Interaction constraints）是对行动与行为的限制。这些限制包括逻辑、语义与文化约束，它们可以引导用户的行动，也可以更方便地向用户解释行动。从这点出发，本节着重关注物理与数学的约束限制，因为这些约束限制最直接适用于虚拟现实交互之中。对于普遍性的约束限制的概述，请参见 31.10 节。

正确使用约束可以限制可能的行为范围，这使得交互设计具有可行性并可以得到简化，同时能提高准确性、精确度与用户的效率[Bowman et al. 2004]。简化虚拟现实交互的常用方法是限制界面只能在数量有限的维度中进行。一个形体的自由度是指允许该形体进行动态变化的独立的维度数量（见27.1.2 节）。一个界面的自由度可以通过物理的输入装置来限制（例如，物理拨盘具有一个自由度，而操纵杆则具有两个自由度）。一个虚拟对象的动态或移动可以被限制在地面上行进，使用户在场景中能够更容易导航（例如，面板上的一个滑块受到限制仅能通过控制单个值沿着单个轴移动）。

物理上的约束可以限制可能行动的数量，同时这些限制也可以通过软件模拟。除了具备功能的特点，约束限制可以为虚拟现实提供更高的真实感。例如，即使没有在物理上阻止用户的手在真实空间中实际穿过对象，然而在虚拟空间中，用户的“手”仍可以被停止在对象表面（尽管这会导致视觉–物理冲突，26.8 节）。然而，并非必须使用物理约束，因为有时它可能会使交互变得更困难。例如，将未使用的虚拟工具悬于虚拟空间的空中就是一个具有实用意义的例子。

交互的约束限制如果能搭配适当的意符使其易于被感知与解释将会更有效且更有用，因为用户可以因此在行动前开展更恰当的计划。如果没有有效的意符提示，交互约束可能会限制用户的行动，因为用户无法确定什么是可能的行动。约束限制的一致性也是有用的，因为约束限制的学习可以跨任务使用。人们通常都非常抗拒改变，如果新的事情仅比旧的事情好一点点，那么最好两者还是一致的。对于专家级的用户来说，提供消除约束限制的功能非常具有实用价值。例如，当用户证明他们可以在被限制于地面的条件下有效地操作时，则可以为其提供更为先进的飞行操控模式。

25.2.4 反馈

反馈令用户得到操作的结果或任务状态的通知，它有助于建立用户对交互对象当前状态的理解并帮助推进未来的行动。在虚拟现实中，及时的反馈至关重要。像移动头部这样简单的行动需要立即的视觉反馈，否则一个稳定的虚拟世界的视觉就会被打破，并产生突破现实存在的结果（或者出现晕动症这种更糟糕的情况）。输入设备能捕捉用户的身体运动，然后将其转化为视觉、听觉和触觉反馈。同时，通过本体反馈产生身体内部的反馈，能使用户感受到肢体和身体的位置和运动。不幸的是，虚拟现实很难提供所有可能的反馈类型。触觉反馈在实现如模拟真实世界中真实的力量方面非常困难。在 26.8 节中会讨论如何使用感觉替代来代替强烈的触觉提示。例如，当虚拟空间中的手碰上对象物体或对象物体被选中时，对象物体会发出声音、突出显示或手持控制器会振动。

反馈对于交互是至关重要的，但不能干预交互的过程。太多的反馈会压制感官能力，导致用户产生混乱的感知和理解。需要考虑反馈的优先级，这样关键的信息就能引起用户的关注而不太重要的信息则能以不显眼的方式呈现。可以在腰或地面上方的躯干参考平面中放置不太重要的信息而不是将它们放在平视显示器上的头部参考平面中，这使用户可以在有需要时轻松地访问这些信息，而不是时刻注意着它们。如果信息必须始终在平视显示区域中出现，则只提供最基本的信息即可，因为任何直接在用户面前出现的信息都会减少用户对虚拟世界的意识敏感度。太多的杂音或相互重叠的音频会导致用户忽略所有这些声音，或者就算用户希望辨认这些声音也无法成功。这样的混乱不仅会导致不实用且不恰当的应用程序，它们还可能令用户产生反感（想想那些坐在后座上的“司机”）。在一些情况中，应该给予用户关闭或拒绝他们认为不重要的反馈的选择。

25.2.5 匹配

匹配（Mapping）是两个或更多事物间的一种关系。当控制器、行动与预期结果之间有一个显而易见并容易理解的匹配关系时，用户便能更容易地掌握控制器与其操作结果间的关系。

硬件与通过软件定义的交互技术之间的匹配在虚拟现实中非常重要。通常一个硬件设备可以很自然地匹配一项交互技术，但是对于另外一项技术则没那么自然。例如，手势识别设备对于虚拟“手”的技术与手的指向可以很好地匹配（28.1 节），但对于驾驶的模拟器而言，物理方向盘则显得更为合适。

一致性

一致性（Compliance）是指感受反馈与输入设备在时间和空间上的匹配。好的一致性可以提高用户在交互中的表现度与满意度。一致的知觉结合（见 7.2.1 节）能使用户感觉是在和一位一致且连贯的对象进行交互，如视觉与前庭感受的一致性对于减轻晕动症十分重要（12.3.1 节）。一致性可以被分为空间的一致性与时间的一致性[Bowman et al. 2004]，如下所述。

空间一致性是指空间匹配能够直接被用户所理解。例如，当我们握住一个对象并希望将对象往上移动时，我们只需往上移动我们握住对象的手即可。空间一致性包括了位置一致性、方向一致性与零点一致性。

位置一致性是指感受反馈与输入设备应在同一位置中。例如，手的视觉位置是否与手所在位置的本体感受一致。并不是所有的交互技术都要求位置一致性，但位置一致性会是一种直接、直观的交互方式，应该运用在任何适合的地方。放置在手持设备上物理控制器的标签便是位置一致性作用的示例。位置一致性对于那些能被用户拾取或交互的物理控制器尤为重要，对于那些刚刚戴上头戴式显示器但没有拿起手持设备（或在之前将设备关闭）的用户而言，用户需要看见这些设备的位置才可以拿起它们。

方向一致性是三个空间一致性当中最重要的一个。方向一致的状态是指虚拟对象在被控制进行移动和旋转时应该与输入设备保持一致，这样用户才能将看到的对象与其所感受的状态对应上，从而形成更为直观的交互体验。因此，用户能更有效地通过物理输入的反馈去预测行动，从而能适当地进行交互操作。

方向一致性的一个例子是鼠标与屏幕光标的匹配。虽然鼠标在空间上与屏幕的光标是脱位的（它们之间没有位置一致性），但手与鼠标的移动会使屏幕上的光标发生与之相同方向的移动，这使得用户感觉正在移动光标本身[van der Veer and del C.P. Melguizo 2002]。当使用鼠标时，用户不会考虑鼠标和光标之间的偏移量。即使鼠标通常位于平坦的水平表面上，而屏幕处于竖直的位置（屏幕与鼠标有一个 90°的空间折角关系），用户依然可以直观对光标的移动产生预期，当用户将鼠标上下移动时，光标会以同样的方式上下移动。然而，如果用户将鼠标向右旋转 90°使用时，操作将变得异常困难，因为向右变成了向上而向左变成了向下。同样的道理亦适用于在虚拟现实中移动物体。已被用户拾取的虚拟对象，即使仍存在一定的空间距离，也应该尽可能地匹配它的运动方向。同样，当用户使用输入设备旋转虚拟对象时，虚拟对象也应该沿相同方向旋转。也就是说，两者都应该围绕相同的旋转轴旋转[Poupyrev et al. 2000]。

零点一致性（Nulling compliance）是指当一个设备恢复到初始位置时，相应的虚拟对象也应该返回初始位置[Buxton 1986]。零点一致性可以通过一些处于绝对位置的设备帮助实现（与之建立参考关系），但这些设备不能是处于相对位置的设备（以自身作为参考系的设备，27.1.3 节）。例如，当一件设备连接于用户的皮带处时，零点一致性就非常重要，因为用户将使用“肌肉记忆”来记住设备与其虚拟对应对象的初始位置与中立位置（26.2 节）。

时间一致性（Temporal compliance）是指对同一动作或事件的不同感受反馈应适当地在时间上同步。视角变化的反馈应该立即与前庭感受匹配，不然会导致晕动症（第 15 章）。然而不论是否出于与症状有关的原因，反馈都应该是立即的，不然用户会感到挫败甚至在完成前放弃任务。即使整个反馈行动无法立即完成，也应该有某种形式的反馈告知用户问题正在解决中。如果缺少这样的信息，用户会因此烦恼并且可能浪费更多的计算资源，因为用户可能会忘记原来的任务转而进行其他任务。事实上，缓慢的、差的反馈甚至比没有反馈更糟糕，因为它们可能会分散用户的注意力，刺激用户甚至使用户产生焦虑，任何经历过网速极慢的人都可以证明这一点。

非空间匹配

非空间匹配（Non-spatial mappings）是指那些将空间中的输入转化为非空间性的输出，或将非空间性的输入转化为空间性输出的匹配。一些从间接空间输入非空间性输出的匹配是具有普遍性的，例如，将手向上移动意味着向下浏览而向下移动意味着向上浏览。其他的一些匹配则与个人、文化或具体的任务相关。例如，有的人认为时间的“移动”是从左向右的，而另一些人则认为时间是从人的身后移向人的身前的。

25.3 直接与间接的交互

不同类型的交互可以被视作从间接交互到直接交互的连续过程。取决于不同的任务，直接交互和间接交互都对虚拟现实有作用，不管应用何种交互都应该在适合的情况下使用。例如，不能死板地认为一切交互都应该是直接的。

直接交互是一种认为对象是直接被作用而不是通过中间媒介作用的交互方式[Hutchins et al. 1986]。最直接的交互是用户与手中的物理对象进行的交互。当用户使用一件设计精良的手持工具（如餐刀）时，可以被视为直接作用于对象，哪怕这当中有一点点不直接；当用户熟练使用工具时，用户会认为这件工具是其身体的延伸而非一件中间对象。

用户使用触摸屏移动虚拟物体可以被认为是直接交互的一个例子，然而，当手指离开屏幕的平面时，虚拟物体不会再跟随手指移动。与其他数字技术相比，虚拟现实可以实现更多的直接交互，因为虚拟对象可以直接匹配于完整的三维空间中（包括方向与位置），并实现时间的一致性（25.2.5节）。方向一致性与时间一致性比位置一致性更重要，这一点可以参考使用鼠标时的直观感受（尽管不是像在触摸屏上用手指移动光标那样直接），即使没有位置一致性依然可以产生类似于直接操作对象的感受。

间接交互在输入与输出间需要更多的认知与转换。通过语音执行图片搜索是间接交互的一个例子，用户必须思考搜索的内容、进行查询的操作、等待响应，最后解释搜索的结果，不仅需要思考查询搜索的对象，更要考虑从单词到视觉图像间的转换。虽然间接交互比直接交互需要更多的认知，然而并不意味着直接交互总是更好的一方，间接交互方式对那些有预期的任务更为有效。

在绝对的直接交互与间接交互之间存在一种半直接的交互方式。例如，在面板上可以控制灯光强度的滑块，用户直接控制中间的滑块，但并非直接控制光。然而当用户多次使用滑块后这个交互会变得更直接，因为用户建立了一个滑块向上为变亮、向下为变暗的心智匹配。

25.4 交互循环

交互可以分为三部分：（1）形成目标，（2）执行行动，（3）评估结果[Norman 2013]。

用户可以通过执行行动来跨越目标与结果之间的鸿沟。前馈需要适当使用意符、限制约束与用户心智模型来实现。在目标中有三个执行阶段：计划、指定和执行。

评估可以判断目标的实现，调整目标或是创造新的目标。这种反馈是通过感知操作带来的影响而获得的，评估也包括三个阶段：感知、解释和比较。

从图 25.1 可以看出，七个阶段的交互包括一个目标阶段，三个执行阶段（计划、指定和执行），三个评估阶段（感知、解释和比较）。高质量的交互设计在每一个阶段都会考虑需求、意图和欲望。以下是一个示例。

（1）形成目标。我们提出一个问题："我想要实现什么？"例如，在虚拟空间中移开一块在前进路上的巨石。

（2）规划行动。在众多可能性中确定一种选择。问题："什么是可供选择的一系列动作集合？我该选择哪一种？"例如，移到巨石之前或从远处直接选择并移动它。

（3）确定一个连续的动作序列。即使在计划确定后，我们依然需要确定具体的行动顺序。问题："序列中具体有哪些动作？"例如，从手上发出一束光线与巨石相交，按下抓取的按钮，移动手的位置，最后松开抓取按钮。

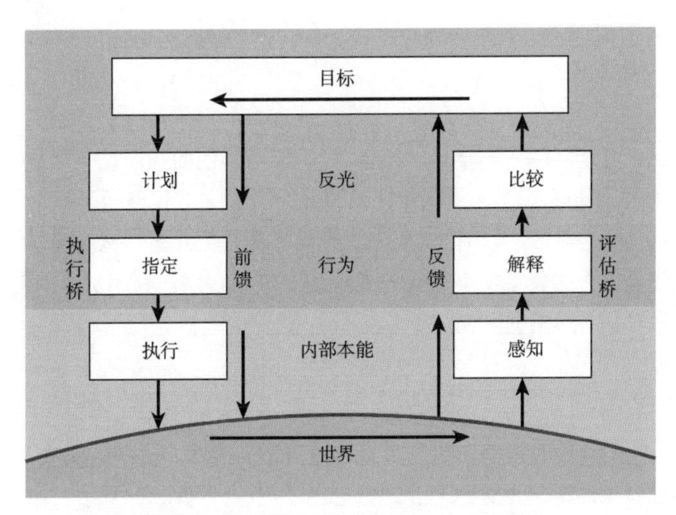

图 25.1 交互循环（改编自[Norman 2013]）

（4）执行动作序列。问题："我现在可以采取行动吗？"在实际情况中必须采取行动才能获得结果。例如，移动巨石。

（5）感知新世界的情况。问题："发生了什么？"例如，巨石现在位于一个新的位置。

（6）解释感知。问题："这意味着什么？"例如，巨石不再挡住前进的道路。

（7）比较结果与目标。问题："这样可以了吗？ 我已经完成目标了吗？"例如，路障已经清除，因此可以沿着路线前进。

可以通过建立新目标（通过目标驱动的行为）来启动交互循环，交互循环也可以从虚拟世界中的一些事件（通过数据驱动或事件驱动行为）来开启。当循环从虚拟世界开始时，目标更多是投机式（Opportunistic）而不是预先计划的。投机式的交互行为不像计划好的那样具有精确性，通常需要付出的心血更少，也更方便。

在交互循环的七个阶段中，并不是所有的活动都是有意识的。目标一般是倾向于反思性的，但并不总是这样。通常我们只是隐隐约约地对执行与评估阶段有些意识，直到我们遇见新的情况或是陷入障碍中才会对情况或问题产生有意识的关注。在较高层次的对目标的反思和比较中，我们根据因果关系来评估结果。除非仔细注意实际行动，否则表现和感知的本能水平通常是自动和下意识的。

很多时候目标是已知的，但不清楚应该如何实现，这被称为执行隔阂。类似地，当无法理解一个行动的结果时，则会发生评价隔阂。设计师可以通过通盘考虑交互的七个阶段、对交互的技术手段进行任务分析（32.1 节），并利用意符、约束限制和匹配性来帮助用户创建有效的心智模型，从而帮助用户弥合这些隔阂。

25.5 手

人类的手是出色且复杂的输入与输出“设备”，手能与其他的物理设备形成自然的交互，这样的交互是快速的、精确的，同时不需要太多有意识的关注。手工工具经历了数千年的发展已越来越接近完美，使之在应用时更为高效。如图 8.8 所示，躯体感觉皮层中的一大部分为手所专用。因此，不难理解，为什么那些最优秀的具备完整交互的虚拟现实应用程序都利用了“手”。可以看出，应用能与手直接交互的技术对用户具有重大意义。

25.5.1 双手交互

在真实世界中，使用双手去控制对象是自然且直观的。因此，从常识理解，双手 3D 交互界面对于虚拟现实是适用且直观的[Schultheis et al. 2012]。虽然直觉告诉我们双手要比单手更好，然而事实上如果遇到不恰当的交互设计，双手可能比单手更糟[Kabbash et al. 1994]，也许这就是尽管像鼠标这样的设备存在了数十年，但大多数计算机的交互方式仍是单手的原因。任何曾经开发过 3D 系统的人都知道，仅是 3D 设备并不能保证优秀的表现，对于双手交互而言更是如此，部分原因在于两只手很多时候并不一定需要并行工作[Hinckley et al. 1998]。对于希望创造高质量的双手交互界面而言，通过真实的用户反馈进行迭代设计是非常重要的。

双手交互的分类

双手交互（Bimanual interaction）可以分为两种情况，一是对称的双手交互（两只手执行相同的动作），二是非对称的双手交互（两只手执行不同的动作），非对称的双手交互在真实世界中更常见[Guiard 1987]。

对称的双手交互可以进一步分为同步的（例如，用双手同时推动一个较大的对象），或是非同步的（例如，双手交替上抓的爬梯子动作）。双手分别控制对象的两侧然后将双手分开（或靠拢）缩放对象是在虚拟现实中运用对称的双手交互的一个好例子。

不对称的双手交互发生在当两只手需要进行不同的动作来配合完成任务时。惯用手是用户更为依赖的，通常具备更好的运动机能。非惯用手能在人体工程学上提供辅助，以一种舒适的方式（通常是潜意识的）作用于对象上，使用惯用手可以不被对象所限定从而更好地工作。非惯用手通常也会直接参与控制对象或进行简单的操作，从而使惯用手可以更舒适、高效和精确地控制或操作对象。最常见的例子莫过于“书写”了，非惯用手控制着纸张，同时惯用手提笔书写。可以参考给土豆去皮的情况，使用非惯用手握住土豆去皮要比将土豆放在桌面上（不论它是否被固定）感觉简单得多。与之类似，在单手的虚拟现实交互中，如果非惯用手不能给予惯用手一个参考，交互的体验将会变得奇怪甚至尴尬。

通过以自然的方式使用双手，用户可以明确相对的空间关系，而不仅是绝对的空间位置。理想的双手交互设计应该是双手能够以流畅的方式协同工作，根据当前的任务在对称和非对称的模式之间切换。

26 虚拟现实的交互概念

虚拟现实的交互并非没有挑战，考虑到那些需要平衡的要素，虚拟现实的交互可能与现实的交互有很大的差别。然而，和真实世界相比，虚拟现实也同样具有巨大的优势。本章将重点介绍与虚拟现实相关的交互设计概念、挑战和优势。

26.1 交互保真度

虚拟现实交互的设计沿着从试图尽可能地模拟现实，到与真实世界毫不相似的历程发展。虚拟现实设计的目标取决于应用的目标，大部分虚拟现实交互设计落于两者之间。交互保真度（Interaction fidelity）是指被用于虚拟任务的物理动作与在真实世界中完成相同任务的动作的等效程度[Bowman et al. 2012]。

在交互保真度谱系中，最高级别的是现实交互。虚拟现实交互得以尽可能接近真实世界中交互方式的基础在于硬件，并力图达到最高层级的交互保真度。如使用一只手握住另外一只手来模拟握住一根棒球棍在虚拟世界中击打虚拟的“棒球”就具有较高的保真度。现实交互对于那些以训练为目的的应用程序来说更为重要，因为这类应用的目的是使用户通过虚拟世界掌握某种技巧并能直接运用于真实世界中。现实交互同样对模拟类型的应用非常重要，如模拟手术过程的应用、模拟治疗过程和评估人体状况的应用等。如果这些类型的应用不是基于现实交互的，那么就会发生像“适应性”这样的问题（10.2 节），它可能导致在虚拟应用中习得的经验不能被正面地用于真实世界中。使用现实交互的另外一个好处是用户不需要对交互进行太多专门的学习，因为他们在真实世界中已经知道该如何去做了。

交互保真度谱系的另一端是非现实交互，这是一种与现实没有任何相似度的交互方式。按下一个非跟踪型的控制器的按钮使一道激光从眼睛处射出，这样的交互技术就是低交互保真度的例子。低交互保真度并不是缺点，它可以提高性能、减少疲劳，以及增加享受和乐趣。

在交互保真度谱系的中间区域，存在着一种“魔法”般的交互方式，在这里，用户可以按照自然物理的规律行动，与此同时，技术为用户提供新的能力或增强原有的能力使用户在虚拟世界中变得更加强大[Bowman et al. 2012]。这种魔法般的超自然交互试图以一种超人的能力与超现实的交互方式为用户创造更好的交互体验，提升应用的易用性与用户的表现[Smith 1987]。虽然是非现实的交互，然而这样的交互常常会通过交互隐喻（25.1 节）来帮助用户快速建立起能认识该交互工作方式的心智模型。交互隐喻是创造新的“魔法”交互技术的创意之源。从远处隔空抓取物品、指向一个方向进而飞越场景，到从手中射出火球都是“魔法”交互方式的例子。“魔法”交互致力于通过降低交互的保真度、规避真实世界中的局限性来增强用户在虚拟世界中的体验。这样的“魔法”交互较适用于游戏，以及与抽象概念教学相关的虚拟现实应用。

交互保真度是一个多维度的多元素集合体。交互保真度分析框架[McMahan et al. 2015]将交互保真度分为三个概念：生物力学对称性、输入精确性和控制对称性。

生物力学对称性（Biomechanical symmetry）是指在虚拟交互中身体的运动与真实世界中相对应的运动的等效程度。姿态与手势的交互大量运用了生物力学对称性，因为对于用户而言，做出这些动作与在现实中做出同样的动作是一样的，这同时带来了高度的本体感觉，因为用户能真实地感觉到自己的身体在环境中行动，如同在真实世界中一样。在虚拟现实环境中用真实的行走来前进具有生物力学对称性，因为这与用户在真实世界中的行进是一样的。在有限的空间内行走则会少一些生物力学对称性，因为真实的行动变少了。通过按钮或是摇杆来进行虚拟空间中的行进模拟则不具有任何生物力学对称性。

输入精确性（Input veracity）是指输入设备捕捉用户行动的反应水平。决定输入精确性质量的三个方面是准确性、精确度和延迟。一个系统如果其输入精确性较低将会严重影响其性能，因为它将很难捕捉到那些有质量的输入。

控制对称性（Control symmetry）是指与等效的真实世界任务相比，用户对虚拟世界交互的控制程度。虚拟现实的高保真技术提供与真实世界中一样的控制方式而不需要再使用特殊的交互模式。由于需要在技术间进行切换以取得对虚拟世界的全面控制，较低的控制对称性可能会导致用户的挫败感。例如，使用手部的追踪控制设备进行具有 6 个自由度的物体位置与旋转的控制，比通过使用游戏手柄控制具有更好的控制对称性，因为使用游戏手柄进行控制（少于 6 个自由度）需要使用多个移动和旋转模式。然而，如果能妥善实施，低控制对称性也可以具有优异的性能。例如，非同构旋转（28.2.1 节）可用于放大的手旋转来提高控制的性能。

26.2 本体感觉与以本体为中心的交互

如 8.4 节所述，本体感觉是身体和肢体的姿态和运动的物理感觉。由于大多数虚拟现实系统除了手持控制设备没有提供任何其他的触觉反馈设备，用户在虚拟空间中唯一能运用的真实的对象就是自己的身体，因此本体感觉在虚拟世界交互中非常重要[Miné et al. 1997]。身体提供了一个以用户的本体为中心的参考系（26.3.3 节），使用这个参考系进行操作和交互会比使用那些仅依赖于视觉信息的交互技术更有效（参见图 26.1）。事实上，无须使用眼睛的交互可以在一个间接的视觉范围甚至超越监视器外的范围内工作，以减少视觉区域内的杂乱感。用户在本体空间中有更直接的控制感。例如，用手直接放置对象要比那些不那么直接的方式容易得多。

图 26.1　一个以本体为中心视角的外部中心地图视图（由 Digital ArtForms 提供）

26.2.1 混合本体中心与外部中心的交互

以外部为中心的交互旨在从环境外部观察和控制虚拟模型。使用以本体为中心的交互时，用户作为第一人称视角，通常是在环境的内部进行交互。然而，这并不是一个非此即彼的选择，两者在实际中可以混合使用。例如，用户可以在较小的地图中看到“自己”从而开展对外部世界的控制操作，然而主视角是以本体为中心的第一人称视角。

26.3 参考系

参考系是一个用于将对象进行定位与基础定向的坐标系统。

了解参考系对于创建可用的虚拟现实交互是至关重要的，本节将讲述与虚拟现实交互相关的最重要的参考系。当虚拟现实场景中没有能力旋转、移动或缩放身体，以及世界时，虚拟世界参考系、现实参考系和躯干参考系都是一致的（例如，没有虚拟的身体运动，没有躯干的跟踪，没有虚拟世界移动的情况时）。然而，当不是这样的情况时，参考系是不一致的。

虽然抽象地思考参考系及它们之间如何关联会相当困难，但当用户进入虚拟世界并在不同的参考系中交互时，参考系是可以被自然地感知并形成直观理解的。本节讨论的参考系在实际体验中更容易被理解。

26.3.1 虚拟世界的参考系

虚拟世界的参考系与虚拟环境的布局相匹配，且独立于用户的定向、定位或缩放操作。虚拟世界的参考系包括地理方向（比如，北向）、全局距离单位（比如，米）。当在虚拟世界中宽泛的区域创建内容，形成一幅认知地图，确定全局位置或规划大规模移动时（10.4.3 节），通常最好的做法是根据外中心的虚拟世界系来进行思考。需要注意的是，除非用户在虚拟环境中能够轻松、精确地导航和旋转，不然类似到达指定位置这类需使手部交互界面直接关联于虚拟世界参考系的操作将会变得非常困难和别扭。

26.3.2 真实世界参考系

真实世界参考系是根据现实的物理空间所定义的，并与用户的任何动作（虚拟或物理）独立。例如，当用户进行虚拟飞行时，用户真实的身体仍处于真实世界参考系当中。在用户身前的一张真实的桌子、一块电脑屏幕或一个键盘都在真实世界参考系中。对于那些可被追踪或不可被追踪的手持控制器的设置而言，当它们不被使用时应当为它们确定一个一致的物理位置。对于可被追踪的手持控制器或其他具有追踪功能的设备，确保将其物理设备在真实世界参考系中的位置 / 方向与其虚拟模型匹配（完全空间匹配），从而使用户可以正确地看到它并且轻松拾取。

为了使虚拟对象、交互界面或静止参考系能够被准确地定位于真实世界参考系中，虚拟现实系统必须进行良好的校准并实现低延迟。这样的界面通常但不总是提供仅用于形成静止参考系的提示（12.3.4 节）来使用户感觉到一个稳定的物理空间，并减少晕动症的发生。汽车内饰、驾驶座（图 18.1）或非现实的稳定提示（图 18.2）是现实参考系中提示应用的示例。在某些情况下，在虚拟环境中添加现实参考系中的部件作为信息输入的提示，这种功能是可行的（例如，位于模拟驾驶舱中的按钮）。现实参考系的一大优点是可以实现被动触觉反馈（3.2.3 节），即提供与视觉渲染部件所匹配的真实触觉反馈。

26.3.3 躯干参考系

躯干参考系（The torso reference frame）是根据身体脊柱的轴线与其躯干前方垂直线所定义的。躯干参考系对于交互非常有用，因为本体感觉（8.4 节和 26.2 节）即是手臂和手相对于身体位置的感觉。躯干参考系也可用于身体前进方向的转向（28.3.2 节）。

躯干参考系与真实世界参考系在某种程度上有相似之处，即当用户在虚拟世界中进行变换与缩放操作时，它们都跟随用户一起在虚拟世界中移动。然而两者的不同之处在于，躯干参考系中的虚拟对象将跟随用户旋转（虚拟身体与物理身体同时旋转）或跟随物理移动而移动，而在真实世界参考系中的虚拟对象则不会。如果认定用户坐的椅子与用户间的关系是相对静止的，则可以对这把椅子进行追踪而不需要对用户的躯干进行追踪。追踪头部但没有躯干或椅子追踪的系统可以默认用户的方向总是向前（躯干参考系和真实世界参考系是一致的），然而物理上身体的转动可能会因此产生问题，因为系统将无法辨别到底只是头部在转动还是整个身体都在转动。

如果没有手部跟踪可用，则可以假设手部参考系与躯干参考系是一致的。例如，非追踪的手持控制设备在虚拟世界中的视觉表现应伴随身体移动与旋转（手持式控制器通常被假定为保持在膝盖到腰间的位置）。对于虚拟现实而言，信息显示于躯干参考系中通常比显示于头部参考系中更好，如同通常在传统第一人称游戏中使用平视显示器时的处理方式。图 26.2 展示了躯干参考系中非追踪手持控制器和腰部位置信息显示的视觉表现示例。

图 26.2　躯干参考系中非追踪手持控制器和腰部位置信息显示的视觉表现（由 NextGen Interactions 提供）

身体关联工具

就像在真实世界中一样，虚拟现实中的工具也可以负载到身体上，以便用户无论去哪里，它们都可以随时被获得。这样的功能可以简单地通过将工具放置于躯干参考系中来完成。这不仅带来一份便利的始终可用的工具，还利用了用户的身体来进行身体辅助记忆，有助于重拾和获取等常用操作[Miné et al. 1997]。

应将物品放置于用户的前向动线之外，以免它们妨碍场景观看（例如，用户只需简单地向下看选项，然后通过点击或抓取进行选择），应为高级用户提供能够关闭项目或使其不可见的选项。位于头部上方的下拉菜单（28.4.1 节），将工具置于腰上成为实用的腰带、置于耳朵上成为音频选项、置于脚上成为导航选项，以及向身后抛出对象代表删除（或从肩后对物品进行取回）都是身体助忆的例子。

26.3.4 手部参考系

手部参考系是根据用户手的位置和方向来定义的，并且以手中握住物体时手的中心进行判断。使用手机、平板电脑或虚拟现实控制器时，以手为中心的思维尤为重要。为放置于手上的追踪手持设备在虚拟世界中设置一个视觉表现能增加其存在感，因为这样可以使视觉与触觉同步。特别对于新用户而言，在虚拟世界中指向按钮、模拟操作棒或手指时，在手部参考系中设置标签或图标 / 意符将非常有用（图 26.3）。同时，也应该提供打开/关闭这种视觉效果的选项，以便在不使用接口或记住交互操作后不会造成场景的堵塞 / 混乱。虽然左手和右手都可以被认为是单独的参考系，然而非惯用手也可以作为参考系而让惯用手进行操作（25.5.1 节），特别在用户使用手持面板时（28.4.1 节）。

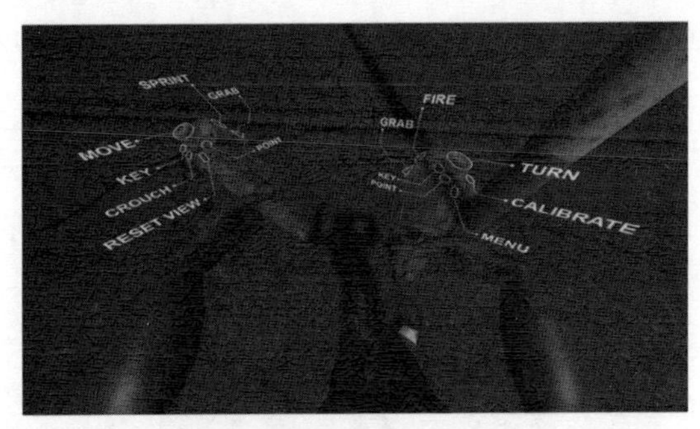

图 26.3　手上简单的透明纹理可以表达物理交互设备信息（由 NextGen Interactions 提供）

26.3.5 头部参考系

头部参考系是基于两眼间连线的中点和垂直于前额的参考方向确定的。在心理学文献中，这个参考系也被称为“中央眼”。它是头脑中的一个假设位置，作为确定以脑部为中心向前的直线的参考点[Coren et al. 1999]。人们通常倾向于将这条直线看成自己面前的方向，并以此为头部的中线所在，而不管眼睛实际上在看向哪里。从实现的角度来看，头部参考系相当于头戴显示器的参考系，但是从用户的角度看（假设在宽视野条件下），这个头戴显示器不能被用户的视觉感知。一个外部世界固定辅助显示器可以展示用户观看之处与头部参考系的匹配关系。

平视显示器（HUD）通常位于头部参考系中。在完全使用平视显示器时，除了用于注视指导选择的指针，其他信息应被最小化。在不完全仅使用平视显示器时，将一些信息做小也是重要的（但同时需要足够大以便感知与阅读），尽量减少视觉信息的数量以免使用户觉得困扰或分心，也不要将信息放置在外围太远的地方；给予这些信息一定的深度以使它们与其他物体间具有正确的遮挡关系；给予信息间足够的距离以避免出现极端的信息过于集中的冲突。同时，使信息具有透明度同样也是有用的。图 26.4 展示了在头部参考系中的平视显示器被用作虚拟头盔，从而帮助用户定位对象的示例。

26.3.6 眼部参考系

眼部参考系是根据眼球的位置和方向来定义的。由于需要眼球跟踪，很少有虚拟现实系统可以支持眼部参考系中眼睛方向的部分。然而，眼睛的左/右水平偏移则可以较容易地在使用前通过测量特定用户的瞳孔间距决定。

当观察近距离的物体（例如，在枪管的瞄准器中观看）并且假设双目显示时，眼睛参考系是重要的，因为此时视点发生从前额到眼睛的偏移，使之与头部参考系的位置不同。在看一个位于远处的物体时，由于左右眼间的偏移距离，在近处的物体会产生双重影像（或当观察近处物体时，远处物体也会产生双重影像）。因此，当用户需要将近处物体与远处物体进行对齐时（例如，瞄准目标），用户应被建议闭上非主视眼而仅使用主视眼进行观察（9.1.1 节和 23.2.2 节）。

图 26.4　一个头部参考系中的平视显示器。无论用户看向哪里，提示总是可见的（由 NextGen Interactions 提供）

26.4 语音和姿态

语音和姿态的可用性取决于命令的数量和复杂性。更多的命令则需要更多的学习——应该限制语音命令和交互姿态的数量，以保持交互尽可能简单和具有可学习性。

语音界面和姿态识别系统通常对用户是不可见的。从用户角度而言，通过使用诸如一系列可能的命令或姿态的图标这样明确的意符可以使他们知晓并记忆可能的操作。语音与姿态都不是完美的，在许多情况下，在执行操作之前，让用户验证命令以确认系统正确理解是适当的；并且应该提供反馈让用户了解一个命令已经被系统理解（例如，如果对应的命令已被激活，则高亮显示相应的意符）。

应使用一套定义明确、自然、易于理解和易于识别的姿态/单词。通过一个按钮向计算机发出即将开始语音或姿态输入的信号，可以使系统不会识别无意的命令（按下对话或按下开始手势识别）。

在用户还与其他用户进行沟通而不仅仅在与系统对话时尤其如此（因为人们在说话时会下意识地摆出姿态、发出声音）。

26.4.1 姿态

姿态（Gestures）是身体或身体部位的动作，而姿势（Posture）是一个单独的静止状态。无论是否有意为之，它们都能传达一些意义。姿势可以被认为是姿态的一个子集（在非常短的时间段内的姿态或具有不可察觉的运动的姿态）。动态的姿态需一个或多个跟踪点（如使用控制器做一个姿势），然而姿势则需要多个跟踪点（如手的姿势识别）。

姿态可以传达四种类型的信息[Hummels and Stappers 1998]。

空间信息是指一个姿态可以指示的空间关系。这样的姿态可以进行操纵（例如，推/拉）、指示（例如，点或绘制路径）、描述形式（例如，表示尺寸）、描述功能（例如，旋扭运动以描述扭转螺丝）或使用于对象。这种直接互动是一种结构性沟通的形式（1.2.1 节），由于直接作用于对象和产生直接的影响，对于虚拟现实交互可能是非常有效的。

象征信息是指一个姿态可以指代的符号。这样的姿态可以是诸如用手指形成 V 形，挥舞着说你好或者再见，以及用手指显示粗鲁的概念。这种姿态形成的是直接性沟通（1.2.1 节），而对于姿态的解释是间接性沟通（1.2.2 节）。象征信息可用于人机交互和人与人之间的交互。

路径信息是指思考和做出姿态的过程（例如，潜意识地用手说话）。路径信息通常是对人际交往有用的间接性沟通（1.2.1 节）的内在性交流（1.2.1 节）。

情感信息是指姿态所代表的情感。这种姿态更常用于表现心情，如身心疲惫、放松或热情时的身体姿态。情感信息是最常用于人与人之间交流的一种内在沟通形式（1.2.1 节），尽管路径信息较少被计算机视觉所识别（如 35.3.3 节所述）。

在真实世界中，手势通常会增强姿态的沟通，如同意、停止、放大缩小、沉默、拒绝、再见、指向等。许多早期的虚拟现实系统使用手套作为输入设备来传达与手势所能实现的类似的命令。手势的优点包括灵活性。人手的自由度数量多，可以不需要手里拿一个装置，也不一定需要看着（或至少直视）手就能操作。手势与声音一样，也可能是具有挑战性的，因为用户不得不记住这些手势而且大多数现有系统的识别率在手势多于一定数量后会偏低。虽然手套不一定舒服，但它们比计算机摄像系统更加稳定一致，因为使用手套没有视线的问题。推式手势系统可以大大减少错误的产生。当用户不仅在与系统交互而且在与其他人进行通信时更是如此。

直接姿态与间接姿态

直接姿态是指直接的和结构性的沟通（1.2.1 节），能传达一定的空间信息。一旦姿态开始，它们就可以被系统解释和响应。直接操作，例如，推动对象和通过手指选择是直接姿态的示例。间接姿态是指在一段时间内传达更复杂的语义意义，因此在姿态刚开始时是不够有效的——应用程序识别一段动作范围来解释姿态，因此从姿态开始就是有延迟的。间接姿态传达象征信息、路径信息和情感信息。一个单一姿势的命令位于直接姿态和间接姿态之间，因为系统响应是即时的但不是结构性的（姿势被解释为命令）。

26.4.2 语音识别

语音识别（Speech recognition）将说出的词汇翻译成文本和语义的形式。如果实现得好，语音命令会有许多优点，包括保持头部和手部交互的空闲，同时能向系统直接发出命令。语音识别确实面临重大的挑战，如有限的识别能力、并不总是明确的指令选项、从连续性尺度中进行选择的难度、背景噪声、说话者之间的差异性，以及因其他存在而分心[McMahan et al. 2014]。无论如何，语音可以很好地用于多通道交互（26.6 节）中。下面阐述语音识别的类别、策略和错误，[Hannema 2001]中对此也有所描述。

语音识别类别

语音识别通常分为以下三类。

与说话者独立的语音识别具有在一连串用户的语言中识别少数词汇的灵活性。这种类型的语音识别常被使用于电话导航系统中，当虚拟现实只给用户提供少数选项时是很好的方式（一个虚拟现实系统应该直观显示可用的命令，以便用户知道选项是什么）。

基于说话者的语音识别是识别来自单个用户的大量词汇，其中系统已被广泛训练以识别来自该特定用户的词汇。当用户具有经常使用的个人系统时，这种类型的语音识别可以与虚拟现实一起工作。

自适应识别是与说话者对立和基于说话者相关的语音识别的混合。该系统不需要明确的训练，而是在用户说话时学习特定用户的特征。这通常需要用户在词汇被误解后纠正系统。当用户拥有自己熟悉的系统，并不想被训练语音识别器所打扰时，使用自适应识别。

语音识别策略

上面列出的每种语音识别可以使用以下一种或多种策略来识别词汇。

离散/孤立的策略根据预定义的词汇一次识别一个词汇。当仅使用一个单词或连续单词之间存在空隙时，此策略运行良好。例如，“保存”、“撤销”、“重启”或“冻结”之类的命令。

连续/连接的策略能够识别来自预定义词汇表的连续词，这比离散/孤立的策略更具挑战性。

音素语音识别策略能够识别单个音素（小的，听觉上不同的声音；8.2.3 节）、双声道（两个相邻音素的组合）或三音节（三个相邻音素的组合）。三音节在计算上是昂贵的，并且由于必须识别的组合的数量很大，所以系统响应缓慢而很少被使用。

自发/对话策略能够尝试以与人类相似的方式确定句子中词汇的上下文。这是与计算机的自然对话，这个策略很难实现。

语音识别错误

语音识别难度很大的原因有很多。通过了解下面列出的常见错误类型，可以更好地设计系统以最小化这些错误。同时也可以通过使用专为语音识别而设计的麦克风来减少错误发生（27.3.3 节）。

删除/拒绝用户指令发生于当系统无法匹配或识别来自预定词汇表的单词时。这种错误的好处在于当系统识别故障时，可以请求用户重复该字。

替代发生于当系统错误地识别出一个词汇然而不同于用户预期的词汇时。如果错误未被发现，系统可能会执行错误的命令。这个错误很难被检测出来，但使用统计方法可以计算置信度。

插入发生于当识别到非预期的单词时。这通常发生在用户没有特意对系统说话的时候。例如，用户自言自语地思考或者对另一个人说话时。类似于替换错误，这可能导致系统执行一个无意义的命令。要求用户按下按钮（例如，按下说话键）可以大大减少这种类型的错误。

背景

用户在任何特定时间所做事情的背景信息（Context）可以帮助提高准确度并让虚拟现实更好地理解用户意图。由于单词可以是同义词[具有多个含义的相同单词，例如，体积/音量可以是同一个词(volume)]，或是同音异义词[同一个发音但意思不同的词，例如，死亡（die）和染色（dye）]，因此，背景信息很重要。词汇量巨大的上下文敏感系统，只需在特定时间识别部分词汇（子集）即可运行。

26.5 模式和流程

理想情况下，在单个应用程序的所有交互中应该应用相同的隐喻，然而这通常是不可能的。具有不同类型任务的复杂应用可能需要不同的交互技术。在这种情况下，不同的交互技术可能被组合在一起。选择交互技术的机制可以像从手持面板按下不同的按钮或者选择不同模式一样简单，或者该技术可以依从于特定顺序（例如，特定操作的交互技术仅在选择另一特定操作技术之后发生）。无论采用什么模式，应该向用户明确该模式。

所有的交互应该很好地整合在一起。系统的整体可用性取决于应用程序提供的各种任务和技术的无缝集成效果。确定流程的一个方法是考虑基本操作的顺序。人们经常在对某对象执行动作前口头陈述命令，但是倾向于先思考对象本身。对象在本质上更为具体，因此它们更易于被首先思考；

而词汇更抽象，并且在被应用于某些东西时才更容易被理解。例如，当人在思考如何“拿起书”之前，人必须首先感知和思考这本“书”。和动作—对象序列相比，用户更倾向于对象—动作序列，因为它耗费的脑力更少[McMahan and Bowman 2007]。因此，在设计交互技术时，在对一个对象采取行动之前，应先选择对象（至少在大多数情况下如此）。交互技术还应能够在选择对象和操作或使用该对象之间轻松实现平稳过渡。

从更高的层面上看，交互流程越长，越应该减少分心的可能，以使用户将注意力集中在任务上。理想状况下，用户应无须在物理上（无论是眼睛、头部还是手）或认知上在任务之间移动。轻量级模式切换、物理道具和多模态技术可以帮助保持交互的流畅。

26.6 多模态技术

单一的传感输入或输出难以适用所有情况。多模态交互（Multimodal interaction）结合了多种输入和输出传感模式，为用户提供了更丰富的交互组合。“put-that-there”界面被称为第一个有效自然地混合声音和手势的人机界面[Bolt 1980]。需要注意的是，即使“put-that-there”是动作—对象序列，如 26.5 节所述，然而通常首先选择要移动的对象会产生更好的流程。更好的实现方式可能是“that-moves-there”界面。

在选择或设计多模态交互时，思考将各模态集成在一起的不同方法是有帮助的。输入可以被分为六种类型组合：专用、等效、并发、冗余、互补和转移[Laviola 1999，Martin 1998]。所有的输入类型都是多模态的，而不是专一的。

专用输入模式（Specialized input modalities）将特定应用程序的输入方式限定为单一模式。如果该任务有明确的单一最佳模式最好不过。例如，对于某些环境，只能通过指向来选择对象。

等效输入模式（Equivalent input modalities）为用户提供了使用哪一种输入的选择，即使模式间的最终结果是相同的。本模式可以理解为系统并不关心用户的偏好。例如，用户可以通过语音或操作面板创建相同的对象。

冗余输入模式（Redundant input modalities）利用传达相同信息的两个或多个同时输入来输入单个命令。冗余可以减少噪声和模糊信号，提高识别率。例如，用户可以用手指选择红色立方体，同时说“选择红色立方体”；或用手移动对象，同时说“移动”。

并发输入模式（Concurrent input modalities）使用户能够同时发出不同的命令，提高用户操作效率。例如，用户可能会通过指向交互同时用语音请求获得一个在一定距离外另一个对象的信息。

互补输入模式（Complementarity input modalities）将不同类型的输入合并成一个命令。互补通常会导致更快的交互，因为不同的模式通常在时间上是非常接近甚至是并发的。例如，要删除一个对象，应用程序可能会要求用户在将对象挪到肩膀后的同时说“删除”。另一个例子是用语音和手势的组合[Bolt 1980]来放置一个对象。

转移（Transfer）发生于当来自一个输入模式的信息被传送到另一个输入模式时。转移可以改善识别并实现更快的交互。用户可以通过一种模式实现任务的一部分，但是随后认定另一个模式将更适合于完成该任务。在这种情况下，转移能避免用户重新开始。例如，通过语音请求一个特定的菜单出现，同时也可以通过语音或点选的方式与其交互。或者“按下说话”界面，当硬件不可靠或在某些情况下不能正常工作时，最适合使用转移。

26.7 小心疾病和疲劳

一些交互技术，特别是控制视点的交互技术可能会引起晕动症。在选择或创建导航技术时，正如第三部分所述，设计人员应仔细理解并思考场景的运动和晕动症。如果晕动症是一个主要的问题，应通过一对一的实际头部运动匹配远距传动来进行视点的变化（28.3.4 节）。

因为如今大部分的头戴式显示器会产生视觉辐辏调节冲突，所以长时间地看接近面部的界面会导致一些用户不舒服。因此，靠近脸部的视觉界面应该尽量最小化。

如 14.1 节所述，猩猩手对于那些需要用户高举双手并保持超过数秒的交互而言可能是一个问题。即使用户没有携带任何额外重量的裸手系统（27.2.5 节）也会发生这种情况。交互行为应在设计时尽量将手举到高于腰部的位置，且保持动作的时间不超过数秒。例如，当手在臀部位置时射出光线会比较舒服。

26.8 视觉-物理冲突和感觉替代

大多数虚拟现实体验用户很少提供触觉反馈，而当他们给出反馈时，和真实世界中的触觉相比，也是非常有限的。和仅是感觉不到物体相比，没有完整的触觉反馈问题更大。由于没有外在物理力量阻止，手或其他身体部位（或物理设备）会不停地在物体间移动。因此，手的物理位置可能不再匹配其视觉的位置。

当穿透比较轻微（Shallow penetration）时，用户比较喜欢采用模拟物理方式，即在视觉上手没有穿越过几何图形。当更深的穿透发生时，用户更倾向于视觉上的手与真实的手相匹配，尽管这样违背了手不能穿过物体的直觉[Lindeman 1999]。制止视觉上的手做更深的穿透，会比让视觉上的手从被侵入物体的不同位置弹出更加令人困惑。在非真实世界中，折中的解决方案是当物理的手和模拟的手之间发生分歧时同时绘制两只手（看见手的重影）。

在某些情况下，虚拟的手可以大大偏离现实的手，而用户并没有注意到。因为本体感受更倾向于被视觉表现支配[Burns et al. 2006]。但是并不总是如此，当向左/右和/或上/下移动手时，视力通常比本体感觉强，但当从深度（前进/后退）移动手时，本体感觉可能会更强[Van Beers et al. 2002]。

感觉替代（Sensory substitution）是当一个或多个其他感官提示不可用时，通过另一个理想的感官进行替代。下面描述在虚拟现实中可以良好工作的感觉替代例子。

幻影（Ghosting）是指当虚拟对象与实际对象产生不同的姿势时，同时渲染第二个真实对象影像。在某些情况下，将手渲染两次是合适的，即将物理的手所在的位置与模拟的手所在的位置同时进行渲染。幻影也经常被用来提示虚拟对象的位置。以训练为目的的程序使用幻影时需要注意，因为用户可能会将幻影当拐杖，而在真实世界的任务中是没有幻影的。

高亮显示（High lighting）是视觉上对对象进行勾边或改变其颜色。高亮显示最常用于显示手与对象已经相交，从而可以进行选择或拾取。高亮显示也用于表示手已接近对象即使接触尚未发生，也能够选择或抓住对象。图 26.5 展示了一个高亮显示的例子。

图 26.5　在游戏“画廊：六个元素（The Gallery: Six Elements）”中，瓶子被高亮显示，以表示对象可以被抓取（由 Cloudhead Games 提供）

音频提示（Audio cues）通过音频的方式提示用户的手已经碰到几何形体，这是非常有效的。提示音频可以是简单的音色或现实录制的声音。在某些情况下，提供具有变化的多个音频文件可以增强现实感并减少困惑（例如，当与虚拟墙碰撞时或当敌人射击时产生的随机咕噜声）。沿着表面持续接触滑动时可使用连续的声音进行提示。如间距或幅度的声音特性也可根据穿透深度而变化。

被动触觉（3.2.3 节），当虚拟世界有真实物理空间的限制，且没有视觉上的导航时，被动触觉是有效的（当真实世界参考系和虚拟世界参考系一致时；26.3 节）。因为视觉经常支配本体感受，所以并不总是需要完美的空间一致性[Burns et al. 2006]。转向接触可以通过扭曲虚拟空间将许多不同形状的虚拟对象映射到单个真实对象上（手或手指的跟踪并不是一对一的）。在某种程度上，虚拟和真实之间的差异是低于用户的感知阈值的[Kohli 2013]。例如，当一个人真实的手触摸一个物理对象时，虚拟的手可以触摸一个形状与物理对象略有不同的虚拟对象。

振动音（Rumble）使输入设备发生振动，虽然在真实世界中不会发生相同的触觉现象，但是振动反馈可以成为通知用户与对象间发生冲突的有效提示。

27 输入设备

输入设备是用于向应用程序传递信息并与虚拟环境进行交互操作的物理工具/硬件。一些交互技术或多或少地可以在不同的输入设备间工作，而另一些交互技术则只对具有特定特征的输入设备工作。因此，选择最适合应用交互技术的输入硬件是一项重要的设计决策（或者与之相反，在设计和实现交互技术时，取决于可用的输入硬件）。

本章先介绍输入设备的一些一般性特征，再介绍输入设备的主要类别。

27.1 输入设备特征

输入设备可能大不同，在选择硬件和设计交互时应考虑每类设备的特征。

27.1.1 尺寸和形状

对于新虚拟现实用户而言，一个输入设备最明显的特征就是它的基本形状和尺寸。形状和尺寸更多地与控制器的外观和在手中的感觉有关。大型的手持设备主要由肩部、肘部和手腕的大肌肉群控制，而较小的手持装置使用手指上较小和更快的肌肉群[Bowman et al. 2004]。较小的设备还可以减少离合动作——由于无法通过单个动作完成任务，需要执行释放与重拾对象的动作（如使用扳手的动作）。手套也使用了这些较小的肌肉群，并具有能够自由触摸和感受其他物品的优点。

27.1.2 自由度

输入设备通常根据它们所能反馈的自由度数来分类。自由度是输入设备能够操作的维度数（25.2.3 节）。设备的自由度范围包括：①单个自由度（例如，一个模拟触发器）；②完整覆盖三维移动（上/下，左/右，前进/后退）和旋转（滚动，俯仰和偏航）的 6 个自由度；③全手或全身跟踪的多个自由度。传统的鼠标、操纵杆、轨迹球和触摸板（本质上是将鼠标翻转的旋转球）是 2 个自由度设备的例子。虚拟现实中的手跟踪系统应至少有 6 个自由度（在手上的多点跟踪有 6 个以上的自由度）。对于大多数主动虚拟现实体验，一个或多个具有 6 个自由度的手持控制器通常是最合适的选择。对于一些只需要导航和无直接交互的简单任务，非跟踪的手持控制器就够用了。

27.1.3 相对与绝对

相对输入设备（Relative input devices）测量的是当前计量与前一计量间的差别。鼠标、轨迹球和惯性跟踪器是相对输入设备的例子。相对输入设备随时间变化而浮动，因此并非零点一致的(25.2.5 节)。尽管受到限制，任天堂 Wii（Nintendo Wii）证明了在一些情况下通过精心设计应用程序，相对输入设备可以做到很好的自然交互。和输入设备相比，虚拟现实通常使用惯性测量单元（Inertial measurement units，IMUs)，它具有比绝对计量方式更高的更新速率（例如，1000Hz）和更快的响应速度（例如，1ms)。

绝对输入设备（Absolute input devices）可以独立于过去的测量值来计量相对于恒定参考点的姿态。绝对输入设备是零点一致的。混合跟踪系统融合了相对和绝对跟踪器，以提供两者的优点。虚拟现实系统中的头和手跟踪应通过绝对计量来感测姿态（尽管相对设备可以模拟由手臂和手的物理性约束来估计手的绝对姿态)。

27.1.4 分离与集成

集成输入设备（Integral input devices）使用户能够从单个运动（单个运动组合）中同时控制所有自由度，而**分离输入设备**（Separable input devices）至少包含一个不能同时通过单个运动进行控制的自由度（需要两个或多个不同运动的组合)。具有两个不同模拟遥感的游戏手柄是可分离输入设备的例子。一个可通过模式切换实现控制多于两个维度的 2D 设备也是可分离设备的示例。虚拟现实系统的手跟踪（输入）设备应该是集成输入设备。

27.1.5 等距与等压

等距输入设备（Isometric input devices）能够测量不包含或几乎没有压力或力的实际运动。**等压输入设备**（Isotonic input devices）能够测量从一个中心点发生的偏转，等压输入装置可能有阻力也可能没有阻力。鼠标是等压输入装置，操纵摇杆可以是等压输入设备，也可以是等距输入设备。等压输入设备最适合控制位置，而等距输入设备最适合控制速率，如导航的速度。例如，等距操纵杆适用于控制速度（推下并保持以继续移动)。

27.1.6 按钮

按钮（Buttons）通过手指推动来控制一个自由度，且通常采取两种状态之一（例如，按压或未被按压），一些按钮也可以接受模拟值（也称为模拟触发）。按钮通常用于更改模式、选择对象，或启动操作。虽然按钮可用于虚拟现实应用程序，但太多的按钮可能会导致混乱和错误——特别是当按钮映射功能不清楚或不一致时（尽管将标签附加在虚拟控制器上有所帮助，参见图 26.3）。参考桌面应用程序的功能性和直观性，使之使用不超过三个按钮就能实现控制。

关于按钮的效用，在裸手系统（Bare-hand system）（27.2.5 节）和手持控制器（Hand-held controller）（27.2.2 节和 27.2.3 节）之间存在争论。例如，Microsoft Kinect 和 Leap Motion 的开发人员认为按钮是一种原始和不自然的输入形式，而 Playstation Move 和 Sixense Stem 的开发人员则认为按钮是游戏的重要组成部分。像任何伟大的争论一样，答案是“视情况而定”[Jerald et al. 2012]。按钮可以抽象为间接触发几乎任何动作的操作，但是这种抽象可能会割裂用户和应用程序之间的联系。按钮在以下情况下是最有效的，当动作是二进制的；当动作是频繁发生的；当需要可靠性，以及物理反馈对于用户是至关重要的。按钮对于那些时间敏感的动作也是理想的，因为其物理动作仅需要很少的时间（注册动作不需要通过完成整个动态手势来实现）。手势可能比按钮更慢、更容易疲劳，特别是在诸如建模或放射等命令密集型任务中。自然的无按钮手部操作对于提供现实感和存在感，或者需要对整个手进行详细跟踪时是最有效的。

27.1.7 无负担输入设备

无负担输入设备（Unencumbered input devices）是不需要用户持有或佩戴的物理硬件。无负担输入设备是通过摄像系统实现的。由于不需要“穿装备”的时间（尽管可能需要校准的时间），且在用户之间不需要传递物理设备，因此无负担输入设备还可以减少卫生问题（14.4 节）。不产生负担并不总是设计的目标，在手中握住物体可以增加存在感（3.2.3 节）。可以参考拿着一个控制器与不拿着控制器进行射击或打高尔夫球的体验。

27.1.8 与物理对象完全交互的能力

一些设备可以让人以自然的方式触摸真实世界，而不会因设备产生阻碍。裸手跟踪系统（Bare-hand tracking systems，即摄像系统）和手套是其中最常见的示例。手持或接地设备（27.2.1 节）则需要首先放下才能使手可以与其他物理对象进行交互。在这种情况下，物理设备应该在虚拟世界中进行跟踪和呈现，以便用户可以再次触及它们。

27.1.9 设备的可靠性

设备的可靠性是指输入设备在用户整个个人空间范围内（如果预期用户会进行物理移动的话则

是更大的空间范围）能够持续工作的程度。理想的设备应该具有100%的可靠性，无论用户达到什么位置都不会发生跟踪采集的丢失。在选择输入设备时应谨慎考虑其可靠性，因为不可靠的设备可能会导致沮丧、疲劳（例如，用户必须握住手柄并举在身体前方，14.1节）、增加的认知负荷（例如，用户必须思考才能以某种方式掌握设备）、打破存在感（4.2节）和降低性能。

不可靠的跟踪可能由多种因素造成，这些因素可以分为两组：①实现限制；②固有的物理限制。固有的物理限制是设备能够获得的最优的工程解决方案/最佳的实现方法的限制。无论工程上如何努力，一些设备都不可能提供100%的可靠性。一个系统需要传感器与被跟踪设备间视线相通，然而这可能会被另一个物理物体（例如，手或躯干）遮挡，在这种情况下，系统无法可靠地确定设备的姿态（尽管该设备的状态可以在短时间内被估计）。理想情况下，虚拟现实设备应该可以在所有方向和手势上工作（例如，全手覆盖传感器或在握拳时能跟踪手指）。

可靠性的另一个挑战来自用户尝试在比个人空间范围更小的跟踪范围内进行操作。一个例子是视野对于基于视觉的系统的限制。照明对于某些基于视觉的系统来说也是一个挑战，特别是在实验室以外不受控制的环境或其他被极端控制的空间。其他一些系统只有在手位于特定方向或以某种方式保持时才能识别手势。许多基于摄像机的手动跟踪系统只有手指垂直于相机并且手指可见时才能可靠地识别姿势和手势。

27.1.10 触觉能力

主动触觉可以轻松地添加到穿戴或持有的物理设备上。然而，触觉程度可能会因为设备尺寸及附载于世界的方式而受限（3.2.3节）。

27.2 手部输入设备的分类

手是最重要的虚拟现实输入设备，本节将探讨不同类型的输入设备如何在虚拟现实中与手结合。输入设备类别是一组具有相同基本特征且这一特征对交互至关重要的输入设备。本节侧重于手上的输入设备类型，它们分为接地输入设备、非跟踪手持控制器、跟踪手持控制器、手部穿戴设备和裸手控制器。

表27.1总结了手部输入设备的类型及27.3节中描述的非手部输入设备类型的一些最基本的特性。从表27.1可以看出，尽管可以将它们进行组合以创造具有更多优点的混合系统，然而没有任何单一的输入设备类型是普遍最优的。例如，一个基于摄像的裸手控制器可以与一个跟踪手持控制器一起使用（由于不同的特征，同时使用可能难以实现，因此裸手系统会在控制器被拾取前使用）。需要注意的是，表27.1是基于固有的物理限制，而不是与当下的功能实现程度做对比的。诸如更新速率、延迟等技术规范并不在内，因为这些规范独立于硬件（例如，在任何设备类型上都有实现快速

更新速率的潜在可能性）。

表 27.1　手部和非手部输入设备类别的比较。

	本体感受	一致性	可用于腰或身侧	触觉能力	无负担	物理按钮	能否空出手与真实世界交互	一般性用途
手部输入设备								
接地输入设备	√	√		√	√	√	√	
非跟踪手持控制器		√	√	√		√		
裸手控制器	√				√		√	√
跟踪手持控制器	√	√	√	√		√		√
手部穿戴设备	√	√	√	√		√	√	√
非手部输入设备								
头部跟踪	√	√					√	√
眼动跟踪							√	
麦克风			√		√		√	√
全身跟踪	√	√	√	√			√	√
跑步机	√	√			√		√	

27.2.1　接地输入设备

接地输入设备（World-grounded input devices），如接地的触觉（World-grounded haptics）（3.2.3 节），是设计时被约束或固定于真实世界中的输入设备，最常用的是与桌面系统进行交互。

键盘和鼠标可被认为是接地输入设备，对于其预期任务——2D 桌面操作而言，是最受欢迎的输入形式。然而，对于大多数沉浸式应用程序来说，这种输入并不是一种很好的交互方式（除了那些可以从虚拟现实中看到真实世界的增强现实，在这种情况下用户可以看到鼠标和键盘）。

安装在固定位置的轨迹球和摇杆是接地输入设备，其他一些设备可以通过推、拉、扭转或按钮提供多达 6 个自由度的模式改变。然而，这些设备由于不能舒适和自由地握在手里，因此和鼠标一样有相似的虚拟现实局限性。然而，也有例外，例如，在椅子的扶手上安装操纵杆，或为一个模拟的虚拟桌面环境匹配精确真实的物理桌面控制。但从以人为中心的设计角度来看，应该有一个坚实的理由选择这样的设备，而不是因为“可用”或“别人正在使用”。

在虚拟现实上表现优异的接地输入设备是一些特殊的设备，如把手、方向盘、加速和制动踏板、驾驶舱和汽车内部控制。这样的设备特别适合移动，因为大多数用户已经具有真实设备的体验。即使没有在真实世界中实际使用的接地输入设备，如果设计得当，它们仍然可以非常有效且诱导存在感。例如，迪斯尼的阿拉丁魔术地毯骑士（Disney's Aladdin Magic Carpet Ride）能够通过三个自由度的控制（图 27.1）为移动提供直观的物理界面。这种控制如此有效的原因之一是由于其具有物理意义上的符号（Physical signifier）、可靠性和反馈。例如，用户能感受到可以做什么及自己做得如何。使用这些设备的一些挑战是，创造者不能假设这样的硬件拥有广泛的用户群，并且很难将这样的设备应用到广泛的任务中。因此，这类设备在基于地点的娱乐场所中更常用，在这里一大群人会使用相同的设备，并且可以为特定的虚拟现实体验设计或修改设备。

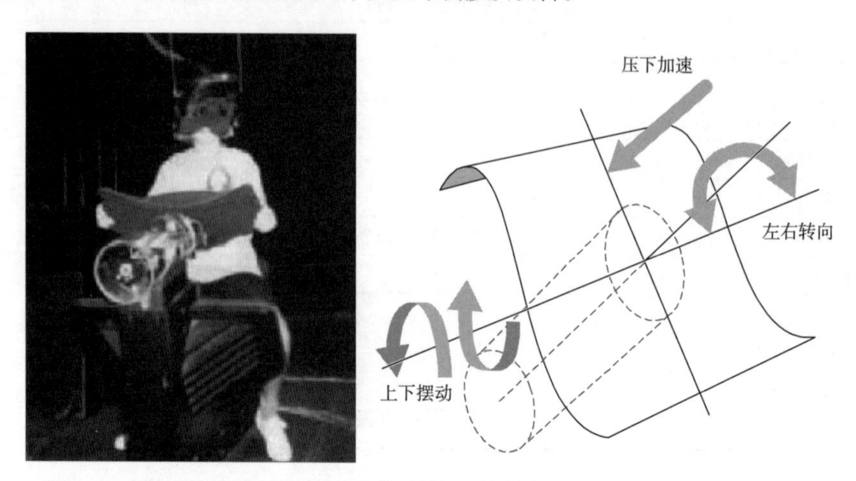

图 27.1　迪斯尼的阿拉丁接地输入设备及其视点控制映射（来自[Pausch et al. 1996]）

27.2.2　非跟踪手持控制器

非跟踪手持控制器（Non-tracked hand-held controllers）是指含有按钮、摇杆/模拟棒、扳机等元素，但在 3D 空间中没有被跟踪的手持式设备。传统的视频游戏输入设备，如操纵杆和游戏手柄是非跟踪手持控制器的最常见形式（图 27.2）。许多虚拟现实应用程序开始支持这样的游戏控制器。这些控制器比鼠标和键盘表现更好，因为控制器可以被舒适地保持在膝上，并且用户可以持续地握住控制器。尽管许多玩家通过多年的使用对按钮已产生直观的感觉，但具有模拟摇杆的控制器在虚拟现实中的导航效果非常好（28.3.2 节）。

图 27.2　Xbox One 控制器（非跟踪手持控制器）

虽然没有跟踪，但是这样的控制器可以通过将视觉中的手和控制器放在用户腿上的大致位置来增加存在的体验，因为大多数用户在这样的位置上使用控制器。视觉中的手和控制器会引导用户在潜意识中将手和控制器放到相应的位置（Andrew Robinson and Sigurdur Gunnarsson，私人通信，2015 年 5 月 11 日）。不幸的是，当用户将手从假定位置移开时，如果用户看到虚拟的手仍停留在原来位置，便会产生现实割裂感。

27.2.3 跟踪手持控制器

跟踪手持控制器（Tracked hand-held controllers）通常是指包含 6 个自由度的设备（在虚拟现实研究社区中被称为“魔杖”，这个称呼已经使用了几十年），并且还可以包含非跟踪手持控制器所提供的功能。跟踪手持控制器是目前大多数交互式虚拟现实应用程序的最佳选择。跟踪手持控制器由于能与手产生自然且直观的映射而易于在许多 3D 任务中应用。由于控制器被跟踪，它们可以与真实的手有一致的位置和物理感受（空间和时间上的一致性；25.2.5 节），并提供本体感受和被动触觉或触觉提示。标签也可以用于虚拟展示中，以便通过简单地查看手的实际位置（26.3.4 节和图 26.3）来即刻提示按钮的作用，这是比传统桌面和游戏手柄输入更大的优势。这类设备的视点控制通常通过使用按钮、轨迹球及结合摇杆实现（如图 27.3 所示的 Sixense STEM 和 Oculus Touch 控制器），或者通过挥舞双手实现。28.3 节将阐述这种技术。其他类型的物理控制和反馈也可以被添加到这些设备中，如触摸板和主动触觉反馈（例如，振动）。

图 27.3 Sixense STEM（左）和 Oculus Touch（右），跟踪手持控制器

[感谢 Sixense（左）和 Oculus（右）供图]

跟踪手持控制器具有作为物理道具的优点，它通过物理接触增强了存在感。这样的控制不仅能促进与虚拟世界的沟通，而且还有助于使空间关系在用户眼中看起来更加具体[Hinckley et al. 1998]。然而，除非先放下这件设备，否则用户使用这类道具将不能直接或完全地触摸并感受真实世界中的其他物体（例如，座椅、车把和驾驶舱控制器）。

跟踪手持控制器通常使用惯性、电磁、超声波或光学（相机）技术。这些技术都各有优点和缺点，跟踪手持控制器很好地使用了将多种技术集成在一起的混合方法（传感器融合）来提供高精度和准确性。

27.2.4 手部穿戴设备

手部穿戴设备（Hand-worn input devices）包括手套、肌张力传感器（基于肌电图或 EMG 的传感器）。例如，最近因 Myo 而火热的 Thalmic Labs（虽佩戴在手臂上，但能测量手部的运动）和戒指。

许多人将手套（图 27.4）视为极致的虚拟现实接口，因为它们在理论上具有许多优点，如没有视距、传感器视场或照明的要求，因此手可以舒适地保持在侧面或者膝部以上而不用担心丢失跟踪。如果交互技术设计得很好，还能较少产生 “猩猩手”现象。与裸手一样，手套同样具有可以使手和手指与其他物理对象产生完整交互的优点。

不幸的是，与裸手控制器一样，目前的手部完全跟踪手套在形式上还无法满足需求，需要经过大幅改善才能被大众使用。由于缺乏持续的手指跟踪精度，对多种手势的稳定识别仍具有挑战性。由于手套会在手上移动，识别多个手势经常需要用户重新校准。用户也必须长时间佩戴手套，这可能会导致手不舒服和手汗问题。虽然愿意佩戴头戴显示设备的人不大关心别人如何看待佩戴手套的行为，佩戴手套仍有类似于 Google Glass 那样的社会抵抗风险。如果可以解决这些挑战，手套才可能最终成为虚拟现实的首选输入设备。

Facespace Pinch 手套更类似于按钮的功能，具有接近 100%的一致性识别，超过了典型的全手和手指跟踪手套。它们通过缝合在每个手指尖端的导电面料进行工作，当两根或多根手指接触时，电路闭合产生一个信号。这种简单的设计提供了大量“捏”的手势；组合范围从二到十个手指的相互接触，还包括两只手分别捏合的情况（例如，左拇指与左食指和右拇指与右食指同时捏合）。

在实践中，由于手的物理限制和用户记忆手势的意愿，应用程序仅能使用有限的手势，类似于在控制器上按钮过多会造成混乱一样。捏式手套可以很好地应用在第 28 章中所描述的案例技术中。

如 LaViola 和 Zeleznik（1999）所描述的，也许手套最显著的优点之一是通过捏式手势的按钮模拟与全手跟踪的结合使用。触觉反馈也可以与手套一起使用，例如 CyberGlove 和 CyberTouch 所做的（如图 27.4 所示，但添加了蜂鸣器以提供触觉反馈）。

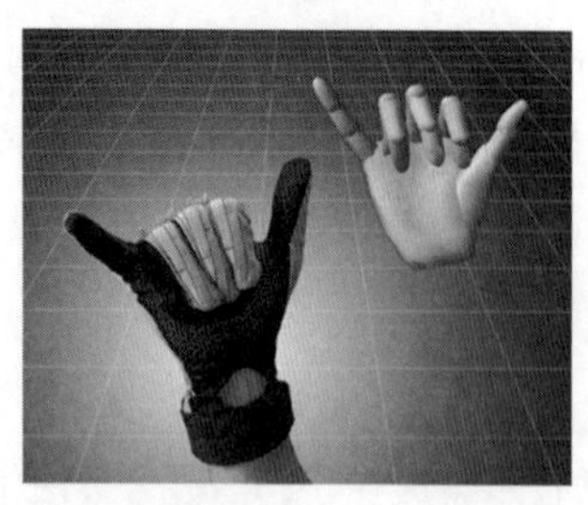

图 27.4　CyberGlove（手部穿戴设备）（由 CyberGlove Systems LLC 提供）

如果肌张力传感器和指环可以更准确，那么它们也可能成为许多应用的理想选择。

27.2.5 裸手控制器

裸手输入设备通过瞄准手的传感器（安装在真实世界或头戴显示器中）进行工作。图 27.5 显示了使用者看到的手和一个对应的手部骨骼模型。裸手输入设备的一个显著且主要的优点是用户的手将完全不受阻碍。许多人认为，裸手输入设备将最终成为最理想的虚拟现实交互接口。虽然裸手在真实世界中工作得很好，但是在虚拟现实世界中，与裸手保持一致的交互是一个巨大的挑战。这些挑战包括没有触觉；手举在传感器前面产生的疲劳；视线要求及对广泛用户手势的一致识别。这些技术难题影响了可用性，例如，如何能够舒适地在膝上用手工作，而不用担心传感器所处的位置。裸手系统还缺少物理按钮，这对于某些应用很重要，但对其他应用则不那么重要（27.1.6 节）。

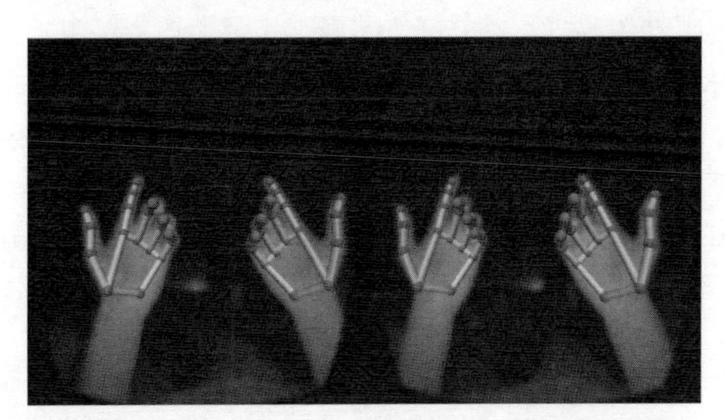

图 27.5　利用头戴显示器上的深度感应摄像机可以看到自己双手的详情，同时骨架模型也能与手匹配（由 Leap Motion 提供）

无论在虚拟现实中能否有效地使用裸手交互，能在 3D 中看到整个人的手都非常具有吸引力，并且该交互在被跟踪的时间内提供了很好的存在感。然而，这些挑战能否被用户克服或被接受还有待观察。

27.3 非手部输入设备的分类

虚拟现实输入不仅可以通过手来触发，还可以通过头部跟踪、眼动跟踪、麦克风和全身跟踪来触发。

27.3.1 头部跟踪输入

头部跟踪必须准确、精细、快速，并且被良好校准，以使虚拟世界显得稳定。稳定的世界对于虚拟现实而言至关重要，但这不是本节的重点。在本节，头部跟踪输入（Head-tracking input）是指那些直接通过在虚拟环境中“看”就能完成修改或提供反馈的交互。最普遍的一种头部跟踪交互形式是通过“看向”来完成瞄准，实现方法之一是在屏幕中间提供一个标线或指针（26.3.5 节），进而触发按下按钮，以向标线方向开火或选择标线所投影的选项等操作。头部跟踪也可以被用于更微妙的交互中，例如在用户正在“看”的方向上发生动作，在“看向”时具有人物响应，或简单的头部姿态交互，例如通过点头代表是或否。

27.3.2 眼动跟踪输入

眼动跟踪输入（Eye-tracking input）设备追踪眼睛正在目视的位置。除了如今常被展示的集成于头戴显示器中的眼动跟踪系统（例如，对一个用户看着的对象进行选择，参阅 28.1.2 节，或开火这样显而易见的功能），虚拟现实的眼动跟踪输入是一个很大程度上未被探索的主题。

弥达斯的接触问题（Midas Touch problem）是指人预期在“看”某物时，这个“看”不具有“意义”这一事实。单独使用眼动跟踪进行交互通常不是一个好主意——眼动跟踪在多模态输入中才能更好地应用。如通过控制来发信号（例如，按下按钮，眨眼或说“选择”）通常比通过驻留时间发信号更有效。即使使用了控制的方式，设计一个应用效果良好的目视的交互依然是一个挑战。以指针/标线伴随眼睛移动的形式作为直观反馈可能使用户感到困扰，并遮挡了一部分最优视力范围的目光。眼睛扫视也可能使指针抖动或以非预期的方式跳跃。这些问题可以通过按住按钮显示指针和过滤高频运动来缓解。

眼动跟踪对于某些专门的任务和微妙的交互能更为有效，如角色在被看时会如何反应。思考以下指南将有助于设计眼动跟踪的交互[Kumar 2007]。

保持眼睛的自然功能（Maintain the natural function of the eyes）。眼睛的意义是为了“看”，交互设计师应该保持眼睛的自然功能。将眼睛用于看之外的其他目的会导致视觉通道过载。

增强而不是替代（Augment rather than replace）。尝试用眼动跟踪去替换现有的交互接口通常是不合适的，而应考虑如何在现有的和新创造的接口上去添加功能。目视可以产生语境，并通知系统用户正在注意场景中的哪个特定对象或区域。

专注于交互设计（Focus on interaction design）。专注于整体的交互体验，而不是单独的眼动追踪体验。考虑交互中的步骤数量、消耗的时间、错误/失败的成本、认知负荷和疲劳。

改善对眼动的解读（Improve the interpretation of eye movements）。目视的数据噪声很多，设计者应考虑如何最好地过滤眼睛的运动、分类目视数据、识别目视模式，并考虑其他输入模式。

选择合适的任务（Choose appropriate tasks）。不要强迫通过目视解决每个问题。眼动跟踪不适合所有任务。在选择目视之前，先考虑一下任务和场景。

使用被动目视而非主动目视（Use passive gaze over active gaze）。考虑更加被动地使用目视的方法，以便眼睛能够更好地保持自然的功能。

利用目光信息进行其他交互（Leverage gaze information for other interactions）。利用系统来了解用户注意力的位置，为非目视的交互提供语境。

通常情况下，眼动跟踪不具有交互性，但可以很好地为内容创作者提供用户注意力的线索（见10.3.2节中的注意事项），类似于使用眼动跟踪来报告和提升网站的设计。

27.3.3 麦克风

麦克风是指将物理声音变换为电信号的声学传感器。在虚拟现实中应使用具有消除/降低环境噪声功能的专为语音识别设计的耳机麦克风。应该做到在看不见麦克风时，也能轻松地对它进行调整/定位；麦克风的精度应越靠近嘴前越高且手感应舒适轻盈。

为了防止语音识别错误（26.4.2节），可以使用“按下说话”的界面，如果使用手持式控制器，则说话按钮应位于控制器上。

27.3.4 全身跟踪

全身跟踪（Full-body tracking）不仅仅跟踪头和手。全身跟踪可以显著提升自我存在与社会存在的错觉（4.3节）。对大量特征的跟踪也可以用于提升交互（例如，可以实现踢球的游戏）。

虚拟现实全身跟踪通常使用运动捕捉套装实现，类似于在电影行业中所使用的。不同的衣服使用不同的技术，如电磁传感器、反光标记和惯性传感器。像Microsoft Kinect这样的设备理论上可以跟踪整个身体，但是除非使用多个摄像头，否则捕获整个身体可能会很困难。尽管有的解决方案还不是很好，且大部分的身体可能会进入或离开视野，但无论如何，像Microsoft Kinect这样的全身摄像机捕捉系统可以创造非常迷人的体验。图27.6显示了实时捕捉真实世界并通过点云数据将其显示在头戴显示器内。

图27.6 深度摄像头使用户能够看到自己的身体、真实世界和真实世界中的其他人（感谢Dassault Systémes，iV Lab）

28 交互模式和技术

交互模式是一种通用的高层次交互概念，交互模式可以在不同的应用程序之间反复使用，以实现用户共同的目标，这里的交互模式旨在描述一般的虚拟现实交互概念在高层次上的通用方法，要注意交互模式和许多系统架构师所熟悉的软件设计模式（32.2.5 节）是不同的，交互模式从用户的角度描述，主要是（用户）能独立实现的，与虚拟世界之间的状态关系/交互及所能感知的对象。

交互技术比交互模式更具体，也更依赖于技术。不同的交互技术在相同的交互模式下被分组。例如，步行模式（28.3.1 节）涵盖了几种步行交互技术，从真实的步行到在一定空间局限中的步行，最好的交互技术包括高质量的可用性、意符、反馈和匹配（25.2 节），从而为用户提供即时且有用的心智模型。

出于多种原因，区分交互模式和交互技术是非常重要的[Sedig and Parsons 2013]。

现在存在非常多的交互技术，并且需要我们记住它们的名称和特征，将来还会开发出更多的交互技术。

在一个更广泛的交互模式下组织交互技术，能够在考虑具体细节之前，将重点放在概念工具和高层设计的决策上，更容易考虑恰当的设计可能性。更广泛的模式名称和概念使交互概念的交流更容易，更高级别的分组也便于进行系统分析和比较。

当特定的技术不适用时，同样模式中的其他技术可以更容易地被考虑和探索，从而帮助我们更好地理解为什么某种特定的交互技术没有按照预期的那样顺利工作。

交互模式和交互技术两者都提供了可供实验的概念模型、应用建议和警告，并为新设计的创新提供起点。交互设计师通过了解并理解这些模式和技术，从而拥有一个库。交互设计师可以根据需要在库里选择或以此为基础进行创新。不能认为存在唯一最佳的交互模式或技术，这是一个陷阱，因为每种模式和技术都有各自的优缺点，如何应用应取决于应用程序的目标和用户的类型[Wingrave et al. 2005]。理解不同技术间的区别，并有所权衡，这对于创建高质量的交互体验而言是至关重要的。

本章将虚拟现实交互模式分为选择模式、操作模式、视点控制模式、间接控制模式和复合模式五个方面，本章列举的交互模式及其交互技术如表 28.1 所示，前 4 种模式通常是按一定顺序使用的（例如，用户可以向一张桌子移动，选择桌面上的任意一个工具，然后使用该工具来操作桌面上的其他对象），或者也可以将它们集成到复合模式中。研究人员和实践者发现一些有实用性的交互技术将会在更广泛的模式情境中描述，这些技术只是例子，就像许多其他技术一样，这样的列表永远都不会是详尽的。描述这些模式和技术的目的是让读者直接使用它们，扩展它们，并作为在虚拟现实中创建全新交互方式的灵感。

表 28.1　本章对交互模式的分类，每个交互模式都包含更具体的交互技术的描述

交互模式
◆ **选择模式（28.1 节）**
○ 手选模式
○ 点选模式
○ 图像–平面选择模式（Image-plane selection pattern）
○ 基于体积的选择模式（Volume-based selection pattern）
◆ **操作模式（28.2 节）**
○ 手操模式
○ 代理模式
○ 3D 工具模式
◆ **视点控制模式（28.3 节）**
○ 行走模式
○ 驾驶模式
○ 3D 多点触控模式
○ 自动模式
◆ **间接控制模式（28.4 节）**
○ 窗口部件和面板模式
○ 非空间控制模式
◆ **复合模式（28.5 节）**
○ 点选与手操结合模式
○ 微缩世界（World-in-Miniature，WIM）模型模式
○ 多模式联合

28.1 选择模式

选择模式是厘选一个或多个对象，以明确哪个对象执行什么命令、或标注一项任务的开始，和明确要达成的目标的规范[McMahan et al. 2014]。虚拟现实中的对象选择不一定特别明显，尤其当大多数对象都和用户间隔一定距离时。选择模式包括手选模式、点选模式、图像–平面选择模式和基于体积的选择模式，根据应用程序和任务的不同，每种模式都有不同的优点。

28.1.1 手选模式

相关模式

手操模式（28.2.1 节）和 3D 工具模式（28.2.3 节）。

描述

手选模式（Hand Selection Pattern）是指可以直接触摸对象的模式。它模仿真实世界的交互——用户直接用手去接触某个对象，然后再触发抓取操作（例如，在控制器上按下一个按钮，做握拳手势，或者发出一个语音命令）。

何时使用

手选模式是进行真实交互（Realistic interactions）的理想选择。

局限

生理学限制了手选模式，使它不能达到完全真实的使用，只能选择用户触及（个人空间范围内）的对象（因为手臂只能伸出一定的距离，手腕只能旋转一定的角度）。它要求用户需要先使自己接近希望被选择的对象，不同用户的身高和臂长会让自己在选择个人空间边缘的对象时感到不舒服，虚拟的手和手臂常常会遮住用户想选择的对象，也可能会太大而造成不能选择较小的物体，使用非真实的手选技术则没有那么多的限制。

典型的交互技术

真实的手（Realistic hands）。因为真实的手为用户提供了一种自我具现（Self-embodiment）的错觉（4.3 节），因此非常具有说服力，在理想情况下，整个手臂都将会被追踪，但如果在头部或躯干已经与手一起被追踪的情况下，运用运动学可以很好地预估出手臂的姿势，且使用者通常不会注意到手臂姿势的不同，图 28.1（左）展示了用户视角的视图，用户抓住一个瓶子的例子。

在理想状态下，应该先对用户建模（如测量臂长），再根据测量的臂长，将物体放在一个舒适的范围内。不过，Digital ArtForms 观察到，虽然给 10 岁至成人的用户只设定了一个对全身尺寸而言较合理的单一长度，供他们沉浸其中，但并没有听到他们有任何抱怨。

非真实的手（Non-realistic hands）。双手不需要看起来是真实的，试图使手和手臂更接近真实可能反而阻碍交互技术。非真实的手不用模仿真实，而是专注于使交互操作变得更容易。通常情况下，虚拟的手可以是没有胳膊的（如图 28.1，中图），这样可以有效扩大接触范围，使交互设计更容易，尽管没有手臂可能会让人感到不安，但用户很快就会接受没有手臂的情况，手也可以不必像真实的手。在抽象的应用程序中，用户对抽象的 3D 光标（图 28.1，右图）接受度很高，并且仍然会感觉到自己是在直接选择对象，同时这种光标还可以缓解视觉遮挡的问题。手所产生的遮挡问题也可以通过让“手”透明显示来处理（不过，合适的透明渲染技术在实现上挺有挑战性的）。

Go-go 技术（Go-go technique）[Poupyrev et al. 1996]。Go-go 技术使用户可以超越个人空间进行接触，从而扩展了非现实的手的概念，虚拟的手在完整手臂的 2/3 范围内映射物理的手，当进一步扩展时，虚拟的手以非线性方式“增长”，使用户的接触能够进一步深入环境中，这种技术可以使在近处的对象更精确地被选择（并被操纵），同时也可以很容易地触及远处的对象。研究发现，物理方面的臂长和身高对 Go-go 技术很重要，因此在使用此技术时，应该考虑测量手臂长度。测量手臂长度可以通过要求用户在应用开始时伸直双手来简单完成；Bowman 和 Hodges（1997）描述了 Go-go 技术的延展，例如，通过比率的控制选项（如速度）使之可以无限延伸，并将它们与指向技术进行比较，非同形的手旋转（28.2.1 节）与 Go-go 技术相似，但它的功能针对的是旋转而不是位置的操作。

图 28.1　真实的手与手臂（左），半写实的双手，没有手臂（中），抽象的双手（右）
［图片由 Cloudhead Games（左）、NextGen Interactions（中）和 Digital ArtForms（右）提供］

28.1.2　点选模式

相关模式

窗口部件和面板模式（28.4.1 节），点选与手操结合模式（28.5.1 节）。

描述

点选模式是最基本和经常使用的选择模式之一。点选模式是指一条光线向外延伸一定距离，用户通过控制触发器来选择第一个与这条光线相交的对象，点选模式最典型的做法是用头（例如，在视野中心的一个十字线）、手或手指进行。

何时使用

除非需要实际的交互，否则点选模式通常比手选模式更好，尤其是在个人空间之外的选择上，以及需要微妙的手部动作时更是如此；当远程选择对速度有要求时，点选模式是更快的一种方式[Bowman 1999]，但与此同时，点选模式也经常用于精确地选择近距离对象。例如，用“惯用手”在“非惯用手”拿着的面板中选择组件（28.4.1 节）。

局限

在需要现实交互的场景下，指针选择就不太合适了（如果有激光指示器或远程控制器则另当别论）。

简单操作在选择有一定距离的小物件时会比较困难。用手来指点可能不够精确，因为手会有自然震颤[Bowman 1999]，下文描述的对象捕捉和精确模式指示可以有效缓解此问题。

典型的交互技术

手的指示。当可用手跟踪时，通过手或手指伸出来指向对象是最常用的选择方法，用户会选择感兴趣的项目操作（例如，用另一只手按下按钮或打手势）。

头部指示。当无法用手迹跟踪时，头部指示是最常见的选择方法，头部指示通常通过在视图的中心画一个小指针或十字线来实现，这样用户就可以简单地将感兴趣的对象与指针对齐，再提供一个信号来选择此对象，信号通常是通过按钮发出的，当按钮不可用时，可以选择通过停留来实现（通过将指针在对象上保持一段特定的时间来选择）。通过停留选择对象并不是一个理想的方式，因为不仅需要等待对象被选择，并且在观察一个感兴趣的对象时会造成错误的选择。

通过眼睛注视选择。眼睛注视选择是指一种用眼球跟踪来实现的（27.3.2 节）选择技术，用户只须看向一个感兴趣的对象，然后再提供一个信号来选择这个被看的对象即可。一般来说，眼睛注视选择通常不是一种好的选择技术，主要原因可参见 27.3.2 节所讨论的“弥达斯的接触问题”。

对象捕捉。对象捕捉[Hann et al. 2005]针对那些有得分功能的对象，它使射线捕捉得分最高的对象或朝此方向弯曲，当可选择的对象很小或处于移动状态时，这种方法很有效。

精确模式指示。精确模式指示[Kopper et al. 2010]是一种非同构旋转技术，它可以根据控制/显示（control/display，d/c）比率来降低指针的旋转映射，其结果是产生一个“慢动作的光标”，从而支持精细的指针控制；它还可以使用变焦镜头来放大光标周围的区域，使用户能够看到更小的物体（缩放不应受头部姿势的影响，除非显示器上的缩放区域很小，23.2.5 节），用户还可以通过手持设备上的滚动轮来控制缩放比例。

双手指示。双手指示起于附近手的选择，并将射线延伸到远处的手 [Miné et al. 1997]。当两手分开时，可以提供更高的精确度；当两手靠近时，可以快速地进行 360°的旋转（而对于单手指示而言，由于手本身的物理限制，实现 360°全角度覆盖是很困难的）。两手之间的距离也可以用来控制指针的长度。

28.1.3 图像–平面选择模式

此模式也称为遮选与框选（遮挡与取景，Occlusion and framing）模式。

相关模式

微缩世界（World-in-Miniature）模型模式（28.5.2 节）。

描述

图像–平面选择模式利用眼睛和手的位置组合来进行选择。这种模式可以看成是把场景和手投射到了用户面前的一个二维图像平面（或眼睛上）。用户只需在眼睛和目标对象之间握住一只手或两只手，然后当对象与手和眼睛连成一线时，就可以发出信号选择对象。

何时使用

图像–平面技术是在一定距离内模拟直接接触，因此很容易使用[Bowman et al. 2004]。只要能看到物体，这些技术在任何距离上都能很好地工作。

局限

图像–平面选择只适用于单眼，因此用户在使用这些技术时应该闭上一只眼睛（或者使用单屏显示）。因为经常不得不在眼睛前面抬高手，这种模式容易导致疲劳。和手选模式一样，如果手不是透明的，通常会对物体产生遮挡。

典型的交互技术

Head crusher 技术。在 Head crusher 技术（图 28.2）中，用户将拇指和食指放在二维图像平面中所需物体的周围。

黏指技术（Sticky finger technique）。黏指技术提供了更容易操作的手势——在二维图像平面中用户手指下方的对象即会被选择。

举手技术。在举手技术中，用户可以通过展平伸出的手来选择对象，并同时定位手掌，使其看起来位于期望选择的对象之下。

手框技术。手框技术是双手技术，将双手比成框的两角，在 2D 图像中包围目标对象。

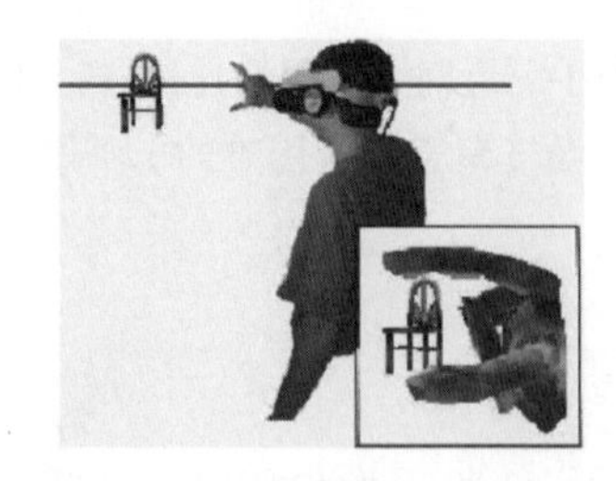

图 28.2 Head crusher 技术，图中显示用户选择椅子的视图（来自[Pierce et al. 1997]）

28.1.4 基于体积的选择模式

相关模式

3D 多点触控模式（28.3.3 节）和微缩世界模型模式（28.5.2 节）。

描述

基于体积的选择模式能够对空间中一定的体积进行选择（例如，通过方体，球体或锥体）并且独立于所选数据的类型，要选择的数据可以是体积（体素）、点、几何表面，甚至是不包含数据的空间（例如，随后要用一些新数据填充该空间）。图 28.3 显示了如何使用一个方体选择工具从医疗数据集中挖出一定的空间。

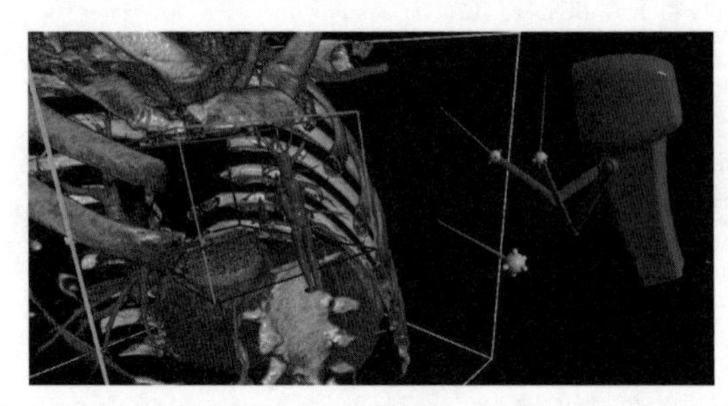

图 28.3 右侧的蓝色用户的化身通过捕捉、微调和重新塑形选择框（绿色头像前面的灰色框），在医疗数据集中挖出一定量的空间，中心附近的绿色头像正在数据集内部进行检查（由 Digital ArtForms 提供）

何时使用

当用户需要在 3D 空间中选择尚未定义的数据集或在现有数据集中划出空间时，基于体积的选择模式是适当的。该模式能够在没有几何表面（例如，医学 CT 数据集）的情况时选择数据，而许多其他选择模式/技术（例如，指示需要光线与物体表面相交）都需要有几何表面进行操作。

局限

选择体积空间可能比使用其他更常见的选择模式在选择单个对象时更有难度。

典型的交互技术

锥形手电筒（Cone-casting flashlight）。锥形手电筒技术也是指示模式，不是使用光线，而是使用锥体，因此比常规射线指示选择更容易选择小物体。如果意图选择单个对象，则可以选择最接近锥体中心线的对象或最接近用户的对象[Liang and Green 1994]。这种技术的升级是孔径技术[Forsberg et al. 1996]，使用户能够通过手的操作靠近或远离来控制选择的量。

双手盒体选择。双手盒体选择使用双手来定位、定向，并通过捕捉（Snap）和轻推（Nudge）来塑造一个方体。捕捉和轻推是不对称技术，其中一只手控制选择盒的位置和方向，另一只手控制盒的形状[Yoganandan et al. 2014]。捕捉和轻推都有两个交互阶段——抓持和塑型。抓持影响方体的位置和方向，塑型改变了盒子的形状。

捕捉可以立即将选择盒体带到用户手中，从而能快速访问在用户手臂范围内感兴趣的区域。捕捉是一种绝对的交互技术，即每次启动时都会重新分配盒子的位置/方向。因此，捕捉设计工作的重点是设计盒子的初始姿态并将其放置在手臂舒适的范围内。

轻推可以对选择盒进行增大和精确的调整和控制。无论选择盒离用户的距离远近如何，轻推都能保持盒体在初始抓取时的位置、方向和尺寸下工作，但是盒子的后续动作则会被锁定于手上。一旦连接到手上，盒子则处于与初始状态定位和定向的相对位置中，正是因为这样，轻推可以被认为是选择和姿态的相对变化，通过按住一个按钮，另一只手也可以同时参与重新设计盒子。

28.2 操作模式

操作（Manipulation）是对一个对象或多个对象的属性（如位置、方向、尺度、形状、颜色和纹理）进行修改。操作通常跟从于选择，例如，在扔出对象之前需先拾起对象。操作模式包括手操模式、代理模式和 3D 工具模式。

28.2.1 手操模式

相关模式

手选模式（28.1.1 节），点选与手操结合模式（28.5.1 节）和 3D 工具模式（28.2.3 节）。

描述

手操模式与我们在真实世界中用手操作对象的方式相对应，在选择对象后，对象附着于手中并随手移动，直到被释放。

何时使用

已经表明用手直接定位和定向比其他操作模式更有效率且具有更高的用户满意度[Bowman and Hodges 1997]。

局限

与手选模式一样，它的直接实现会受制于用户接触的物理极限。

典型交互技术

非同构旋转（Non-isomorphic rotations）。某些形式的抓握需要旋转超过一定的角度，操作表现可能会由于多余的动作而受到影响[Zhai et al. 1996]。通过使用非同构旋转可以改善这样的情况[Poupyrev et al. 2000]，允许人们以更小的手腕旋转来控制较大范围的 3D 旋转，非同构旋转也可用于通过将大的物理旋转映射到较小的虚拟旋转来提供更高的精度。

Go-go 技术。Go-go 技术（28.1.1 节）可用于操作及选择而不需要模式的切换。

28.2.2 代理模式

相关模式

手操模式（28.2.1 节）和微缩世界模型模式（28.5.2 节）。

描述

代理物（Proxy）是指通过一个（真实的或虚拟的）本地对象来表示匹配到的远程对象。代理模式通过操作代理物来控制远程对象，当用户直接操作本地对象时，以相同的方式控制远程对象。

何时使用

当远程对象需要如同在用户手中一样被直观地控制时，或者对象需要在多个尺度上查看和控制对象时使用（例如，代理对象可以保持与用户相同的大小比例，即缩放用户与世界和远程对象之间的比例）。

局限

当缺乏有针对性的依从关系时，代理可能难以操作（25.2.5 节），即当代理和远程对象之间存在方向偏移时。

典型交互技术

物理追踪道具。物理追踪道具是指用户用来直接操纵的对象，并与一个或多个虚拟对象形成空间对应关系的物品（一种被动触觉的形式，3.2.3 节）。[Hinckley et al. 1998]描述了一种不对称的双手 3D 神经外科可视化系统，其中非惯用手控制玩偶的头部，惯用手用于控制一件平面物体或指示装置（如图 28.4 所示）。娃娃的头部直接匹配于远程观察的神经元数据集，平面物体用于控制切片平面以在数据集内部进行查看，同时指示设备控制虚拟探测器。这样的物理代理提供直接的行动和任务的一致性，有效促进双手自然的交互，向用户提供触觉反馈，并且非常容易使用，不需要进行任何培训。

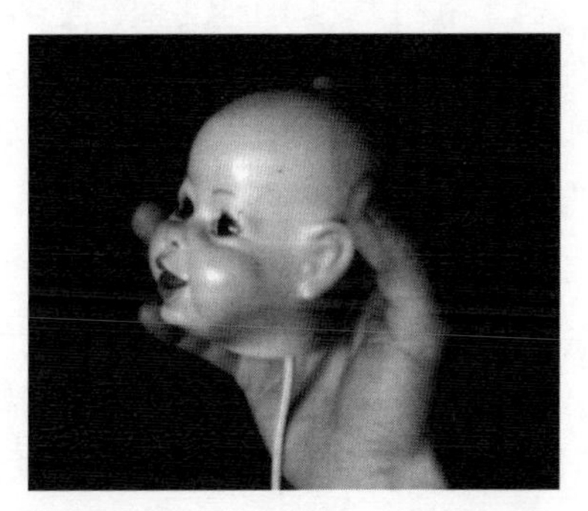

图 28.4 用于控制神经学数据集方向的物理代理道具（引自[Hinckley et al. 1994]）

28.2.3 3D 工具模式

相关模式

手选模式（28.1.1 节）和手操模式（28.2.1 节）。

描述

3D 工具模式（The 3D Tool Pattern）使用户可以用手直接控制作为媒介的 3D 工具，从而直接控制世界中的某些物体。例如，通过棍子来延伸一个人可触及的距离，或通过对象上的把手使对象能够被重新塑形。

何时使用

使用 3D 工具模式可以增强手控制对象的能力。例如，使用螺丝刀将大旋转动作沿着单个轴匹配于更小幅度的旋转动作，来提供对对象的精确控制。

局限

如果用户为了将工具作用于对象，必须首先前进和控制到适当角度的话，那么使用 3D 工具就会更困难些。

典型交互技术

手持工具。手持工具是指具有几何结构和特性的虚拟对象，它们附着或持握在手上。这样的工具可用于远程控制对象（如电视遥控器）或更直接地在对象上工作，用于物体表面上绘画的画笔是手持工具的示例，由于更直接，手持工具通常比辅助道具更容易使用和被理解（28.4.1 节）

对象附着工具（Object-attached tools）。对象附着工具是指一个可被控制的工具，它与对象相连或共同配置，这样的工具使对象、工具和用户之间产生更耦合的意图指示功能可见性。例如，颜色图标可能位于对象上，用户只需选择颜色方块出现的图标即可选择对象的颜色。或者，如果一个盒子的形状是可以改变的，那么可以在盒子的四角放置调整工具（例如，拖动顶点）。

参照夹具。由于没有物理限制，使用具有 6 个自由度（DoF）的输入设备的精确对准和对象建模可能很困难，实现精度控制的一种方法是使用夹具添加虚拟约束。参照夹具，就像木匠和机械师在真实世界使用的物理参照工具，如网格、尺子或其他具有参照功能的形状，使用户可以用于参照对象的顶点、边缘或面。用户可以调整参照夹具的参数（例如，网格间距）并捕捉其他物体放到与参照夹具对应的精确位置和方向上。图 28.5 展示了参照夹具的一些示例。参照夹具套件支持配合使用多个夹具（例如，将尺子捕捉于网格上），以进行更复杂的对齐。

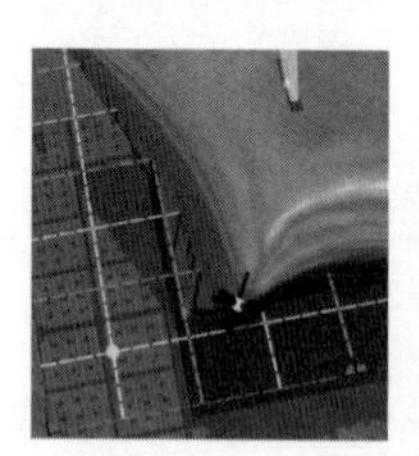

图 28.5　用于精密建模的参照夹具（由 Digital ArtForms 和 Sixense 提供）

左侧图像中的蓝色 3D 十字准线表示用户的手，用户可将橙色物体的左下角拖到网格点上（左）；用户按 15°的角度从圆柱体中切割出形状（中）；用户将使用线框查看的对象精确地捕捉到网格上（右）。

28.3　视点控制模式

视点控制（Viewpoint control）是控制人的视点任务，包括平移、定向和缩放。移动（10.4.3 节）是一种不允许缩放的视点控制形式。

视点控制也等同于移动、旋转或缩放世界。例如，将视点向左移动等同于将世界向右移动；将自己缩小，则等同于将世界放大。

因此，对用户而言，视点的变化可认为是自身在世界中的移动（自动运动），或是世界在围绕自身进行移动（世界运动）。

视点控制模式包括行走模式、驾驶模式、3D 多点触控模式和自动模式。注意，这些模式在某些应用情境中可能会引起晕动症，并且不适合虚拟现实的新用户或对场景运动敏感的用户，在许多情况下，可以通过将技术与本书第三部分的建议相结合来减轻晕动症。

28.3.1 行走模式

描述

行走模式是指利用腿部运动来控制视点。在虚拟现实中行走[Steinicke et al. 2013]包括从实际步行到模拟步行（在坐着时移动脚）。

何时使用

步行模式匹配或模仿真实世界的运动，因此提供了高级的交互保真度，步行模式提升了存在感和导航的便利性[Usoh et al. 1999]，以及空间方向和运动的理解度[Chance et al. 1998]。实际走路是导航小型到中型空间的理想选择，如果应用良好，这种方式将不会造成晕动症。

局限

当以快速移动或长距离移动为重点时，步行模式不再合适；真实地走一大段距离需要大的追踪空间，有线耳机电线缠结会拉掉耳机并且用户有被绊倒的危险（14.3 节）。工作人员应密切注意行走的用户，以便在必要时帮助稳定他们。长时间使用会导致用户疲劳，步行距离会受限于用户愿意进行的身体运动极限；使用有线系统时，电线缠结也是一个问题，通常需要助手握住电线并跟随用户以防止缠结和断线。

典型交互技术

真实行走。真实行走与虚拟环境中的运动结合：从真实到虚拟的匹配是一对一的关系，由于交互保真度高，真实行走是许多虚拟现实体验的理想接口。真实行走通常不直接测量腿部运动，而是追踪头部，由于更好地匹配了视觉和前庭轮廓的线索，真实行走减少了晕动症的发生（尽管由于诸如延迟和系统误差等问题仍可能导致晕动症产生）。可以通过模拟体现虚拟世界中脚的运动，或者可以跟踪脚步以提供更大的生物力学对称性。然而，因为真实步行自身的限制，将虚拟世界中的移动局限在了物理可追踪的空间中。

就地行走。当下存在着多种形式的就地行走[Wendt 2010]，它们都是在同一物理位置进行物理的走路运动（例如，抬起腿部），但实际上在虚拟世界中移动，当追踪范围较小，以及将安全性作为主要考量时，就地行走是合适的，其中最安全的方式是让用户坐下，理论上，用户可以走到任何位置，然而，旅行距离受限于用户愿意付出的体力。因此，就地行走适用于需要短时间在中小型环境中移动的场景。

人类操纵杆（The human joystick）。人类操纵杆[McMahan et al. 2012]利用用户相对于中心区域的位置来创建虚拟旅行的水平方向和速度的 2D 矢量，用户只需向前推进即可控制速度，人类操纵杆的优点是只需要少量的跟踪空间（尽管比就地行走需要的空间更多）。

利用跑步机的步行与跑步（Treadmill walking and running）。各式各样的跑步机被制造出来用于模拟步行和跑步的物理行动（3.2.5 节），虽然不像现实中的步行那么真实，但跑步机对于控制视角，提供自我运动感和走出无限距离都是非常有效的，应该通过技术确保脚部运动方向符合视觉运动的正方向，否则，缺乏定向和时间一致性的跑步机技术（25.2.5 节）可能比没有跑步机更糟糕，配有安全带的跑步机更理想，特别是在需要物理跑动时。

28.3.2 驾驶模式

描述

驾驶模式（The Steering Pattern）是对视点方向的连续控制且不涉及脚部运动，不必像在使用桌面系统那样用控制器来控制视场，因为用户能实际地上下查看。

何时使用

驾驶模式适合远距离移动而不需要消耗体力。用户在探索时，视角控制技术应允许持续控制，或者至少能够在运动开始后中断运动，这种技术也应该要求认知负荷尽量达到最小，这样用户可以专注于空间的知识获取和信息收集。当驾驶被限制在某一表面上方的某个特定高度时，驾驶的效果最好，加速/减速可以最小化处理（18.5 节），并可以提供真实稳定的线索（12.3.4 节和 18.2 节）。

局限

与行走模式相比，驾驶模式的生物力学对称性较差。许多用户报告了驾驶时的晕动症症状。虚拟转弯比物理转弯更易让人迷失方向。

典型交互技术

倾斜行驶（Navigation by leaning）。倾斜行驶使用户沿倾斜的方向移动，倾斜量通常与速度匹配，这种技术的优点是不需要手动跟踪，随着速度变化，晕动症可能是明显的问题。

视线导向驾驶（Gaze-directed steering）。视线导向驾驶是沿着用户正在看的方向移动，注视方向上的启动和停止运动由用户通过手持按钮或操纵杆来控制。这对于新手或习惯于第一人称视频游戏（前进方向与注视的方向一致）的人来说都很容易理解。然而，由于任何小的头部运动都将改变行进的方向，所以也可能会导致迷失方向。它的缺点是用户不能在看向一个方向的同时向另一方向前进。

躯干导向驾驶。躯干导向驾驶（当躯干不追踪时也称为椅子导向驾驶），常应用于在某种地势上行进，将行进方向与视线方向区分。与视线导向驾驶相比，它具有更高的交互保真度，因为在真实世界中，并不总是朝着头所指的方向行走，在没有跟踪躯干或椅子的情况下，可以假设一个用户一般的前进方向，如果当用户未具有前向的心理模型，或当身体转动而躯干或座椅没有被跟踪的情况下，这种技术可能会产生不好的效果，可以通过提供视觉线索来帮助用户保持向前的方向感（图 18.2）。

单手飞行。单手飞行通过用手指或朝手方向的移动使用户移动，速度可以根据手与头部间的水平距离确定。

双手飞行。双手飞行通过两手之间的向量确定用户的移动方向，速度与双手之间的距离成相应比例[Miné et al. 1997]，最小的双手间隔被认为是“死区”，即运动在这一状态下停止，因此快速将两手放在一起，就可以快速地停止动作。双手飞行通过交换手的位置来实现向后飞行，比单手飞行（这需要笨拙的手部动作或装置的旋转）更容易实现。

双模拟棒驾驶。双模拟棒驾驶（也称为操纵杆或模拟盘）对于在地势场景中工作有特别好的效果，在大多数情况下，应该使用标准的第一人称游戏控制器，其中左侧摇杆控制 2D 的移动（向上/向下代表身体和视点向前/向后，向左/向右代表身体和视点向左/向右），同时右侧摇杆控制左右转向（向左推动身体和观察方向向左旋转，向右推动身体和观察方向向右旋转），这种匹配非常直观，与传统的第一人称视频游戏是一致的（玩家已经掌握了如何使用这样的控件）。

虚拟旋转可能导致某些人迷失方向和产生症状。因此，设计师通过设计经验，使内容始终保持向前的方向，不需要任何虚拟旋转，如果系统是无线的并且可跟踪用户躯干或椅子，则不需要任何虚拟旋转，因为用户本身可以物理旋转 360°。

接地的驾驶装置。接地的驾驶装置（27.2.1 节），例如，飞行棒或方向盘，经常用于在虚拟世界中移动，由于使用这类装置使用户产生主动控制物理设备的感受，因此这样的设备对于视点控制可能是非常有效的。

虚拟驾驶装置。可以使用虚拟驾驶装置代替物理驾驶装置，虚拟驾驶装置是真实驾驶装置的视觉表示。例如，虚拟方向盘可用于控制用户所在的虚拟车辆，虚拟设备比物理设备更加灵活，因为在软件中可以轻松地更改它们，但虚拟设备由于没有本体感觉的反馈而难以控制（尽管使用具有触觉能力的手持控制器时可以提供一些触觉反馈）。

28.3.3 3D 多点触控模式

相关模式

微缩世界模型模式（28.5.2 节）和基于体积的选择模式（28.1.4 节）。

描述

3D 多点触控模式可以使用双手同时修改世界的位置，方向和比例，这就类似于触摸屏上的 2D 多点触控，通过用单手（单手交互）或双手（同步双向交互）抓取和移动空间实现通过 3D 多点触控的移动。与 2D 多点触控方式的区别是，使用 3D 多点触控的最常见方法之一是通过交替用手抓住空间来“行走”（如拉绳子，但手之间距离通常更大），世界的缩放是通过用双手抓住空间并将手分开或靠近来实现的，世界的旋转是通过用双手抓住空间并围绕一点（通常约位于一只手或双手之间的中点）旋转来实现的，移动、旋转和缩放都可以通过单手、双手来同时执行。

何时使用

3D 多点触控模式在非现实交互中作用良好，如在创建对象、控制抽象数据、查看科学数据集或从任意视点快速探索感兴趣区域时。

局限

当用户被限制在地面时，3D 多点触控模式不太适用。因为细微的差别将影响系统的可用性，3D 多点触控模式可能具有挑战性，如果没用好就可能无法很好地发挥作用；即使用得很好，有些用户可能依然需要先学习几分钟。可以为新手用户添加限制，例如保持用户直立，限制幅度或禁用旋转，当缩放被启用并且显示器是单视场（或者几乎没有深度线索）时，可能难以区分小的附近物体和较远的物体，因此，帮助用户创建和维护虚拟世界的心理模型的视觉线索会非常有帮助。

典型交互技术

Digital ArtForms 的双手接口（Digital ArtForms' Two-Handed Interface）。Digital ArtForms 基于 20 世纪 90 年代 Mapes 和 Moshell [Mapes and Moshell 1995]，以及 multigen-paradigm 的 smartscene 界面[Homan 1996]构建了一个名为 THI（双手接口）[Schultheis et al. 2012]的成熟 3D 多点触控界面。图 28.6 显示了控制视点原理图，缩放和旋转发生在两手之间的中点，世界的旋转是通过用双手抓住空间并绕着中点旋转而实现的，类似于抓住地球的两侧并转动它，这与将世界连接到一只手上是不同的，因为用单手旋转可能发挥不好。移动、旋转和缩放都可以通过单手和双手来同时执行，在多用户环境中，其他用户的虚拟化身（other user's avatars）会随着自己的扩展而增长或缩小。

一旦经过学习，当行驶和选择/操作任务频繁和散布时，将世界视为对象的这种方式可以良好地完成工作，因为视点控制和对象控制除按下不同的按钮之外基本相似（只需要学习一个交互隐喻，同时不需要在技术之间进行切换，从而减轻认知负担），这能够让用户通过位置、旋转和缩放操作将感兴趣的世界和物体放置在最舒适的工作姿势与个人空间中。Digital ArtForms 称之为“姿态和方法”，类似于[Bowman et al. 2004]中所说的操纵（Maneuvering）。“姿态和方法”可以减少大猩猩臂（Gorilla arm）（14.1 节），用户在操作几个小时后，依然没有疲劳报告[Jerald et al. 2013]。此外，物理手部运动本质上是不重复的，并且由于缺乏物理平面的约束，因此不会像鼠标那样重复受压。

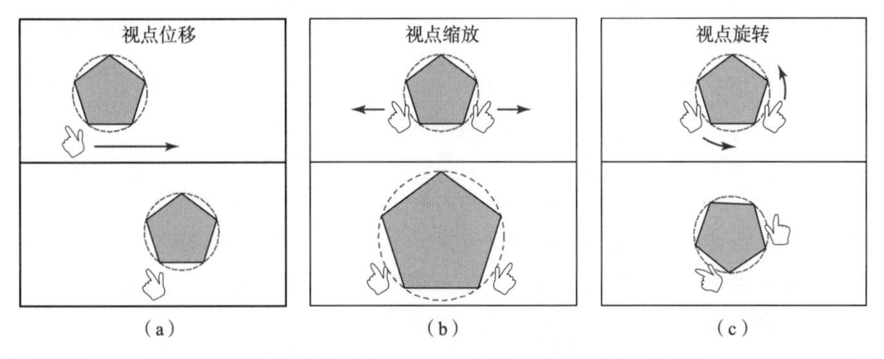

图 28.6　使用 Digital ArtForms 的双手界面进行的移动，缩放和旋转（来自 Mlyniec et al. [2011]）

主轴。对于新用户而言，建立一个心理模型来进行有目的的可视化缩放和旋转操作，可能相当困难，特别在不存在深度线索时。“主轴”（参见图 28.7）由两手之间的几何形状组成，即[Balakrishnan and Hinckley 2000]所说的视觉整合，再加上旋转/缩放中心的视觉指示，能极大地帮助用户规划行动并加速训练过程。用户只需将主轴的中心点放置在要缩放和旋转的位置，进而在每只手中按下一个按钮，并将其自身向这个中心拉伸/缩放（或等同地“拉伸/缩放”使世界移向用户），同时也可以围绕该点旋转，除了可视化旋转/缩放中心，连接的几何形状提供了深度遮挡线索，提供手的相对几何位置信息。

图 28.7　双手光标和连接这些光标的主轴，两个光标之间的黄点是旋转和缩放的中心点（来自[Schultheis et al. 2012]）

28.3.4　自动模式

描述

自动模式被动地更改了用户的视角，实现这一目标的常用方法是坐在由计算机控制或远程控制的移动的车辆上。

何时使用

自动模式应用于用户正在扮演作为被其他实体控制的被动观察者角色的时候，或当环境的自由探索不重要或不可能时（例如，由于当今设计用于沉浸式电影的照相机的限制）。

局限

这种技术的被动性特征可能造成方向迷失，并有时产生晕动症（取决于实现情况），该模式并不意味着完全控制镜头使之与用户的运动无关，虚拟现实应用通常应允许观看方向独立于行进方向，因此即使发生其他视点运动，用户也可以自由地进行环视，否则会导致严重的晕动症。

典型交互技术

减少晕动症。通过保持行驶速度和方向恒定（保持速度恒定，18.5 节），提供外界稳定的线索（18.2 节），并创建一个先导标记（18.4 节），使用户能够预期即将发生的动作，这样就能大大地减轻晕动症。

被动移动工具。被动移动工具是虚拟的对象，用户可以通过进入或走到对象上面并在不由用户控制的情况下沿一些路径行进，如乘客列车、汽车、飞机、电梯，自动扶梯和自动人行道。

基于目标的移动和路线规划。基于目标的移动[Bowman et al. 1998]使用户能在被动地移动前选择他希望到达的目标或位置。路线规划[Bowman et al. 1999]是被动移动之前，在当前位置和目标之间激活一条特定的路径，路线规划可以包括在地图上绘制路径或放置标记，用于创建平滑路径。

传送。传送是不经过任何动作，重新定位到一个新的位置，当需要远距离移动或在各世界之间移动，以及以减少晕动症为主要目标时，传送是最适合的方式。和瞬间变化相比，在一个场景中淡入淡出不至于太突然，直接的远程传送是以降低空间定向为代价的——用户发现在被传送到新位置时很难掌握方向感[Bowman et al. 1999]。

28.4 间接控制模式

间接控制模式（Indirect Control Patterns）通过中介来提供对对象、环境或系统的修改，间接控制比选择，控制和视点控制更为抽象，当不存在明显的空间匹配，或难以直接控制环境的一个方面时，间接控制是最理想的选择，典型的应用例子包括对整个系统的控制，发出命令，模式更改和非空间参数的修改。

前面展示的技术主要描述的是应该做什么及应如何完成，间接控制通常仅指示应该做什么，系统将决定如何去做，因为间接控制并不直接与它所控制的对象相关联，因此诸如控件的形状和尺寸、视觉表征与标签、底层控制结构的表面可见性等指标都显得极为重要。

间接控制模式包括窗口部件和面板模式和非空间控制模式。

28.4.1 窗口部件和面板模式

相关模式

手选模式（28.1.1 节）、点选模式（28.1.2 节）和手操模式。

描述

窗口部件和面板模式（The widgets and panels pattern）是虚拟现实间接控制的最常见形式，通常遵循 2D 桌面部件和面板/窗口隐喻（Window metaphors）。窗口部件是几何用户界面元素，窗口部件可能只向用户提供信息，或者可能由用户直接进行交互，最简单的部件是仅提供信息的标签，这样的标签也可以用于另一个窗口部件（例如，按钮上的标签）的指示符，许多系统控制是一个一维任务，因此可以使用下拉菜单、单选按钮、滑块、拨盘和线性/旋转菜单等部件实现。面板是可以放置多个部件和其他面板的容器结构，面板的放置对于能否轻松访问它们十分重要。例如，面板可以放在物体上、漂浮在世界中、车内、显示器上，手或输入装置上，或身体附近的某个地方（例如，围绕于腰部的半圆形菜单栏）。

何时使用

窗口部件和面板模式对难以直接与对象交互的复杂任务起作用。窗口部件通过点选模式（28.1.2 节）进行激活，也可以与其他选择方式组合（例如，在已定义大小的物体内选择特定对象），窗口部件可以提供比直接控制对象更准确的方法[McMahan et al. 2014]，在设计面板时，使用位置、颜色和形状以强调窗口部件之间的关系，可以运用组织感知的完整概念（Gestalt concepts of perceptual organization）（20.4 节）。例如，将具有类似功能的窗口部件放在一起。

局限

窗口部件和面板模式不像直接匹配那么明显或直观，并且可能需要很长的时间来学习掌握，窗口部件和面板的放置对可用性有很大的影响。如果面板不在个人空间内或附在适当的参考系中（26.3 节），窗口部件可能难以使用；如果部件太高，则会导致猩猩手（Gorilla arm）（14.1 节），可能会需要长于几秒钟的动作；如果部件位于身体或头部的前方，因为遮挡了视线，这些部件可能会变得混乱（尽管通过使用半透明面板可以减轻这样的混乱）；如果不面向用户，则可能难以看到部件上的信息，大型面板也会阻挡用户的视线。

典型交互技术

2D 桌面集成。许多面板是直接改编自 2D 桌面系统的[参见图 28.8(a)]，使用桌面隐喻的一个优点是这是用户熟悉的交互风格，因此用户可以立即掌握如何使用 2D 桌面。2D 桌面集成通过纹理贴图和鼠标控制将现有的 2D 桌面应用程序带入环境中。图 3.5 所示的系统还提供桌面隐喻，例如，双击选定的窗口标题，以将窗口最小化到一个小的立方体（或双击立方体以使其再次变大）。从 3D 交互的角度来看，这种现有的 WIMP（Windows 图标鼠标指针）应用程序通常不是理想的选择，但这样做可以提供访问软件的可能，否则只能通过退出虚拟世界来进行访问。例如，现有的 2D 计算器应用程序可以作为一个立方体连接在用户的“皮带”上，然后用户只需选择并双击这个立方体即可使用计算器工具，且不会发生中断。

环形菜单。环形菜单是一个一维的旋转菜单，选项依据一个中心点显示[Liang and Green 1994，Shaw and Green 1994]，用户通过旋转手腕选择选项，直到预期的选项旋转到中心位置或指针旋转到预期项目[图 28.8（b）]。环形菜单虽然有用，但是当需要大幅度旋转时可能会引起手腕不适感，非同构旋转（28.2.1 节）可用于使小幅度手腕旋转匹配于更大幅度的菜单旋转。

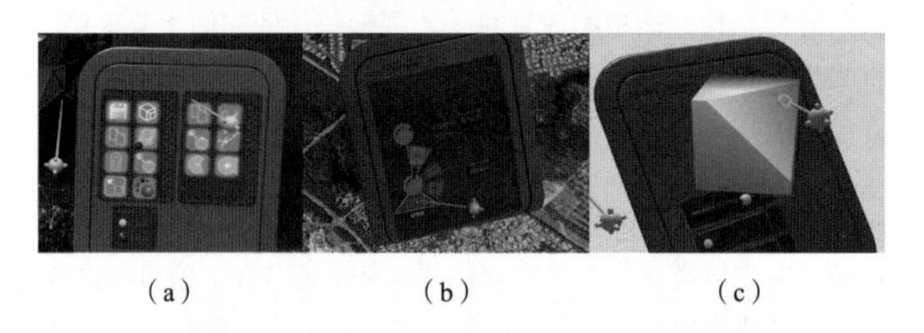

（a）　　　　（b）　　　　（c）

图 28.8　具有各种窗口部件的手持面板的三个示例（由 Sixense 和 Digital ArtForms 提供）

图（a）包含标准图标和单选按钮，图（b）包含按钮、拨盘和旋转菜单，可用作环形菜单和饼菜单；图（c）为一个颜色方块，用户正在从中选择颜色。

饼菜单。饼菜单（也称为标记菜单）是具有切片菜单条目的圆形菜单，它的选择是基于方向而不是距离的。和传统菜单相比，饼菜单的缺点是占用更多的空间（尽管可以通过用图标替代文本的方法来改善），优点是速度更快、更可靠、误差更小，并且每个选项都具有相等的距离[Callahan 1988]；最重要的优点是随着使用频次增加，常用的选项会被嵌入肌肉记忆中，也就是说，饼菜单通过向用户展示它们可以做什么并指导该如何做来实现手势的自显，这有助于新手用户通过形成定向手势而变为专家用户。例如，如果所需的饼菜单选项位于右下角，则用户学习启动饼菜单，然后将手移动到右下角，使用频次增加后，用户可以执行任务，而无须去看饼菜单，因为已经熟练了饼菜单的操作。一些饼菜单系统只会在一定延迟后才显示，因为熟练操作的专家用户在饼菜单元素出现之前标记了该菜单元素，因此菜单将不再显示并遮挡场景，这被称为“提前标记”（mark ahead）[Kurtenbach et al. 1993]。

分层饼菜单可用于扩展选项数量。例如，要将对象的颜色更改为红色，用户可能会①选择要修改的对象；②按一个按钮调出属性的饼菜单；③在右侧选择“颜色”，然后显示“颜色”的饼菜单；或④在下方，通过释放按钮选择颜色为红色。如果用户常常将对象更改为红色，那么用户在学会选择对象后，会将手向右移，然后向下启动饼菜单。

[Gebhardt et al. 2013]比较了不同的虚拟现实饼菜单选择方法，发现指向选择所用时间更少，并且与手投影（即平移）或手腕（扭）旋转相比，更受用户的喜欢。

颜色立方体。颜色立方体是用户可以从中选择颜色的 3D 空间，图 28.8（c）显示了一个 3D 彩色立方体窗口部件——可以用平移表面的二维方式移动颜色选择球，同时平面可以移入和移出。

手指菜单。由连接到手指的菜单选项组成，通过拇指捏触不同的手指选择不同的选项。用户通过学习后可以不需要看菜单操作，只需用拇指简单地捏触适当的手指即可完成选项操作，这样可以有效地避免遮挡并减轻疲劳。非优势手可以触发一个菜单（最多四个菜单），而优势手可以选择该菜单中的四个项目之一。

对于需要更多选项的复杂应用，可以使用 TULIP 菜单（Three-Up，Labels In Palm）[Bowman and Wingrave 2001]。优势手一次包含三个菜单选项，小拇指包含“更多”选项，当选择“更多”选项时，其他三根手指选项将被替换为新选项，将即将出现的选项出现在手掌上；当用户选择“更多选项”时，可以知道有哪些选项可供使用。（图 28.9）

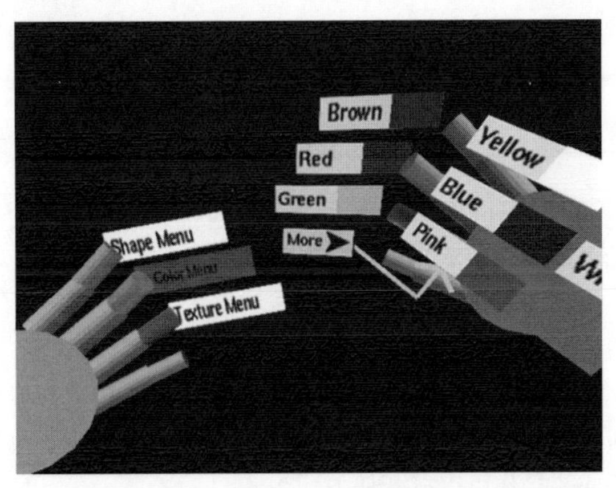

图 28.9　七根手指和右手掌上的 TULIP 菜单（来自 Bowman and Wingrave [2001]）

头顶窗口部件和面板。头顶窗口部件和面板放置在用户上方，通过使用非优势手伸出并拉下部件或面板来访问，一旦面板被释放，那么它将会回到它之前的位置。对于新用户来说，面板可能在上方可见，但是在学习面板相对于身体的位置之后，面板可能会被隐藏，因为用户可以使用他们的本体感觉知道面板在哪里，而不再需要看到面板。[Miné et al. 1997]发现用户可以轻松地在他们视野之上的三个选项中选择（左上方、中上方、右上方）。

虚拟手持面板。如果窗口部件或面板附着在环境中的某个地方，那么可能很难被找到；如果将其锁定在屏幕的特定空间中，则有可能会遮挡场景。解决方案是使用虚拟手持面板。虚拟手持面板具有始终可用（及关闭）的优点，仅需点击一下按钮即可，将面板附于手上会大大减少面板置于空间中带来的许多问题（例如，面板难以被阅读或妨碍其他物体），能够以更直观的方式重新定向和移动，而无须任何认知上的努力。面板应附于非优势手，面板通常通过使用优势手点选来交互（图 28.8），这样的接口可以实现“双向灵活”操作，面板可以被带向指针，同时指针也可以指向面板。

物理面板。虚拟面板不提供物理反馈，可能导致用户难以进行精确的动作，物理面板是用户携带的真实可追踪操作界面，并通过被追踪的手指、对象或定位笔进行交互。由于在触摸时界面可以提供物理约束，因此使用物理面板可以快速准确地控制部件[Stoakley et al. 1995，Lindeman et al. 1999]。物理面板的缺点是用户可能因携带面板而变得疲劳，如果放下则有可能会放错位置，提供物理桌面或其他位置来设置物理面板可以帮助减少物理面板在虚拟移动时仍然与用户一起移动的问题；还有一个选择是将物理面板绑在前臂上[Wang and Lindeman 2014]，或者可以用手臂或手代替被携带的物理面板。

28.4.2 非空间控制模式

相关模式

多模式联合（28.5.3 节）。

描述

非空间控制模式（Non-Spatial Control Pattern）通过描述而非空间关系执行全局动作，这种模式最常用的方式是语音和手势（26.4 节）。

何时使用

选项可被视觉呈现（例如，做出手势图标或说出文字），并且可以在提供适当的反馈时使用，这一模式在仅有少量选项可供选择时，或当有按钮可用于按下说话或按下做出手势时效果最佳。声音也可以用于操作，使用手或头操作可以打断任务。

限制

手势和口音是极易变化的，不管是从用户到用户还是在单个用户身上。通常有一个准确性和一般性的权衡——要识别的手势或单词越多，识别准确率就越低（26.4.2 节）。根据每个手势或单词的不变属性来进行定义，使它们和其他手势区分开来，会使系统和用户都更容易完成任务。当用户很多或有大量干扰时，语音系统识别可能会有问题；对于重要的命令，可能需要验证，这可能会给用户带来困扰。

即使是假想中非常完美的工作系统，如果它为用户提供了太多的选项，那么也可能导致混乱的局面，通常，最好只提供简单易记的几个选项。

太多手势可能会导致疲劳，特别是那些必须经常在腰部以上位置做手势的情况，某些地点（如图书馆）不适合出声，有些用户会觉得对着计算机说话也相当不自在。

典型交互技术

语音菜单分层（Voice menu hierarchies）。语音菜单分层[Darken 1994]类似于传统桌面菜单，选择更高级别的菜单选项后，会显示子菜单，菜单选项应该以可视化的形式展示给用户，以便用户明确知道哪些选项可用。参阅 26.4.2 节了解更多关于语音识别的形式信息。

手势（Gestures）。手势（26.4.1 节）非常适用于非空间命令，手势应该直观易记。例如，用竖起大拇指来表示确认，抬起食指选择"选项 1"或升起索引，中指用于选择"选项 2"。应向用户展示可用的手势选项的视觉符号，特别是针对正在学习手势的用户。在识别手势时，系统应该始终给用户提供反馈。

28.5 复合模式

复合模式将两种或多种模式组合成更复杂的模式，复合模式包括点选与手操结合模式、微缩世界模型模式和多模式联合。

28.5.1 点选与手操结合模式

相关模式

点选模式（28.1.2 节），手操模式（28.2.1 节）和代理模式（28.2.2 节）。

描述

手选模式（28.1.1 节）的覆盖范围有限，点选模式（28.1.2 节）则可用于选择远距离物体，并且不需要太多的手部动作，然而由于点选模式的径向特征（主要通过围绕使用者的弧线旋转来完成定位，取决于任务），通常不利于在空间中控制物体[Bowman et al. 2004]，因此将点选用于选择通常更好，虚拟的手则用于控制更好。点选与手操结合模式将点选与直接用手操作结合在一起，以便通过指向首先选择远程对象，然后如同握在手中那样进行操作。用户现实中的手也可以被认为是（并且可能被渲染为）远程对象的代理。

何时使用

当对象超出用户的个人空间时，使用点选与手操结合模式。

限制

使用点选与手操结合模式通常不适用于需要高交互保真度的应用。

典型交互技术

HOMER 技术。HOMER 技术（以手为中心的对象操作延伸射线）[Bowman and Hodges 1997]在通过点选对象后将“手”跳至对象上，使用户可以直接定位和旋转对象，如同对象被控制在手中。HOMER 技术的缩放[Wilkes and Bowman 2008]是基于手移动的速度来调整对象的移动（目标对象的变换速度基于手的动作速度），快速的手部运动可以实现粗略的控制，而慢动作可以实现更精确的控制，从而提供放置对象的灵活性。

抓取扩展器（Extender grab）。抓取扩展器[Miné et al. 1997]将对象方向与用户方向匹配，变换的比例根据抓取开始时对象与用户的距离来决定（对象越远，相应的比例因子越大）。

缩放世界的抓取（Scaled world grab）。缩放世界的抓取将用户变大或环境变小，使得最初远离所选对象的虚拟手可以在个人空间中直接成为被操作对象[Miné et al. 1997]，因为缩放关系是眼睛之间的中点，用户通常不会发现已经发生缩放，如果瞳孔间距以相同的方式缩放，则立体线索将保持不变；同样，虚拟的手如果适当地缩放，则不会感觉手在改变大小。值得注意的是，由于相同的头部物理运动匹配于相对缩小的环境，变成了较大幅度的运动，这样头部运动视差是很明显的。

28.5.2 微缩世界模型模式

相关模式

图像–平面选择模式（28.1.3 节）、代理模式（28.2.2 节）、3D 多点触控模式（28.3.3 节）和自动模式（28.3.4 节）。

描述

微缩世界模型（WIM）是一个交互式实时 3D 地图——在沉浸于虚拟环境中的同时，从外部视角表现虚拟环境的微型图像[Stoakley et al. 1995]。在微缩世界中表示用户的“头像”或“人偶”与用户的运动相匹配，给用户提供了从虚拟世界外看见自己的视角。从玩偶头部伸出的透明视锥体也很有用，它显示了用户正在观看的方向及用户的视野。当用户移动他的“头像”时，他本身也会在虚拟环境中移动，当用户移动 WIM 中的代理对象时，对象也会在周围的虚拟环境中移动。可以创建多个 WIM 以便从不同的角度观看世界，这样的虚拟现实可以等价为三维的 CAD 视窗系统。

何时使用

WIM 通过一个外中心视角来表现用户及周围的环境，从而提供态势感知的方式，WIM 也可以快速定义用户选择的代理并快速移动自己。

限制

作为一个直接的方式可能会导致用户的晕动症，因为用户将重心放在了 WIM 上，而不是在整个虚拟世界中。

旋转 WIM 的挑战在于它导致缺乏方向的依从性（25.2.5 节）；当 WIM 的角度与正在观看的周边世界角度不同时，移动和转动 WIM 中的代理可能会让用户晕眩，由于这个挑战，WIM 的方向可能与大世界的方向直接相关，从而防止混乱发生（前向地图：22.1.1 节）。然而，当用户位置发生变化时，这会使得 WIM 不能被锁定在一个特定视角（例如，当用户正在某个位置执行任务的同时，希望保持对其他位置的一座“桥”的关注），对于高级用户，应该有一个选项来打开或关闭前向锁定的视图。

典型交互技术

微型玩偶技术（Voodoo doll technique）。微型玩偶技术使用图像–平面选择模式（28.1.3 节），让用户暂时创建称为“玩偶（doll）”的针对远处物体的微型手持代理[Pierce et al. 1999]。“玩偶”的选择与使用都是成对的（每个玩偶在场景中表示不同的对象或一组对象）。非优势用户手中的“玩偶”（通常展现多个对象，作为部分 WIM）充当参照系，而优势用户手中的“玩偶”（通常代表单个对象）定义对象在虚拟世界的位置和方向，对应于作为参考系的“玩偶”，这为用户提供了在较大的世界中快速轻松地定位和定向关联对象的能力。例如，用户可以通过首先用非优势手选择桌子然后用优势手选择灯来将灯放在桌子上，现在，用户只需将灯模型放在桌面模型上，桌子不会在虚拟世界中移动，并且灯将放置在相对应的位置上。

进入替身（Moving into one's own avatar）。通过在 WIM 中移动自己的替身，可以改变用户的第一人称视角（通过代理控制自己的视角），然而直接将“人偶”的方向匹配到视角可能导致显著的晕动症和方向迷失。为了减轻不适和晕动症，“人偶”可以独立于用户的第一人称视角；当代表“人偶”的图标被释放或用户给出命令时，系统通过自动视角控制技术（28.3.4 节）自动激活、移动或传送用户进入 WIM 所在的位置[Stoakley et al. 1995]，这避免了将用户的认知焦点来回在地图和环境间转移，也就是说，用户需明确要么从外中心（第三人称）视角观察“人偶”，要么以自我中心（第一人称）为视角观察周边的世界，但两者不会同步。在实践中，用户不会察觉到自己或 WIM 所发生的变化。他们传达前往新地点的感觉，使用多个 WIM 允许每个 WIM 充当通往不同遥远空间的门户。

视盒（Viewbox）。视盒[Mlyniec et al. 2011]是一种使用基于体积选择的模式（28.1.4 节）和 3D 多点触控模式（28.3.3 节）的 WIM。在通过基于体积选择捕捉虚拟世界的一部分之后，该选择框内的空间将被作为实时的副本，然后可以像对其他对象一样选择和控制视盒，视盒可以附接到手或身体上（例如，作为腰带工具在躯干地附近）。除此之外，用户还可以在视盒空间内通过 3D 多点触控控制空间（例如，平移、旋转或缩放），这与控制更大的周围空间的方式是相同的，因为视盒是一个引用副本，任何在此空间中发生的任何对象操作都会发生在与之相应的另一个空间中（例如，在空间中的表面绘画，会同时出现在两个空间中）。应注意的是，由于该对象是一个引用副本，必须注意停止视图的递归性质，否则可能会导致其他视盒内出现无限数量的视盒。

28.5.3 多模态模式

描述

多模态模式将不同的传感器或驱动输入模式集成在一起（例如，具有指向的语音），26.6 节对不同模态间如何协同工作做了分类。

何时使用

当任务需要多方面的输入、减少输入错误，或者没有单一输入模式可以传达所需要的内容时，使用此模式是合适的。

限制

由于需要将多个系统/技术集成到一个一致的界面及存在出现多个故障点的风险，多模态技术可能难以实现，如果实现不好，也可能让用户感到困惑。为了保持尽可能简单的交互，除非有充分的理由，否则不应该常用此技术。

典型交互技术

沉浸式的“put-that-there”。一个多模态模式的典型例子是[Bolt 1980]的“put-that-there”界面，这个界面结合了点选模式（选择“某物 that”和“某处 there”）和通过声音的非空间控制模式（选择动词“放 put”）。[Neely et al. 2004]实现了一种沉浸式的“put-that-there”的区域定义，使用这种技术，用户可以通过指点和说话对地形上的一个多边形区域的顶点进行命名和定义。一个例子是“将目标区域的苹果从这里（点选手势）到这里（点选手势）……到这里（点选手势）”，图 32.2 是该系统的架构图。

对于操作单个对象，在指定操作之前选择对象的“that-moving-there”界面（26.6 节）通常更有效（26.5 节）。

自动模式切换（Automatic mode switching）。用户可以知道何时将手位于视觉中心，并且可以在需要的时候轻松地看到手，模式切换利用这一点。例如，当手移动到视觉中心时，应用程序可能切换到图像–平面选择模式（28.1.3 节），或当手移动到外围的时候使用点选模式（28.1.2 节，因为不需要看到指针的射线来源）。

29 交互：设计准则

正如真实世界中没有哪样工具可以解决所有问题一样，并没有某个单一的输入设备、概念、交互模式或交互技术是对所有 VR 应用都是最好的，尽管在不同类型的任务中使用相同的交互映射通常更好，但这并不是通用或是合适的，交互设计者在选择、修改或创建新的交互时应该具体问题具体分析。

29.1 以人为本的交互（第 25 章）

直观性（25.1 节）

- 专注于使界面直观，即设计可以快速理解、准确预测，并且易于使用的界面。
- 使用交互映射（利用用户已经拥有的其他领域的特定知识的概念）帮助用户快速建立一个“界面将如何工作”的心智模型。
  包括在虚拟世界中，帮助用户建立一个统一的概念模型来描述事物是如何工作[例如，世界内的教程（within world tutorials）]，使用户不必依赖任何外部解释。

Norman 的交互设计原则（25.2 节）

- 实践以人为中心的设计，遵循公认的原则，帮助用户创建简化的心智模型，说明交互作用是如何工作的，包括一致的示能性、明确的意图、利用限制因素来指导行动、易于解释、显而易见、可以理解的映射匹配，以及即时、有用的反馈。

示能性（25.2.1 节）

- 记住，示能不是一个对象的属性，而是一个对象与用户之间的关系，示能性不只依赖于所提供的对象，而且取决于用户；示能性对于不同的用户具有不同的作用。

意符（25.2.2 节）

- 可通过意符使示能性可被感知。一个好的意符可以在用户进行交互之前就告诉用户怎样做是可行的。
- 向用户明确显示当前交互模式的状态。

约束限制（25.2.3 节）

- 在适当的时候，添加限制因素以限制可能出现的操作，并提高准确性和效率。
- 使用约束限制来增加现实感（例如，不允许用户穿越墙壁）。
- 不要局限于真实世界的规则，如重力，例如，在用户周围的空间悬挂工具会使他们更容易抓取。
- 恰当地使用指示信号可以防止用户对限制产生错误的认知，如果用户不知道该做什么，则说明约束限制是有效的。
- 使约束限制保持一致以便可以跨任务传递学习。
- 考虑允许对专家用户删除高级交互的约束。

反馈（25.2.4 节）

- 使用反馈作为无法使用触觉感知的替代，例如，使用音频和高亮显示正在触摸的对象。
- 不要过多反馈，这样会让用户感到压力。
- 考虑将信息放在用户面前的参考系中，而不是在头部参考系中的平视显示器上。
- 如果必须使用头部参考系中的平视显示器，则只能在显示屏上显示最小程度的信息。
- 提供打开/关闭（或使可见/不可见）的窗口部件、工具和界面提示的功能。

匹配（25.2.5 节）

- 为了最大限度地提高性能和满意度，保持方向一致性，零点一致性和时间一致性。
- 首先要注意创建具有方向一致性的匹配（感觉反馈的方向应该与接口设备的方向相匹配），这样用户就可以根据他们的物理输入来预测运动。
- 对于完全直接的交互，保持位置一致性（使对象的虚拟位置与设备的物理位置相匹配）。
- 如果位置一致性不合适，请使用零点一致性（当设备返回到其原始位置时，虚拟对象应返回到其原始位置）。
- 利用肌肉记忆的特征来应用零点一致性。
- 和相对输入设备相比，尽量选择绝对输入设备，以保持一致性。
- 如果不能立即计算交互的结果（缺乏时间一致性），则提供某种形式的即时反馈来通知用户问题正在处理中。

- 对于非空间映射，使用普遍接受的映射（例如，向上是更多，向下是更少）。

直接与间接的交互（25.3 节）

- 使用工具扩展用户可触及的范围，让用户感觉他们是直接交互的。
- 在适当的地方使用直接、半直接的和间接的交互，而不是在不合适的地方，不要试图强行让一切都直接交互。

交互循环（25.4 节）

- 为了设计或改进交互，使用诺曼的七个交互阶段将典型的潜意识过程分解为明确的步骤。
- 想想哪些阶段有缺失或哪些阶段不能很好地工作，从而导致交互困难，然后根据每个阶段添加或修改对象、约束限制、匹配和反馈。
- 将七个阶段的交互与任务分析作为实现的基石。

手（25.5 节）

- 在适当的时候支持双手的交互。
- 不要仅仅因为两只手被用于接口就假设界面会更好用，如果设计不当，双手作为接口会很难使用。
- 对于用户反馈而言，双手交互比单手交互更重要。
- 使非惯用手保持参考系，让惯用手可以精确地工作，而不一定要在锁定的位置工作。
- 设计双手交互，以流畅的方式使其配合工作，在对称和非对称模式之间切换合适的任务。

29.2　虚拟现实的交互概念（第 26 章）

交互保真度（26.1 节）

- 在训练应用程序、模拟、外科应用、治疗和人因评估中考虑使用真实交互。
- 考虑使用非现实的交互来提高性能和减少疲劳。
- 使用更好的交互来增强用户体验，在规避真实世界局限性的同时传达抽象的概念。
- 将交互映射视为灵感来源。除非现实的交互是主要的目标，否则可使用直观有用的神奇技术。

本体感觉与以本体为中心的交互（26.2 节）

- 利用真实的对象——每个用户都有自己的身体。
- 除了头部和手部跟踪，还可以使用躯干跟踪，以最大限度地发挥本体感觉，或者可以跟踪椅子旋转以估算用户身体的旋转。
- 将常用的工具与身体相对应，有效利用肌肉记忆，这样用户就不必从正在工作的东西上转移视觉注意力（工具甚至不必在用户的视野范围内）。

- 不要假设呈现外部视角就需要排除本体视角。即使在设计外部视角的体验时，也可以利用本体直觉。

参考系（26.3 节）

- 为用户提供在以外部为中心的虚拟世界参考系中思考与交互的能力，当用户想要在广泛的领域创建内容时，形成环境的认知地图，确定自己的全球位置或计划在大范围内旅行。
- 将直接交互接口放置在虚拟世界参考系中时要谨慎，因为它们若无简单而精确的导航功能则难以实现。
- 在真实世界参考系中绘制静止参考系（例如，汽车内饰，驾驶舱或非现实线索），使用户在空间中感受稳定并减少晕动症。
- 在用户不需要物理设备时，为他们提供一个可以放置物理设备的地方，并将这些设备在真实世界的参考系中进行渲染，以便它们可以轻易地被看到和选取。
- 将信息、界面和工具放置在与身体相对应的躯干参考系中。
- 允许高级用户打开/关闭或使躯干、手和头部参照系中的项目不可见（但仍然可用）。
- 将非跟踪的手持控制器的视觉表示物放在躯干参考系中，将可跟踪的手持式控制器放在手部参考系中。
- 将意符放在手部参考系中，如指向按钮、摇杆和/或手指，使其功能显而易见。为用户提供打开和关闭它们的功能。
- 如果头部跟踪是用于输入的，那么在头部参考系中，除指示器以外，要尽量减少关于其他元素的提示。

语音和姿态（26.4 节）

- 使用明确的视觉符号/映射（例如，单词或手势图标）来描绘哪些是可用语音或姿态进行命令的，通过突出显示所选选项提供反馈。
- 需要让用户验证重要命令，以防发生重大错误。
- 使用少量的词语或手势，这些词语或手势应是明确、自然、便于用户记住的，也应便于系统识别。
- 当同一空间内有不止一个人出现时，请使用即按即说或推送手势来防止意外地触发命令。
- 使用直接的结构性手势（Structural gestures）开启即时的系统响应。
- 当用户拥有自己独特的系统时，如果他们愿意训练系统，则使用与扬声器相关的识别，如果不愿意，则使用自适应识别。
- 仅允许根据上下文识别词汇子集以减少错误的可能性。

模式和流程（26.5 节）

- 使用多种交互模式时，需要让用户清楚当前是哪种模式。
- 使用对象-动作（或选择-操作）序列，而非动作-对象序列。
- 在选择对象和操纵/使用该对象之间实现平滑轻松地转换。
- 最大限度地减少干扰，增强互动流程，并充分重视主要任务。
- 做好交互界面设计，这样用户就无须在物理上（眼睛、头或手）或者认知上在任务之间切换。
- 使用轻量级模式切换、物理道具和多模态技术来帮助保持流畅的交互。

多模态技术（26.6 节）

- 当明确了单一模式最适合任务时，就使用单一的专业输入模式，没有理由去囊括其他模式。不要只是为了添加一个模式而添加模式。
- 考虑用户偏好被强烈划分时使用等效输入模式。
- 使用冗余输入模式来减少噪声和模糊信号。
- 通过允许用户同时执行两个交互，使用并行输入模式来提高效率。
- 使用“放-它-那里”或“它-移动-那里”接口类型的互补输入模式。
- 当一个模态设备不可靠时，允许输入模式的转移，因此如果发生故障，用户将不必重新开始。

小心疾病和疲劳（26.7 节）

- 要格外小心能引起晕动症的视点控制技术，研究第三部分，遵循第 19 章中的指导方针，尽量减少对健康的不良影响。
- 当晕动症成为主要关注的问题时（例如，对于虚拟现实新用户或普通观众），只能使用对实际头部运动的一对一映射或传送。
- 避免使用和创建需要用户在一段时间内将手举高或摆在身体前面的交互，使用不需要视线的装置可以使用户在大腿或身体两侧舒适地进行交互作用。

视觉-物理冲突和感觉替代（26.8 节）

- 当手穿入的物体较浅时，强制实施物理约束，使手不能穿过物体表面。当穿入得较深时，不要强制实施物理约束，而是允许手通过虚拟对象。
- 考虑为一只物理手绘制两个虚拟手，一个可以穿透物体，另一个则不能。
- 当手靠近物体时，使用高亮突出显示来表示这个物体是可以选择的。
- 使用声音来表示碰撞。
- 尽可能使用被动触觉或振动触觉。
- 如果移动训练不重要，请使用重影来表示新的潜在位置，直到用户确认。

29.3 输入设备（第 27 章）

输入设备特征（27.1 节）

- 将交互技术与设备相互匹配。了解不同的设备特性和类别，以确定什么是最适合项目的。
- 在可能的情况下采用 6 自由度（6DoE）的设备，并在适当的情况下在软件中减少 6 自由度（6DoE）。
- 选择在用户的全部个人空间中工作的输入设备，不需要视线，对各种照明条件具有稳定性，并且适用于所有的手动方向。
- 当任务为二进制、操作需要经常发生、抽象交互适当、需要对按下按钮/释放按钮做出直观物理反馈时，需要使用按钮。
- 不要用太多按钮使用户感到压力。
- 在特别需要高度现实感和存在感的场景中，要使用与虚拟对象相对应的裸手系统，手套和/或触觉设备。

手部输入设备的分类（27.2 节）

- 如果不确定使用什么或没有强烈的偏好，那么就从跟踪手持控制器开始，它们是目前大多数互动虚拟现实体验的最佳选择。
- 对于公共场所的娱乐，请考虑构建如接地设备等针对特定体验进行优化的定制界面。
- 给控件的虚拟表示加上标签，以说明控件的作用。
- 当用户通常持着虚拟设备并通过物理触摸增强存在感时，使用跟踪手持控制器。
- 不要认为手套只是用来跟踪全手的，考虑使用不需要物理控制器的捏压手套——它通过将手指按在一起产生按钮的效果。

非手部输入设备的分类（27.3 节）

- 就算有眼动跟踪功能，也不要过度使用。相反，只在特定任务中以精微的方式使用“凝视”（例如，需要通过看向虚拟人物得到其反馈时）。
- 在设计目光凝视交互时，需要保持眼睛的自然功能，要增强而不是取代它，专注于交互设计，改善眼部运动的解释，选择合适的任务，用被动凝视代替主动凝视，并利用注视信息来进行其他互动。
- 使用专门为语音识别设计的麦克风。

29.4 交互模式和技术（第 28 章）

选择模式（28.1 节）

- 当不需要使用真实交互时，使用点选模式或图像–平面选择模式。

手选模式（28.1.1 节）

- 当需要真实交互时，使用手选模式。
- 对于高交互保真度，使用现实的虚拟手（A realistic virtual hand）选择对象。
- 对于重交互保真度，使用不出现的手臂的手，触及范围可以稍微超越个人空间（近动作空间）。
- 在个人空间和中距离任务空间中考虑使用 go-go 技术。

点选模式（28.1.2 节）

- 如果想获得更多可控制的点选，可以考虑使用精确模式。
- 如果选择对象较小，可以考虑使用带对象捕捉的点选。
- 除非没有其他好的方法来提供信号，或有更好的理由，否则不要使用停留选择。
- 除非有很好的理由，否则不要使用眼部跟踪。

图像–平面选择模式（28.1.3 节）

- 为了使一定距离的接触变得容易，可以使用此模式，如果对象选择比较频繁，考虑到“猩猩手”问题，则不要使用该模式。

基于体积的选择模式（28.1.4 节）

- 当所选的数据、空间没有几何表面时，考虑使用基于体积的选择技术。
- 对于新用户，要谨慎选择基于体积选择的模式。

操作模式（28.2 节）

手操模式（28.2.1 节）

- 除非有其他原因，尽量使用手操模式，因为它比其他控制模式更有效且更舒适。
- 为了实现高交互保真度，使用虚拟手选择和操作。
- 考虑使用非同构旋转来减少卡顿、提高操作能力和精确度。

代理模式（28.2.2 节）

- 使用代理模式来直观地控制远程对象或当在用户对自己或世界进行缩放时。
- 使用可追踪的物理道具完成直接的动作任务，这样的道具会形成一个易于使用的接口，且不需要任何训练，促进自然的双手互动，并为用户提供触觉反馈。

3D 工具模式（28.2.3 节）

- 使用三维工具模式来增强用手控制对象的能力。
- 为对象附着工具使用意符从而使工具的使用方式及对象的操作方式更清晰。
- 为了精确建模、降低复杂性，要使用那些能帮助用户方便操作、灵活控制的用具。

视点控制模式（28.3 节）

- 在选择、设计和运用视点控制技术时，要特别留意是否会引发病症和导致用户受伤，尤其是针对新用户。参见第三部分的内容。

行走模式（28.3.1 节）

- 当需要高生物力学的对称性和高存在感时，考虑使用行走模式，在防止疲劳的同时需要做好防止绊倒，做好物理碰撞预防和坠落的安全措施。
- 当物理追踪空间大于或等于虚拟步行空间时，可以使用实际行走模式，实现空间理解和预防晕动症都很重要。
- 当物理跟踪的空间小于虚拟步行空间时，使用重定向行走模式。
- 当物理跟踪的空间小或安全是主要关注时，请使用就地行走。
- 需要在步行/远距离行动时，使用跑步机。

驾驶模式（28.3.2 节）

- 当晕动症、交互保真度不是主要考虑因素、加速/减速效果可以最小化，并且有真实世界的稳定线索时，可以使用驾驶模式。
- 驾驶操作应尽可能简单以最小化认知负荷，这样用户可以专注于获取空间知识和收集信息。
- 提供视觉线索，帮助用户了解前进的方向。
- 如果躯干/椅子跟踪可用并且系统是无线的，可以考虑不使用虚拟转向。
- 如果要求虚拟旋转，并且用户可以固定在地面上，则可以使用成对模拟控制杆。

3D 多点触控模式（28.3.3 节）

- 对于不需要高交互保真度的应用，如在创建对象，控制抽象数据，查看科学数据集或从任意视点快速探索感兴趣区域时，均可使用 3D 多点触控模式。
- 对新手用户增加一些限制（例如，保持用户直立，限制幅度或禁用旋转）。
- 提供旋转中心与刻度的视觉指示。

自动模式（28.3.4 节）

- 当不需要或不可能自由探索环境时，使用自动模式。
- 在需要远距离移动、穿越世界、效率优先，或者必须最小化晕动症时，可以使用传送；如果必须保持空间方向感，则不要使用传送。
- 当维护空间方向感是主要关注点时，应使用平滑的过渡。
- 当需被动地移动用户时，通过使视觉速度保持尽可能恒定来减少晕动症，并提供稳定的现实参考线索（例如，驾驶舱）或提供前向指示器。

间接控制模式（28.4 节）

- 当不适合空间定位或一些操作的细节对用户无关紧要时，可以使用间接控制模式。使用方法包括控制整个系统、发出命令、更改模式和非空间参数。
- 在间接控制模式下要保证意符清晰明确，例如，控件的形状和大小、它们的视觉形象和标签，以及它们底层控制结构的明显可见性（Apparent affordance）。

窗口部件和面板模式（28.4.1）

- 当与对象直接交互有困难时，使用窗口部件和面板模式。
- 在适当的情况下，使用众所周知的 2D 交互映射，如下拉菜单/弹出菜单，单选按钮和复选框。
- 当设计面板时，使用完形知觉概念来组织，使用位置、颜色、形状来暗示部件之间的关系。例如，将具有相似功能的部件放在一起。
- 将部件和面板放置在用户可以方便触及的位置（如在非优势手中或躯干参考系中）。
- 对于常用的命令，使用饼（标记）菜单来引导手势并将这些手势嵌入肌肉记忆中。
- 对于饼（标记）菜单，使用点选而非投影或滚动。
- 如果可以用“捏”的手势，请将菜单选项放在手指上。
- 考虑将面板或部件放在头部上方，以便用户在需要时能将其拉下。
- 考虑将可以打开或关闭的面板放置在非优势手中，面板上的部件由优势手控制。
- 对于需要精确度的二维任务，考虑使用可持有在用户非优势手中的物理面板，或者将其连接到用户的前臂。

非空间控制模式（28.4.2 节）

- 使用非空间控制模式执行全局操作，而非使用空间关系执行。
- 使用直观、易于记忆的真实世界的语言和手势。保持少量且简单的选项。
- 提供意图（例如，用于手势的图标或用于语音的单词列表）以提醒非专家用户可用的选项。
- 应经常反馈。

- 当精度比速度更重要时，应验证命令。确认过程应很快而不需要太精确，比如，单击一个物理按钮或说“确认”。
- 使用“按下说话”或“按下做出手势”来防止发生意外的命令。
- 当移动双手或头部会干扰任务进行时，使用语音控制。
- 当多人处于相同的物理空间或噪声很大时，需要谨慎对待依赖于语音识别的方式。

复合模式（28.5 节）

点选与手操结合模式（28.5.1 节）

- 当不需要高交互保真度时，可以使用点选模式选择远处的对象，但要像握在手中那样控制它们。

微缩世界模型模式（28.5.2 节）

- 使用微缩世界模型模式提供情境意识，快速定义用户所定义的代理，或快速移动自己。
- 考虑在微缩世界模型中使用与真实世界相对一致的前向地图，从而使地图的方向与世界的方向相匹配。如果合适，提供用户关闭该功能的能力。
- 为了减少晕动症，不要将在微缩世界中的“用户人偶”动作与用户动作匹配，而是当用户发出指令后，使用激活、导航或传送将“人偶”的视角与用户同步。

多模态模式（28.5.3 节）

- 当任务需要多方面操作、需要减少输入错误，或者当没有单个模式可以传达所需的内容时，使用该模式。
- 只有在有充分理由的情况下才能使用该模式，使用时，尽可能将交互简单化。
- 当每个技术仅在特定情况下可用并且这些情况对用户来说是清晰的时，可以考虑使用自动模式切换。

第六部分　迭代设计

> 设计思维采用以解决方案为导向（solution-focused）的方法，运用设计思维解决问题、协同工作，朝着完美的方向循序渐进地迭代，通过具体的想法、原型设计、实施和学习步骤来实现产品目标，使合理的解决方案更明朗。
>
> ——Jeff Gothelf and Josh Seiden（2013）

到目前为止，本书提供了有关视觉，虚拟疾病，内容创作和交互的机制背景，然而，这些机制尚未被完全了解，并且非常依赖于虚拟现实项目的目标和设计。关于真实世界的设想，或是我们如何看待真实世界并与之交互的设想，并不局限在虚拟现实中。在设计虚拟现实体验或首次尝试优化体验时，不能只是简单地查找数字，虚拟现实设计也与二维桌面或移动应用程序的设计非常不同，当下我们对它了解甚少，也没有建立关于虚拟现实的标准。虚拟现实设计必须基于不断的再设计、原型设计和真实用户的反馈来反复迭代创建。事实上，许多虚拟现实体验的设计是源于“意外的发现”，而并非最初的设计本意（Andrew Robinson 和 Sigurdur Gunnarsson，私人通信，2015 年 5 月 11 日），本章重点介绍迭代设计的概念，帮助团队快速高效地朝着理想的体验迈进。

借助 Unity 和其他新的开发工具，和以前相比，我们可以在很短的时间内创造出虚拟现实体验。经验丰富的设计师现在可以在短短几小时内创建简单的虚拟现实体验而无须任何编程经验。一些修改操作可以像点击一个按钮一样简单。其他人构建的一些资源和行为可以与基本的编程技能相融合。由于可以很容易地创造、调整简单的体验，因此通常可以在一天之内或更少的时间内完成基本单元组件的原型设计。然而，为了更上一层楼，设计师要么把自己变成程序员，学习创造简单原型和测试的基本编程技能，要么直接与程序员协同工作。这并不是说不需要专业的程序员来创建引人入胜的体验，集成先进/创新的功能和行为。了解软件架构、编写简洁的代码都是需要花时间才能妥善完成的，并且它们对于创建高效和可维护的代码至关重要。

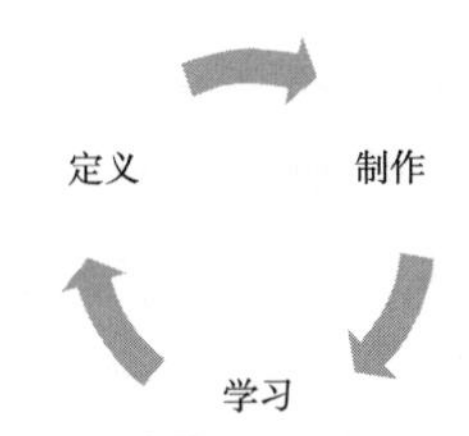

图 1　适用于所有虚拟现实开发的高层次迭代过程

定义—制作—学习周期

尽管单线程的“从整体到细节”的步骤不适用于虚拟现实设计，但是也有一些普遍的共识可以用在设计中，那就是迭代设计。迭代设计包括定义项目、构建原型、从用户那里学习，以及不断改进固有思维。仔细考虑这些设计阶段对于优化用户体验和打造舒适的虚拟现实至关重要。

第六部分讨论了迭代设计的哲学，和三个迭代阶段（如图 1 所示），简述如下。

1．定义阶段

本阶段试图回答“我们要做什么？”的问题，内容涵盖了从高层次的愿景到各项具体要求的所有事项。

2．制作阶段

本阶段回答“我们要怎么做？”的问题，然后着手去做。

3．学习阶段

本阶段回答 “哪些是有效工作和哪些是无效工作？”的问题。答案要反馈到第 1 阶段的“定义阶段”，以完善要做的事情。

虽然在概念上这些阶段是按顺序进行的，但它们是紧密交织在一起的，并且经常并行发生。在这三个阶段中，各种较小的模块化设计过程可以根据需要，一步一步地去适应更大规模的迭代过程。这些单独的模块可能会派上用场，也可能用不上，具体取决于项目及该过程处于生命周期的哪个部分。即使在同一个项目的迭代中，这些阶段通常也不一致，因此，为了将整体设计流程或个人的设计工作规范化，它一方面既限制了设计过程，另一方面却又将设计过程过度复杂化了。相反，设计过程的基本概念贯穿于这三个主要阶段，实现的具体细节则取决于项目目标和团队的偏好。

章节概述

第六部分一共五章，描述整体迭代过程及更详细的具体过程（因为它们会用于开发虚拟现实体验）。

第 30 章，迭代设计的哲学，首先提出了虚拟现实设计必不可少的总体概念。适用于虚拟现实的迭代设计特别依赖于艺术、科学、迭代、项目细节和以人为中心的设计，以及创造体验性的团队。

第 31 章，定义阶段，讨论如何创建和改进虚拟现实应用的创意，本章介绍了定义项目不同方面的 15 种方法。

第 32 章，制作阶段，讨论了如何将创意变成原型，再将其转化成更优的体验。

第 33 章，学习阶段，介绍了核心研究概念，并介绍了如何获取典型用户的定性反馈，收集更多客观/定量数据，通过构成主义方法改进设计，并正式测试和比较不同的实现方案。

第 34 章，迭代设计：设计原则，总结了迭代过程，并列出了一些可操作的指导方针，以帮助创造出沉浸的体验。

30 迭代设计的哲学

设计有多重含义且它们之间相互关联。设计是创造物体，过程和行为。好设计关注实用性、有效性、效率、优雅、愉悦和意义的传达[Brooks，2010]。就本书而言，设计包括了创建一套从信息收集，到交付目标设定，再到产品改善/支持的一整套虚拟现实体验。

30.1 虚拟现实既是艺术，又是科学

虚拟现实是一门艺术，因为我们必须多产，创造基于常识、经验法则、文化映射、跳出固有思维的创造性思维方式等方面的新体验。虚拟现实是一门艺术，因为创造新的世界可以让我们抛弃真实世界的许多规则。虚拟现实技术的开发需要创新，创建优质的体验不仅仅是优化一套算法，比优化算法更重要的是创作背后的人们需要决策，设计正确的事物，而不是以完美的方式去设计错误的东西——虚拟现实设计师们应力图去寻找什么才是有用的，无论是真实的还是魔幻的。

虚拟现实是一门科学，因为我们对于“哪些是有效工作？”的直觉，在实践中往往行不通，我们必须让用户来测试创意，收集并分析这些数据，以帮助确定如何改进体验——这就像编程一样。迭代设计包括快速测试很多实现方案，不断改进以前的想法，这样就可以从这些有意义的问题中获得有质量的答案，在更快迭代的同时收获更好的用户体验。

30.2 以人为本的设计

衡量虚拟现实（VR）项目进度的标准是用户体验，如果体验得到改善，那么说明项目推进的是有效进度，例如，代码行数。与衡量虚拟现实（VR）项目的标准非常不同，传统的衡量标准很大程度上对 VR 开发是无用的，花几小时去认真地整合一个有效交互技术，这一项工作远比花几个月写

数万行代码的价值要多得多，更何况那数万行的代码有可能还不太好用。再耀眼的设计解决方案如果不为人所用，那么不管再怎样努力，都无法弥补方向的错误，为此所付出的工作就称为“无效工作”。

坏的设计会对用户提出不合理的要求，要求他们来适应系统的各种要求。一旦用户做得不对，系统就会出状况。“以人为本”的设计错误经常在项目创建后才被发现，因此在项目早期获取真实用户的反馈至关重要，如果在结项时才发现设计错误，那么整个项目大概率会失败，还不如在早期迭代中就不断发现和修改这些小故障。

30.3 通过迭代不断发现问题

虚拟现实设计的一个核心概念是要持续不断地有所发现（Continuous discovery），这同样也是在设计和开发过程中吸引用户的过程[Gothlf 和 Seiden 2013]。发现的目标是为了理解“用户想做什么？”“为什么用户想做这些？”，以及“用户如何将这些事情做到最好？”

提前将构建复杂系统的一切事物敲定会导致项目面临预算超支、业绩下滑的情况[Brooks 2010]，这不仅是因为团队在项目开始时还不知道问题的答案，而且也因为团队尚不知道还有哪些问题是他们所不了解的——这将引发更多问题。在项目过程中发现那些以前甚至没有考虑过的问题，往往就是设计中最常出现新见解和突破点的地方。

迭代对于开发虚拟现实系统比开发非虚拟现实系统更重要[Wingrave 和 LaViola 2010]。虚拟现实中能发生的各种可能性远远超出了真实生活中的，若有一件没做好就会产生严重的后果。即便了解有关虚拟现实的一切，那些影响因素（及相互的各种作用）在放入虚拟现实中后，都会呈指数级增长，因此，很难提前预知一切事情，每个项目都是独一无二的。

我们不能等到项目结束时再检查一切是否正常运作（意思是我们不会这么做）。在项目刚开始时就学习、调整、创新，会比在项目结束时再做这些事成本更低，效果更好。此外，必须有多种可供选择的方案，以便在必要时快速调整。这样一来，问题就不再是“是否应该使用迭代设计？”，而是“如何快速有效地进行迭代？”——这可以通过快速制作原型、尽快并且尽可能经常地从专家及典型用户处获得反馈来完成。正如“精益创业”所倡导的那样[Ries 2011]，失败要趁早，并且要多多失败，每一次失败都会教育我们做得更好。失败对于重新探索、开发创造力和提升创新性来说至关重要。如果很少失败，那么就不会有足够的创新力，也难有突破。在毫无学习风险的情况下，老老实实创建一个不会出错的虚拟现实体验很容易，但同时这也会是个墨守成规的项目、索然无味的用户体验。

即使在项目开始前就已经熟悉一切，随着时间的推移情况也会发生改变。生活、商业和技术的进步使得某些曾经重要的事情在今天已经不重要了。当现实阻碍了计划，获胜的往往是现实。虚拟现实项目还应当面对的一个挑战是，当应用程序中的某部分发生改变时，往往会牵一发而动全身，要始终关注设想、技术和商业方面的变化，然后根据需要制定对策、调整进程。

对虚拟现实不熟悉的人（包括从商业拓展部门一直到程序员的所有人），探索的第一步是先进入用户角色，广泛尝试已有的体验，做一些笔记，记录哪些是有效运作的，哪些是不能正常运作的。然后，通过设计新的原型、修改已有想法或根据用户反馈来产生新的洞见。事实上，这比规划和预分析更重要。做出一个令人不太满意的原型，比花大量时间思考、反复琢磨和辩论更有价值。打造一个能接受失败的氛围相当重要，尤其是在项目早期，这样一来，团队成员就会放手大胆去试验。这种试验能鼓励创造力和创新，并能将项目引至有效的方向。从真实的应用中得到的反馈和权衡胜过基于理论而来的意见。

最后，体验的成败并不是由团队决定的——而是由用户的体验决定的。如果团队能越早发现用户想要什么（而不是盲目随意地迭代），那么团队就一定会向成功的方向前进。

30.4 没有一个过程是依赖于项目的

不管在哪个领域，都没有适用所有项目的通用设计流程，这种说法对于虚拟现实甚至更适合，尽管对虚拟现实的研究已经进行了几十年，尽管业内也在不断学习/改变，但依然没有一个令人信服的（可能永远也不会有）标准化的、可遵循的流程。虚拟现实覆盖了广泛的行业和应用。例如，创建一个汽车装配线培训系统和创建一个沉浸式电影是两个完全不同的过程。即便在同一个项目中，也有许多因素决定了当下最适合的过程。这些影响因素包括目前的团队规模、距离交付期限的时间及项目进度。由于未知数很多，在了解已有的差异后，必须逐项确定最适合的方案，而所谓“适合的”定义也将随着项目迭代而进化，以找到解决方案。

既然项目需求如此多样化，为什么还要提前定义流程？必须有一些办法在混乱中建立秩序，否则无法做出有用户黏度的最终应用。某些时候，必须有方向才能向前迈进：进度不能推迟、预算不能超支，必须让用户满意——这些事情的确需要某种形式的流程，但是不应盲目滥用。了解各种流程及每个流程的优缺点，能够使团队根据需要有选择地从流程库中选择，并根据需要集成。

相比坚持原有的流程，团队成员个人与团队成员间的沟通一定要排在更高的优先级，这并不意味着其他的流程和计划并不重要，而是意味着个人的持续投入，团队之间的沟通和适当的变化更为重要—— 一个好的流程将提供非常有效的帮助。

当然，流程的主要目标是帮助确定最重要的事项并确定优先级，为团队提供重点，使过程更加清晰。良好的流程也为处理异常情况提供了简单和快捷的方法。所有规则都可以在适当的时候打破，具体什么流程适合当前项目最好根据经验来选择，没有规则或算法能指出哪个流程对于特定的项目是最合适的。尽管本书的确提供了一些一般性的指导，但是一定要明确这些指导背后的含义。如果不明确要从哪些具体流程开始，那么就只需选择某些流程，然后继续推进即可。就像迭代项目一样，循序渐进，在使用过程中加以改进，并从中学习。不要依恋流程，如果它们不能有效工作，那么宁愿舍弃。

30.5 团队

虚拟现实本质上是跨学科的，团队成员之间的交流对于开发必不可少。团队沟通形式可以是对话、草图、白板、泡沫板、手工艺墙、打印输出、便利贴，当然还有原型演示，将自己的作品具体化[Gothelf 和 Seiden 2013]。几乎所有的口头对话都有助于平衡团队同事的工作，无论是大声讨论还是安静的交流，尽可能地保持这种非正式的或无甚章法的沟通是非常重要的，更正式的文件应该在这种非正式沟通之后整理出来，而不是在沟通前就写好。这种沟通（文件）应该是很容易就能被修改的，以便可以轻松决定哪些内容是更新的。保持小一点的团队规模，以便最大限度地充分沟通。每个人可能会有多个角色，如果该项目是作为一个更大规模的组织结构下的一部分，那么可将大团队拆分为小组来开展工作。

群策群力，团队的共同努力常常（但并不总是）能得到比个人单向努力更多更好的结果。但是，设计不应该由委员会来完成。共同设计应该由一位权威主管（20.3 节）领导，主管领导要善于倾听，但扮演的却是最终决策者的角色（一个例外是只有两个人的团队，类似于结对编程）。主管应完全信任自己的工作团队及商业/金融方面的合作伙伴。主管应该明确理解整个项目的设计概念，如果无法让主管理解每个环节是如何关联的，则说明该设计过于复杂，应予以简化。

团队应具备全局设计的观念。个人不仅要了解其他团队成员的工作情况，还要在一定程度上积极参与其他人的工作，每个人都应该共同创造。在最终决定润色那些已经搭建好的内容之前，整个团队应该先通过原型和用户的反馈来获取正确的设计方向，这也可以防止个人变得过度依恋自己的创作，墨守成规，而不太愿意放弃个人的创作。

一些团队成员可能是该项目的专家，但在虚拟现实领域的经验很少，所以他们不了解现在技术的延伸性和局限性；其他团队成员可能是虚拟现实专家，但几乎不了解项目所在的研究领域。具有传统设计背景的人应该了解虚拟现实的设计和挑战，具有编程背景的人员应该更乐于向其他团队成员学习，从虚拟现实、其他学科、用户反馈的经验和别人的建议中学习。如果一个团队中的任何一个人对于不是他自己的和/或其他学科的想法都充耳不闻，那么他会是团队中的害群之马，会成为创造令人信服项目体验的障碍（由于虚拟现实跨学科的性质，这一点比其他学科都更重要），要及时警告团队成员改变态度，如果他不愿意这样做，并且已经像癌细胞一样侵蚀了团队，那么应尽快将他从项目中剔除（因为这种态度就像癌细胞一样，可以杀死项目）。

31 定义阶段

定义阶段是一个项目的开始，并且由于在制作和学习阶段会不断地有更多发现，所以这个阶段实际上一直会持续到项目结束。定义阶段的所有内容都应从用户的角度来描述，能使任何人都明白，这样可以考虑到很多不同的视角。

要小心“分析瘫痪”，即在尝试触发扳机之前找出每个细节，将每个细节反复分析和做出充分的讨论研究，在定义阶段花太多时间可能会对项目不利，因为定义的内容可能无法与当今的技术相结合，或者最终不是用户所需要的。在许多情况下，最好只是定义一个项目的总体概况，而不是太多的细节，否则可能会导致团队成员思维固化。有时候，开发人员（例如，单独的独立开发商）有可能选择从制作阶段开展“先开火再找目标”的策略，在其他情况下，分析和定义可能更重要（例如，命令和控制应用程序的虚拟现实系统必须与现有的系统和程序集成），知道何时开始实施，主要是知道什么时候分析已足够支持项目开始的经验和判断的问题，如果不确定是否准备好进入制作阶段，那么最好边走边试错，可以回来再补充定义阶段必要的细节。

本章讨论了几个定义阶段的概念。这些概念按照它们可能发生的大致顺序列出，但与迭代设计中的其他一切事物一样，需按照项目需求选择最佳顺序。并不是所有的项目都适用于所有的概念，而是最终使用和改进的概念越多，项目成功的可能性就越大。注意这些概念，重要的不仅仅是定义项目是什么，也要说明为什么做出这些决定，只有这样，团队可以在未来的迭代中更好地对每个元素进行维护、更改或删除。

31.1 愿景

> 金字塔，大教堂和火箭不是因为几何、结构理论或热力学而存在，而是因为它们是构思者脑中的第一幅图画。
>
> ——尤金·弗格森，工程与心灵眼（1994）

像任何伟大的工程成就一样，虚拟现实项目必须由某个地方的某人开始，总体目标是什么？想要实现什么？为什么会这样做？这是一个让它起作用的机会，有无限的资源，可以实现什么？

早期的设想主要是推测，在项目做完之前，我们都无法知道最终的解决方案，甚至无法知道所有需要关注的问题，它是动态的。当有这么多未知数时，如何定义项目？可以运用猜测！通过缜密的“猜测”可以击败无法言喻的或模糊不定的模型[Brooks 2010]。“猜测”迫使团队考虑暴露在外的假设，并仔细考虑它的设计。猜测是迭代旅程的开始，它将更好地定义目标、更多地学习问题的计划与解决方案伴随着两者之间的信息交换，会共同发展[Dorst and Cross 2001]。

聪明、明智的猜测建基于真实世界及其人民之上。如以下章节所述，精确的猜测开始于和他人的交谈。

31.2 问题

最初我们会觉得，似乎拥有创造的自由，使创建一切会很容易。然而，这通常是项目面临的最大挑战——因为这是一种捉摸不定的事物。事实上，Brooks（2010）指出：“设计中最难的部分是决定要设计什么。”幸运的是，虚拟现实项目并不是孤立存在的。了解项目如何从长远发展的角度适应大背景和环境会有助于定义项目。

获得他人反馈最重要的时机是在想法概念化的过程中。通过重新思考目标、专注于人们真正想要的，可以激发创新的想法，它能产生新的交互、新的经验和更好的结果。确定人们真实所需的最佳方法是与他们交谈并提出许多问题。不过，它并不是像直接询问他们想要什么那样简单，而是通过多项数据分析得出的。因为通常用户自己认为自己想要的并不是自己真正想要的。作为咨询者，可提供的最伟大的服务之一就是帮助客户发现自己真正想要的东西。不要指望人们直接说出来想要什么，也不要指望你对他们想要什么的假设是正确的，提出正确的问题至关重要。

这个阶段要问的最重要的问题，要从“为什么”开始。“人们并不想买钻机，他们想买的是一个洞”这个说法并不足以达到期望的目标。为什么客户想买一个洞？因为她想安装书架，她为什么要安装书架？她想要一个可以方便地存储书本的地方，她为什么要方便地存储书籍？也许她想以有序的方式存储信息，使她可以更方便地访问这些信息，然而她对现有的书架感到失望。创意解决方案可能与书架完全不同。同样，消费者也不想购买头戴显示器，他们可能想要有针对性地进行具体任务的培训，或者希望将更多的客户带到他们的商业领域，虚拟现实演示可能会说服潜在的客户去商店购买与虚拟现实技术无关的商品。

除了不停地问“为什么”，下面还有一些有用的级别较高的问题示例，可以帮助了解背景和环境。

- 灵感和动机是什么？是替代现有系统（现实系统还是旧版虚拟现实系统），还是创造一个全新的体验？
- 决策者是谁？谁是主要利益相关者和预期受益人？
- 系统将部署在哪里？是在公司办公室，主题公园还是在人们的家里？
- ·虚拟现实项目是更大愿景的一部分吗？该项目是一个全新的项目，还是它更适合现有的项目？虚拟现实项目如何与其他项目相关联？即使不是直属于更大的愿景或项目的一部分，它们之间的关系可能仍然很重要。
- 该项目是否在组织中扮演了次要或者主要角色？它对组织有什么影响？
- 目标组织或社区的文化，社会和政治方面的特点是什么？军事设置与娱乐设置非常不同。
- 谁会影响项目以外的用户？
- 有多少用户将会使用该系统？将会覆盖多少地区？
- 一旦使用该系统，计划使用多久？预期这是一个单一的项目还是该项目完成后还会有进一步的工程（假设项目成功）？
- 预期的结果是什么？如何衡量项目是否成功？
- 项目的资源和限制是什么？预算范围是多少，项目必须完成的时间节点是什么时候？

为了开始更好地了解背景，还应该提出更详细的问题，包括该详细问题的前因后果。此外，与项目内容方面的专家进行交流至关重要，特别是做那些非娱乐性应用时，交流更为重要。一个行业内专家的合格意见通常比 100 个不了解该行业的人的意见更有价值（尽管更广泛的不知情群众的意见也是有用的，因为他们可能是未来的客户），为了尊重专家的时间，请在交流前准备好与专业知识相关的具体问题。

除了提问，自己多观察也会很有帮助。身体力行地到现场与内部人士会面，与他们达成有效沟通，以便他们能够向你解释对你而言完全外行的东西。询问在那里的各位人士，无论他们是员工还是客户，无论他们在做什么。为什么要这样做，如何做得更好，仔细观察和记录人们的行为和言语。如果能设身处地换位思考，那你就明白，不仅向别人提问，还可以问自己问题：他们如何执行任务？如果目标是更好地教人们关于某个话题的内容，那么当前人们如何了解并学习这个话题呢？你看到有什么障碍阻止他们更有效地学习？

31.3 评估与可行性

对项目的目标了解得越多，就越有助于回过头来评估虚拟现实是不是一个正确的解决方案。尽管虚拟现实有潜力跨越所有学科，同时应用到各种各样的程序中，但这并不意味着它是每类问题的最佳载体。由于技术还未完善，虚拟现实目前还不是解决当今所有问题的理想工具。

评估和确定虚拟现实项目可行性的示例性问题如下。

- 必须取得什么样的成果，该项目才能被认为是成功的？
- 必须支持哪些功能？非虚拟现实技术可以比现在的虚拟现实技术更好吗？
- 虚拟现实解决方案是否适合真实世界的背景，如环境、组织机构和文化？
- 虚拟现实和非虚拟现实解决方案的竞争优势是什么？有什么替代品？如何取舍？
- 预期的利润是多少，成本节约和/或其他附加利益是多少？
- 项目开发之外的隐性费用是多少？例如，运输或调度成本，用户培训成本，营销和销售及维护费用。
- 项目是否可以得到预算、时间和其他资源？

这些问题的答案很少是二维的。通常，真实世界和虚拟现实的结合是最佳的（例如，传统教育与在模拟器中的实践相结合为最佳）。

31.4 高阶设计注意事项

用户体验是设计链中需要考虑的最后一个环节，考虑不同设计选项的语境是很重要的，环节之间的衔接要紧密有逻辑性。从以下三个不同的角度思考会很有帮助[Bolas 1989，1992]。

使用虚拟环境进行设计。重点是使用虚拟现实技术来解决实际存在的问题或创建一个新的发明。当把虚拟现实作为设计工具本身时，认真考虑应用的需求可以驱动设计的创新，例如，科学数据可视化或汽车设计。如果做得好，它还可以在调查和解决现实问题（例如，使复杂图案能够更容易被匹配和识别）的过程中放大人的智慧。通过这种方法，虚拟现实系统应该是补充而不是替代其他工具或其他形式的媒体，以最大限度地提高洞察力。

为虚拟环境而设计。重点是改进虚拟现实系统的硬件和软件，通过这种方法，设计师应仔细考虑用于提供体验的技术可控性。例如，考虑输入设备特性和级别（第 27 章）可以帮助设计人员进行选择、修改或升级特定的硬件；考虑不同的交互模式和技术（第 28 章）可以帮助改进现有的产品开发和新的交互映射。

虚拟环境的设计侧重于创建完全人造合成的环境，这种方法适用于艺术媒介和娱乐的应用，第四部分着重阐述关于内容的创作。

31.5 目标

目标（Objectives）是指高度正式化的目的（Goals）和预期成果，其重心是功能上的效益和业务成果。专注于效益和成果使团队能够致力于实现愿景并解决当下的问题，而不是实现用户不关心的功能。工程师通常更喜欢那些用户可能不关心的功能，因为它们更容易实现，但这些功能可能不是用户关心的，因此，最好让工程师做他们最拿手的事情——通过使用他们提供的功能帮助实现目标，解决问题。该团队将在构建和测试功能时，深入了解功能的价值，如果功能最终不能将项目导向目标，则可以更改、删除或替换项目。

目标描述的好处包括节约时间和/或成本、创收、降低安全风险，提高用户生产力等。注意，目标与 31.15 节所述的需求不同。需求更具体，通常更具技术性（例如，延迟和跟踪需求）。

质量目标包括 SMART1法则——明确的、可衡量的、可实现的，具有相关性和时限性。

明确的。目标应该清楚明确，精确说明项目的预期，目标可能还包括要精准说明该项目为什么重要。

可衡量的。目标应该是具体的，以便实现目标并最终取得成功。此过程均可以用客观的方式来一一确定，这对于学习阶段（第 33 章）中出现的测量数据和测试都至关重要。

可实现的。目标应该是可行的。此处的描述方式并不重要，重要的是确信它能以某种方式实现。

相关性。目标应该有关联，这不一定直接影响最终结果，但可能影响其他目标。

时限性。目标应该规定日期，说明要何时必须完成。

举个例子，如“虚拟现实训练系统将于 2016 年 1 月 1 日部署，并在三次培训之后，将在第 X 节中定义的生产率提高 30%”。提高 30%的生产力是一个经过用户测试、在系统交付之前可被实现的目标。

一长串目标可能相当激进，明确二八效应，抓住重点主做百分之二十的工作，会带来百分之八十的成果，不要四面出击。

31.6 关键参与者

一个重要的早期步骤是识别并招揽关键参与者。关键参与者是对项目成功至关重要的人，主要

1 SMART 是 Specific、Measurable、Achievable、Relevant、Time-bound 的首字母组合。

参与者可能是利益相关者、合作伙伴、客户、赞助商、消费者、商业开发人员或工程师等；但核心的关键参与者一定是与项目愿景保持一致、真正关心该项目，并致力于该项目能够取得成功的人——这一点至关重要。识别和发掘恰当的关键参与者本身可能就是一项巨大的任务，这可能包括向投资者抛去橄榄枝、撰写商业计划书、评估客户需求、寻求推荐或招募他人加入团队等。

招揽关键参与者通常有以下两个途径。

- 通过项目愿景招揽其他人，寻找那些受项目愿景启发并相信该愿景可以实现的关键参与人。若某些人并不适合该项目,那么就继续寻找合适人选,不要浪费时间在那些不适合的人身上。当创建一个娱乐体验或是当招募他人加入团队时，这个途径最为普适。请注意，如果愿景最初是由个人或小团队提出的，也并不意味着他们不应该再从招募的关键参与者那里寻求意见和想法。
- 帮助解决需求。找准痛点并努力寻找解决问题的方法，满足现有的欲望。这条途径在产业中很普遍，它有助于在降低成本的同时提高利润，还可以找到更好的方法来培训员工，演示并证明你如何帮助个人（尤其是决策者）、解决具体问题，可以将怀疑者转化为关键参与者。

在这两个途径中，都需要大量的构思和准备方案。要能预见到，很多人可能对该项目并不感兴趣，无论你认为他们有多适合参与这个项目：听取他们不得不说的那些话（尽管他们不想参与，但他们可能仍有一些有价值的建议），然后继续前进，不要在志不同道不合的人身上浪费时间。

31.7 时间与成本

做出准确的评估是非常困难的，即使对具有丰富项目经验的人也是如此（图 31.1）。不要指望一开始的评估就很精确，因此，在合同谈判时，将初步评估与可行性分开很重要。合同中可以设定一些重要节点（里程碑），当用户达到里程碑时需额外支付；并且，由于在达到每个里程碑时，已经学到了更多东西且期望也在不断精细化，因此可以重新讨论合同。如果项目进度太慢，就不适合增加额外的团队成员[Brooks 1995]。由于时间、预算和质量通常是不可协商的，所以需要在项目超期时缩减项目范围。

31.8 风险

识别风险的目的是提高团队成员对影响项目的危险的认识，以采取适当的行动来减少风险。讨论完风险后，应将风险划分为两组：①团队可以影响或控制的风险；②团队不能影响或控制的风险。了解团队控制之外的风险对于确定项目是否值得进行至关重要，一旦了解到这种风险，领导层就必须决定全面落实（或结束项目），这样团队可以专注于尽可能减少可控风险。

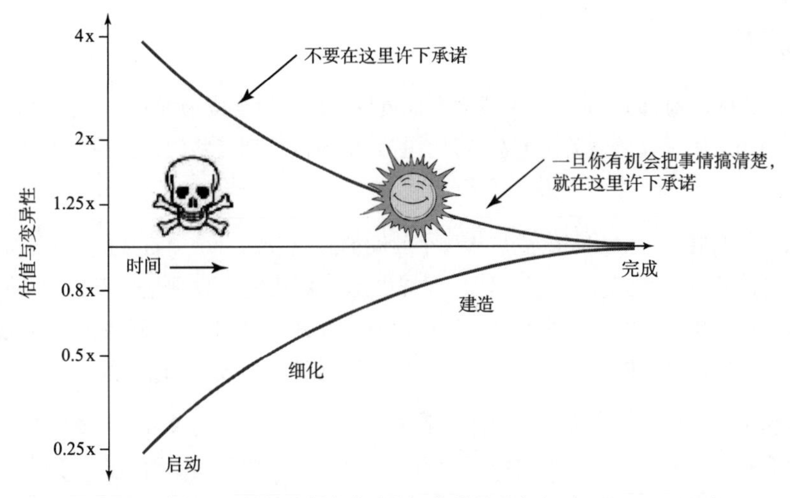

图 31.1 在项目开始很难得出准确的评估结果（来自[Rasmusson 2010]）

风险预判对虚拟现实项目尤其重要，因为未知数太多、技术发展迅速。随着项目规模的增长和时间的持续，风险必然呈指数级增长（图 31.2）。一项为期两年的项目可能会被新的初创企业代替而被迫停产，而这种初创企业甚至很可能在你创建项目的时候还没成立。为了尽量减少风险，项目执行时间应尽可能短，这并不是说不应该进行更大的项目，而是应该将较大的项目分解成更小的子项目，成功完成小型项目后，可以签订新的合同或是延期合同。

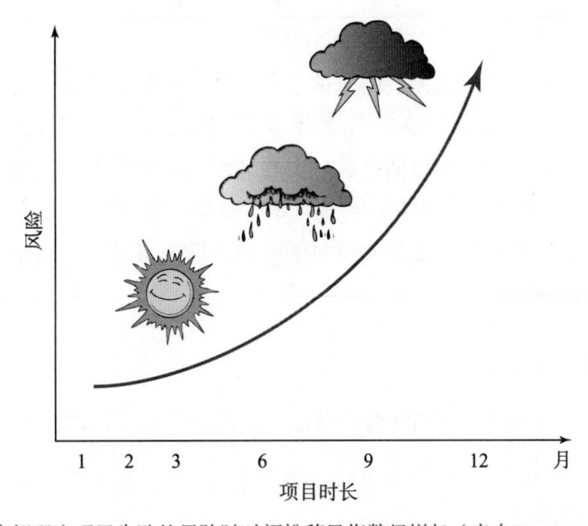

图 31.2 虚拟现实项目失败的风险随时间推移呈指数级增长（来自[Rasmusson 2010]）

31.9 假设

假设属于高明的沟通，即团队的一个或多个成员认为该假设会成为现实[Gothelf 和 Seiden 2013]，人类的一切创造均从假设开始，无论创造者是否有意识地认识到这些假设存在，虚拟现实项目也不例外。

明确寻找和声明假设可以使团队成员从一个共同的起点开始一个项目，把团队成员凑在一起，仔细阅读项目描述并剖析其假设，大胆假设、小心求证，很可能会发现他们以为的共同假设实际上是不同的假设。在列出假设时要大胆和准确，即使有时候并不确定，错误但明确的假设要比模糊的假设好得多。错误的假设可以被测试出来，但模糊的假设却不能[Brooks 2010]。

假设的内容包括目标用户是谁，用户需求和欲望是什么，最大的挑战是什么，体验中的重要虚拟现实元素有哪些等。列出的假设列表应该相当长，测试所有假设是不可行的，因此首先将列出的假设按照风险程度进行优先级排序。

31.10 项目约束

所有真实世界和虚拟世界的项目在设计时都会有些约束。项目约束的来源可能很广泛，像硬件功能的限制（跟踪可能只在一定体积内可靠），最大可接受的延迟时间（例如，30 毫秒足够短，可以预测相当不错），或是项目预算/时间约束（限制实现的复杂性）。个人应负责追踪/控制限制，并对整个团队透明化这一过程。

首先，项目约束看起来似乎对能完成的事情不利。如果只是打造平庸的体验，那么做一个没有什么约束的通用设计（比如，把用户放在一个世界里，让他飞来飞去），比做一个特别的设计更容易[Brooks 2010]。然而，为了获得高质量的体验，由于问题已经开始形成，所以反而做特别的设计会更容易——这更像是一个发现“哪些事情不能做”（约束）的任务。找到现有的约束能让人击中重点，更明白关键点，从而可以更有效地构建更高质量的体验。约束也是反馈的基础（它可以帮助关注问题）、能挑战团队、刺激新创意。

31.10.1 项目约束的类型

明确列出项目约束对缩小设计空间非常有帮助，列出约束时，请考虑以下几点 [Brooks 2010]。

*真正的约束*是无法改变的真实障碍，比如，物理障碍，团队控制之外的规则，特定控制器上的按钮数量和可以跟踪的空间体积。

*资源约束*是真实世界的供应限制。对于任何项目，总是至少有一个必须通过配给或做预算得到的稀缺资源，例如，美元、截止日期、用户期望拥有的最低硬件规格、终端到终端系统延迟及电池

寿命……列出所有可能的资源约束后，将它们按优先级排序（因为总会有更多的事情要做），一些低优先级约束可能会被误当成约束的级别（下面描述），追踪资源约束的同时，也要对整个团队透明化此过程，并由一人牢牢把控。

过时的约束曾经是实际的制约因素，如今已不再有效。这可能源于规则的改变或技术的不断改进，比如，更好的跟踪、更快的 CPU、控制器上的更多按钮，以及大量可靠的手势检测。

误以为的约束曾被认为是真实的，但实际不是。它们经常融入我们生活中，但我们甚至没有意识到我们把它们当成了约束。虚拟现实中充满了被误以为是约束的约束，因为真实世界中的许多规则不适用于虚拟现实，设计师可以选择允许用户穿过墙壁或达到比真实世界中可以到达的更远的距离。

间接约束是实际约束的副作用，这些约束不一定是真正的约束，因为间接约束是基于如何实现某些事物的假设，是一种固化思维。区分间接约束是很重要的，场景的多边形数量是一个间接约束，真正的约束可以优化渲染多边形的帧速率。

设计人员有意添设了人为限制，以约束设计范围并增强用户体验，为虚拟现实体验添加约束可以显著改善交互，25.2.3 节讨论了添加交互约束的力量。

31.10.2 约束难题

请参见图 31.3，并尝试使用不超过四条直线，点对点连接所有九个点。

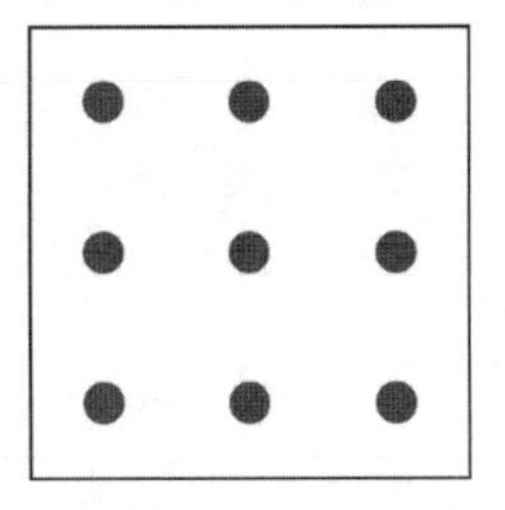

图 31.3 设计难题

如果找不到解决方案，那么请先练习明确列出上述点中的约束。一旦明确列出所有不同类型的约束，很可能就会找到一个解决方案。如果找不到，那么请回过头来仔细考虑任何可能被误以为是约束的约束。如果能够做到这一点（你以前没有看过解决方案）是非常好的。在没有事先看到其中一个解决方案的情况下，很少有人能够解决这个问题。明确列出约束（特别是错误的约束）对找到解决方案有帮助吗？大多数人不能解决这个难题的原因是因为大多数人没有时间明确地考虑约束。

现在尝试连接所有的九个点，用三条直线点对点进行连接（提示：跳出盒子进一步思考）。图 31.7 展现了一个解决方案。

现在尝试用三条直线画出所有九个点，但是这一次，线条不能超出框边界。如果您认为这是不可能的，那么请回到约束列表并更新已更改的约束。图 31.8 展示了一个解决方案。

现在尝试找出如何只用一条直线连接所有九个点。请注意，您可能受到用于解决问题的工具的约束，而不是问题本身的约束。列出人们通常用于解决这些谜题的工具的任何约束，然后再次尝试，图 34.1 展示了一个解决方案。

31.11 人物角色

尝试为个人设计是一个困难的过程，这是因为用户使用虚拟现实系统的能力差异性很大，这也使推广和普及变得困难[Wingrave et al. 2005，Wingrave 和 LaViola 2010]。因此，针对具体的用户来设计会更容易，人物角色可以帮助做到这一点。

人物角色是即将使用虚拟现实应用程序的用户模型，通过明确定义人物角色来明确用户，有助于防止设计受到设计/工程便利性的驱动，使用户来适应系统。它不仅可以让应用程序围绕人物角色进行定义和设计，并且在学习阶段也可以定向收集典型的用户反馈（第 33 章）。

将一个记录卡片分成四个象限，首先在左上象限中提供一个简单的草图和名称，在右上角加上人物角色的基本描述，在左下象限中添加人物的不同类型的挑战，然后在右下象限添加关于该人物如何与虚拟现实相关联的信息。图 31.4 展示了可能会用到的示例模板，对能代表目标用户的 3~4 位人物角色实施这一步骤，就意味着能覆盖全部范围内的目标用户。

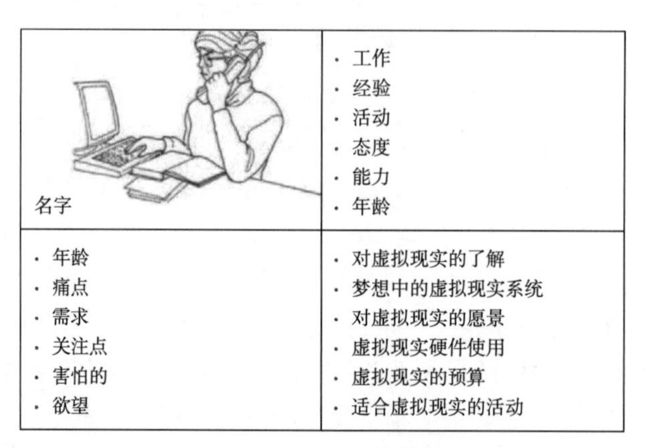

图 31.4 人物角色模板

在后续的迭代周期中，应该验证并修改人物角色，以更接近实际用户；如果人物角色特别重要（例如，对于治疗应用），则应采集访谈数据（33.3.3 节）和/或收集问卷调查（33.3.4 节）数据。

31.12 用户故事

用户故事源于敏捷（Agile）的开发方法，是用户想要看到的简短概念或功能描述[Rasmusson 2010]。它们经常出现在索引卡片上，以提醒设计师不要陷入过多的细节。我们还不知道是否真的需要或者实现这些功能。它们是从用户的角度编写的，因此也应该与用户和团队成员一起来编写。

用户故事按照“作为（XX 用户类型），我想要达到（某些目标），以便（原因是 XXX）”的形式编写，这定义了“谁”“什么”和“为什么”。用户故事经常会转变成需求和约束，将大故事分解成较小的、可管理的故事，浏览列表并清理它，删除重复项，将相似的条目分在一组中，并将其转换为可操作项目或待办事项列表。

在理想的情况下，用户故事与 Bill Wake（2003）创建的首字母缩略词“**INVEST**”相适应：独立，可商议，有价值，可估量，小巧且可测试。

意识到封闭的方框是一个约束，那么可以跳出框框来思考，如图 31.5 所示。现在尝试用三条直线做同样的操作（答案见图 31.7）。

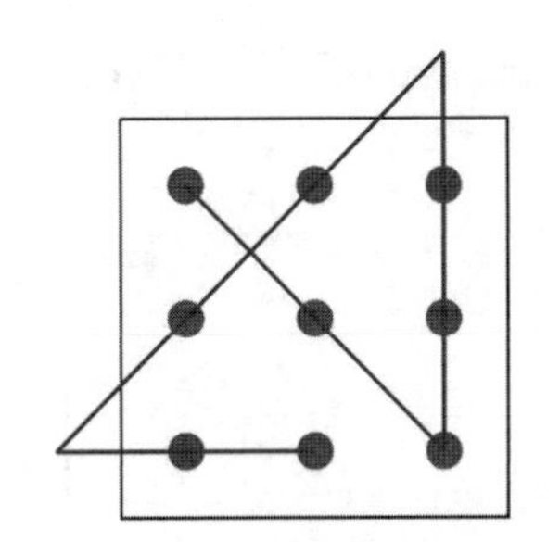

图 31.5　图 31.3 的解决方案之一

独立的用户故事当和其他用户故事不重叠时更容易开发，这意味着故事可以按任意顺序执行，对它的创作或修改不会影响别的故事。这对虚拟现实是一个挑战，因为在虚拟现实中，交互往往是相互影响的。

可商议的用户故事是可修改的高级描述。虚拟现实元素必须是可修改的，因为我们认为能够正常工作的那些元素并不总是能正常工作，只有向那些真实的、尝试完成系统任务的用户学习，才能确定哪些元素是可以正常工作的。

有价值的用户故事专注于用人人都能明白的语言给用户提供价值，如果不能给用户带来价值，那么再精美的结构框架也是无意义的。

可估计（Estimable）的用户故事，易于理解的，它的实现也是可以估计的。如果故事过于复杂，那么应该被拆分成容易理解的小故事。

较小的用户故事，可以快速实施，如果一个故事太大，就无法快速实施，所以应该将较大的故事分解成更小的故事。

可测试的用户故事，用一个简单的实验就可以清楚地确认要实现的故事是否能正常工作。

31.13 故事板

故事板是经验的早期视觉形式，它擅长将重点传达给那些和项目关联不紧密的人，如图 31.6 所示。

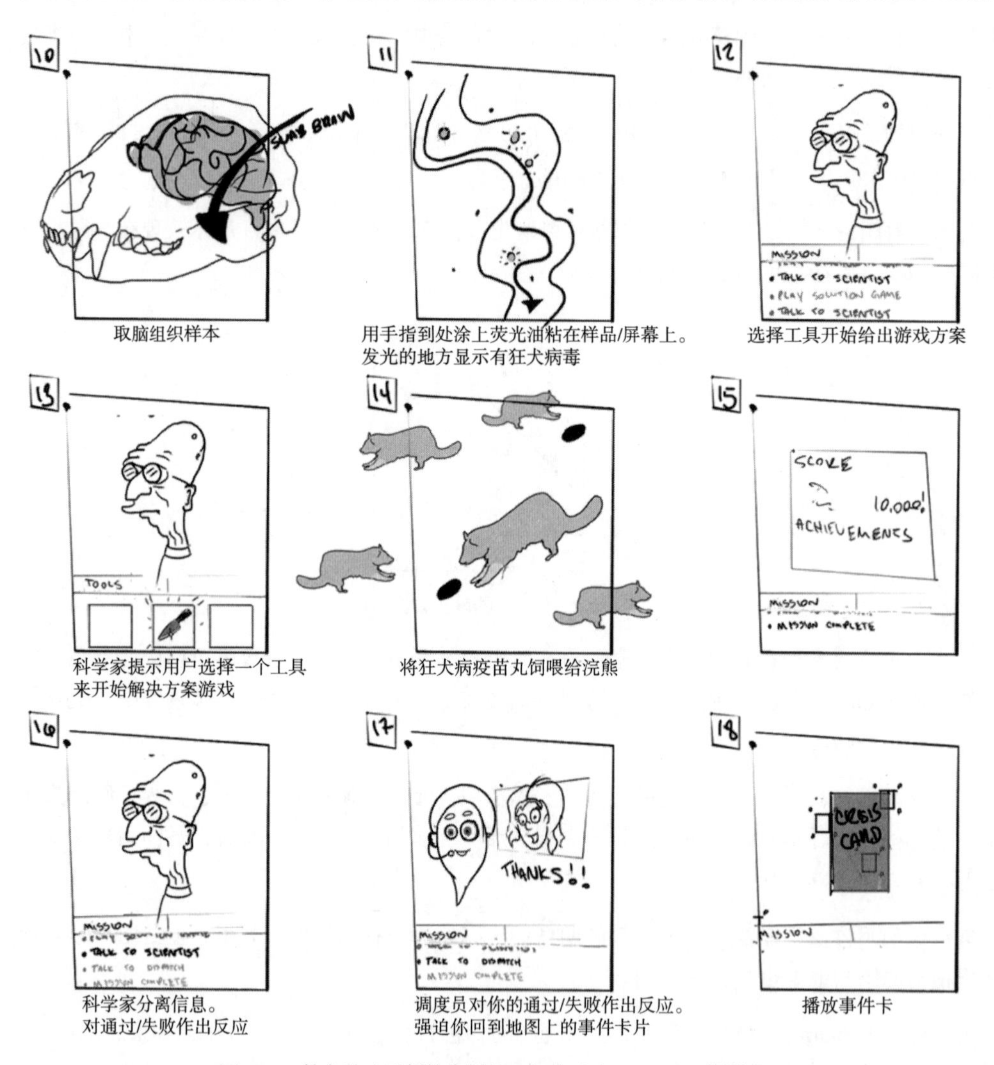

图 31.6　教育游戏示例故事板的一部分（由 Geomedia 提供）

传统软件的故事板通常会用屏幕截图——而不是近似交互体验的模板故事——作为结束。故事板对虚拟现实更有效果，因为用户可以直接与对象交互——体验和交互可以快速绘制和传达——而不用考虑屏幕布局的细节。

然而，由于虚拟现实的非线性特性，虚拟现实故事板可能比视频故事板更难，在许多其他情况下，故事板框架之间可能存在多处关联。

31.14 范围

在定义项目时，明确说明哪些不能做和说明哪些需要做是同样重要的[Rasmusson 2010]，这将为所有参与者提供明确的预期，使团队专注于主要工作（表 31.1）。工作范围内的事项不可讨价还价，必须完成。团队应该明确一点，就是不要在那些超出范围或是不重要的工作上花太多时间，它们可能是“无效工作”。

表 31.1　确定工作范围，让各方明白哪些该做、哪些不必做

范围内的
双手追踪
射线选择
Embodied avatar
手持式控制面板
范围外的
追踪站立和行走（的位置）
网络环境
声音识别
颜色微调
未解决的
追踪技术
控制面板中包含哪些工具

31.15 需求

需求是传达用户和其他关键参与者期望的陈述，例如，特性、功能和质量的描述。每个需求对应程序要做的一件事。需求产生于定义阶段，如假设、约束条件和用户故事。和定义阶段一样，用户或其他主要参与者也应积极参与定义需求，需求并没有一个指定的实现结果或实现方式。

需求对以下方面有帮助。

- 需求传递了用户和供应商之间、与其他参与方之间的共识。需求应使用让项目参与方都易于理解的语言写下来。
- 需求有助于组织、理解目标，并将目标分解成易于理解的部分。
- 需求为设计规范提供内容输入（32.2 节）。
- 需求作为源头，用于确定系统是否按预期工作（第 33 章）。

图 31.7 是使用三条直线的解决方案。现在尝试用三条直线绘制所有九个点，但是这一次，线条不能超出框边界（解决方案如图 31.8 所示）。

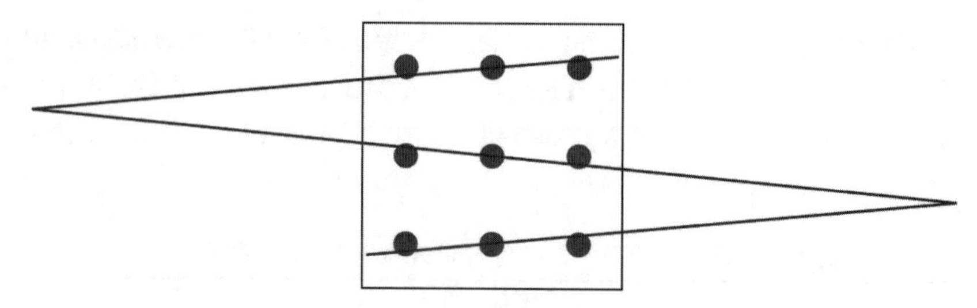

图 31.7　图 31.3 的解决方案之一。

需求文件在不影响描述清晰度的情况下，应尽可能简化。除了编写文档的人，人们很难读完过长的需求文档，甚至可能因为文档是由不同组编写的，所以就连编写的人也没能读完全文。而主要参与者未能全面阅读文档，可能是导致项目参与者对整个项目理解不够的一个主要原因。

每项需求都应该完整、可验证、简明，但同时要留有足够创新和变革的空间。在整个项目中，需求可能会发生变化，且变得更清晰。因为最初的某些需求可能不明确，而随着项目的发展，其他的需求可能会逐渐浮出水面。如果非要等到所有需求都被记录下来才肯着手项目，那么就意味着项目永远不会开始。《敏捷宣言》指出："任何试图在项目开始时就制定好所有可能出现的需求的项目都将失败，并且这一举动将导致项目的重大延误" [Pahl et al. 2007]。当需要修改任意一项需求时，均应当与客户和其他关键参与者一起讨论。

31.15.1　质量要求

质量要求（也称为非功能性要求）定义系统或应用程序的整体质量或属性。质量要求可能会对解决方案施加限制或约束，例如，可用性、美观性、安全性、可靠性和可维护性，常见的质量要求包括系统需求，任务执行需求和可用性需求，分述如下。

- *系统需求*（System requirements）描述了系统独立于用户的那一部分，例如，准确性、精确度、可靠性、延迟度和渲染时间。
- *准确性*（Accuracy）是指质量或状态处于正确的方向上（接近真相）。一个有持续性错误的系统会导致偏差和低准确性。例如，跟踪器系统中的变形具有低准确性，因为如果用户沿一个方向移动，则被跟踪的点可能意外或错误地沿着不同的方向移动跟踪点。

- 精确度（Precision）是指（系统）具有再生性和重复性（使用户每次都可以得到相同的结果）。跟踪工具由于跟踪不良、精确度低而在手中摇动或抖动，会导致难以选择较小的对象或菜单项。
- 可靠性是指系统某些部分的一致程度（参见 27.1.9 节）。它通常基于命中率或故障率来判定。例如，跟踪系统可能需要保证系统失去跟踪的频率不能多于每 10 分钟一次。
- 延迟度是系统响应用户操作的时间（第 15 章）。
- 渲染时间是指系统渲染单个帧所需的时间。需求可能是，任何单个帧的渲染时间不超过 15 毫秒，以确保不出现重复帧。
- 任务执行需求侧重于交互的有效性，任务执行是用户执行任务的有效性，例如，完成时间、执行准确性、执行精确度和培训迁移。
- 完成时间是指以多快的速度可以完成任务，通常根据用户完成任务所需的平均时间来衡量。
- 执行准确性是指系统可以正确输出符合用户意图的结果，随着距期望位置或路径的距离加大，操纵或导航任务的精度也会随之降低。
- 执行精确度是指用户能够维持控制的一致性，可以被认为是由该技术提供的精确度控制[McMahan et al. 2014]。如果能沿着狭窄的路径进行追踪，那么说明这个追踪的过程是准确的。
- 培训迁移是指如何通过应用程序将获得的知识和技术有效地迁移到真实世界中。培训迁移受到许多因素的影响，比如，意图和交互与真实世界的匹配程度[Bliss et al. 2014]。
- 可用性需求描述了应用在使用便利性和可行性方面的质量，常用的可用性需求包括易学性，易用性和舒适度[McMahan et al. 2014]。
- 易学性是指新手用户可以轻松理解，并开始使用应用程序或交互技术；易学性通常根据新手达到某种程度的操作表现所花费的时间来衡量，或者根据使用量增加后操作水平的提升来衡量。
- 易用性是指从用户的角度来看，应用程序或技术的简单性，以及对技术使用者的心理负荷量，通常通过主观的自我报告来衡量易用性，但也会使用测量心理负荷量的方法。
- 舒适是一种身体轻松的状态，不受疾病、疲劳和痛苦的束缚。不同的输入设备和交互技术会影响到用户的舒适度，并且微小的变化会产生很大的影响。用户舒适度对于超过几分钟的体验尤其重要，舒适度需要用户自行反馈。

31.15.2 功能性需求

功能性需求规定了系统的某些部分或用户可以做什么，这通常包括一系列的输入、行为和输出。功能性需求通常更多地依赖于项目的细节而不是质量要求，详细的功能需求往往从任务分析（32.1 节）和使用案例（32.2.3 节）中演变而来，功能需求的示例包括以下内容。

- 计算机控制的人物角色将通过最短路径导航到指定位置，路径的所有部分将具有（1）–20°至20°之间的斜率和（2）宽度大于0.8米。
- 有“可选择”标记的所有对象，均能由用户按下相应按钮直接选择。
- 当该几何形状位于行进平面上方 0.2 米至 2.4 米之间的高度时，用户将无法在水平方向上比0.2米的位置更靠近几何形状。

31.15.3 通用的虚拟现实需求

以下列出了所有完全沉浸式虚拟现实应用程序应考虑的需求。这些需求应该从开发伊始就得到实现和维护，因为在项目后期再做优化会相当困难（例如，降低场景复杂性可能需要新的艺术资产）。当需求未得到满足时，软件应自动并立即识别问题，并通过减少场景和/或渲染复杂性（例如，转换到更简单的照明算法）来解决问题。之后应该保持这种不太复杂的设置，而不是来回替换——因为可变延迟会引发疾病并影响用户的适应程度（18.1节）。如果仍然无法满足需求，则场景应该逐渐淡出或转换到更简单的场景或视频查看（如果有的话，假设视频观看可以达到要求）。在开发过程中，淡出场景将使开发人员感到沮丧，但会确保质量，因为他们有动力去修复、解决问题。

图31.3的另一个解决方案如图31.8所示。新的问题声明没有说出这些线路必须连接。现在尝试用一条线画出所有九个点（如图34.1所示）。

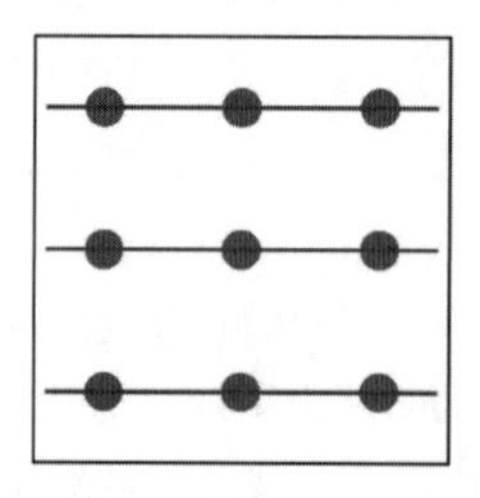

图31.8 图31.3的解决方案之一，但删除了过时的约束。

端到端系统延迟不会降到30毫秒以下，如果无法维护此需求，场景将自动淡出。

最低帧速率应该是头戴显示器的刷新率（60~120Hz，取决于头戴显示器），如果无法维护此要求，场景将自动淡出。

头部跟踪丢失时屏幕会淡出，如果无法维持此要求，场景将自动淡出。

任何摄像机/视点运动若不受用户控制，则不能出现超过一秒钟的移动加速度。即便有，也应极少发生。

输入设备将保持99.99%或更高的可靠性，少了任何东西都会让用户感到沮丧，在100赫兹的读取频率下，每1万次读数失去一次追踪，事实上会导致每10秒钟丢失一次追踪。

32 制作阶段

制作阶段是细节的设计和实施阶段，该阶段可能是创建虚拟现实体验最重要的一部分，其他阶段的想法和构思若不经历本阶段的实施，那么就只能停留在想象和理论层面，而制作阶段至少会得到一些在该阶段可以使用或体验的东西，尽管结果可能与理想中的有差距。制作阶段是许多工作实施的环节。幸运的是，如果体验被正确地定义并且收到了反馈，那么虚拟现实体验的实现在许多方面与开发其他软件很相似。同样的逻辑、算法、工程实践和设计模式仍可使用，一个主要的区别是，虚拟现实的开发更强调硬件的使用，因为它的体验与特定硬件紧密集成。

制作阶段通常主要使用现有的工具、硬件和代码，其重点是将不同的部分黏合在一起，以便它们协调一致地工作。大多数虚拟现实项目都是这种情况，因为 Unity 和 Unreal 引擎等开发工具已被证明对构建各种虚拟现实世界非常有效。项目的制作需要从底部开始搭建实施，那么在什么情况下从底部重新搭建可能会是更好的选择呢？例如，当需要真正的实时系统、当具有专门功能的内部代码已经存在，或是需要专门/优化的算法时（例如，体积渲染），选择这种方式更好。但是，默认值应该是使用现有的框架和工具（除非有很好的理由不这样做），抵制变化不能成为不利用更有效的技术的借口，开发人员会发现使用现代工具与利益的学习曲线相关性很小。

本章讨论任务分析、设计规范、系统注意事项、仿真、网络环境、原型设计、最终生产和交付环节。

32.1 任务分析

任务分析是分析用户如何完成或将要完成任务，包括物理动作和认知过程。任务分析需要洞悉用户情况，了解用户在一般情况下如何执行任务及确定用户想要做什么。任务分析为描述用户活动提供了组织和结构，能更方便地描述各项活动之间的关联。

任务分析过程变得复杂、分散、难以执行、难以理解和使用[Crystal and Ellington 2004]。任务分析的目标应该是组织一系列任务，以便可以在系统中容易地、清楚地沟通和思考。如果任务分析的结果难以理解并需要通过大量的文档来解释的话，那么它就失败了。任务分析应该保持简易而不需要专门去学习特定的过程或符号。进行任务分析的部分原因是需要交流交互是如何起作用的，任何人都应该能够无须专门学习阅读特定形式的任务分析图，就能了解结果。

32.1.1 何时进行任务分析

任务分析的第一次迭代是在尝试了解任务，或是将要执行任务的过程中完成的，当虚拟现实应用程序的目标是在真实世界中映射（例如，培训应用程序）时，任务分析应从真实世界中执行的实际任务开始，以了解必须执行的任务，记录正确的活动描述，并寻求如何改进过程。由于任务在虚拟环境中被简化，所以不进行完整任务分析而直接构建的应用程序和真实世界相比可能不太有效[Bliss et al. 2014]。在其他情况下，任务分析可能用于创建新的神奇虚拟现实交互技术，这与任何真实世界中的任务非常不同。

任务分析有助于定义设计规范（32.2 节），并尽早实现重新设计的含义。任务分析不仅仅是对简单任务的直接理解，它还有助于了解不同任务之间的关系，信息流动的方式及用户决策如何影响任务顺序。这种理解可以帮助确定任务的优先顺序，并确定哪些可以自动化，无须用户干预。如果没有任务分析，设计师可能会被迫猜测或解读所需的功能，这往往会导致设计效果不太理想。评估计划和验证标准也取决于任务分析。

任务分析可用于许多目的。用途之一是理解、修改和创建新的交互技术，这可以通过将技术分解为子任务组件来实现，这样就可以比较子任务组件而不是比较整体技术。另外，也可以用其他技术中的组件替代子任务组件（不管是在别处已经用过的方法还是新方法）。

任务分析也用于后期开发阶段，以确定当前实施方式在多大程度上偏离了设计，像虚拟现实开发的所有方面一样，任务分析应该是灵活和不断迭代的，并且允许在生产的最后阶段进行修改。

32.1.2 如何做任务分析

有很多方法可以进行任务分析，这里的步骤可以归纳为寻找典型用户、任务启发（task elicitation）、组织化和结构化，与用户一起回顾和迭代。

寻找典型用户

虽然在实践中任务分析最初由团队完成，但重要的是观察典型用户并对典型用户进行访谈，应寻求匹配 31.11 节讨论的角色人物，以确保分析的是典型用户群体的活动，匹配多人来确保分析对于整个用户群体是具有代表性的。

任务启发

任务启发以访谈、调查问卷、观察和文件的形式收集信息[Gabbard 2014]。

访谈（33.3.3 节）是与用户、领域专家和有远见的典型用户代表进行口头沟通谈话，这提供了对用户需求和期望的洞察；调查问卷（33.4 节）通常用于帮助评估正在使用或已具有某些操作组件的界面；观察是指观察专家们执行真实任务，或者观察用户尝试使用原型的过程（这类似于形式可用性评估，请参见 33.3.6 节）；文档审查确定任务的特点，这是从技术规范、现有组件或以前的旧系统中提取出来的。

要有效地收集信息，应该设计结构化的过程，专注于当前最相关的活动。首先从一个粗略的活动描述开始。认真思考互动周期的不同阶段（25.4 节）是一个很好的开始，以“如何”开始提问，将任务分解为子任务获取更多详细信息（但不要陷入细节，要知道多长时间才算是足够的时间）；用“为什么”的问题，获得更高级的任务描述和上下文。“为什么”这类问题和询问之前发生了什么以及之后将会发生什么，也可以帮助获得顺序信息。运用图形描述来收集更高质量的信息。

组织和结构

任务分析最常见的形式是分层任务分析，即任务被分解成更小的子任务，直到细节达到足够的水平。在层次结构中，任务之下的每个节点都处理单个子任务，每个子任务都是设计师必须回答的问题，并且子任务集是该问题的一组可能的答案。这是一个很好的开始，因为它很好地了解用户执行操作的细节。高级别的任务描述处在顶端，这些任务会分解为较低级别的任务描述，任务的顺序从左到右排列。不要太完美主义，或者认为有正确的方法来做到——要像迭代设计中的那样，不断迭代变得更好。具体细节可能取决于项目，可以使用自己的风格，例如，用方块表示用户活动、用圆圈表示系统活动，以及用箭头表示方/圆之间的关系。

分层任务分析有其局限性，因为分层模式限制了可以用任务描述的内容。除了层次图，还可以在适当的地方使用表格、流程图、层次分解，状态转换图和注释。任务分析还可能包括定义示能性和对应标记、约束、反馈和映射（25.2 节）。对于多次执行的活动，将活动概括为模式并给它一个名称，那么这种类型的活动可以由不同位置的单个节点来表示；如果任务偏离一般模式，请给它一个次要名称和/或具体差异的注释。

与用户一起回顾

数据组织好以后，应该与用户一起回顾信息，以验证信息是否被理解。

迭代

任务分析为用户需要做的事情提供了设计依据，这些分析为制作阶段的其他步骤提供了支持，并且这些（制作阶段的）步骤，以及从学习阶段获得的经验教训能反哺、完善任务分析。像在迭代设计中的一样，变化也会发生。要及时记录最新的变化，以便大家能看到最新的进度。不同的颜色标记能很好地表达这类变化。

32.2 设计规范

设计规范描述了应用程序当前或将来会被如何整合在一起，以及它的工作原理等细节。设计规范处在定义项目和实施阶段之间，并且通常与原型相互交织或同步。事实上，在很多情况下，做设计的人也在做大量的原型设计。

为设计制定规范不仅是为了满足定义阶段的要求，而是引出了以前未知的假设、约束、要求和任务分析的细节。早期漫游（Wondering）是为了探索项目初始阶段各种的不同设计，再将它们融合到解决方案中。

本节将介绍一些用于构建虚拟现实应用程序的常见工具：草图、框图、用例、分级和软件设计模式。

32.2.1 草图

草图（Sketch）只是一个快速的徒手画，并不能作为一项完成的工作，而是一个初步的想法。草图是一门艺术，与计算机生成的渲染非常不同。Bill Buxton（2007）在《用户体验度量：收集、分析与呈现》一书中讨论了好的草图应该具备的特征。

快速且及时。不要费太多力气来创建一个草图，而是根据需求快速创建。

便宜和一次性。做草图不要考虑成本，也不要考虑以后是否还需要细化它。

丰富。草图不应该孤立存在，相同或类似的想法可以绘制出许多草图，以便探索不同的创意。

明显的手势风格。风格应该表达出一种开放和自由的感觉，不会让看到它的人觉得这是固定不变的成品。比如，绘制不能完美对齐的边缘将草图与紧密而精确的计算机渲染区分开来。

细节最小化。细节应保持在最低限度，以便观众迅速获得草图试图传达的观念。草图不应该暗示未被提及的问题答案。超越了“足够好”对草图而言是负面的，而不是正面的。

适当程度的细化。细节应符合设计师心中已确定的级别。

暗示和探索。良好的草图不是规定而是建议，并且能引发讨论和启发。

歧义。草图无须事无巨细地说明一切，但应该能启发不同的解读。看到草图的人能有新的联想，甚至对画草图的人而言也应如此。

图 32.1 展示了 Andrew Robinson 绘制的素描，从虚拟现实游戏 EVE Valkyrie 的早期阶段开始，

CCP 游戏就具备所有这些特征。

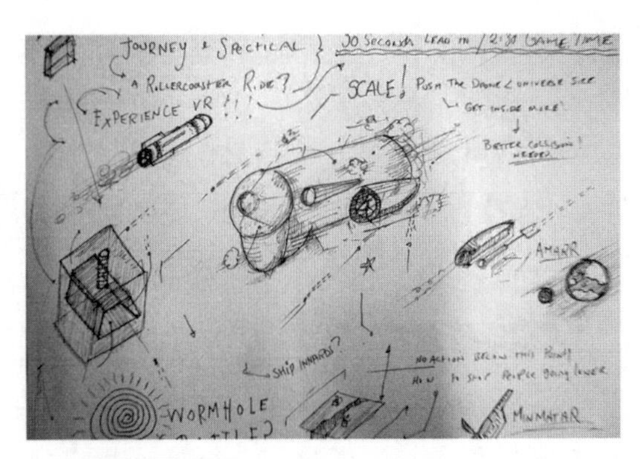

图 32.1　虚拟现实游戏早期素描的例子 EVE Vlkyie（由 CCP Games 的 Andrew Robinson 提供）

32.2.2　框图

框图（Block diagrams）是显示不同系统组件之间相互联系的高级图表，方块用于表示组件，连接组件的箭头显示组件之间的输入和输出。框图用于展示组件之间的整体关系，而不需要考虑细节，图 32.2 显示了具有各种软件和硬件组件的多模态虚拟现实系统的框图。

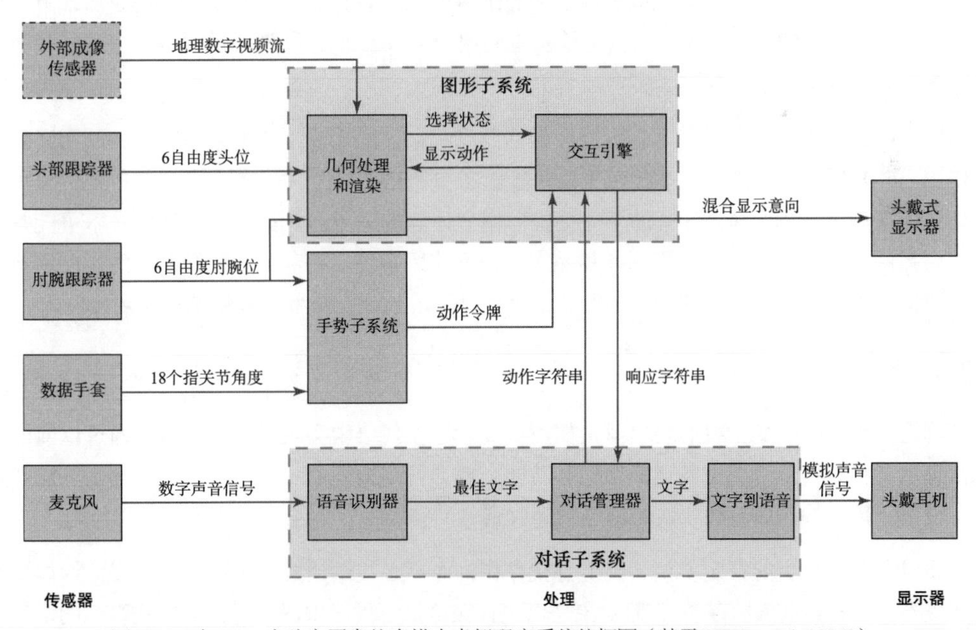

图 32.2　在 HRL 实验室开发的多模态虚拟现实系统的框图（基于[Neely et al. 2004]）

32.2.3 使用案例

使用案例是一组有助于定义用户和系统之间的交互以实现目标的步骤。定义使用案例有助于开发人员识别、了解和组织交互，使其更容易实现交互。随着互动复杂性的增加，使用案例通常从用户故事开始（31.12 节），但较之更加正式和详细，使用案例也可以从任务分析中得出（32.1 节）。

用例场景是使用案例中单个路径上的交互的具体示例。使用案例有多种情况，即使用案例是与特定目标相关的可能场景的集合。

这里没有标准地写下使用案例的方式。一些人喜欢视觉图，而另一些人喜欢书面文字。下面列举了一些可能的形式。

- 使用案例名称
- 预期成果
- 描述
- 前提条件
- 主要场景
- 替代场景

用层级来概述场景有助于提供既有高度又有细节的观点。在必要的时候也允许添加细节。可以使用不同颜色或不同的字体类型来查看需要实现的内容以及已经实现/测试的内容、主路径和替代路径之间的差异、哪些人员分配到了哪些环节上。

使用案例并不孤立存在，因为它可能会延伸到已经存在的用途上。如果在较大的使用案例中会多次使用一些常用步骤，那么大型使用案例可能会被分解成多个使用案例，这些较小案例也可以用在其他的大案例中——这种做法有助于保持整体用户体验的一致。例如，指向选择技术可能是一个小的使用案例，同时也是需要许多选择和操作的较大使用案例的一部分。同样，小的指向用例也可能被用作自动化旅行技术的一部分（选择一个对象，然后系统以某种方式将您移动到该位置）。

32.2.4 类

随着设计规范的演变，有必要更清楚如何更实际地在代码中实现设计，这可以通过以前的步骤获取信息，并将该信息组织成普通的结构和功能，成为可以描述的主题，每个类型都是方法和数据的一个模板，数据从前面步骤收集的信息中提取到名词和属性，方法则对应于动词和行为。

程序对象是一个类的特定实例，类本身就存在，而不必被编译成一个可执行程序（例如，即使虚拟环境不存在，类也依然存在），而对象是以包含在可执行程序中的类定义的方式组织的信息的表示。一个程序对象的示例是虚拟环境中可感知的虚拟对象，例如，可以拾起的地上的石头。

可以把类比喻成真实世界中房子的蓝图。一张蓝图就像一个描述房子的类，但并不是房子的实体本身，建筑工人将蓝图实例化成一座真正的房子，蓝图可用于建造任意数量的房屋。类似地，类定义了可以在虚拟环境中实例化为对象的内容。例如，框类可以被实例化为虚拟环境中存在的特定框，框类可以被实例化多次，以便在虚拟环境中创建多个框对象。类可以定义哪些特性是有可能性的，并且框对象可以承担任何这些可能的特征，例如，环境中的不同框对象可能有不同的颜色。

类和对象不一定代表物理上的实体，它们也可以表示属性、行为或交互技术。一个简单的例子是颜色类，颜色类的实例化对象可能是特定的颜色，如红色、绿色或蓝色，然后，这些颜色对象及其他对象可以与每个单独的框相关联，以描述框的外观。

类图（Class diagram）描述了类，以及它们的属性和方法及类之间的关系，类图可以直接说明需要（或已经）实现的内容，图 32.3 展示了由单个类组成的图表。

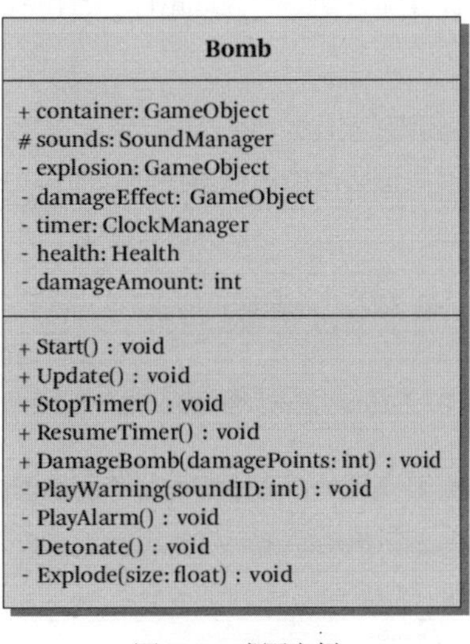

图 32.3　类图实例

32.2.5　软件设计模式

软件设计模式是一种通用的可重复使用的概念解决方案，用于解决常见的软件架构问题，它是从系统架构师和程序员的角度来描述的，其中实现的结构是通过类和对象之间的关系和交互来描述的。设计模式通过使用测试过的、经过验证的概念来加速开发，这些概念对其他开发人员加速开发很有效，并且提供了与其他开发人员进行通信的通用语言。

虚拟现实的一些常见模式是用于实例化对象的工厂（例如，为用户创建许多相似的对象）；用于连接不同软件库的适配器（例如，创建一种支持不同头戴显示器的方式）；采用单例模式以确保仅存在一个类型的对象（例如，单个场景图或世界的分层结构）；装饰器动态地添加行为到对象（例如，添加声音到以前不支持声音的对象）；观察者，可以在发生某些事件时通知对象（例如，回调函数，系统的某些部分知道用户何时按下按钮）。

32.3 系统注意事项

32.3.1 系统权衡和做出决定

考虑一个项目中的各种权衡与妥协，会引发对很多问题的新认识，比如，不同因素之间的相互作用、相互影响[Brooks 2010]及如何实现它们等。

明确清楚这些权衡问题，有助于团队选择硬件、互动技术、软件设计，以及重点发展的方向，这样的决定取决于许多因素，如硬件的负载能力、可用性、可用时长、交互准确度和目标用户的不舒适感指数等。

表 32.1 显示了在设计和实施虚拟现实体验时必须做出的一些较为常见的决策，这些系统决定大都在项目初期就应该做好，即使事实证明该决定是错误的，那么它也将迅速显现出来，然后就可以在早期的迭代中做出相应的改变。

表 32.1 一些常见的决策和选择

决　断	示例选择
手部输入硬件	无，Leap Motion，Sixense STEM
参与人数	单人，多人，群体
视点控制模式	行进，转向，小地图，三维多点触控，自由控制
选择模式	手部操作选择，指针，图形界面，声音控制
操作模式	手掌直接操控，代理服务器
现实性	真实世界捕捉，动画世界
运动错觉	无，短期自运动，仅限线性运动，主动的，被动的
心理刺激强度	放松的，心跳加速的
感知通道	视觉，听觉，触觉，运动平台
姿势	坐姿，站立，漫步

在某些情况下，同时支持多个选项是合理的选择，但是要注意这种情况的发生：因为努力想要支持所有选项而采取平均策略进行实现，会导致没有任何一方面能取得最佳体验，因此，要针对每个选项选择最适合它的隐喻和交互，一般比较好的策略是，先优化某个选项，再添加第二个选项，功能或支持。

32.3.2 硬件支持

虽然某些硬件具有相似性，但也有一些具有非常不同的特性（第 27 章），支持同一类中的不同硬件可以使更广泛的用户受益，因为用户可能并不都具有相同硬件或是相同的访问权限，幸运的是，在某些情况下，特定硬件只会稍微改变体验，例如，索尼 PlayStation Move 与 Sixense STEM 控制器（均为 6 空间自由度跟踪的手持控制器）属于相同类别的输入设备，同时支持这两者将需要额外的代码，但核心交互技术可以保持不变，只是因为硬件类似，不过不要以为这些硬件相似，在一块硬件上做的测试就可以适用于同一类的所有硬件。测试所有不同的硬件，并根据需要进行优化是必须的。

仅为了某种单一体验来提供对不同硬件类的支持是相当危险的。支持不同的输入设备不仅困难，而且经常导致并没有优化任何体验。依赖于特定的输入设备才能获得的优良体验，不应该用在其他输入设备上。例如，Sony Playstation Move 和 Sixense STEM 与 Microsoft Kinect 或 Leap Motion 非常不同，仅有的例外是在特殊情况下，在一个混合系统中，所有用户都希望访问并使用所有硬件，那样使用体验就会设计成可以利用所有不同输入设备类的状态。

如果必须支持不同的硬件类，那么核心交互技术应该针对每个硬件类单独优化，以便利用其独特的特性，可追踪手持控制器将具有与裸手系统不同的交互和体验。

32.3.3 帧率和延迟

帧率应至少保持在头戴显示器的刷新频率及以上，并贯穿项目始终（31.15.3 节），否则将更难以优化（例如，可能需要重建更低的多边形素材），假设场景复杂性是合理的，如今的硬件条件可以使这个要求比较容易实现，当添加新的资源和代码导致复杂性变大时，应仔细观察帧率，即使帧率偶尔下降也可能让用户感到不舒服，连续性和低延迟同样重要（15.2 节）。

一些渲染算法/游戏引擎使用多种方式添加特殊效果，在某些条件下，即使已经实现高帧率，也可能出现一帧或多帧的延迟。虚拟现实创建者不应仅仅依赖于帧率，还应使用延迟计测量端到端的延迟（15.5.1 节），如 18.7 节所述，预测和错位可用于减少延迟的一些负面影响，但这只对 30 毫秒内的延迟有效。

32.3.4 疾病指南

开发者应该尊重虚拟现实的负面影响，即使他们自己不易产生相关症状。等待学习阶段的反馈会大大减缓迭代过程，并且如果在实现过程中不能解决问题，就可能需要完全重新设计/重新实现。了解虚拟现实对健康的不良影响及如何减轻不良影响是团队所有人的必修课。

32.3.5 校准

系统的正确校准至关重要，应同时为开发者和用户开发实用的校准工具，以便轻松快速地实现校准（如果不是自动化的）。有关校准的示例包括瞳孔间距离，透镜畸变校正参数，和跟踪器到眼睛的偏移量等。如果这些设置不正确，旋转头部就会发生场景位移，这将导致晕动症 [Holloway 1997]。

32.4 模拟

对于虚拟现实而言，模拟比在传统应用中更具挑战性，本节简要讨论这些挑战和一些解决方法。

32.4.1 分离模拟与渲染

模拟与渲染应该异步执行[Bryson 和 Johan 1996，Taylor et al. 2010]。只要头部运动引起的头戴显示器刷新率延迟在 30 毫秒以内，部分场景更新慢一点也没关系。例如，对撞星系的科学模拟可能在一台超级计算机上远程执行，每次更新只需一次，数据的这种缓慢的动态更新对于用户来说将是显而易见的，但用户仍将能够实时观看数据的静态方面（例如，用户可以查看未更新的数据）。

对于现实的物理模拟，通常需要以快速更新速率计算仿真，尤其是当使用物理模拟来渲染触觉力时（3.2.3 节），触觉更新速率小于 1000 赫兹时可能会导致物体感觉不牢固。更高的比率会使物体感觉更加坚实[Salisbury et al. 2004]。

32.4.2 与物理抗争

混合人体交互与物理模拟在虚拟现实中可能是非常具有挑战性的，因为物体的模拟是与物理意义上的手的“战斗”，这是由于物理模拟的结果与手的实际位置相矛盾，这可能导致对象看起来在抖动（快速前后移动），因为人的输入和模拟“对抗”或者在计算出的姿态和实际的手姿势之间来回走动。简单的解决办法是不对抗，就是不要试图同时使用两种策略确定对象在哪里。

当用户拾取对象时，最常见的解决方案是停止对该对象应用物理模拟，物体仍然可以将力施加到其他非静态物体上（例如，用棒球棒击球），这种物理现象被应用于手持物体，导致物体通过静止物体移动（例如，墙壁或大型桌子。尽管如 26.8 节所述，可以应用诸如振动控制器的感官替代物），虽然不现实，但这种方法往往比抖动和其他替代方法的破坏性更小。

另一种选择是当手持物体穿透另一物体时忽略手的位置，当穿透较浅时，或是穿透不深时，这样做的效果是较好的（26.8 节），不幸的是，通常不能控制穿透深度（大多数虚拟现实系统不提供物理约束），所以这不是一个好的选择。

32.4.3 抖动物体

即使没有用户干预的物理模拟也会导致物体抖动，例如，即使用户没有接触到对象，有时也会在对象上出现抖动，这可能是由于舍入误差/数值近似或对非线性行为使用线性估计等原因导致的。例如，模拟可能会高估物体掉落的距离，导致物体穿透地面，然后，模拟施加一个力将球移回到地面上方，但随后重力接管物体，即物体又落到了水平面下方，如此循环不断重复。这种情况可以用一种简单的方案来解决，当运动达到某个最小值时，可以通过将物体运动锁定为零来实现，不幸的是，当达到最小值时，有时会出现对象突然停止。允许少量穿透而不引起碰撞响应也可以帮助解决这个问题，但是，如果穿透值太大，可能会导致对象看起来像穿透了其他对象。有很多优雅的解决方案，例如，当运动低于某个阈值时施加更强的阻尼力。

用纯粹的物理模拟解决布娃娃角色的运动也可能导致抖动的不稳定性，如果使用基于物理的布娃娃，则模拟可能不会直接控制角色的骨骼，而是将物理模拟提供给代码的混合解决方案，从而简化模拟结果，使运动显得更平滑可信。

32.4.4 飞行物体

通常情况下，混合人的输入和模拟将产生极大的力量，导致物体快速飞行到远处，当物理手将物体推过某个其他对象的表面，然后释放对象时，可能会发生这种情况，物理模拟会接管物体，并通过施加力量将物体瞬时移向表面来获得过度补偿，如果手已经穿过物体太远，则力会极大地导致物体以不切实际的方式飞到远处，可能需要专门的代码来检测这些事件，然后处理这些不同于使用标准物理公式的情况。例如，如果物体在一个物体内部被释放，那么在让物理引擎接管之前，可能会先将物体移动到最接近的表面。

类似地，当多个物理模拟物体紧密结合在一起时，可能会导致模拟不稳定，不稳定会迅速加剧，导致物体飞入太空，这种情况可能相当混乱，难以自动检测和纠正（David Collodi，私人通信，2015 年 5 月 4 日），因此，设计师应避免在任何可能的情况下使多个物理模拟物体进行交互，特别是当物体处于封闭空间或彼此紧密相连时（例如，在一个小坑中的多个块或多个框以圆形的方式连接在一起）。

32.5 网络环境

一个联网的虚拟现实系统（其中多个用户共享相同的虚拟空间）所面临的巨大挑战远远超越了单用户系统要面对的挑战，协作虚拟现实系统是一个分布式实时数据库，当多位用户实时修改它时，数据库对所有用户的期望反馈应该始终是相同的[Delaney et al. 2006a]。

32.5.1 理想的网络环境

网络同步是理想目标，在任何时间点，所有用户都应该同时感知到相同的共享信息[Gautier et al. 1999]，不幸的是，由于诸如网络延迟，数据包丢失和难以维持真正的服务质量等技术难题，完全一致性是不可能实现的，但是，通过了解网络一致性的挑战和违规行为，我们可以致力于创造理想的更高质量的共享体验。

网络一致性可以分解为同步性、因果性和并行性[Delaney et al. 2006a]。

- 同步性是为所有用户维护一致的实体状态和事件时间，理想情况下，所有时钟都是同步的。
- 因果性（也称为排序）维护了所有用户事件的一致排序，理想情况下，所有事件都是按照它们发生的真实顺序在每台计算机上执行的。
- 并行性是同一实体中不同用户同时执行事件，必须解决对象的所有权/控制，理想情况下，共享对象没有冲突。

违反上述三个挑战中的任何一个都可能会导致用户之间的世界状态不一致，并且存在突发事件，网络环境的具体问题包括以下内容。

- 散度是实体针对不同用户的不同时间、空间状态，不同的物体导致用户与这些物体进行的交互也不一致，有时不一致的行为会使物体状态进一步产生分歧。例如，当在不同的计算机上执行物理模拟时会出现模拟分歧。
- 违反因果关系的事件是不正常的，所以效果会出现在因果关系之前，在远程用户出现并用力移动球之前，球就会弹跳，这是违反因果关系的。
- 预期违反（也称为意图违规）是与预期或预期效果不同的并发事件产生的后果，当远程用户与本地用户在大致相同的时间更改同一对象的颜色时，就会发生预期违反。本地用户希望它能够换个颜色，但它变成了别的颜色。

除了一致性，联网的虚拟现实系统也应该是易用和可信的，响应性和感知的连续性是与构建联网系统有关的影响用户体验的两个主要因素。

响应性是系统注册和响应用户操作所花费的时间。通过为所有用户添加延迟，可以更容易实现同步性、因果性和并行性，但会降低响应性。在理想情况下，用户可以与所有网络对象进行交互，就像它们在本地一样，而不必等待其他计算机的确认。

感知的连续性是所有实体以可信的方式行事的感觉，没有可见的抖动或位置的跳跃，并且声音听起来很顺畅。

32.5.2 消息协议

计算机之间通过数据包进行通信，数据包是通过计算机网络传输的格式化的数据。数据包的类型会对性能和同步效果产生很大的影响。

用户数据报协议（User Datagram Protocol，VDP）是一种基于最大努力原则的最小无连接传输模型。数据包被简单地发送到目的地，无须保证交付，订购或复制。数据包可能不会被接收到，例如，如果计算机收到的数据包太多，则可能会丢包。当优先考虑低延迟时，应该使用 UDP：更新频繁且每个更新都不太重要（例如，如果没有收到最新的数据包，世界的状态便会很快更新）。在持续更新角色位置和音频的情况下，使用 UPD。

传输控制协议（Transport Control Protocol，TCP）是一种双向可靠的有序字节流模型，以额外的延迟为代价。TCP 会确认两边的计算机（发送方和接收方）接收了数据包，信息也包含在每个数据包中，并保证数据包接收的顺序与发送的顺序相匹配，当状态信息仅发送一次（或偶尔发送）时，应使用 TCP，以确保接收计算机可以更新其世界状态以匹配发送方。当发生了一些一次性事件，接收计算机需要基于该一次性事件更新其状态时，使用 TCP。

组播（Multicast）是组通信的一对多或多对多分布，其中信息同时发送到一组地址而不是一次发送一个地址，用户只需订阅组播通道，然后接收更新，直到取消订阅。组播理论上运行良好，但不幸的是，通常存在使多播无法正常运行的技术难题，可能会导致网络过载，这取决于网络硬件上的实现（通常由开发人员控制）。真正的网络组播（也称为 IP 组播）是理想的，但并不是所有的商业路由器都支持它（或者被禁用），所以通常构建网络顶层的应用层来模拟真正的组播，不幸的是，应用程序分层方法效率不高，如果可以，应该在应用层的分层组播中使用网络组播。

32.5.3 网络架构

连接虚拟世界有许多方法，网络架构通常被描述为对等体系结构、客户端-服务器体系结构或混合体系结构。

对等体系结构直接在单个计算机之间传输信息，每台计算机都保持着自己的状态，并与世界上的其他计算机状态完美匹配。在真正的对等体系结构中，所有同行都有相同的角色和责任，在虚拟现实中对等体系结构的最大优点是响应速度快。此体系面临的挑战之一是如何发现本地的对等体，以便用户可以看到对方。因此，混合体系结构通常用于网络虚拟环境，由一些具有全球知识的集中式服务器连接用户。

客户端-服务器体系结构先由每个客户端与服务器通信，然后服务器将信息分发给客户端。最权威的服务器控制着所有世界的状态、模拟和用户输入的过程，这使所有用户的世界保持了一致性，但这是以牺牲响应性和连续性为代价的（尽管本地系统可以通过提供虚幻的响应性和连续性来提升体验，参见 32.5.4 节）。正如 Valve 和其他人所证明的那样，权威的客户端-服务器模型可以用在用户数量有限的场景中[Valve 2015]。为了扩展到更大的持久稳固的世界，应该使用多个服务器来减少计算和带宽要求，并在服务器崩溃时提供冗余。

某些网络体系结构不明显地属于上述体系结构中的任何一种，混合体系结构综合使用了对等体系结构、客户端-服务器体系结构的要素。

非权威的服务器技术上遵循客户端-服务器的模型，但是有多种运作方式，如对等模型，服务器仅在客户端之间分程传递消息（服务器不修改消息或对这些消息执行任何额外的处理）。它的主要优点是易于实施和了解所有其他用户，缺点是系统可能会失去同步，且由于客户端不受权威系统管辖，因此可以作弊。

超级节点（Super-peers）也可以作为虚拟空间区域的服务器的客户端，并且可以在用户之间调整（例如，当用户注销时）。超级对等体与纯客户端-服务器架构的最大优点是增加了跨越对等体的资源异质性（例如，带宽、处理能力），但它面临的挑战是不易实施。

其他混合架构使用对等技术传送一些数据（如语音），同时还使用服务器来保护重要数据并维持持久不变的世界。图 32.4 显示了使用混合服务器（HIVE Server；Howard et al. 1998）、音频组播和对等分布式持久存储器系统（CAVERNSoft；Leigh et al. 1997）。

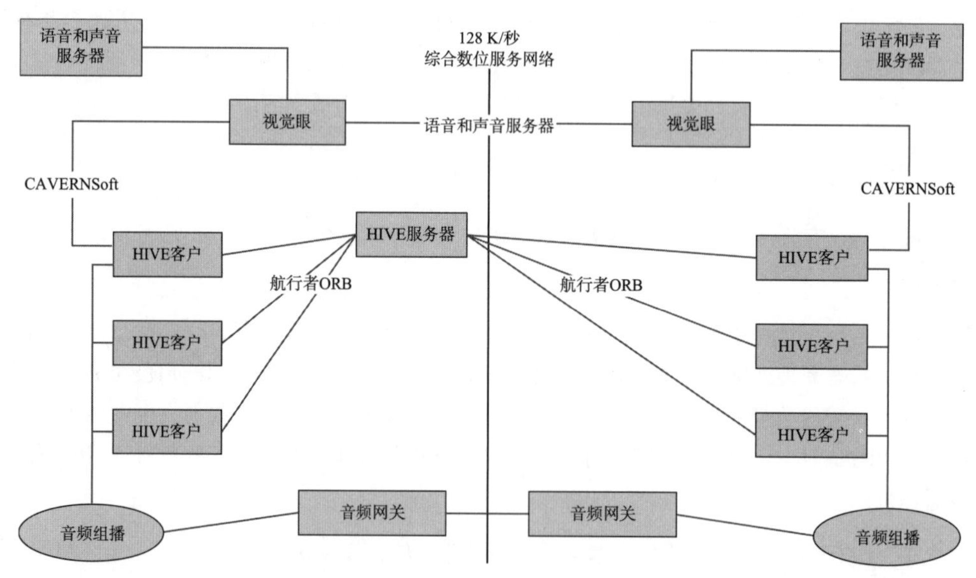

图 32.4　具有集中式服务器和音频与其他数据分离的网络架构的例子（基于[Daily et al. 2000]）

32.5.4 决定论和局部估计

由于带宽限制了发送和接收数据包的速率，因此直接执行可能会导致受远程控制的实体更新得断断续续，即它们似乎被冻结了一段时间。这种不连续性是可以减轻的，取决于动作是确定性的、非确定性的还是部分确定性的。非确定性动作通过用户交互发生，例如，当用户抓取对象时，远程非确定性动作只能通过从发生动作的计算机接收到数据包来识别，确定性动作应在本地计算，在这种情况下不需要发送或接收数据包。

可以对每个呈现的帧预估远程实体（例如，用户在大致方向上的转向）的部分确定性动作，以便产生感知的连续性。动态实体根据最近收到的包定义的状态确定的航位推算或外推估计，当收到新的数据包时，状态将被更新为新的真实信息，如果估计的状态和更新的状态分歧太多，那么实体将会立即传送到新的位置，可以通过在估计位置和由新分组定义的新位置之间进行插值来减少这种不连续性。Valve 的 Source 游戏引擎使用外推和插值来提供快速流畅的游戏体验[Valve 2015]，虽然在平滑度与实体延迟之间有一个折中，但是由于本地用户的头部跟踪和帧速率与其他用户无关，因此这种延迟不会导致病态。

32.5.5 减少网络堵塞

无论使用什么架构或通信协议，减少网络流量通常都是优化网络环境的必要条件，在扩展大量用户时尤其如此。除了诸如数据压缩的一般技术，仅当需要信息时才发送数据包可以大大减少网络流量[Delaney et al. 2006b]。

减少网络流量的一种方法是计算局部真实状态和远程估计状态之间的差异（例如，通过推算估计的实体位置），如当用户开始/停止移动或转向不同方向时，会发生分歧。仅当实体的分歧达到某个阈值时，分歧过滤（Divergence filtering）才发出数据包。

相关性过滤只是将信息的一部分作为某个标准的函数发送给每个单独的计算机，一个常见的方式是由单个服务器来控制一些虚拟空间（例如，由每个小区的个人服务器组成的网格结构），以便分组仅发送给附近的用户，因大量用户集中在小片区域导致服务器超载可能是一个问题，这可以通过使用一个动态网格/单元大小来解决，该网格单元的大小取决于区域中的用户数[Hu et al. 2014]。

使用动画也可以减少带宽需求，例如，当用户移动而不是根据用户的网络包更新每个帧的实际关节时，通常更适合用动画来显示用户的腿（甚至在单用户系统中，腿也经常是动画形式的）。手势识别首先可以用于解释用户的信号（如手波），从而可以在每个客户端上发送高电平信号，然后再现。

和其他更新相比，音频通常需要同样数量级或更多的带宽[Daily et al. 2000]，特别是当面临许多用户试图同时发言时（Jesse Joudrey，私人通信，2015 年 4 月 20 日）。通过让许多用户使用同一个服务器同时运行，便能快速开展压力测试。由于空间化音频需要每个用户的音频流保持独立，因此将所有音频组合成服务器上的单个流（像通常使用的非沉浸式通信）并不方便；如果要使用空间化音频，最好使用点对点而不是通过服务器的所有音频来发送，如果可行，应该使用组播，以便用户自动订阅并取消订阅虚拟邻居的音频流，相关性过滤可用于仅向邻近用户发送音频。带宽更小且质量略低的音频也可以分配给距离较远或并不总是朝前方向的用户[Fann et al. 2011]，根据预期的实际程度，应用程序还可以提供订阅队友或重要公告的选项，而不用考虑距离。

32.5.6 同时交互

在网络环境中同时在同一个对象上进行两个或两个以上用户的交互是非常困难的，如果可能的话应该避免这种情况。一次只由一名用户拥有一个对象，而没有其他用户参与交互，这可以通过令牌来完成。一个令牌只能是由一名用户一次拥有的共享数据结构，在用户与对象交互之前，他必须首先请求令牌以确保自己的独占性，这可能使交互困难，因为在尝试与对象交互时会有延迟。减少延迟的方法之一是当用户接近对象时，在其到达或选择对象之前请求密钥[Roberts 和 Sharkey 1997]。

32.5.7 网络物理

网络物理模拟甚至比单个计算机上的物理模拟面临更大的挑战（32.3 节），因为相同动作的多个表示发生在时间和空间的不同物理位置。理论上，使用相同的方程和代码在不同的计算机上运行应该产生相同的结果，然而，客户端之间的轻微差异（例如，舍入误差或定时差异）导致物理模拟随着时间的推移而产生差异。如果一个球在一台计算机上沿某个方向滚动，那么它在另一台计算机上运行时可能会向不同的方向滚动，并且最终球可能处在与环境完全不同的位置，因此，权威服务器或单台计算机应该拥有模拟，其他计算机可以预估模拟，但所属计算机应发送定期更新以纠正当前状态，如 32.5.4 节所述。

32.6 原型

原型是尝试实现想法的简单化实施，而不过度关心实现结果的美学或完美度。原型是在传递信息，因为它们使团队能够观察和测量用户所做的工作，而不仅仅是他们所说的，使用这些原型可以赢得争论和测量，比单单拥有观点要好很多。

最小限度的原型是建立在获得有意义的反馈时所需的最少工作量上的，当试图找到关于特定任务或一小部分经验的问题的答案时，可以使用临时隧道视野。在早期阶段，团队不应该不断讨论细节，而应该专注于尽可能快地完成某些工作，然后修改并添加其他功能，或者在必要的时候从头开始，从基本的原型中学习。

每个原型都有明确的目标，只构建对实现目标至关重要的原始功能，并拒绝构建对该目标不重要的元素，非关键细节可以之后再进行添加和改进，放弃试图让原型看起来很好，认为原型是丑陋的、未完成的，或是还没准备好的想法，预计第一次或第五次都不会做得很好，会面对许多意想不到的困难，尽管它们起初可能是一个相对简单的目标。原型的构建是为了发现困难，最好尽快找出问题。越早拒绝错误的想法，就能越早发现最好的基本概念和交互技术，有限的资源就可以用来创造高质量的体验。

以最小的努力快速构建原型也增加了不关心原型是否被抛弃的额外心理利益，快速迭代和一个又一个的原型导致出现了一种不承诺某件事情的态度，所以开发者不会觉得正在杀死自己的“孩子”。

原型之间可能会有很大的不同，取决于想要完成的任务。例如，一个关于新交互技术的某个方面是否工作的问题与确定一般市场是否更像一个整体概念是非常不同的。

32.6.1 原型的形式

一个真实世界的原型不使用任何数字技术，团队成员或用户不使用虚拟现实系统，而是要把角色表演出来。这可能包括物理道具或真实世界的工具，如激光指针。优点在于，这些原型通常可以自动创建和测试，缺点是缺乏控制条件、难以捕获定量数据、模拟动作与虚拟现实动作的不匹配，以及反馈到高级结构/逻辑的限制。

Oz 原型的向导是一个基本的虚拟现实应用程序，由幕后（或头戴显示器的另一侧）的人类“向导”取代软件来控制系统的响应。用户口头声明自己的意图（例如，说要去某地旅行或模拟语音识别系统）后，原型会在键盘或控制器上输入命令。做得好的时候，这种原型可能非常引人注目，用户甚至意识不到幕后有人在控制系统，虽然使用这种原型不能收集特定类别的数据，但是可以获得高级反馈。

程序员原型是由程序员或程序员团队创建和评估的原型，程序员不断沉浸在自己的系统中，以快速检查对代码的修改，这是大多数程序员自然操作的方式，有时会在一天内进行数百次迷你实验（例如，更改可变值或逻辑语句以查看其是否按预期工作）。

团队原型是针对不直接实施应用程序的团队建立的。由于当注意力集中在问题上时难以兼顾整体的效果，因此他人的反馈是非常有价值的。而且，这也可以减少群体思维（Groupthinking），当虚拟现实体验做得并不太好时却误认为自己的是最好的。团队原型用于质量保证测试，提供反馈原型的团队成员可能包括核心团队以外的人员，例如，通过顾问进行专家评估（33.3.6 节），了解原型概念的其他项目的团队也能很好地工作。

利益相关者原型是半抛光原型，被认为更加严格，通常侧重于整体经验。通常，利益相关者不太熟悉虚拟现实而不愿承认。他们期望更高的保真度，更接近真实的产品，这有助于他们更全面地了解最终产品的样子，然而，大多数利益相关者希望看到进展，所以不要等到产品定稿。他们在市场需求、了解业务需求、竞争等方面的反馈非常有价值。

代表性的用户原型是专为反馈而设计的原型，应尽快构建并显示给用户，以前从未体验过虚拟现实的用户是虚拟现实适应性测试的理想选择，因为他们没有机会适应。这些原型主要用于收集数据，如第 33 章所述，重点应在于构建最适合收集目标数据的原型。

市场原型是为了吸引公司/项目的积极关注，常在聚会、会议、展会上展示，或通过下载公开发布，它们可能无法传达整个经验，但仍应精心制作。这些原型在营销之外的次要优势是，使许多用户可以在短时间内提供反馈。

32.7　最终产品

一旦完成了设计和功能，团队就可以专注于打磨可交付成果，当最终生产开始时，便是停止探索可能性并停止添加更多功能的时候了。保留这些想法以备将来的交付产品使用。开发虚拟现实应用程序的巨大挑战之一是，当利益相关者体验到一个可靠的产品小样时，他们就会兴奋起来，开始想象可能性并要求新的功能，虽然团队应该始终开放反馈，但也应该意识到并明确表示在时间和预算限制内，哪些是有可能实现的，哪些是有限制的。某些建议可能很容易添加（例如，改变对象的颜色），但是其他建议可能会增加风险，因为修改系统中看似简单的部分可能会影响其他部分，添加功能也会影响项目的其他方面。团队应该明确指出，如果利益相关方需要额外的功能，那么权衡之下，新功能可能会以延迟其他功能为代价。

32.8　交付

部署范围从每周更新应用程序使其持续可用，到团队多成员运行到一个站点（或多个站点）进行全面的系统安装。

32.8.1　演示小样

演示小样（展示原型或更完整的体验）是虚拟现实的命脉，毕竟，大多数人对文档，计划和报告不感兴趣，他们要的是体验结果。虚拟现实的体验能给人信心，让人觉得团队正在创造有价值的东西。

会议、聚会和其他活动让团队有时间炫耀自己的成绩和创作，安排演示也是创造真正责任感的好方法。在最糟糕的情况下，如果演示并不成功，那么团队更有动力在下一次做得更好。

在体验之前，将演示小样放在不同于设备正常情况下所在位置的房间中，以确保在包装时没有遗漏设备，如果设备超出了基本要求，那么就把包装好的材料带到另一个房间，重新设置，以确保所需的东西的确是包装好的，然后打包两个备份。可能的话，至少要提前一天在演示室设置空间，确保不会有意外发生，在演示日，提前到达并确认一切正常。

为内部演示做准备也是必不可少的。有了虚拟现实所带来的一切兴奋感，你永远不知道某个利益相关者或名人什么时候会停下来，想看看你还有什么。请注意，这并不意味着任何想要演示的人都能在任何时间进来测试系统，团队的时间是宝贵的，演示可能会分散注意力，所以除非对项目有直接价值，否则演示应该精简，应该有人负责维护和更新现场演示和设备，这样当重要人物出现时，系统能运行自如。同一个人可能负责保存演示活动的时间表，或者由其他人来做这件事。

32.8.2 现场安装

完整的项目交付通常包括现场安装，团队中的一个或多个成员前往客户的站点设置系统和应用程序，在这种情况下，不要假设安装会顺利进行。应提前考虑调试、标定、开发和额外的电子或电工胶带等细节，问题还可能包括电磁干扰和连接/电缆与客户系统不兼容等。此外，可能需要培训工作人员使用和维护该系统，对你来说显而易见的事情对他们来说可能并非如此，支持和更新也可以作为合同的一部分。

32.8.3 持续的交付

与现场安装相反的是连续的在线交付，即频繁在线更新。敏捷方法建议每周向用户提交一个新的可执行文件。这有助于团队聚集工作重心，并提供了收集数据的大量机会（在这种情况下，通过A/B 测试为用户更改子集是相当常见的，见 33.4.1 节）。

33 学习阶段

所有的生活都是一场实验，实验当然是做得越多越好。

——拉尔夫·沃尔多·爱默生

学习阶段是持续探索哪些方法较好，哪些方法不好的过程。在虚拟现实中，学习某种创作及他人对此的体验，比技术本身更重要。

学习虚拟现实的作用机制及改进特定应用可以有多种方式。学习可能与更改代码中的参数值一样简单，并可以立即看到结果，对于程序员而言，一天内操作数百次挺常见的。学习也可能需要费时几个月，受制于实验设计、开发、测试用户并分析等过程。虽然不如代码测试那么快，但这个阶段侧重于获得快速反馈、数据收集和实验，这使团队能够快速了解当前方案是否能够很好地达成目标，并在必要时立即更正实验进程。强烈建议听取虚拟现实专家、主题专家、可用性专家，实验设计专家和统计人员的意见，确保团队正在做正确的事情，这样才能最大限度地发挥学习效果。问题发现得越早，解决它所耗费的代价就越小。

了解学习/研究过程，不仅可以指导自己的研究，也有助于发现其他人研究中的可取之处，并有可能用来满足自己的需求或用于项目，还能合理地发出质疑而不是盲目地接受它们。

像迭代设计的其他阶段一样，随着项目的进展，学习阶段也在不断地演进中。初始学习将包括非正式地向团队成员解释整个系统以获得一般性的沟通与反馈。随着时间的推移，更多复杂的收集和分析数据的方式将会被应用，而这些方式已经超出了在此要讨论的范围，鼓励读者只使用最直接适合自己项目的概念理论；一个项目不可能使用所有的概念理论，但读者了解所有的这些概念对工作和学习研究是非常有帮助的。

33.1 沟通与态度

有效沟通对学习来说是非常必要的，这包括团队成员之间的沟通以及与用户的沟通，是否能够进行有效的学习和交流在很大程度上取决于对建设性批评的追求及应对的态度。那些不能接受批评的人，不会在虚拟现实领域有太大的建树。在有效的沟通学习中，持续改进的积极心态和态度是至关重要的，而且最重要的突破往往产生于他人所指出的、被体验创造者所忽略的问题中。

当演示系统并寻求反馈时，即使失败，也要为团队成员和用户积极考虑。失败是一种学习经历，成功是我们的目标。我们往往并不了解我们为什么成功，但用积极的态度对待失败，通常有可能弄清楚失败的原因，以确保此类问题不再发生。失败、再尝试，再失败、再尝试，直到成功。

与用户沟通时，为了最大限度地学习，以下要点至关重要。

（1）不要因为用户对虚拟现实应用的意见或是与其交互而责怪贬低他们，这样做会使他们在情绪上无法有效提供反馈。

（2）积极探讨存在的困难，确定项目如何改善。

（3）假设用户正在做的是部分正确的，然后提供使他们能够纠正错误和继续前进的建议。

（4）当有人指出你已经意识到的问题时，感谢他们的发现并鼓励他们继续寻找问题。

（5）不要使用类似失败之类的词汇谈论学习。

与用户有效沟通的额外好处就是，提供反馈的人也将自我感觉良好，并产生贡献感和主人翁精神。当产品可用时，这种感觉会将这些人变成粉丝或是传道者，并与用户达成有效沟通，这种人人参与的形式对于大众化活动至关重要（例如，Kickstarter）。

33.1.1 虚拟现实创作者是特殊用户

对于虚拟现实创作者，尤其是程序员而言，一个经常容易犯的错误就是，在创造虚拟现实体验时，经常会假设对自己起作用的东西也会对其他人起作用，这是程序员的固化思维。类似情况不适用于虚拟现实开发。程序员经常以非常具体的方式使用系统，而不会尝试所有意料之外的动作，程序员也能适应感觉不一致的地方，在这里，不适应操作的用户会感到不适。

程序员应当重视用户的反馈意见，定期与用户沟通。大多数程序员偶尔会喜欢炫耀他们的工作，但是这样的演示频率不高，且无法收集到有质量的数据，不能促成改进，因为意见没有被认真对待。

程序员的时间极其宝贵，他们确实不应该不断地被演示 demo 和收集数据所干扰。正确做法是其他团队成员应该负责从用户那里收集数据，程序员至少应当偶尔参与到数据收集中去，这样他们会更加认真地对待反馈意见。想从看或听报告来判断一个人的创作能否很好工作是有很大阻力的，不如去观察用户的使用过程。

33.2 研究概念

研究有许多形式和定义。研究的一个定义是获得新信息的系统方法，并持续不断地思考[Gliner et al. 2009]。

有多少团队的研究目的是真正了解哪些内容对典型用户有用？也就是说，除了在办公室，会谈或会议中给予标准的虚拟现实演示，还有多少虚拟现实专业人员会收集外部反馈？实际上很少。这就是为什么在创造有吸引力的虚拟现实体验中有那么多未知数，因为大家把项目成功的机会留给了偶然，而不是找寻追求成功的最佳途径。

本部分介绍了以有效的方式进行设计、实施和解读研究的背景概念。

33.2.1 数据收集

数据采集能够使虚拟现实各个层面的有效性被明确化、量化，方便用于比较。数据收集通常是自动数据采集和评估者观察的结合。一些常见的、需收集的数据包括完成时间、准确性、成就、完成度、发生频率、使用的资源、空间、距离、错误、身体、跟踪器运动、延迟、突发事件、与墙壁和其他几何形体的碰撞、生理措施、偏好等。有很多测量方法都可以用，团队应该收集不同类型的数据，而不是依靠单一的度量。

数据可以分为定性数据或定量数据，两者都很重要，因为它们都提供对设计优势和设计弱点的独特见解。

定量数据（也称为数字数据）是与数量相关的信息，这种信息可以直接测量并数字化表示，最好使用需要相对较少培训并能产生可靠信息的工具（例如，问卷调查表，简单的物理测量设备，计算机或身体跟踪器）来收集定量数据，定量数据分析涉及各种用于对数据进行总结及比较和赋予意义的方法，通常是数字化的，与统计测量值的计算有关。一般实验方法（33.4 节）着重于收集定量数据。

定性数据太主观的话会产生偏见，不同的人会有不同的解释。这类数据包括解释、感觉、态度和意见。这类数据通过语言（无论是口述还是文字）或观察来收集，不能直接用数字测量。但除了被总结和解释，还可以对它们进行分类和编码。建构主义方法（33.3 节）严重依赖定性数据。

定量和定性方法都有助于开发更好的虚拟现实体验。这两种类型的数据往往是由同一个人收集的，一般会先收集定性数据，以便在更高层面上了解到底什么因素可以采用量化数据来进行更深入的研究。即使对于只专注于定性数据的团队来说，对定量研究的核心概念有一个基本的了解也是有用的，当定性数据及其结论可能有偏见时，它能帮助我们更好地理解数据。

33.2.2 可靠性

可靠性是在相似条件下，实验、测试或测量在何种程度上能够始终产生相同的结果。可靠性是非常重要的，因为如果某种结果只被发现了一次，那么这很可能是偶然发生的。如果对不同的用户，在不同的阶段、时间、实验及不同的运气因素的情况下，产生了同样的结果，我们可以确信在测试的东西中必然有什么一致的特征。

测量从不是完美和可靠的方法，影响可靠性的两个因素是稳定特征和不稳定特征[Murphy 和 Davidshofer 2005]。稳定特征是提高可靠性的因素，理想情况下，被测量的事物是稳定的。例如，如果不同的用户在使用同一种交互技术时在任务表现上水平一致，则说明该交互技术是稳定的。不稳定特征是降低可靠性的因素，这些包括用户的状态（健康，疲劳，动机，情绪状态，指令的清晰度和理解程度，记忆和注意力的波动及个性等）和设备以及环境属性（操作温度，精度，阅读错误等）。

观察得分是从单次测量中获得的值，并且是稳定特征和不稳定特征的函数。如果平均值是从无限次测量中获得的，则真实的分数就是获得的平均值，真正的分数是绝不可能被确切知晓的，尽管大量测量提供了对真实值的估计。例如，当重复测试参与者来测量学习效果时，具有高可靠性是很重要的，因此观察得分更有可能是由学习而产生的偶然结果。

可靠性的值通常表示为相关系数[Gliner et al. 2009]，取值在-1 和 1 之间，参见 33.5.2 节。

33.2.3 有效性

某种可靠性测量方法可能在持续测量某些事物，但却可能是在测量错误的事物。有效性（Validity）是指一个概念、测量方法或结论在多大程度上是有依据的，且能与实际应用一致。当我们通过研究来测量、比较自己的所思所想时，有效性是相当重要的——推论是合理的，结果能应用于感兴趣的领域。

总的来说，有效性是许多因素的函数。研究人员会进一步将有效性分解为更具体的类型。不幸的是，研究人员不能就如何组织和命名不同类型的有效性达成一致。以下列出了一般有效性的划分方法，可分为表面效度，构建效度，内部效度，统计结论效度和外部效度。

表面效度

表面效度（Face validity）是指对于概念、测量方法或结论是否合理的直观、主观上的大体印象。表面效度是研究人员在收集数据时首先考虑的因素之一。

构建效度

构建效度（Construct validity）是指某种测量方法能够度量被评估的概念变量（构造）的程度。如果一种测量方法可以成功捕获它想要测量的假设变量，那么它就有很高的构建效度。更确切地说，具有高构建效度的测量方法充分涵盖了构建的所有方面；与同一构建的其他测量方法相关联；不受与构建无关的变量的影响；能准确预测未来的测量结果、行为或表现。构建效度的一个常见实例是，评测工具能否区分执行给定任务的是专家还是新手。

收集数据的目的可能是评估用户表现、用户偏好、交互技术的某些方面，或可用性分析的具体实现。在测试的早期阶段，漏洞和缺陷在所难免，研究人员必须谨慎测试。在很多情况中，我们关心的并非具体举措，因为已知的问题一定会得到解决。相反，问题更多的是关于用户普遍的偏好、表现及感知（与已在制造者任务列表中等待被解决的漏洞无关）。如果是在无意识的情况下测量系统构件，那么就会破坏构建效度。当一个概念在当前执行的任务中不起作用时，研究人员必须谨慎地做出此概念无效的结论。

内部效度

内部效度（Internal validity）是指对某种关系是否存在因果关系的信心程度。它取决于实验设计的强度或健全性，以及实验设计在一个人判定自变量或干扰是导致因变量变化的原因的影响力度。当独立变量的影响不能与外部环境的可能影响分开时，这些影响被认为是混淆的（33.4.1 节），内部效度可能受到许多混淆性因素的威胁和破坏，包括以下内容。

- 历史是一类外部环境事件，当在前期测试和后期测试之间发生了与控制变量无关的因素时而发生。比如，在不同日期收集的数据，由于期间发生了一些事件导致了观点或动机的改变，从而影响了实验的表现。
- 成熟度是参与者随着时间流逝而发生的个人变化。这些变化可能是由于与被试者无关的变化而导致的，比如，参与者可能会变得疲劳、难受或是抗虚拟病。
- 仪器化是因为测量工具或观察者的评分行为发生了变化而产生的。比如，用于测量反应时间或是生理测量的工具可能失去准确度，观察者评价参与者的标准随着时间的推移而发生变化，或者有不同的观察者。标准化、提供指导和培训观察者对于减少仪器偏差都很重要，不应在各个阶段之间更改房间陈设，硬件设置和软件。

选择偏差是由于非随机分配或自我选择某个团体而产生的。选择偏差的最好解决方式是随机分配参与者，如果参与者自我选择成组，在不让参与者知道存在不同的实验条件的前提下，会降低偏差，但是不会消除。志愿参与测试系统的人肯定会比一般目标人群更偏向于喜欢虚拟现实体验。

磨损（Attrition，也称为死亡率）是指参与者的中途退出。当一组的磨损和另一组的磨损不同时，在效度上会带来麻烦。当参与者由于虚拟现实疾病而退出时，这会成为主要问题。当因为某种实验条件导致一组有更多不适症状，那么该组就会失去更多参与者。所造成的结果是：没有退出的人对虚拟现实疾病有更高的容忍度，但这个结果更可能是因为与疾病有关的特性，而非测试因素导致的。

复验偏差（Retesting bias），当从同一个体上收集了两次或多次数据时，经常会发生复验偏差。参与者在第一次尝试中很有可能通过练习提高了学习成绩，测试结果很有可能是因为第一次的练习而不是因为控制变量。

统计回归（Statistical regression），当参与者是根据分数高低提前选定时，就会发生统计回归现象。许多人的得分都是因为偶然，随着之后测试的展开，由于初始分数与真实平均分的不同，分数往往趋向于平均化，而没有办法决定这样的变化是由于统计回归还是由于测试因素。参与者（被试者）的选择不应当基于先前的得分，除非大量测试能得出稳定一致的结果。

需求特征（Demand characteristics）是能让参与者（被试者）猜测假说的线索，参与者（被试者）很可能有意识或无意识地修改自己的行为，使自己看起来表现得很好，或让实验看起来更好或者更坏。

安慰剂效应，如果实验结果是由于参与者（被试者）的期望所导致的，而不是由于实验条件本身所导致的，那么就称为安慰剂效应。比如，已经发现在预实验时使用肯尼迪模拟疾病问卷表，会导致后期测试中病情加重，或是，如果参与者（被试者）相信一种交互技术比另一种好，那么测试结果可能会受参与者（被试者）主观态度的影响，而不是被交互方式的作用机制所影响。

实验员偏差，即实验员对参与者（被试者）区别对待或是操作行为不一致。这可能是一种显性偏差，因为实验员鼓励参与者（被试者）在某种实验条件下表现得更好，但更多情况下是无意中发生的，实验员可能并不希望有偏见性，但是他没有意识到他的肢体语言和说话的语调都传达了自己对某种条件的偏好。最小化实验员偏差的方式是让实验员看不见这些实验条件[比如说，随机打乱条件并且不让实验员看见参与者（被试者）可以看见的东西]，聘请无经验的实验员（比如说，雇佣一位助手——即使他看见了实验条件也并不知道这些条件之间有什么区别），甚至/或是最小化实验员与参与者（被试者）在一起的时间（比如说，通过电脑给出指令和收集数据）。

统计结论效度

统计结论效度（Statistical conclusion validity）是数据结论在统计意义上的正确程度。影响统计结论效度的有以下几种情况。

假阳性（A false positive）是偶然发生的情况，实际上并无差异存在（比如，有可能在连续翻转硬币时出现多次正面朝上的情况），如果再次做这个实验，那么此类差异很有可能并不会再出现。

低统计效力（Low statistical power）常发生于样本量不够大时。统计效力是指研究发现某种效应的可能性(如果真的存在此种效应时)。研究人员容易犯的共同错误就是宣称实验条件之间没有区别，但实验条件之间其实是有区别的。研究人员没有发现区别只是因为统计效力不足。尽管确实有技术能证明两个事物在某些定义好的范围的值上是接近的，但一个实验不可能证明两个事物完全相同(实验结果表明，在某种概率上存在不同的可能性)。

数据违规假设（Violated assumptions of data）是指对数据属性的错误假设。不同统计实验的假设条件并不相同。例如，许多测试假定数据是正态分布的（33.5.2 节）。如果这些假设无效，那么实验可能会导致错误的结论。

钓鱼（Fishing，也称为数据挖掘）是指通过不同的假说来搜寻数据，如果在探索许多变量时发现了差异，那么此类发现可能是随机的。比如，如果 100 枚不同类型的硬币分别被翻转 10 次，那么一枚或多枚硬币可能出现落地 10 次而 10 次结果都是正面朝上，但这只是出于偶然，而不是因为硬币类型的加权。可以使用不同的统计校正方法，以减少在大量测试中差异升高的概率。

外部效度

外部效度（External validity）是指研究结果可以推广到其他设置、其他用户、其他时间、其他设计/执行方案的程度。某种交互技术虽然比其他技术好，但可能只适用于特定的实验室配置、特定类型的用户或特定的虚拟现实系统（比如，视域、自由度、延迟、软件配置）。由于用户的差异（比如，研究员和消费者）及技术的变化，一些 20 世纪 90 年代的虚拟现实研究结果在今天可能并不适用。当时 100 毫秒甚至更多的延迟被认为是可接受的，现在则难以接受。现在的研究人员必须根据具体情况，来决定是否考虑以前的结论，重新进行这些实验。

如果系统的设计或实现发生变化，那么以前可靠的结果可能不再适用。例如，一种交互方式在测试的系统中比另外一种交互方式更出色，但是在另一套使用不同硬件的系统中不一定会这样。理想的情况下，实验结果在不同形式的硬件、不同版本的设计和软件，以及在某些范围的条件下是稳健的，很多情况下，当硬件发生变化或是有重大设计变化时，需要重新开展实验。如果依然能得出相似的结果，则更能让人们相信此设计是稳健的，即使对于没有测试过的特定条件也是如此。

不同的技术当然不可能适用于所有的情景和所有的硬件。不同的输入设备，正如第 27 章中所讨论的，有非常不同的特性，还应根据测试结果来确定最低的计算机性能要求（例如，CPU 速度和显卡功能）。由于存在引发疾病的风险，计算机性能比传统的桌面和移动系统更重要，即使对于有很高外部效度的实验结果来说，也绝不应当在未经广泛硬件测试的情况下就发布虚拟现实应用。

33.2.4 灵敏度

测量方法可能是一致（可靠）的，并真实反映利益构成（效度），但使用时可能缺乏足够的灵敏度（Sensitivity）。灵敏度是指测量方法能够完全区分两件事的能力；是指实验方法能够准确检测出某项效果的能力，如果该效果确实存在的话。该测量方法是否具备区分多项水平不同的独立变量的能力？如果不行，那么就需要找到方法来提高灵敏度。

33.3 构建主义方法

构建主义方法通过经验和对经验的反思来构建认知、意义、知识和想法，而不是试图衡量关于世界的绝对或客观真理。此方法更关注定性数据，强调数据收集的整体和其中的前后关系，使用这种方法的研究问题通常是开放式的，但是其结构足够用于总结分析。

本节讲述收集数据的不同方法，以帮助更好地理解、提高体验。

33.3.1 小型回顾

小型回顾（Mini-retrospectives）是短而集中的讨论，团队在此讨论哪些方面进展顺利，哪些方面需要提高。这类回顾需要保持简短但是经常进行，比起一个月半天的回顾，一周 30 分钟的小型回顾更好。

回顾应当是有建设性的。Joanthan Rasmusson 在《敏捷武士》[Rasmusson 2010]中提到回顾的最高指导原则：

无论我们发现了什么，我们理解并确信每个人都做到了他们能做到的最好的工作，考虑到他们当时所了解的东西，他们的技能和能力，可用资源和那时的状况，换句话说，这不是一场“指责”（寻找承担罪责的人）的活动。

理想情况下，小型回顾能讨论出未来迭代的主题及团队想要跟进并提升的领域。

33.3.2 演示

演示（Demo）是从用户那里获得反馈的最常见的形式。演示也是获得他人兴趣的一个最佳开始。入场进行演示才能和目标用户保持沟通，理解真正的用户，接收新鲜的想法并推广项目。更重要的是，原型展现了团队需要继续努力的方面及当前获取的进展。

团队应当区分演示和收集数据的区别，虽然演示很容易做，并能够提供一些基本的反馈，但它们却是收集数据最无效的方法，除非它们与更多关注数据的方法相结合。演示更多是为了推广项目，因此，演示时收集的数据通常不是有价值的数据，而是主观性的数据。这有很多原因，比如，数据收集不是首要任务，用户通常不会提供诚实的意见（换言之，他们比较礼貌），反馈通常是被记住而不是被记录，用户过多造成的混乱，或是回答问题而不是收集数据，以及那些做演示和汇报结果的人造成的偏差。当收集数据真的是演示的目的时，那么结构化的采访和调查问卷可以被用来收集偏差更少的数据。

当一场公开演示出了大问题时，这种教训就是最好的经验。虽然很痛苦，但如果公司或团队可以在这场灾难中活下来，那么它会引起重视，迫使团队采取措施来确保质量，确保下一次进展顺利，这样就不会再蒙羞了。

33.3.3 访谈

访谈围绕对真人提出的一系列开放式问题进行，对用户而言，这比调查问卷更灵活容易一些，在人们体验过虚拟现实应用后，即刻对他们进行访谈才能收集最好的数据。如果不能当面访谈，那么可以通过电话或者文本（更糟）的形式来完成。

访谈与用户评价不同。用户评价的目的是制造真的有人喜欢某件事物的营销材料，但访谈的目的是学习，所以为了保证访谈顺利进行并尽可能地减少偏差，应当提前制定好访谈的准则。

附录 B 提供了一个简单访谈准则文件的示例。该访谈的目的是提升体验，当期望在更细节的方面提升体验时，那么访谈就应该包含更具体的问题。

以下是从访谈中获得更多有用信息的一些技巧。

建立友好关系（Establish rapport）。有经验的采访员在提出具体的针对性问题之前，就了解并和受访者成为朋友。个人风格、种族、性别或年龄的差异都可能降低关系的友好程度，从而减少了可信任答案的数量。比如说，由教授或其他权威人士来进行访谈可能导致一些受访者不愿意告知自己的真实想法，应尽量将采访者与目标群众（基于之前创造的用户画像）相匹配，如 31.11 节所述。

营造轻松的氛围。在不自然或是让人害怕的环境中，比如，在实验室进行访谈将导致只能从受访者处获得很少的回应。很多游戏实验室都有像起居室一样的房间，团队也可以到受访者所在地而不是让受访者来采访者的所在地接受访谈。

掌握时间。最多不要在单个演示或是访谈上超过 30 分钟。通过持续不断地安排访谈来限制时间。和深度采访某个人相比，采访更多个体是更有效的。如果某个个体还有更多有用的东西值得挖掘，那么可以持续跟进。

33.3.4 调查问卷

调查问卷是写下来的系列问题，并要求参与者回答（写出答案或是通过电脑作答），调查问卷更易于管理而且提供了更多的私密回答。调查问卷不同于调查，调查是对全部人口（总体）进行推论，这就要求采样过程非常谨慎，调查通常不适合评估虚拟现实应用。

询问背景信息对于决定参与者是否符合目标人群[类似于定义阶段（31.11 节）创造的人物画像]是非常有效的。如果参与者是自选的，则可以使用这样的信息来更好地定义角色，该信息还可以用于确保广泛的用户提供了反馈，以便在比较被试者之间的不同表现时进行匹配，并探寻不同表现之间的联系。

16.1 节描述的肯尼迪模拟疾病调查问卷是一种常见的用于虚拟现实研究的调查问卷样例。

封闭式问题的答案通过圈选或勾选得到。

Likert 量表包含关于特定主题的描述，被试者需指出他们在强烈反对和强烈同意之间的同意程度，选项必须是均衡的，才会有同等数量的正面和负面状态。

部分开放式问题提供给被试者多个可供圈选或勾选的答案，如果被试者觉得列出的选项是不合适的，还可以选择填写不同的答案或附加信息。

开放式问题对于获取更多的定性数据及更多与未知体验相关的信息是非常有用的，不过，一些被试者需要有额外的鼓励才能完成这些问题，因为这类问题比简单地圈出选项或是在方框前勾选答案要更费神耗力。

附录 A 中包含了一个样例调查问卷，它用于评估 Sixense 的 MakeVR 应用程序[Jerald et al. 2013]，这份调查问卷包含了肯尼迪模拟疾病调查问卷，一份 Likert 量表，一份背景或是经历调查问卷和开放式问题。

33.3.5 小组座谈

小组座谈和访谈类似，但是是以群组形式进行的。群组形式比个体访谈更有效，而且在被试者互相完善对方想法的过程中还可以激发思考。从传统上来说，小组座谈被用于测定用户如何看待新产品及对产品的反馈，或是收集意见来改善迭代方向。对虚拟现实来说，被试者的反馈通常是建立在已使用原型的基础上，目标是激发思考来改进现有方法，创造新的体验和交互方式。小组座谈在虚拟现实设计的早期阶段是极其有用的，因为反馈可以被用来探索新的概念，可以更好地改善问题，并通过更结构化的方法提升数据收集的质量。

Digital ArtForms（国家卫生研究所的一部分，研究“神经科学教育方面有关运动控制的游戏”）[Mlyniec 2013]为有效的小组座谈提供了非常杰出的示例。两个座谈小组由两个不同班级的五年级学生组成，在维克森林医学院的主题专家 Ann M. Peiffer 博士向班级介绍了中风及其病因的基本概念之后，每个孩子独立组装了由不同的脑叶组成的脑部虚拟 3D 拼图。当他们用跟踪式手持控制器抓取了一个虚拟脑叶后，植入游戏的视频和音频会解释这个脑叶是控制什么的；接下来，一个虚拟角色抱怨并演示了中风的症状；最后学生通过向对应的脑叶注射药物来治愈角色人物。本次活动用时间限制和得分奖励来激发学生们完成任务。

除了通过测试前后的数据收集来测定学习效果，团队还询问了孩子们如何提高游戏及对未来的游戏有什么意见。孩子们提出了将僵尸这个概念与中风导致的症状联系起来，随着僵尸朝玩家走来，学生们必须快速确定僵尸缺失的部位然后拿取正确的脑叶扔向僵尸，并在僵尸抓住玩家之前用恰当的药物治愈它。如果没有孩子们的反馈，绝对不会提出这样的游戏概念，Digital ArtForms 正在开发这个由小组访谈结果产生的虚拟现实主题。

33.3.6 专家评估

专家评估是由专家实施的系统化方法，它从用户的角度确定可用性，旨在提高用户体验。如果能有效执行专家评估，它会成为提高系统可用性的最有效方法。

本节概述了虚拟现实可用性专家发现的用于收集高质量数据最高速有效的方法。为了实现对理想解决方案的快速迭代，这最好由连续不同类型的评估（如图 33.1 所示）完成，每个评估环节产生的信息都被用于下一个评估环节，为设计、评估、改进体验提供高效且具有成本效益的战略。这些方法通常被用于评估系统的多个方面，并在项目的不同阶段执行。

图 33.1 专家评估方法的步骤

基于专家指导的评估

基于专家指导的评估（Expert guidelines-based evaluation，也称为启发式评估）通过比较交互方式（现有或是演进中）来识别潜在的可用性问题，并制定准则[Gabbard 2014]，然后用发现的问题为改进设计提出意见。这些都需要在开发周期的早期阶段完成，以避免产生的问题影响设计的其他方面。

在理想情况下，多名虚拟现实可用性专家会针对同一个原型做独立评估，多名评估员所能产生的数据质量和数量超过了评估员本身的成本花销。由于一般的虚拟现实可用性被专家进行了最有效的评估，没有代表性用户参与其中，评估必须给每个问题的严重性打分并描述为什么这是一个问题。在每位专家独立完成评估后，再汇总所有结果，对需要解决的、关键可用性问题进行优先级排序并设计后续的结构化评估。

不幸的是，传统的2D界面准则并不适用于虚拟现实，对于现今存在的虚拟现实也没有建立起很好的准则。虽然不是专门针对这种类型的评估，但本书第三部分和第五部分中的很多准则均可使用，其他准则包括 Oculus 最佳实践指南[Oculus 最佳实践 2015]，Joseph Gabbard 的可用性特征分类[Gabbard 1997]和 NextGen Interactions 的内部文件。

形成化可用性评估

在以专家准则为基础的评估揭示并解决了尽可能多的可用性问题之后，就该进行形成化可用性评估了。形成化可用性评估（Formative usability evaluation）通过在设计形成和演进阶段收集到的用户与应用交互的关键性实验依据来诊断问题，目标是通过观测代表性用户[Gabbard 2014，Hartson and Pyla 2012]来评估，改善和提升可用性、知识学习、性能及探究。在整个设计和开发过程中迭代性地发现问题，可以帮助团队不断改进任务并微调交互方式，这一类方法必须由专业人员来使用，因为它很大程度上依赖于对语境相关的虚拟现实应用（它包含不止一个需要评估的预定义列表）的深入了解。做得好的话，可以高速高效地提升虚拟现实交互的可用性。

图33.2展示了形成化可用性评估的周期。首先，创建用户任务场景（可从任务分析中获取，参见32.1节），以利用并探索所有已识别的任务、信息和工作流。当用户与系统进行交互时，他们通过明确表达自己的行为、想法及目标来让“思考发声”。评估员收集定量和定性数据以确定问题和优势，并分析这些数据，用于提升总结建议、强调保持当前进展很好的功能，该信息还可用于改进用户场景，作为对下一次形成化可用性评估的迭代。

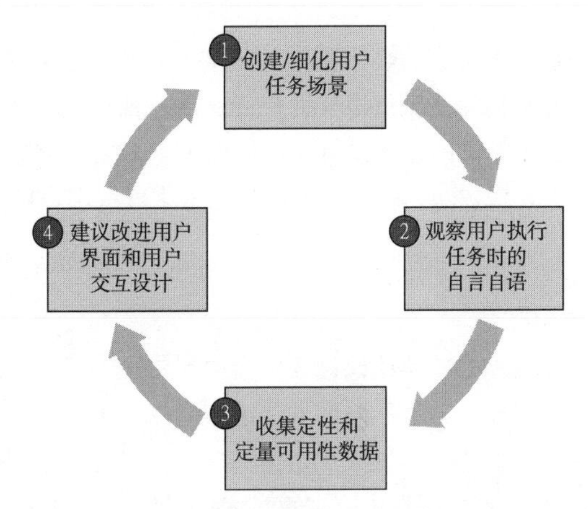

图33.2 形成化的可用性评估周期（改编自[Gabbard 2014]）

评估最有用的结果之一就是关键事件的列表[Hartson and Pyla 2012]。一个关键事件是指对用户任务表现或是满意度有重大影响的事件，无论积极还是消极，或是系统崩溃/错误、无法完成任务、用户混淆、迷失方向、跟踪丢失和突发不适等，这些关键事件会极大阻碍可用性，并对应用程序的质量认知、实用性和声誉产生影响——尽早识别并改正这些问题对于创造高质量体验至关重要。

其他需要收集的数据包括准确性和精度、任务完成时间、错误数量、表现、学习目标的完成度，此类数据可以通过对用户可见的评分系统进行测量，既可以增强积极性，又可以收集数据。

在形成化评估的最后阶段，评估员应只是观察而不是建议该如何与系统交互。这总是能解释当没有人在场教导如何交互时，学习一个系统时会存在的问题。大多数用户在最终体验时都不会有人跳出来解释该如何进行交互，因此这样的评估通常可以得到信号物、指令和使用说明书之类的结果。

比较评估

比较评估（Comparative evaluation，也称为总结评价）是指比较两个或更多的完整或接近完整的系统、应用程序，方法或交互技术，以确定哪些更有用或更具成本效益。比较评估需要一套一致的用户任务（借用或改进形成化可用性评估），用于在不同条件下进行定量数据比较。

评估多种独立变量能够帮助确定不同技术的优势和弱点。通过让代表性用户完成任务，评估员能比较得出改进过的设计里最好的那个，并以此决定哪个设计适合在较大的项目中集成或交付给客户。比较评估还可用于总结新系统如何与先前使用的系统进行比较（例如，虚拟现实训练系统是否比传统训练系统有更高的生产力），但是，要注意它对效度（33.2.3 节）的影响，这可能导致错误的结论。

33.3.7 行动后回顾

行动后回顾是指一个用户汇报自己的具体行为，团队成员通过与用户讨论他的行为，来判断发生了什么、为什么发生，以及如何才能做得更好。以第一人称视角观察讨论用户执行任务时的真实视频是非常有用的，而这样的视频可以在体验时通过屏幕/视频捕捉技术来完成。如果软件支持，从第三人称视角观察可以进行交互式控制，也能从不同的角度来看待用户行为。

33.4 科学方法

科学方法是指基于观察和实验的持续迭代过程，它通常由观察开始，以问题结束，这些问题最终转化成可检验的假设。这些假设可通过不同的方法进行测试，包括进一步观测。最强有力的检测来自那些谨慎控制且可复现的实验,这些实验是用来收集经验数据的。为了从实验结果中获得可信度，实验结果必须多次复现。实验结果经常引发出更多的问题而不是答案。根据实验结果，可能需要细化，改变，扩展或否定假设。这个假设，检验和改进的循环可以重复多次。

实验是一项系统性的调查研究工作，以获取答案和新的理解。在很多情况下，创造虚拟现实应用的实验，和那些专注于科学探究（而不是体验创造）的研究人员所执行的广泛性实验相比，是没有逻辑条理的，严谨的科学或学术实验对于创建虚拟现实应用程序的人而言常常是“大材小用”的，这种正式实验并不是本书的重点。不过，理解正式实验的基本概念能促进虚拟现实的应用，因为这种理解可以帮助我们设计更基础的非正式实验。即使不能进行完美的实验（就算准备了好几个月，也很少能做出完美的实验），至少团队会意识到一些困难可能会出现。了解正式实验方法也有助于理解研究性论文并阐释/解释实验结果。

33.4.1 实验设计概述

本节介绍了科学方法单次迭代的基础知识。

探索问题（Explore the problem）

探索问题的第一步是要了解研究的内容是什么。这可以通过多种方式完成：从别人那里学习（通过试用他们的应用程序，阅读研究报告/论文，并与他们交谈）、自己亲身体验、观察其他与现有虚拟现实应用程序交互的人、前文讨论的建构主义方法，以及“定义与制造”阶段中讨论的各种概念。

制定提问（Formulate questions）

一旦熟悉问题全貌之后，可以从提问开始：

- 团队需要特别学习的内容是什么？
- 工作有效或无效的反馈信号是哪些？
- 最快最有效得到回答的方法是什么？

陈述假设（State the hypothesis）

上述提问的回答和前面阶段的文档（比如，列出的假设和要求），会使更多具体的问题转化为假设。假设是可检测、可证伪的两个变量之间的关系预测。假设的一个例子是：“交互方式 X 比交互方式 Z 在完成任务 Y 上所花的时间更少”。

一次实验应当只能检测一项假说，除非团队获得了基础实验设计的丰富经验（或该团队中已有一位具有实验经验的资深研究员）。增强复杂性会提高整体的风险，导致可能做出错误的假设，选择错误的统计测试，必须增加更多的参与者和会话来解决错误理解实验结果等问题。

确定变量（Determine the variables）

在进行实验前，首先必须精确定义不同的变量。

自变量（The independent variable）是由实验者改变或操纵的输入。选择交互方式就是一项自变量（如 28.1.2 节所述）。

因变量（The dependent variable）是测量的输出或响应。通过对因变量的值（通过调整自变量得到）进行统计学上的比较，来确定是否存在差异。像任务的完成时间、反应时间、导航性能都属于因变量。

混淆因素（Confounding factors）是自变量之外可能影响因变量的变量，并可能导致自变量和因变量之间关系的扭曲。比如，一组被试者早上参与实验而另一组晚上才进行实验，那么两组表现的差异，有可能是由于某一组更加疲惫，而不是由于实验想要测试的那些因素。

意识到并考虑影响内部效度的威胁（33.2.3 节）可以帮助我们找出潜在的混淆因素。一旦确定混淆因素会造成影响，那么此类影响可以通过保持这些因素恒定不变来去除它们的影响。控制变量（也称为常量变量）在实验中应保持不变，以保证该变量不影响因变量。

设计决定（Decide on within subjects or between subjects）

对于所有实验来说，必须做的决定是到底是在被试者之内还是在被试者之间做设计，两种方法各有优缺点。

被试者内设计（也称为重复测量）是让每个被试者都体验所有条件。它的优点是要求更少的被试者，因为每个被试者都会体验所有条件而且个体差异较小，这样收集的数据更有效。由于在招聘、安排、培训等方面花费的时间更少，它的缺点是实验条件之间的差异可能是由于遗留效应而不是因为要测量的内容所导致的。参与一次实验条件测试后再进行下一个实验条件的测试所造成的重复测试偏差，称为遗留效应，例如，学习、训练、疲劳和疾病等。减少遗留效应偏差的方法之一是平衡被试者体验不同实验条件的顺序（例如，一半的参与者先体验 A 再体验 B，一半的参与者先体验 B 再体验 A）。

被试者间设计（即 A/B 测试，只需要比较两个变量）让每个被试者只体验单一实验条件。对于被试者而言，好处是时间短、退出率低且无遗留效应，最大的缺点就是需要大量的被试者，因为不同的实验条件需要不同的被试者，所以个体差异也会变大。

进行试点研究

一个完整实验的耗费巨大，如果实验中有缺陷或是错误的假设，那么整个研究都可能是无效的。试点研究是一个小规模的先导实验，作为完整实验的测试版，它可用于测定可行性、发现未知风险、改进实验设计、减少时间和成本，并估计统计效力，效果大小和样本量。

进行实验

一旦研究人员确信实验设计是稳固的，那么他们就开始从所有的被试者那里收集完整数据，注意，一旦开始收集数据就不能改变实验条件，因为这可能会导致混淆因素和无效的实验结果。

分析数据，得出结论，并迭代

完成所有的数据收集后，就要执行在实验设计阶段定义好的统计分析。如果已精确定义实验设计，那么对于是否发现实验结果不应该存在歧义。实验人员很可能发现实验中还有可提升的方法，以及可以进一步去探索和实验的新问题。这个过程会以一种迭代的方式展开。

33.4.2 真实实验 vs.准实验

为了消除对内部效度的主要威胁，在真实实验中会将被试者随机分组。由于是随机分配的，那么在两组被试者之间剩下的唯一区别只能是偶然，真实实验是确定因果关系的最佳方法。

准实验中缺乏根据不同情况对被试者随机分组的条件。不随机分组的例子就是让被试者自己选择组别（即使他们并不知道两组的条件差异）。由于是非随机分配，准实验有可能包含更多的混淆因素，导致的结果是准实验更难探讨因果关系。不过，准实验的确有它的优势，比如，在很难随机分配被试者时，它比真实实验更容易开展。

33.5 数据分析

33.5.1 了解数据

对数据的解读不会总是这么明显，而数据收集几乎总是会引发更多的问题。在某些情况下，由于条件、用户及数据收集方式的不同，数据之间也会自相矛盾。

寻找规律

单一的测量方法很少能给出数据全貌，解读单一用户的数据是危险的，因为用户之间的差异可能非常大，不妨在多名用户之间寻找规律。同时也要警惕把找寻规律当成真理的情况，因为搜寻规律能导致错误的结论。（33.2.3 节）

注意异常值

异常值（Outlier）是指与其他观察结果不同的非典型值。不要忽视异常值，除非已经搞清楚了它出现的原因。是否因为系统错误才会导致异常值呢？如果真是这样，那么这可能是提醒你纠正错误的最重要的信号，有时，异常值比典型数据能提供更多的洞察力。

通过不同的条件和信号进行验证

应该认识到单个的实验结果是很难产生事实真相（33.2.3 节）的。当设计、实施或硬件改变时，应当考虑这些改变会对实验结果造成的影响；如果实验是针对某个非常具体的场景时，那么可以通过改变条件来重新实验。

33.5.2 统计概念

尽管本书并没有涉及统计分析的具体细节，但本节将介绍数据统计的基础知识，这样所有团队成员都会对此有一个基本的了解——有共同的语言来沟通；发现错误的假设；减少错误归纳或解释数据的可能性；更好地了解其他人的虚拟现实研究及其技术论文。团队中至少有一人要擅长统计分析，他可以是专业的统计学家，但更适合的人选是擅长数学且会使用统计软件的程序员或心理学家。

测量类型

变量有不同的测量量表类型（Measurement scale types），数据解读可以依赖于这些类型的属性。变量的量表类型分为分类、有序和比率三种。

分类变量（也称为标称变量）是测量方法的最基本形式。每个可能值都拥有一个互斥的标签或名字。它没用隐含的顺序或值，像性别（男或女）就是一种分类变量。

有序变量是互斥分类的有序排列，但排列间距不平等。比如，询问“你使用过多少次虚拟现实？（A）从不；（B）1-10 次；（C）11-100 次；（D）超过 100 次”。

等距变量是有序且等间距的，不同数值是有意义的。等距变量不存在固有的绝对零点，像华氏或摄氏温度，以及一天的时间都属于等距变量。

比率变量与等距变量相似，但是有一个固有的绝对零点，这使得分数和比率是有意义的。像用户数、打断次数、完成时间都属于比率变量。

表 33.1 展现了如何通过量表类型来对值进行精确控制及统计归纳，注意不要对比率变量数据进行不合适的计算，一个常见的错误是乘除等距变量或是加减有序变量。

表 33.1　合适的统计计算依赖于要测量的变量类型。

（勾选框说明数学统计适用于当前测量类型）

	绝 对 的	依 次 的	间　隔	比　率
计数和百分比	√	√	√	√
中位数、模式、四分位范围		√	√	√
加减法			√	√
平均值和标准偏差			√	√
乘除				√

描述性统计

描述性统计是对数据集主要特征的归纳和总结，以下是对描述性统计一些最常见和有用概念的说明。

中心趋势度量（Averages）。中心趋势度量代表一个数据集中所有数据趋向的中间值。中心趋势度量根据不同的计算方法会有不同的值，中心趋势度量有三种类型：均值、中值和众数。

均值同等地权衡考虑一个数据集中的所有值，均值是中心趋势度量最常见的形式，均值会被一个很少出现的极大或极小值（比如，一个异常值）严重影响，因此当数据是分类变量或有序变量时，均值并不适用。

中值是一个有序数据集的中间值，当数据偏向高值或低值，或是存在一两个异常值时，那么中值比均值更合适，比如（1，1，2，3，100）的均值是21.4，而中值是2，在这种情况下，中值2被认为更适合代表数据的中间趋势，当数据是有序值时，中值也是最适用的。

众数是在一个数据集中最常出现的值，当数据是分类变量时，众数是最适用的。

数据分布。直方图是数据分布的图像表示。图33.3展现了一个直方图的例子——说明被试者在七个离散答案中的选择。在这种情况下测量方法是不连续的，值首先被放入容器中（有一系列间隔），然后每个容器中的数量才被展示出来。

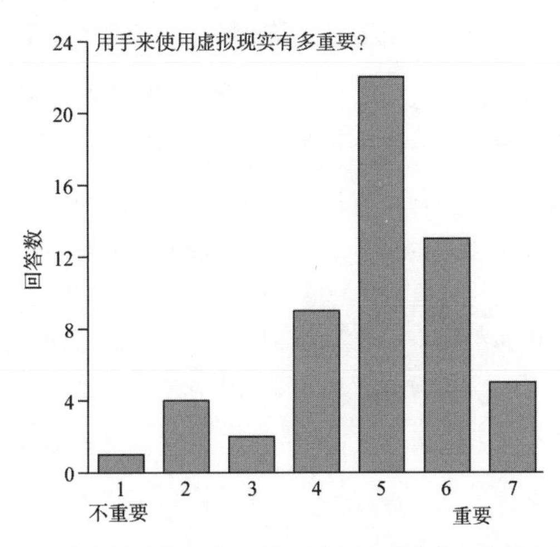

图33.3　一份关于在虚拟现实中使用手是否重要（针对虚拟现实专家）的调查结果（由NextGen提供）

对于某些数据，当样本量提升时，直方图接近于正态分布（图33.4）。正态分布（也称为贝尔曲线或高斯函数）在宽高上有所不同，但在数学上是明确定义的，而且在数据分析上有十分有效的特性，很多统计测试都假设数据是正态分布的。

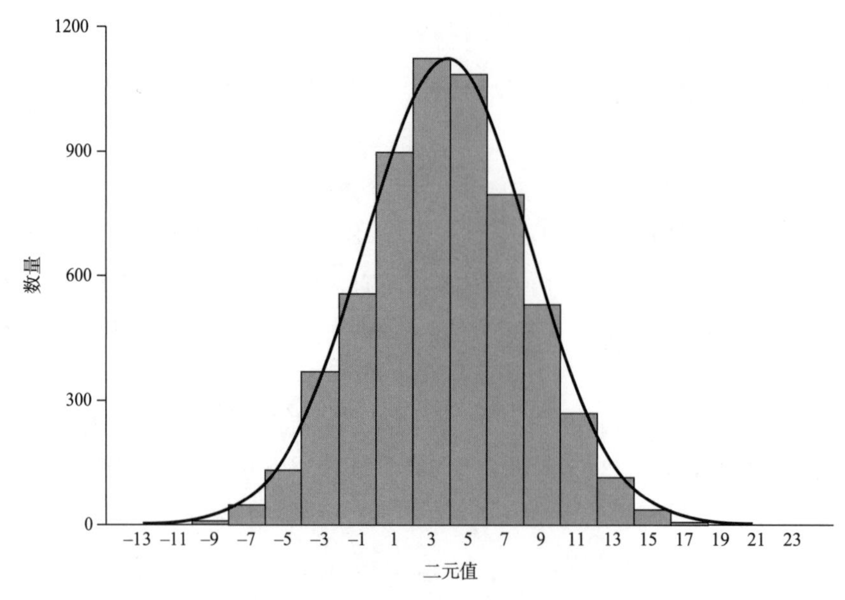

图 33.4　一份数据极其近似正态分布

在任何实验中，收集的数据之间总是存在差异，数据集的离散度（也被称为变化性）表示了数据是如何分散的。离散度的测量值包括取值范围、四分位差、均差、方差和标准差，这些测量值总是为零或是大于零，当值为零时表示数据集中所有数据值都相同，离散值越大，数据越分散。

取值范围是数据集中的最大值和最小值，四分位差是中间 50%数据的取值范围。四分位差通常倾向于总的取值范围，因为它自动去除了异常值并且更好地展示了大多数据的取值。

均差（也称平均绝对偏差）是指数据值与整体数据集均值的距离平均值。方差类似，是指对均值距离的平方求平均。标准差是方差的平方根，也是离散度最常用的测量值。由于多种原因，标准差是非常有用的，原因之一是它与原始数据的单位相同（与均差类似）；另一个原因是，假如数据是正态分布的，那么均值加上或减去一个标准差值即包含了 68%的数据，若均值加上或减去两个标准差值则包含了 95%的数据。比如，某项虚拟现实训练任务平均需要 47 秒完成，标准差是±8 秒，即 68%的用户在 39~55 秒之间完成了任务，而 95%的用户在 31~69 秒之间完成了任务。

相关性

相关性（Correlation）是指两个或多个属性或测量值倾向于一起变化的程度。相关性的取值范围在-1~1 之间。相关性为 0 说明不相关，相关性为 1 说明完全正相关——在一个值递增的同时另外一个值也总是递增的。负相关是指当一个值递增时另一个值递减。值在-1~1 之间意味着一个值改变时另外一个值也会跟着改变，但也有例外。要注意相关性不足以证明因果关系，数据相关可能有其他原因。

统计显著性与实际显著性

统计显著性（Statistical significance）表明，可以相信（通常使用95%的置信水平）实验的统计结果并不是偶然发生的，而是有一些潜在原因所导致的。如果一枚硬币翻转10次都是正面朝上，那我们可以相当确定这枚硬币存在某种问题或某种属性导致它总是正面朝上。然而，无论翻转多少次都是正面朝上的结果还是存在偶然发生的可能性。一个实验的 p 值代表了实验结果偶然发生的可能性（而不是因为有本质上的真实原因）。p 值小于0.05（对应于95%的置信水平）通常被认为在统计上是有意义的。

统计显著性并不一定意味着实验结果足够重要到影响项目的下一次迭代。实际显著性（Practical significance，也称为临床显著性）意味着实验结果十分重要，在实践中可以起作用。例如，在某种条件下，完成虚拟现实任务的时间在统计上可能会减少 0.1 秒，但是，如果完成任务的平均时间是10分钟，那么0.1秒的提高可能并没有实际意义，不值得关注和考虑。如果0.1秒的提升是指系统延迟从0.15秒降低到0.05秒，那么这当然具有实际意义。

34 迭代设计：设计原则

迭代设计对于虚拟现实来说比其他媒介更为重要，因为未知情况实在太多了。不要妄想发现或是创造一个完整详尽的虚拟现实设计流程来适用于所有虚拟现实项目，而是应不断学习不同的流程，这样就能根据情况使用最匹配的流程，专注于项目定义和应用程序制作及用户学习的连续迭代。

34.1 迭代设计的哲学（第 30 章）

以人为本的设计（30.2 节）

- 关注用户体验
- 放弃软件开发的传统测量方法，比如代码行数

通过迭代不断发现问题（30.3 节）

- 不要试图一开始就掌握一切。
- 尽可能快速频繁地从专家和典型用户处收集反馈。
- 越早经历失败、越经常性的失败则越好，以便尽可能地快速学习。
- 如果在早期迭代阶段，失败并不常有，那么尝试制造一些。
- 始终关注假设，技术和业务方面的变化，然后根据需要改变路线。
- 代入用户的角色，尝试各种虚拟现实体验。
- 比起把大量时间花在思考、考虑和探讨上，还不如赶紧让一个不这么完美的原型开始工作。
- 创造接受失败的文化，特别是在项目早期，要让人感觉实验是安全可执行的。
- 比起基于理论的意见，要更重视从真实应用得到的反馈和测量。

没有一个过程是依赖于项目的（30.4 节）

- 按正式的流程，对团队成员和团队之间的沟通进行优先级排序。
- 按照计划的优先顺序做更改。
- 如果不清楚要用哪些流程，那么就随机选取某个试用。通过迭代提升流程或更换。
- 不要被流程束缚。如果流程不合适就要弃用。

团队（30.5 节）

- 保持团队够小，最大化地沟通。
- 如果团队开始壮大，那就拆分成小的团队。
- 确保每个人都有团队合作精神。
- 所有团队成员应积极共同创造，而不仅仅是批判。
- 创造学习氛围，不管学习内容来自何处：其他团队成员、有丰富虚拟现实经验的人员提出的外部建议、其他学科、用户反馈。
- 如果有任何团队成员对不属于他自己的想法都非常闭塞抗拒，那么要提醒他。如果他拒绝改变，那就尽快让他离开本项目。
- 征集广泛的意见和观点，但不由委员会做决定。
- 需要一位权威的领导者，善于倾听，且能在高级别项目上做出最终决策。
- 如果个人（领导者）很难理解每件事是如何联系的，那么说明设计过于复杂。请简化设计。

34.2 定义阶段（第 31 章）

- 不要在第一次迭代的过程中，把太多时间花在定义阶段。
- 在项目启动前，要小心事无巨细地分析过多而掉入分析陷阱。
- 如果不确定是否要开始制作，那就开始吧。之后再回到定义阶段。
- 除了记录做了什么样的决定，也要记录做这些决定背后的原因。

愿景（31.1 节）

- 如果项目的某些方面是未知的，那就大胆猜想和假设，清晰地猜想和假设胜过无言或模糊的模型。

问题（31.2 节）

- 从多个个体获取输入，比如，所有团队成员，利益相关者，代表性用户，其他团队，业务拓展人员，营销人员和专家顾问。

- 不要期待别人直接告诉你他们想要什么。通过提问帮助他们发现他们到底想要什么。
- 从“为什么”开始来提问。
- 记住顾客不是想要一个头戴显示器，而是想要一种体验或是一个结果。
- 不仅要了解与项目相关的虚拟现实部分，而且要了解项目背景。

评估与可行性（31.3 节）

- 不要假设虚拟现实是每个问题的正确解决方案。
- 要考虑到项目是虚拟现实和真实世界的混合。

高级设计注意事项（31.4 节）

- 决定是否专注于全方位的虚拟现实设计。

目标（31.5 节）

- 专注于效益和成果，而不是功能。
- 创建目标时，请使用 SMART——具体（Specific）、可测量（Measurable）、可实现（Attainable）、相关（Relevant）和时限（Time-bound）。

关键参与者（31.6 节）

- 所有主要玩家都应赞同构想，真正关心项目并致力于它的成功。
- 要理解有很多人对此不感兴趣，即使你认为他们是非常适合的玩家。听听他们的意见并继续前进。不要把时间浪费在这类群体身上。

时间与成本（31.7 节）

- 商定合同时，请将初步评估和可行性与执行分开。
- 考虑使用“里程碑”（重要节点），只有到达了商定的里程碑，才能有额外收入。
- 记住布鲁克定律——给晚期的软件工程增加人力只会让它更拖延下去。
- 做好规划以评估开发工作。
- 要了解这一点：开发人员即便明知高估了自己的能力，他们仍然倾向于高估自己的能力。

风险（31.8 节）

- 明确识别风险，提高对任何可能的项目风险的防范意识，以便采取适当的行动来降低风险。
- 专注于最小化可控风险。
- 为了降低风险，让项目尽可能地小。如果项目太大，将它拆分成更小的子项目。

假设（31.9 节）

- 明确寻找并宣布假设，使所有的团队成员都能从共同的起点开始。
- 即使不确定，大胆且精确地列出假设。错误的假设可以被测试，模糊的假设则不能。
- 对假设进行优先级排序，先测试最有风险的假设。

项目约束（31.10 节）

- 确定一名成员负责项目进度，并对全队透明。
- 明确列出约束以缩小设计空间。
- 将约束划分为实际约束、资源约束、过时约束、误读约束、间接约束和有意的人为约束。
- 列出所有误读约束，以便跳出框外思考。图 34.1 展现了针对图 31.8 的解决方法。

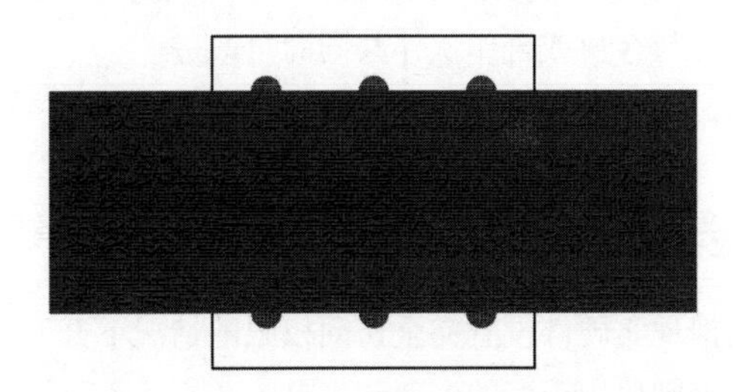

图 34.1　图 31.8 的一个解决方案，即只使用一条线覆盖所有九个点。因为该问题并没有约定线条的宽度。

人物角色（31.11 节）

- 制作适用于所有人的虚拟现实体验是非常困难的，瞄准特定角色让设计更简单。
- 当对实际使用的系统有更多了解时，在之后的迭代中验证并修改角色模型。
- 针对那些对角色模型非常重要的应用程序（比如，治疗应用），可以通过访谈和调查问卷收集数据。

用户故事（31.12 节）

- 按下面的结构来定义用户故事——是谁，什么事及为什么："作为（用户类型），我想（目标），因为（原因）。"
- 创造的用户故事应遵循 INVEST 原则：独立（Independent），可协商的（Negotiable）、有价值的（Valuable）、可估计的（Estimable）、小的（Small）、可测试的（Testable）。

故事板（31.13 节）

- 直接用故事板向用户展示如何交互，而不用担心屏幕布局细节，因为在完全沉浸式的虚拟现实中，屏幕感会消失。

- 不要将故事板限制为线性的，故事板框架可以用多种方式连接。

范围（31.14 节）

- 除了说明应当做什么，也应明确说明不应该做什么，这样团队才能专注于重要的事情。

需求（31.15 节）

- 需求传达了用户的期待；请用户或主要玩家积极参与定义需求的阶段。
- 需求必须通俗易懂，能让所有相关团体都容易理解。
- 每个需求仅对应应用程序必须完成的一件事。
- 每个需求应该是完整、可验证的、简洁的，但仍有创新和改变的空间。
- 任何企图在项目开始时制定所有可能需求的行为都会失败，并会造成相当大的延误。
- 如果改变是必须的，请与客户或合作伙伴共同商量改进。
- 包含通用需求，例如，当延迟升高到某个阈值以上或当跟踪丢失时，将屏幕淡出。

34.3 制作阶段（第 32 章）

- 制造商不应该在对虚拟现实硬件没有完全访问权限的情况下开发虚拟现实应用程序。
- 除非有很好的理由，否则使用现存的框架和工具。

任务分析（32.1 节）

- 任务分析为描述用户行为提供了组织和架构，有助于描述行为之间的组织关系。
- 使用任务分析来了解必须执行的任务，记录活动描述及寻找如何改进流程。
- 当目标是复制真实世界中的动作（例如，训练应用程序）时，从真实世界的任务开始，而不是尚未创建的虚拟现实任务。
- 通过寻找与早期创造的角色模型相匹配的用户，来找出代表性用户。
- 采访用户、领域专家、有远见的代表来洞察用户需求和期待。
- 管理调查问卷，观察专家活动，查阅现有文件，并观察用户试用原型的过程。
- 仔细思考迭代循环的每个过程。
- 通过“如何做”这样的问题，来把任务拆分成子任务。
- 通过“为什么”这样的问题，来获得高阶的任务描述和背景。
- 询问任务发生前的事情及任务完成后的事情来获取连续信息。
- 与正在提取信息的人交谈时，使用图形描述来收集更高质量的信息。
- 不要愚蠢地考虑会有完美的方法来进行任务分析。
- 在组织构建任务之后，与征求过信息的用户一起回顾，以验证理解是否正确。

设计规范（32.2 节）

- 在指定设计的早期阶段，在整合提交最终解决方案之前探索不同的设计。

草图（32.2.1 节）

- 好的草图具备快速、及时、花费少、可自由使用、丰富、具有暗示性、探索性等特征，并且某些部分是模糊的。草图也有不同的手势风格，做过适当的提炼，且包含最少的细节。

框图（32.2.2 节）

- 使用框图来显示元素的整体关系，而不考虑细节问题。

使用案例（32.2.3 节）

- 定义使用案例来帮助确定、阐明、组织交互方式，使其更容易执行。
- 使用分层结构来概述用户案例，以便提供更高层和更细节的视图。在需要时填充细节。
- 用颜色或不同的字体类型，用于分辨待执行和已执行的任务，展现出任务进度差异和具体的责任人等。

类（32.2.4 节）

- 使用早期步骤中的通用结构和功能函数来将信息组织成主题，然后把主题转化成类。
- 使用类图来表述开发者需要完成的任务。

软件设计模式（32.2.5 节）

- 重复利用软件设计模式来解决常见的软件架构问题。

系统注意事项（32.3 节）

系统权衡和做出决定（32.3.1 节）

- 不要通过执行“平均”选项来支持所有内容，因为这将导致单人最佳体验的消失，而应该执行适合每个选项的不同隐喻和交互方式。
- 首先支持单个选项，然后在添加辅助选项之前进行优化。

硬件支持（32.3.2 节）

- 如果尝试支持不同类型的硬件，就会适得其反，导致每种硬件都无法使用优化后的体验。
- 如果必须支持不同的硬件类型，那么必须为每个硬件单独优化核心交互技术，以便利用它们各自的特性。

帧率和延迟（32.3.3 节）

- 从开始就保持与头戴显示器刷新率匹配或是超出其刷新率的帧率。

- 当添加了新的资源或代码复杂性提升时，仔细观察帧率，偶尔掉帧对用户而言也是很不舒服的体验。
- 不要仅仅依靠帧率来确定延迟，使用延迟表测量端到端的延迟。

疾病指南（32.3.4 节）

- 对程序员而言，尊重虚拟现实的不良健康影响是十分重要的（就像对待团队的其他成员一样），这关系到用户的健康。
- 不要等到了学习阶段才开始解决晕动症问题。

校准（32.3.5 节）

- 启用简易校准或自动校准，正确的校准至关重要。

模拟（32.4 节）

分离模拟与渲染（32.4.1 节）

- 从模拟中异步执行渲染。
- 如果头部运动渲染属于低延迟，那么模拟更新慢一点是可以接受的。
- 真实的物理模拟需要更快的更新率。

与物理抗争（32.4.2 节）

- 抵抗物理现象的方法就是不要抵抗，不要试图用两种分离的策略同时确定目标位置。
- 当用户拾取目标时，停止向目标施加模拟力。

抖动物体（32.4.3 节）和飞行物体（32.4.4 节）

- 使用物理“作弊”来减少物体抖动及物体飞离空间的情况。
- 只要有可能，就应避免与多个物理模拟对象进行交互，特别是当对象处于封闭空间或彼此紧紧约束时（比如，在一个小凹陷处的一堆方块或是以圆形方式连接在一起的多个箱子）。

网络环境（32.5 节）

理想的网络环境（32.5.1 节）

- 专注于最大限定减少分歧，违背因果关系和违背预期的事件，同时最大化响应能力和感知连续性。

消息协议（32.5.2 节）

- 当把低延迟作为优先考虑时可以使用 UDP 协议，保持较高的更新频次但每次更新不一定必须是重大更新。关于何时使用 UDP，举个例子，比如，当持续更新角色位置和声音时。

- 当状态信息只被发送一次（或偶尔）时，使用 TCP 协议来确保接收计算机可以更新其状态，以和发送者的状态相匹配

网络架构（32.5.3 节）

- 为了快速响应，请使用对等网络。
- 为确保所有用户网络世界的一致性，请使用足够权威的服务器。
- 使用混合架构来充分利用对等体系结构和客户端-服务器体系结构二者的优点。

决定论和局部估计（32.5.4 节）

- 对于部分确定性的行为，使用航位推算（Dead reckoning）来估计远程控制实体当前所在的位置
- 当新的网络数据包到达时，物体看起来会跳转到新的位置。使用插值来减少感知的不连续性。

减少网络堵塞（32.5.5 节）

- 为了减少网络流量，计算局部和真实状态的差值，只有当差值超过某个阈值时才发送更新。相关性过滤也可用于向每台计算机发送相关信息。
- 通过让许多用户同时说话来测试音频压力。
- 通过相关性过滤，仅向附近用户发送音频。
- 如果需要的话，向远程用户或是不在视野前方的用户分配更少的带宽。
- 尽可能使用动画，而不是连续更新。

同步交互（32.5.6 节）

- 使用在同一时间只能被一个用户占用的物体标记，避免多个用户同时和同一物体交互。

网络物理（32.5.7 节）

- 当通过网络模拟物理现象时，让唯一的权威计算机拥有模拟能力（其他计算机可以估计模拟结果）。

原型（32.6 节）

- 使用原型从用户的行为而不是语言中学习。
- 从最小化原型开始，比如，从最少数量的必须工作开始，来接收有意义的反馈。
- 专注于尽可能快地开展工作，然后在最小化原型上修改和添加附加的功能，或从头开始。
- 针对每个原型都有清晰的目标。
- 当构建最小化原型时，放弃让原型看起来好看的想法。要预料到在最初的几次尝试里，原型是不可能做得很好的。

原型的形式（32.6.1 节）

- 在第一步时，考虑使用真实世界的原型（比如，物理道具或无数字技术的原型），与团队成员共同进行角色测试。
- 使用“奥兹巫师”原型——其中不可见的团队成员在工作站输入命令。
- 尽快获得典型用户的可用原型，并从初始用户处获得尽可能多的反馈。
- 专注于构建最适合收集目标数据的原型。

最终产品（32.7 节）

- 当最终生产开始时，停止探索可能性并停止添加更多功能。保存这些想法以备将来交付。
- 接收利益相关者的反馈，但是明确指出，在时间和预算限制内能够完成的东西有限。
- 涉及权衡问题，增加新功能可能会导致其他功能的延迟。

交付（32.8 节）

演示小样（32.8.1 节）

- 在需要出去演示之前，将演示设备放在与之前设备存放位置不同的房间，以确保打包时不会遗漏任何物件。
- 每件东西都打包两个备份。
- 在前一天准备好演示空间，并在早晨确定每样东西都是可以正常工作的。
- 当可以为项目增添价值的重要人物出现时，准备好内部演示。这并不意味着在任何时候都要给任何人做演示，演示会占用对项目有用的宝贵资源。
- 确定专人负责维护和更新内部演示，专人（可能是演示维护者）负责安排演示。

现场安装（32.8.2 节）

- 不要期望非专家型虚拟现实用户能够顺利安装。
- 对于有多个硬件的复杂安装，准备好调整修改源代码，使用电/电器胶带，问题可能包括电磁干扰和与客户端系统不兼容的连接/电缆。
- 提供服务，培训员工使用和维护系统，对你来说可能是显而易见的东西，对他们来说可能并不是。
- 协议的一部分是提供支持和更新。

持续的交付（32.8.3 节）

- 线上交付考虑每周更新一次版本，这会迫使团队为此负责并聚焦于重要的东西上，同时为数据收集提供了很多机会。

34.4 学习阶段（第 33 章）

- 利用虚拟现实专家、专题专家、可用性专家，实验设计专家和统计学家来确保你在做正确的事情，以最大限度地发挥学习效果。
- 倾向于快速反馈，数据收集和实验。这使团队能够快速了解想法是否能够达成目标，并立即纠正错误。

沟通与态度（33.1 节）

- 寻求批评和反馈的声音，每个项目的成功取决于它。
- 对于建设性批评采取积极态度。
- 积极为自己、团队成员和用户考虑。
- 将失败视为一种学习经历，不要害怕。
- 不要责怪和贬低用户或他们的意见或交互。
- 积极调查困难，确定项目如何改善。
- 假设其他人正在做的是部分正确的，然后提供使他们能够改正和继续前进的建议。
- 当他人指出你已经意识到的问题时，感谢并鼓励他们继续寻找问题。

虚拟现实创作者是特殊用户（33.1.1 节）

- 不要假设对你起作用的也会对其他人起作用，你不可能尝试过所有的情况，而且你已经逐渐对晕动症免疫了。
- 程序员至少偶尔应该参与到数据收集的过程中来，这样他们才会认真对待反馈。

研究概念（33.2 节）

数据收集（33.2.1 节）

- 不要受困于收集单一类型的数据，可以使用多种测量方法。
- 在收集更客观的定量数据之前，首先收集定性数据以获得一个较高层次的了解。

可靠性（33.2.2 节）

- 永远不要依赖于单一测量方法。
- 通过在不同的被试者、会议、时间和实验之间测量，来确信在被研究的事情上确实存在某些一致性特征。
- 记住永远不可能确切得知真实得分，虽然大量的测量可以提供一个很好的估计。

有效性（33.2.3 节）

- 确保实际测量和比较的东西和你认为自己在研究和比较的东西是一致的。

- 理想情况下，一个测量方法应覆盖构造的所有方面；与同一构造的其他测量方法相关；不受与构造无关的变量的影响；并能准确预测其他测量结果，行为或性能。
- 当在无意识的情况下测量了系统构件（不是测量的目的时）时，那么构建效度就被破坏了
- 不要当一个概念在当前实现中不起作用就得出结论：此概念在一般情况下无效。
- 通过仔细考虑对内部效度的威胁来减少得到错误结论的概率。比如说，随机化实验条件的分配；在数据收集期间保持同样的设置，移除练习效应，移除任何可以让被试者猜测到假说的线索，并让实验员看不见实验条件。
- 了解对统计结论有效性的威胁，减少得出错误结论的概率。比如，一个统计结果可能是偶然发生的，没有找到结论并不意味着结论不存在，数据假设可能无效，但数据挖掘提高得到结论的可能性。
- 不要假设会发现一个适用于不同设置、不同用户、不同时间的设计/实现。
- 在硬件发生变化或重大设计更改后，要再次收集数据。

灵敏度（32.2.4 节）

- 提高测试因子的灵敏度，来提高发现结果的可能性（如果存在的话）。

构建主义方法（33.3 节）

小型回顾（33.3.1 节）

- 进行小型回顾：讨论进展及需要改进的内容。
- 比起偶尔的漫长回顾，最好有许多简短而连贯的小型回顾。
- 尊重所有的团队成员，不要让回顾变成一场“巫师抓捕”行动。
- 专注于为未来的迭代创建主题，跟踪团队希望改进的领域。

演示（33.3.2 节）

- 区分收集用户数据（主要目标是学习）和进行演示（主要目标是市场），不能仅依靠演示来接收反馈。

访谈（33.3.3 节）

- 当用户在体验完应用后即刻接受采访或访谈才能获得最佳数据。
- 提前制定采访准则，以使访谈正常进行，减少偏差。
- 尝试根据先前创建的角色将受访者与目标受众相匹配。
- 在舒适自然的环境下进行采访（比如，一间模拟的起居室）。
- 每次访谈不要超过 30 分钟，通过持续不断地安排访谈来设置时间限制。如果个体还有更多有用的东西需要表达，可以继续跟进。

调查问卷（33.3.4 节）

- 如果管理的便捷性和隐私比较重要，那么可以使用调查问卷。
- 询问背景信息来判定被试者是否与目标人群（由早先创造的用户画像定义）匹配，帮助更好地定义用户画像，还可以用于确保广泛的用户提供了反馈，以便在比较被试者时进行匹配，并探寻表现之间的联系。

小组座谈（33.3.5 节）

- 在设计的早期阶段使用小组座谈来探索新的概念，更好地改进问题，提升数据收集质量。
- 群组形式比个体访谈更有效，而且在被试者互相完善对方想法的过程中可以刺激思考。

专家评估（33.3.6 节）

- 如果能合适地执行专家评估，那么会提高系统可用性，并朝理想解决方案迭代——这是最有效和性价比最高的方法。
- 在项目早期执行基于准则的专家评估，以便当问题影响设计的其他方面时能及时纠正。
- 在设计的形成和演变阶段执行形成化可用性评估，以评估、改进、提升可用性、学习效率、表现和探索过程。
- 形成化可用性评估必须由虚拟现实可用性专家来执行，因为它很大程度上依赖于对语境相关的虚拟现实应用（包含不止一个需要评估的预定义列表）的坚实理解。
- 特别注意重大事故，将解决造成这些事故的问题设为最高优先级。
- 设计一个对用户透明的得分系统，既能提高动力又能进行数据收集。
- 在形成化可用性评估的最后阶段，只观察而不要建议如何与系统交互。
- 使用比较评估来比较两个或多个完整或接近完整的实现方案。这对于选择用于最终集成的最佳技术及测试新系统是否优于以前的系统是有用的（比如，是否新的虚拟现实训练系统比传统训练有更高的生产力）。

行动后回顾（33.3.7 节）

- 向用户重点介绍虚拟现实体验中采取的具体行动。
- 讨论发生了什么，为什么发生及如何能做得更好。
- 当从第一人称视角和第三人称视角观看记录时，与用户讨论当时他采取的行为。

科学方法（33.4 节）

- 即使不进行正式的实验，也可以学习基础知识，以便设计更多的非正式实验；试着理解他人进行的实验研究，去了解收集数据时可能存在的一些陷阱，并正确解释实验结果。
- 探索问题的第一步是要对要研究的东西有一个基本的理解。通过从他人处学习（尝试他们的应用程序，阅读研究报告或论文，并与他们交谈）、自己尝试或是观察其他人与现存应用的交互、构建主义方法，或是其他在定义和制造阶段提及的多个概念，可以完成这一目标。

- 一旦熟悉整体问题，就可以开始询问并回答高阶问题了。
- 以预测两个变量之间关系的方式精确地陈述假设。
- 注意混淆因素。通过考虑对内部有效性或效度的威胁，来找出混淆因素；一旦发现混淆因素，用变量控制的方法使混淆因子保持一致。
- 当只有少数被试者、遗留效应极小或是被试者可以被平衡时，再使用被试者内设计。
- 当有许多被试者时，使用被试者间设计。它们可用性极短而且遗留效应是一个问题。
- 在进行更正式和严格的实验之前，要进行非正式的试点研究，以确定可行性；发现未知挑战，改进实验设计；减少时间和降低成本；估计统计效力，效力大小和样本量。
- 当随机分配很困难时，考虑准实验而不是真实实验，因为有加入混淆因素的风险。

数据分析（33.5 节）

了解数据（33.5.1 节）

- 当第一次着眼于数据时，从寻找数据模式开始，但是要在假设一种模式是真理事实时要小心，因为数据挖掘会导致错误的结论。
- 注意异常值，因为异常值会比典型数据提供更多的思考和洞察，通常异常值是告诉你需要修正错误的一个重要信号。
- 单个实验的结果几乎不可能是一般性真理，不要把最终结论建立在单个实验上，并考虑实验变化会如何影响实验结果。

统计概念（33.5.2 节）

- 所有团队成员都应熟悉基本的统计概念，能够使用通用语言，减少错误假设和误差，且能够理解他人的研究。
- 团队中至少有一个人应当擅长统计分析。
- 注意测量类型，并对每种测量类型执行恰当的计算，比如，不要对等距数据做乘法或是对有序数据做加法。
- 对于平均值，当数据偏移时使用中值来排除异常值或者即便数据是有序的也应当使用中值；针对分类数据使用众数。
- 用直方图来可视化数据，直观地了解数据分布。
- 了解统计显著性和现实显著性的差异，统计显著性不一定是有意义的。

第七部分　未来从现在开始

那些疯狂到认为自己可以改变世界的人确实能够改变世界。

——史蒂夫·乔布斯

这本书的重点在于提供虚拟现实的高层次概述，并详细介绍一些最重要的概念，即使对于那些完全读完本书的人来说，这也只是个起点，在参考文献里有更多详细信息，然而那些参考文献也只是多年来虚拟现实研究的一小部分，还有关于神经科学、人类生理学、人机交互、人为表现、人为因素等一般性的研究，列表还在不断增长，然而，这不意味着所有事情都被了解，虚拟现实领域及其许多应用都是全面开放的，我们不仅没有耗尽新的可能性的危险，而且很有可能我们永远不会用尽这些可能性。

用我前任教授 Henry Fuchs 的话来说（来自他在 IEEE 上的主题演讲）：“我们现在有机会改变世界——让我们不只是吹嘘吧！”（Fuchs 2014）。未来就在这里，任何人都可以触碰到，所以不要被甩在后面，你可以以任何你希望的方式通过虚拟现实技术来塑造未来。

第七部分包含两章，着眼于未来，并提供一些关于开始实际创造虚拟现实应用的基本步骤。

第 35 章，虚拟现实的现在与未来。讨论虚拟现实现在的状况及未来走向。主题包括虚拟现实文化，新的生成语言，新的间接和直接的交互方式，标准和开源，新兴硬件及增强现实与虚拟现实的融合。

第 36 章，启动。这是很短的一章，解释了如何开始建立虚拟现实应用，并提供了一份任务计划，向任何人，即使是那些只有有限时间的人，展现如何快速创造虚拟世界。

35 虚拟现实的现在与未来

2015 年，低成本消费的虚拟现实技术正在超越专业的虚拟现实/头戴显示器系统。几年以前，即使有无限预算，你也不可能买到一个具有分辨率、视野、低延迟和低重量的系统，然而有这样总体质量的系统现在却能以任何人都能负担得起的价格被买到。除此之外，工具可以被任何人获取而且很容易使用，这导致了虚拟现实的亲民性，因此任何人都可以参与到定义虚拟现实未来的走向中。虚拟现实不再只是学术机构或公司团体的工具，一个独立的团队和一家世界 500 强公司创造出最好的虚拟现实技术和体验的可能性是一样的。

本章所述的一些挑战将为虚拟现实的未来打开机会的大门，本章还描述了虚拟现实已经发生了的，最让人兴奋的可能性，以及未来的虚拟现实看起来可能是怎样的。

35.1 将虚拟现实售卖给大众

虽然虚拟现实确实是一个令人兴奋的行业，很多人也都知道它，但大多数人并不为它买单。相反，它作为技术奇迹被卖给创新者，然而，对于大多数人来说，技术并不重要。未来，故事、情感的售卖方式需要更有吸引力，以便吸引更多的人，那么如何以更有吸引力的方式来让大众需要它呢?

- 通过其他技术所不能提供的娱乐化体验方式。
- 通过网络世界简化并增强社交分享。
- 通过满足人们的需求并使生活更容易。
- 通过沉浸式的健康监护和身体/精神锻炼来提高生活质量。
- 通过节约成本和提高盈利能力。
- 通过我们甚至未曾了解过的新型创业企业。

专注于其中任何一个领域都是崇高的努力。它们每一个都会在改变人们生活中发挥重要作用。

35.2 虚拟现实社区文化

在某种程度上，虚拟现实文化已经形成了。考虑虚拟现实会议的现象，2012 年，卡尔·克兰茨（Karl Krantz），一个自称性格内向的人，开始联系一小部分他认为的本地虚拟现实专家及爱好者，通过举办会议来分享讨论他们的虚拟现实创作。到今天为止，卡尔在某种程度上已经变成了本领域的名人，不仅是他的地方性会议扩展到了超过 2000 名成员，而且他允许任何人在公共场合展示虚拟现实体验的模式被复制到了全世界。每个大城市都有数以百计的爱好者聚集在一起，分享他们的虚拟现实世界，定期讨论最新的趋势。非虚拟现实会议通常很难找到人参加活动，但虚拟现实会议所需要做的就是建立一个账户，找一个地方，选好日期，发送一些 Twitter 和电子邮件，人们会涌向其中。仅在旧金山湾区，每个月就有很多不同的虚拟现实会议，你很难全部都跟上。虽然主流媒体抨击虚拟现实是反社会的，但这些会议证明了它可以是社会润滑剂，让内向的人都能侃侃而谈。Oculus 首席执行官 Brendan Iribe 和 Meta 首席执行官 Mark Zuckerberg 都表示，有一天会有十亿甚至更多的虚拟现实用户[Zuckerberg 2014，Hollister 2014]。为了实现这一目标，群众需要完全的文化转变来接受像虚拟现实这样前沿的思想转型技术，这真的会发生吗？当人类和技术都在演变时，总有一天它一定会发生的，问题是，是 5 年后还是 50 年后呢？在短期时间内，是会像尼尔·斯蒂芬森的“雪崩”一样，虚拟现实会只有少数的幸运者，还是会以更快的速度增长呢？即使 Metaverse 不能被亿万人访问，但各种形式的虚拟现实一定会为我们当中部分较小的群体增添价值。

无论是谁使用虚拟现实，规则、阶层和社会限制的文化模式必将在虚拟世界中形成，有一些会被直接编入体验中，但是大部分社会和文化结构会像在真实生活中一样自然演进，什么样的行为是没有素质的？什么样的行为是礼貌的？破坏性的行为会受到什么样的惩罚？政府实体的对等形式是否会为共同利益制定法律？只有时间才能告诉我们答案，但是这些问题对未来的虚拟现实有重要影响，在设计新世界时必须予以考虑。

35.3 沟通

本书开始就讨论了虚拟现实的核心是沟通（1.2 节）。本节将会描述下一阶段虚拟现实中的沟通是怎样的，而不是像现在大多数虚拟现实应用所做的那样，只是和物体交互。

35.3.1 新生代语言

语言不一定要由话语组成，任何沟通形式都行（比如，肢体语言）。新生代语言（也被称为基于未来的语言），与描述性语言相反，拥有“创造未来，雕刻幻想，去除阻止人们看见新的可能性的障碍”的力量[Zaffron and Logan 2009]。简而言之，新生代语言转变我们理解世界的方式，虚拟现实可以被认为是一种新生代语言，因为我们在创造语言时无法完全描述的新的体验，只有自己亲身体会、体验时才能被完全传达。虚拟现实语言一定会带来仅由传统语言，我们的过去经验或现有的理解所无法创造的事情。

35.3.2 符号化沟通

直接沟通可能不是与虚拟现实交互的最好方式。间接的符号化沟通是使用抽象化符号（比如，文本）来代表物体、想法，概念，数量等[Bowman et al. 2004]。想想我们在真实世界中是如何使用间接的符号化沟通的。符号化沟通是我们有效、精确、简明地传递信息，提供清晰思考的方式，无论是在心中还是在物理世界（比如，纸和白板）中，并且它允许结构化数据在所有时间里持续存在。

在虚拟现实中，符号化输出是很容易完成而且被有效利用了的。然而，符号化输入不是如此直截了当的，除了像在 28.4.1 节中描述的对小部分选项起作用的小部件和面板交互技术，符号化输入很少被用于更广泛化的输入，当前还没有明显的方法以高效的方式符号化地输入数据。

发明新部件可以起作用。考虑一个在平板电脑触摸屏上用于数据输入的触摸轮界面（Touch wheel interface），这样的部件对于触摸屏会有很好的效果，但是对于鼠标或键盘界面的操作不是特别友好。我们需要适用于虚拟现实的等效符号输入技术，而且我们还需要超越这一点。从理论上说，语音、手势、键盘和挤压输入是符号输入的理想选择，然而，想要这样的理论概念在虚拟现实中起到很好的作用，仍存在很多现实挑战。

语音识别在控制条件上起到很好的作用，然而，很多情况下都能证明，通过手机与语言提示系统通话是非常令人沮丧的。即使系统能够完美地识别说出的话，也依然存在着很多重大的挑战。除了语义分析和理解，挑战还包括上下文使用的单词（例如，短语“Put it to the left”），有些人会觉得由于缺乏隐私感、感觉会打扰他人或对于和机器说话感到尴尬而抗拒使用这样的语音系统，语音识别系统能否在虚拟现实中应用得更广泛还有待观察。

手势面临着和语音识别同样的挑战，除了错误率，疲劳也是一大问题。对于全手更好的追踪将帮助减少对大型动态手势的需求，就像在微软 Kinect 的例子中一样。摄像头系统的可靠性能否克服视线受阻的物理限制仍有待观察。这可能是由于视线问题造成的本质上难以解决的物理问题，抑或可通过某种方式规避。随着手势识别技术的进步，以及人们对佩戴硬件设备的习以为常，手套将会变得越来越普遍。由于手指追踪的不准确和不可靠，在符号语言识别上的尝试也已经失败了。当手势识别准确率不断提升时，符号语言或许确实能成为符号化输入的有用方式。比如，可以从数字输入开始，因为只有少量的手势需要被识别，而且很容易学习，因为我们已经知道如何用手指计数，系统必须识别比数字 0~9 更多的手势，例如，开启数字输入或是删除输入，但这些手势并不多。

很多挑战和技术能力无关，最好的设计并不总是能胜出，可以回忆一下智能手机的输入法是如何从 12 个数字矩阵（每个矩阵都映射多种输入）转换成字母输入（或是像词语补全，试图将多次输入映射到字典里的词语）的。现在，智能手机依然通过 QWERTY 键盘式触控界面进行符号化输入，这本来是为 10 个手指设计的，但现在更多地是用 1~2 个手指。当手指停留在屏幕上时，滑动图案识别使其更有效，但这个界面不理想，就如同智能手机工业一样。在虚拟现实中向更好的符号化输入过渡是需要时间的，而且会沿着非最佳路径迭代前进。对媒介设计的迟缓反应也被证明在虚拟现实中同样存在，因为大多数虚拟现实元件仅是桌面元件的复制品。

触控对于符号化输入尤其重要。触觉通过传递反馈起作用，比如，在虚拟键盘上按压某个键，弦键盘上的按键本质是通过按钮的感知来提供物理反馈的，这些性能都能很容易地被集成在手持跟踪控制器上。如果可靠的符号化输入有足够的价值和需求，那么或许用户会接受改变的代价（比如，人们会愿意学习使用打字机）。

35.3.3 用虚拟人类创造同情心

科幻小说总是预言人类将以自然的方式与人类相似的计算机实体生活和交互，甚至可能与这些人造实体发展出感情关系，这已经成为一种现实。来自南加利福尼亚大学创新性科技协会的研究员们已经发明了这样的类人实体，具备互动社交技能连接和融合的能力。系统通过感知用户的情感状态和对心理医疗应用的恰当反应来起作用（如图 35.1 所示）。那些相信自己正在与电脑控制的虚拟人类交互的人，比起那些认为自己在与人类控制的虚拟人类交互的人，表现出对自我披露更弱的恐惧感，以及更弱的印象管理（只披露积极的信息），并且更强烈地表现出悲伤。观察员认为这些人更愿意披露自己[Lucas et al. 2014]，尽管在完全沉浸式虚拟现实中要集成这样的系统确实存在挑战（比如，在半张脸都被头戴显示器遮住的情况下，传感器如何检测面部表达的情感），但这样的能力被集成在完全沉浸式虚拟现实中只是时间问题。有了完全沉浸式虚拟现实，虚拟人类会更像生活中人类的大小，会更真实，而不是仅仅限制在屏幕之中。它们会像科幻作家所设想的那样，像真实实体一样与用户交互。现在并不知道这最终会达到怎样的一种形式，但是这种将人工智能实体与虚拟现实结合的技术对于帮助真实人类克服传统人与人沟通之间的障碍很有潜力。

35.3.4 脑对脑沟通

来自神经电学和其他机构的研究人员最近执行了一个概念证明实验，发现个体之间可以通过脑沟通手段进行交流，而不需要肌肉或是周围感知系统的干预（图 35.2）[Grau et al. 2014]。编码字的二进制流在作为发射器和接收器的参与者头脑中进行远距离传送，代表着人类脑接口的实现，这主要通过捕捉一个参与者自发运动时脑电图（EEG）的变化，进行信息编码，并通过网络将其从印度远程发送给一个在法国的参与者来完成。信息被转化为通过神经元、经颅磁刺激（TMS）传递给接收参与者的光幻视（光闪烁）意识感知的信号体。

实验结果为意识层面上的脑沟通技术提供了很好的范例，更完善的实施将在认知、社会和临床神经科学及意识科学研究方面开辟新的研究领域。长远的可能性包括可以通过思考来修改一个人感知到的虚拟现实体验，这样的技术将会对包括虚拟现实技术在内的其他领域也产生深刻影响。

图 35.1　由计算机控制的虚拟人（右）通过感知用户的状态并做出适当的反应，与用户（左）建立同理心[由南加州大学创新技术研究所提供。主要调查人员: Albert (Skip) Rizzo and Louis-Philippe Morency]

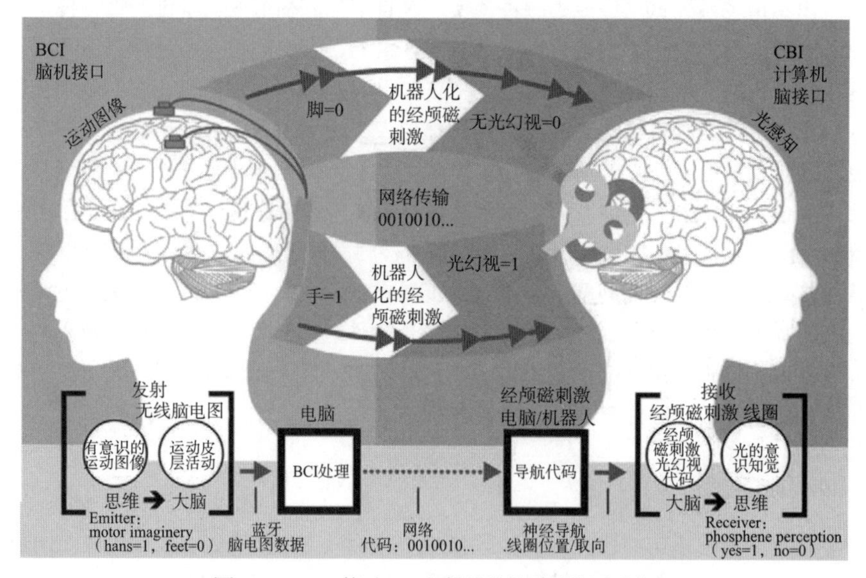

图 35.2　Grau 等（2014）描述的脑对脑沟通系统

35.3.5　全神经输入和输出

通过一些标准化的连接进行直接神经输入，就像电影《黑客帝国》中一样，已经是很多年前的事情了，过渡过程是非常平缓的，就从上述的通过神经电生理学进行神经输入输出开始。

视觉显示器已经通过虚拟视网膜显示器逐渐靠近人的大脑，主要是依靠激光在视网膜上绘制图像来完成（由 Magic Leap 公司实现）[Schowengerdt et al. 2003]。视觉显示最终将转向隐形眼镜的形式，从增强现实开始，最后不仅能描绘世界，还能具有完全呈现真实世界的能力。下一步或许是位于眼睛内部的投影仪，也可能是直接传送到视网膜的信号。实际上，多个公司已经开始追求直接的视网膜刺激，简易、具有 60 个像素的矩阵显示视网膜刺激物已经被植入了盲人身体里，这使得他们能够看见基本的形状、运动，甚至是真实世界的字母或单词（通过将装在眼镜上的数码相机拍摄到的图像映射到植入的电极中）[da Cruz et al. 2013]。

视网膜之外的事情将会变得极其复杂，因为 parvo 细胞和 magno 细胞在传输信号到上丘和外侧膝状核时，并不是简单的 D 图像呈现。如何将信号直接传输到视觉皮层是现在预测的，但它可能需要重新思考视觉信号的概念。

虚拟前庭输入也是非常具挑战性的，因为它需要用准确的方法来减少晕动症。前庭系统的人工输入现今是存在的，但是是一种非常原始的方式，甚至还加重了晕动症和不平衡感。如果给前庭系统提供更多的控制，或是直接作用于前庭核，那么有一天这个方法或许可行。或许直接的音频输入没有什么原因，因为耳机已经基本隐藏在耳朵里，然而，如果有需要的话，这会比感觉输入更容易实现，因为相比于视觉来说，音频特性更加简化，而且对带宽要求更低。

在虚拟或真实世界中利用神经输出来控制物体是完全不同的理论，对于残疾人来说已经存在此种需求，肌电信号已经能够控制假体装置了，人们很容易就能想到这种技术可以被扩展到增强现实和虚拟现实中。事实上，只需参加每年在旧金山举办的 Neurogaming Conference and Expo，就有机会通过意念控制一个基本的虚拟现实界面。

35.4 标准和开源

有人认为标准本身是非常具有争议的，极端情况之一就是一部分人认为任何一切标准都会阻碍创新，而另一部分人却想将所有东西都标准化。事实上，标准只是一种工具，如果使用得当，可以简化生活、方便团队间的沟通，促进跨平台的发展，并使消费者能够更客观地比较竞争产品；标准也是行业领导者之间的催化剂，使他们在进展过程中定期聚集，合作和升级他们的发现——标准在这样的情境下增强了创新能力。如果标准阻碍了创新，那么汽车行业，游戏行业，互联网，甚至是虚拟现实行业现在都将不再存在了。

当定义标准时，仅与互通性有关是不对的，而这常常是行业内争议的主要问题。互通性只是这个问题的一部分，还需要追求很多其他基本标准。标准有助于提高质量预期、基本语言、健康和安全，甚至确定共同目标。

准确一致的术语是使标准有用的一个领域。比如，很多人随意地讨论视野而没有指定到底是水平视野还是对角线视野（以及其他因素）；同样地，延迟也很不好定义。与许多人所认为的相反，延迟不仅仅是指帧速率或刷新率的倒数（15.4 节），在光栅显示中，延迟到底是指从动作开始到产生的第一个像素出现在一帧（光栅扫描的开始）的左上角的时间，还是指画面的中心像素显示（对于 60 赫兹的显示器来说大概是 8 毫秒的差异）的时间？或是像素的响应时间？这取决于使用的技术，如果不是几十毫秒，像素响应需要几毫秒来达到预期强度的 100%。即使像素响应是即时的，像素持续一段时间又该如何呢？延迟是指到像素最初出现的时间为止还是到平均可见的时间为止呢？当讨论延迟时，这些细节上的不同会造成很大影响。将这些由于不准确/非标准化的定义而造成的不同加起来，差异可以达到 20 毫秒。

虚拟现实有一些最基本的元素，然而在这些元素上，不同的厂商之间却有极大的不同，这将导致用户的误解，且达不到预期。标准的重要性就如同人与人之间、思想之间的互通性及供应商之间的兼容性和共通性。

35.4.1 开源

开源是一类通常与软件相关的许可，它的工作原理是让每个人都可以对一个特定的项目做出贡献，而且这个项目可以被自由使用，并对所有人都透明可见[Schneider 2015]。如果某些东西被开源发布了，从那时起它就赋予了他人使用同样代码的权利，而且它不能为此收费。这个想法可以从头开始写，并在开源世界之外销售，但现有代码的修改必须是透明和免费的。

开源互操作性

19 世纪 90 年代，Russ Taylor 领导了虚拟现实外围网络（VRPN）的发展——一套用于与虚拟现实设备通信、硬件独立和网络透明的开源系统[Taylor et al. 2001a]。VRPN 自此以后成为最常用的连接虚拟现实设备和虚拟现实应用的软件库。Russ 声称它成功的原因之一是“你只能标准化没有人关注的东西”[Taylor et al. 2001b]。虚拟现实创作者确实关心能否有一种标准的连接虚拟现实设备的方式，这样可以在不同的设备中使用同一应用程序，但他们并不关心底层细节是如何实现的。

OSVR（开源虚拟现实）是由 Razer 和 Sensic 共有并维持的合作，它不是一个正式的组织或非营利结构，而是一个由 Razer 和参与的供应商之间签署的许可协议定义的平台。OSVR 目前拥有超过 250 家商业硬件开发商、游戏工作室和研究机构。

Russ 现在是 OSVR 平台的主要开发人员之一，平台包括开源软件和硬件设计，这使得任何人都可以自由地新建自己的系统或是修改已经存在的系统。

35.4.2 平台特定/事实标准

事实标准是一个系统或平台，它通过公众接受或市场力量而具有庞大的相关受众，这使得它占据了主导地位。比如，微软的 Xbox 和 PC 使用了 DirectX 事实标准，同样，Valve 拥有 Steam OS，Advanced Micro Devices（AMD）拥有自己的 LiquidVR 平台，而 Nvidia 拥有 GameWorks VR。它们之所以是平台，是因为它们兼容一系列的硬件，但并不开源。

35.4.3 开放标准

开放标准是“向公众提供的标准，并通过合作和协商驱动发展（或批准）并维护的过程”[ITU-T 2015]。

开放标准的关键在于在具有相同投票权的大范围群体中协作并得到认同，除非有足够的小组讨论和协议，否则任何贡献都不能被加入或移除。Khronos 集团拥有开源平台，最终规范由成员通过投票决定，如果没有平衡平等的投票额，可能会错过巨大的创新。因为较大的参与者不想合作，或者他们只是想超越较小的团队。

除非所有的虚拟现实工作都转移到由一个单一供应商控制的平台上，最有效的开放标准应当由一个正式的非营利组织支持，并且人人都能平等地参与。如果没有这样的条件，所有的努力都会分崩离析，从而失去信任，非营利结构之所以存在是因为它们的开发是开放和透明的[Mason 2015]。

著名的开放标准组织

Khronos 集团是一个非营利性标准组织的良好范例，它们的工作不需要版权费和许可费，OpenGL，OpenCL，WenGL 等都得到过 Khronos 集团的认证，参与的人需要支付年费、决议投票并执行标准。

沉浸式技术联盟（ITA）最初是在 2009 年成立的正式的非营利公司，它的执行董事是 Neil Schneider，同样也创造了 Meant to be seen（MTSB）。MTSB 是 Oculus Rift 诞生的地方，并标志着 John Carmack 和 Palmer Luckey 的第一次见面。ITA 存在的理由是使沉浸式技术取得成功，除了拥有自己的标准和行业发展的工作组，它还定期与 SIGGRAPHKhronos 集团，会议组织（如 SVVR）等外部组织合作。他们还推出了 Immersed Access，这是一个 NDA 支持的私人社区，专业人士可以在安全的环境中分享交流和相互学习，并远离媒体，Immersed Access 功能包括 OSVR，Oculus，Valve 和其他平台的非官方讨论区域。

35.5 硬件

新型虚拟现实硬件开发正在定期发生，主要是因为 3D 打印的出现，头戴显示器正在变得越来越轻而且具有更广阔的视域。头部和手部的混合追踪正在逐渐提高其精度和准确性，Magic Leap 宣称解决了调节辐辏冲突，许多公司正在改进全身追踪技术，最终，可以构建外骨骼以提供更好的触觉，并用超人类力量来弥补人类自身的能力。

领先的虚拟现实公司（Oculus，Valve，Sony 和 Sixense）现在都以低廉的价格创建了追踪式手持控制器（至少与旧的专业系统相比），这样的控制器通常是与完全沉浸式体验相交互的最好方式（尽管由于缺乏用户对这些设备的所有权，这些应用程序仍然相对较少）。这是非常重要的，因为在虚拟现实中没有手就等同于在真实世界中瘫痪了，当这些类型的手持式输入设备变得越来越可用时，开发者将会创造出更好、更具有创新性的交互方式。除了完全被动的体验，绝大多数的虚拟现实体验将使用户能够用手进行交互。

即使使用具有 6 个自由度的手部输入设备，当前的手部输入仍然被描述为有限制思维“拳击手套”式界面，因为手指很少被跟踪到。如果手指被追踪到了，也很难被准确追踪，绝不可能有 100% 的可信度。Tyndall 与 TSSG 和 NextGen Interactions 合作，将他们非常精确的手套技术商业化，而这以前被用于外科手术，目标是希望以消费者负担得起的价格提供一种手套，克服之前那些手套所面临的挑战，图 35.3 展现了此种手套的原型。

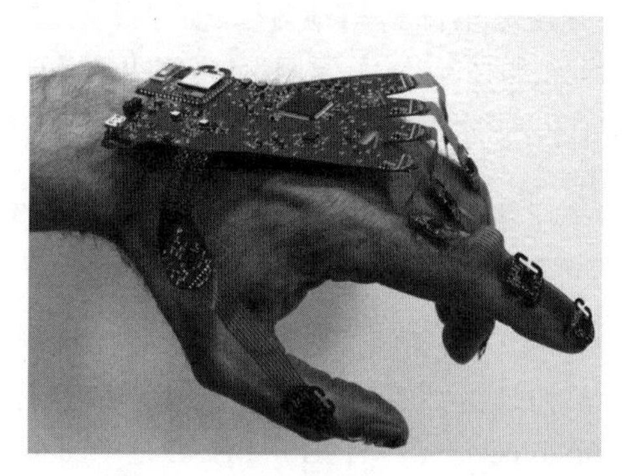

图 35.3　Tyndall/TSSG VR 手套的早期原型（由 Tyndall/TSSG 提供）

35.6　增强现实和虚拟现实的融合

增强现实和虚拟现实有很多不同，但它们也有很多相同点，这两者很有可能进行融合，虽然体验可能是非常不同的（虚拟现实是将某人转移到不同的世界，而增强现实却是将增强了的现实添加到真实世界），同样的硬件可能对二者都有用。自 20 世纪 90 年代以来，相机就开始捕捉真实世界并将其带入非透视性头戴显示器的虚拟现实体验（增强现实的一种形式；见 3.1 节和图 27.6）中，所以从研究角度上来看，增强现实 AR 和虚拟现实 VR 的融合并不新颖，但对于吸引主流注意力来说还是挺新的。相反，未来的光学透视头戴显示器将能够做到使单个像素不透明，因此数字图像可以完全遮挡全部或部分的真实世界。

启动

预测未来的最好方式就是创造它。

——Alan Kay

虚拟现实技术正光速发展。在 2011 年时，大多数学者、企业研究和科幻团体都认为它完全是个笑话，但到今天，数以千计的独立开发者，创业公司和世界 500 强公司都在创造虚拟现实体验，并把自己定位为虚拟现实先驱。这个讯息是非常清晰的：如果一个公司想要变得有竞争力而不是被别人甩在身后，那么就没有时间浪费在制订完美的计划上——这是一个崭新的世界。如果原型在上周完成那么初步演示的非正式反馈需要发生在昨天，将一部分时间花在项目的定义阶段，但是在创建东西之前要花几天而不是一个月在初始计划上，或者更好的是直接跳到制造阶段。没有软件开发经验并不是止步不前的理由——用现在的工具建立基本的原型只需要用鼠标进行点击，而内容并不需要像一本小说——因为这只是为了让你开始着手做项目。通过环顾四周，然后修改和试验一些事情，接着返回到定义阶段，将一些想法在纸上画出草图。毕竟，如果一个没有任何预算的青少年可以创建出让朋友和家人都印象深刻的基本虚拟现实体验，那么一个想要改变未来的成年人同样可以。那些无法整理出基本计划、却在硬件上花费数百美元创造原型体验（或通过与同事或朋友合作），并向熟人展示原型获得反馈的人，还没有认真地将自己定位为虚拟现实运动的先驱。但对那些已经准备好的人，**欢迎来到虚拟现实世界！**

这里是一张合理的时间表，适用于那些想要利用业余时间，比如，一周花几小时来建立虚拟现实体验的人。如果你已经以某种方式安排好了自己的生活，或是劝服老板开始全职从事虚拟现实工作，那么限制你的将会是硬件设备。如果你有软件开发经验，那就可以轻松地将这份时间表压缩在一周内完成，所以不要再找借口了，开始工作吧！

- 第一周
  - 寻找并参加一个本地的 VR 会议（链接 35-1）。尝试一些演示原型并尽可能多地和别人交流，结识那些对开发虚拟现实体验非常认真的人，收集他们的联系方式。
  - 订购一个头戴显示器。
- 第二周
  - 在收到硬件前，下载 Unity（对于个人或每年低于 10 万美元营收的公司来说是免费的），或是所选择的开发工具。
  - 在线搜索一些非虚拟现实教程，并开始使用它们，以便在使用核心工具时感到顺畅（即使不打算成为一个开发者，你也应当了解基本知识）。
- 第三周
  - 收到头戴显示器后，按照说明书操作，试用制造商的基本演示原型。
  - 搜寻并下载一些虚拟现实体验，记录你喜欢和你不喜欢的。
- 第四周
  - 使用 Unity 或是所选择的工具，添加纹理映射平面，浮动在空间中的立方体和光源（本书前面的章节已经展示了初始定义阶段）。
  - 构建应用程序，戴上头戴显示器，环顾四周体验一下。
  - 脱下头戴显示器，修改场景，编译程序并再次戴上头戴显示器，观察有什么变化。
  - 恭喜！你或许已经在短短几小时内完成了定义-实验迭代的最基本形式，无论这时它看起来有多不好，至少你在很快地学习进步。
  - 现在进行更多的迭代吧！
- 第五周
  - 为你的第一个项目写一个概念，主要是关于之前尝试过的体验，记下喜欢和不喜欢的地方，以及你自己创建的第一个场景，一定要具备创新性。
  - 不要担心一些细节，比如，要求、约束和任务分析等，那些可以之后再做。
- 第六周
  - 为你的基本概念构建一些低级功能，不要担心艺术层面的东西，记住这只是一个测试你想法的原型。
  - 向你的朋友、家人和你在会议上遇见的人展示你的原型，获得一些反馈：哪些起作用和哪些不起作用。
- 第七周和以后
  - 迭代！迭代！迭代！对于每一次迭代，都要在每一阶段展开，或是在任何时候开始，然后重复第七周的工作！

恭喜——你已经是一名虚拟现实创造者及虚拟现实革命的贡献者了！这不是结束，而只是开始。